무료동영상 제공

전기설비 기술기준

(한국전기설비규정[KEC])

한권으로 완벽하게 끝내는
한솔아카데미 전기시리즈 ❻

전기 | 공사
기사·산업기사

6

HANSOL ACADEMY
ELECTRICITY

건축전기설비기술사 김 대 호 저

ELECTRICITY

대호의 전기기사 산업기사 문답카페
tps://cafe.naver.com/qnacafe

www.inup.co.kr

한솔아카데미

한솔아카데미가 답이다

전기(산업)기사 필기 인터넷 강의 "전과목 0원"

학습관련 문의사항, 성심성의껏 답변드리겠습니다.

http://cafe.naver.com/qnacafe

도서 질의응답

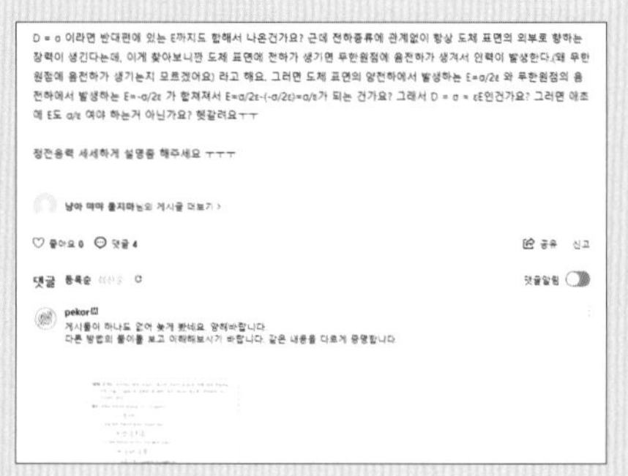

전기기사·전기산업기사 필기 교수진 및 강의시간

구 분	과 목	담당강사	강의시간	동영상	교 재
필 기	전기자기학	김병석	약 31시간		
	전력공학	강동구	약 28시간		
	전기기기	강동구	약 34시간		
	회로이론	김병석	약 27시간		
	제어공학	송형무	약 12시간		
	전기설비기술기준	송형무	약 12시간		

전기(산업)기사 필기

무료동영상 수강방법

01 회원가입

카페 가입하기 _ 전기기사 · 전기산업기사 학습지원 센터에 가입합니다.

http://cafe.naver.com/qnacafe

전기기사 · 전기산업기사 필기
교재 인증하고 무료 동영상강의 듣자

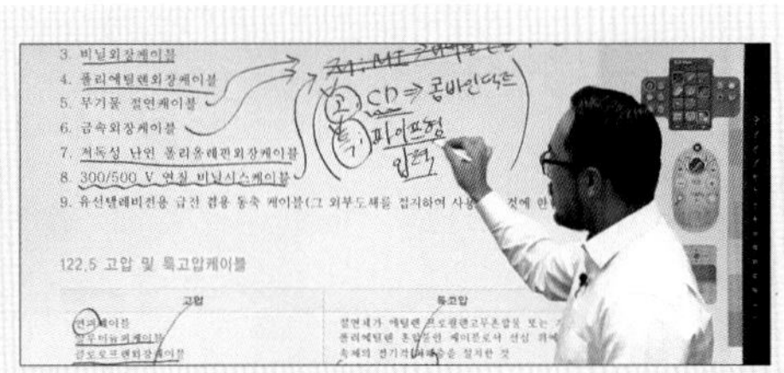

02 도서촬영

도서 촬영하여 인증하기

전기기사 시리즈 필기 교재 표지와 카페 닉네임, ID를 적은 종이를 함께 인증!

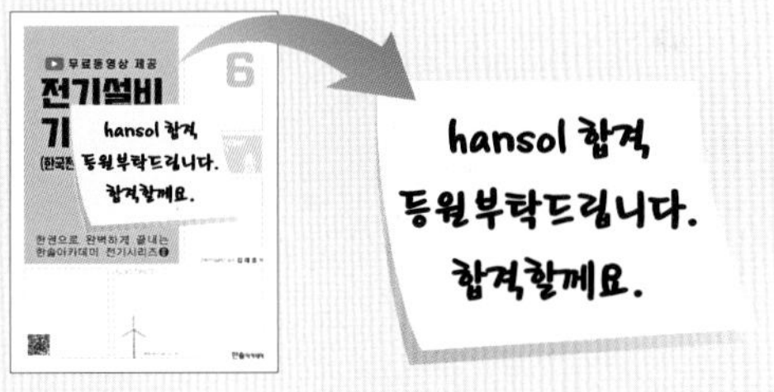

03 도서인증

카페에 도서인증 업로드하기 _ 등업게시판에 촬영한 교재 이미지를 올립니다.

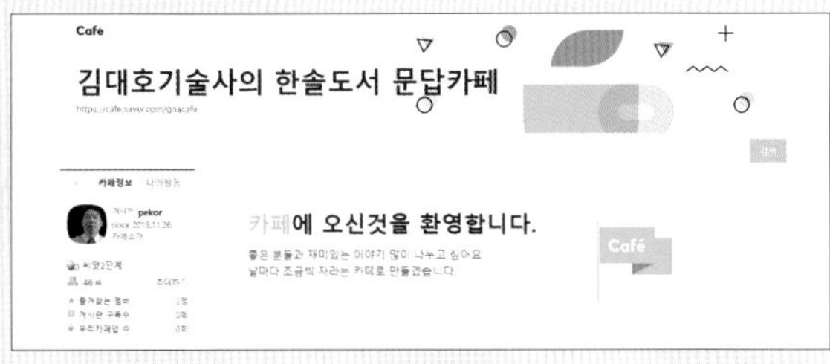

04 동영상

무료동영상 시청하기

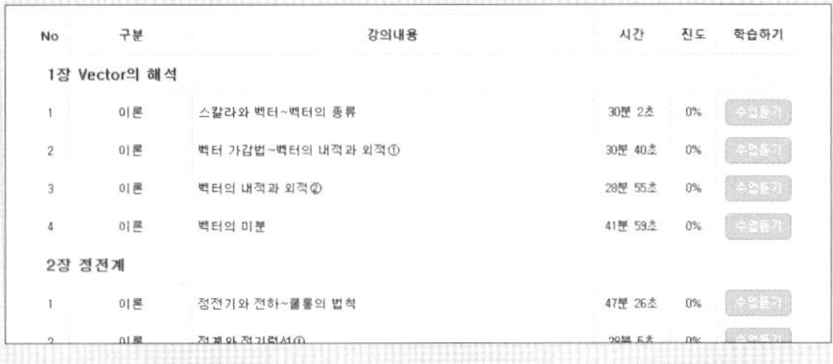

No	구분	강의내용	시간	진도	학습하기
1장 Vector의 해석					
1	이론	스칼라와 벡터~벡터의 종류	30분 2초	0%	수업듣기
2	이론	벡터 가감법~벡터의 내적과 외적①	30분 40초	0%	수업듣기
3	이론	벡터의 내적과 외적②	28분 55초	0%	수업듣기
4	이론	벡터의 미분	41분 59초	0%	수업듣기
2장 정전계					
1	이론	정전기와 전하~쿨롱의 법칙	47분 26초	0%	수업듣기
2	이론	전계와 전기력선①	29분 5초	0%	수업듣기

Elctricity

꿈·은·이·루·어·진·다

2023

전기설비기술기준
(한국전기설비규정[KEC])

한솔아카데미
www.inup.co.kr

머리말 PREFACE

첫째, 새로운 가치의 창조

많은 사람들은 꿈을 꾸고 그 꿈을 위해 노력합니다. 꿈을 이루기 위해서는 여러 가지 노력을 합니다. 결국 꿈의 목적은 경제적으로 윤택한 삶을 살기 위한 것이 됩니다. 그것을 위해 주식, 재테크, 펀드, 복권 등 여러 가지 가치창조를 위한 노력을 합니다. 이와 같은 노력의 성공 확률은 극히 낮습니다.

현실적으로 자신의 가치를 높일 수 있는 가장 확률이 높은 방법은 자격증입니다. 특히 전기분야의 자격증은 여러분을 기술자로서 새로운 가치를 부여하게 될 것입니다. 전기는 국가산업 전반에 걸쳐 없어서는 안 되는 중요한 분야입니다.

전기기사, 전기공사기사, 전기산업기사, 전기공사산업기사 자격증을 취득한다는 것은 여러분을 한 단계 업그레이드 하는 새로운 가치를 창조하는 행위입니다. 더불어 전기분야 기술사를 취득할 경우 여러분은 전문직으로서 최고의 기술자가 될 수 있습니다.

스스로의 가치(Value)를 만들어가는 것은 작은 실천부터 시작됩니다. 지금 준비하는 자격증이 바로 여러분의 Name Value를 만들어가는 과정이며 결과입니다.

둘째, 인생의 패러다임

고등학교, 대학교 등을 통해 여러분은 많은 학습을 하였습니다. 그리고 새로운 학습에 도전하고 있습니다. 현대 사회는 학습하지 않으면 도태되는 평생교육의 사회입니다. 새로운 지식과 급변하는 지식에 맞춰 평생학습을 해야 합니다. 이것은 평생 직업을 갖질 수 있는 기회가 됩니다.

노력한 만큼 그 결실은 큽니다. 링컨은 자기가 노력한 만큼 행복해진다고 했습니다. 저자는 여러분에게 권합니다. 꿈과 목표를 설정하세요.

"꿈꾸는 자만이 꿈을 이룰 수 있습니다. 꿈이 없으면 절대 꿈을 이룰 수 없습니다."

셋째, 학습을 위한 조언

이번에 발행하게 된 전기기사, 산업기사 필기 자격증의 기본서로서 필기시험에 필요한 핵심 요약과 과년도 상세해설을 제공합니다.

각 단원의 내용을 이해하고 문제를 풀어갈 경우 고득점은 물론 실기시험에서도 적용할 수 있는 지식을 쌓을 수 있습니다.

여러분은 합격을 위해 매일 매일 실천하는 학습을 하시길 권합니다. 일주일에 주말을 통해 학습하는 것보다 매일 학습하는 것이 효과가 좋고 합격률이 높다는 것을 저자는 수많은 교육과 사례를 통해 알고 있습니다. 따라서 독자 여러분에게 매일 일정한 시간을 정하고 학습하는 것을 권합니다.

시간이 부족하다는 것은 핑계입니다. 하루 8시간 잠을 잔다면, 평생의 1/3을 잠을 잔다는 것입니다. 잠자는 시간 1시간만 줄여보세요. 여러분은 충분히 공부할 수 있는 시간이 있습니다. 텔레비전 보는 시간 1시간만 줄여보세요. 여러분은 공부할 시간이 더 많아집니다. 시간은 여러분이 만들 수 있습니다. 여러분 마음먹기에 따라 충분한 시간이 생깁니다. 노력하고 실천하는 독자여러분이 되시길 바랍니다.

끝으로 이 도서를 작성하는데 있어 수많은 국내외 전문서적 및 전문기술회지 등을 참고하고 인용하면서 일일이 그 내용을 밝히지 못하였으나, 이 자리를 빌어 이들 저자 각위에게 깊은 감사를 드립니다.

전기분야 자격증을 준비하는 모든 분들에게 합격의 영광이 있기를 기원합니다.

이 도서를 출간하는데 있어 먼저는 하나님께 영광을 돌리며, 수고하여 주신 도서출판 한솔아카데미 임직원 여러분께 심심한 사의를 표합니다.

저자 씀

시험안내 및 출제기준

❶ 수험원서접수

- 접수기간 내 인터넷을 통한 원서접수(www.q-net.or.kr) 원서접수 기간 이전에 미리 회원가입 후 사진 등록 필수
- 원서접수시간은 원서접수 첫날 09:00부터 마지막 날 18:00까지

❷ 기사 시험과목

구 분	전기기사	전기공사기사
필 기	1. 전기자기학 2. 전력공학 3. 전기기기 4. 회로이론 및 제어공학 5. 전기설비기술기준 (한국전기설비규정[KEC])	1. 전기응용 및 공사재료 2. 전력공학 3. 전기기기 4. 회로이론 및 제어공학 5. 전기설비기술기준 (한국전기설비규정[KEC])
실 기	전기설비설계 및 관리	전기설비견적 및 관리

❸ 기사 응시자격

- 산업기사 + 1년 이상 경력자
- 기능사 + 3년 이상 경력자
- 타분야 기사자격 취득자
- 4년제 관련학과 대학 졸업 및 졸업예정자
- 전문대학 졸업 + 2년 이상 경력자
- 교육훈련기관(기사 수준) 이수자 또는 이수예정자
- 교육훈련기관(산업기사 수준) 이수자 또는 이수예정자 + 2년 이상 경력자
- 동일 직무분야 4년 이상 실무경력자

❹ 산업기사 시험과목

구 분	전기산업기사	전기공사산업기사
필 기	1. 전기자기학 2. 전력공학 3. 전기기기 4. 회로이론 5. 전기설비기술기준(한국전기설비규정[KEC])	1. 전기응용 2. 전력공학 3. 전기기기 4. 회로이론 5. 전기설비기술기준(한국전기설비규정[KEC])
실 기	전기설비설계 및 관리	전기설비 견적 및 시공

❺ 산업기사 응시자격

- 기능사 + 1년 이상 경력자
- 타분야 산업기사 자격취득자
- 전문대 관련학과 졸업 또는 졸업예정자
- 동일 직무분야 2년 이상 실무경력자
- 교육훈련기간(산업기사 수준) 이수자 또는 이수예정자

❻ 전기설비기술기준(한국전기설비규정[KEC]) 출제기준(2021.1.1~2023.12.31)

주요항목	세 부 항 목
1. 총칙	1. 기술기준 총칙 및 KEC 총칙에 관한 사항 2. 일반사항 3. 전선 4. 전로의 절연 5. 접지시스템 6. 피뢰시스템
2. 저압전기설비	1. 통칙 2. 안전을 위한 보호 3. 전선로 4. 배선 및 조명설비 5. 특수설비
3. 고압, 특고압 전기설비	1. 통칙 2. 안전을 위한 보호 3. 접지설비 4. 전선로 5. 기계, 기구 시설 및 옥내배선 6. 발전소, 변전소, 개폐소 등의 전기설비 7. 전력보안통신설비
4. 전기철도설비	1. 통칙 2. 전기철도의 전기방식 3. 전기철도의 변전방식 4. 전기철도의 전차선로 5. 전기철도의 전기철도차량 설비 6. 전기철도의 설비를 위한 보호 7. 전기철도의 안전을 위한 보호
5. 분산형 전원설비	1. 통칙 2. 전기저장장치 3. 태양광발전설비 4. 풍력발전설비 5. 연료전지설비

학습전략 학습방법 및 시험유의사항

❶ 전기설비기술기준(한국전기설비규정[KEC]) 학습방법

한국전기설비규정[KEC]는 법을 공부하는 과목이다. 이격거리, 전선의 굵기, 높이 등 여러 가지 암기할 것이 많다.
무조건 암기하는 것보다 종류별로 설비별로 묶어 정리하면서 암기하는 것이 공부하기에 쉽다. 특히 설비를 알지 못하는 상태로 암기하는 것은 좋지 않다. 예를 들어 덕트공사의 규정을 암기한다면 덕트가 무엇인지 어떻게 생겼는지 어디에 사용되는 것인지 등을 알고 규정을 암기하는 것이 좋다.
이 과목을 공부하는 효과적으로 공부하는 방법으로는 발전소 변전소 특고압전선로 고압전선로 저압전선로 수용가 등으로 규정을 정리하여 공부하는 것이 좋다.
이격거리를 전압별로 정리하는 것도 좋으며, 전기사용장소를 전압별로 정리하는 것도 좋다.
공부하는 학습자가 직접 키워드를 잡고 정리하여 자신의 것을 만들어 공부해 보자. 높은 점수를 얻을 수 있는 전략적인 과목이다.

❷ 전기설비기술기준(한국전기설비규정[KEC]) 학습전략

전기설비기술기준(한국전기설비규정[KEC])은 크게 공통사항, 저압전기설비, 고압·특고압 전기설비, 전기철도설비, 분산형 전원설비의 총 5개의 Part로 나누어져 있다. 전기설비기술기준(한국전기설비규정[KEC])은 무조건적인 암기보다는 그림으로 정리하고, 설비의 종류나 특징과 비교하며 정리하는 것이 좋다. 특히 문제를 중심으로 공부하면 기억하기 쉽다.

❸ 전기설비기술기준(한국전기설비규정[KEC]) 출제분석

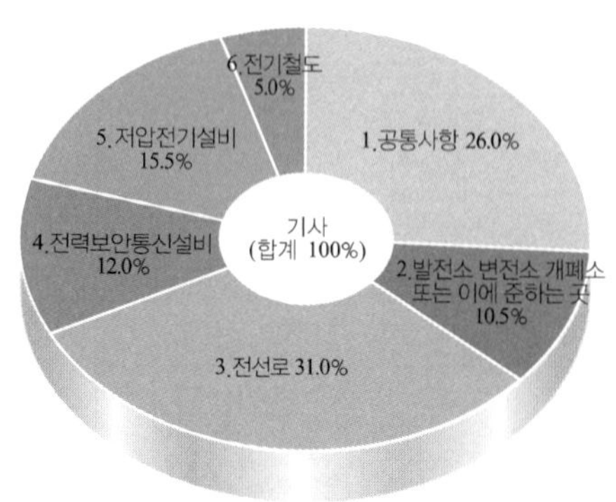

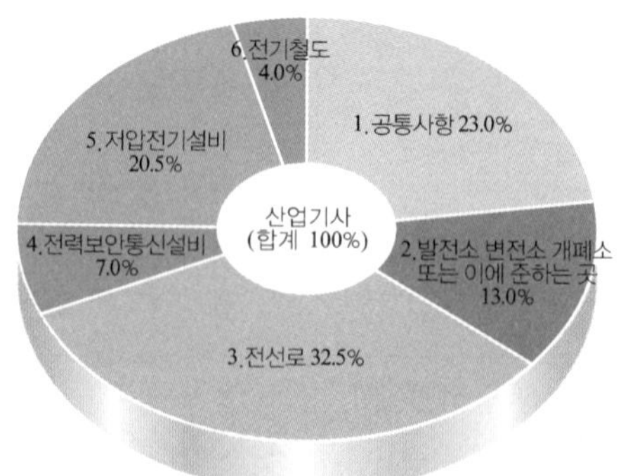

❹ 전기(산업)기사 필기 합격률

연도	기사 필기 합격률			산업기사 필기 합격률		
	응시	합격	합격률(%)	응시	합격	합격률(%)
2021	60,499	13,412	22.2%	37,892	7,011	18.5%
2020	56,376	15,970	28.3%	34,534	8,706	25.2%
2019	49,815	14,512	29.1%	37,091	6,629	17.9%
2018	44,920	12,329	27.4%	30,920	6,583	21.3%
2017	43,104	10,831	25.1%	29,428	5,779	19.6%
2016	38,632	9,085	23.5%	27,724	5,790	20.9%

❺ 필기시험 응시자 유의사항

① 수험자는 필기시험 시 (1)수험표 (2)신분증 (3)검정색 사인펜 (4)계산기 등을 지참하여 지정된 시험실에 입실 완료해야 합니다.

② 필기시험 합격자는 당해 필기시험 합격자 발표일로부터 2년간 필기시험을 면제받게 되며, 실기시험 응시자는 당해 실기시험의 발표 전까지는 동일종목의 실기시험에 중복하여 응시할 수 없습니다.

③ 기사 필기시험 전 종목은 답안카드 작성시 수정테이프(수험자 개별지참)를 사용할 수 있으나(수정액 및 스티커 사용 불가) 불완전한 수정처리로 인해 발생하는 불이익은 수험자에게 있습니다. (인적사항 마킹란을 제외한 답안만 수정가능)

※ 시험기간 중, 통신기기 및 전자기기를 소지할 수 없으며 부정행위 방지를 위해 금속탐지기를 사용하여 검색할 수 있음

④ 기사/산업기사/서비스분야(일부 제외) 시험은 응시자격이 미달되거나 정해진 기간까지 서류를 제출하지 않을 경우 필기시험 합격예정이 무효되오니 합격예정자께서는 반드시 기한 내에 서류를 공단 지사로 제출하시기 바랍니다.

■ 허용군 공학용계산기 사용을 원칙으로 하나, 허용군 외 공학용계산기를 사용하고자 하는 경우 수험자가 계산기 매뉴얼 등을 확인하여 직접 초기화(리셋) 및 감독위원 확인 후 사용가능

▶ 직접 초기화가 불가능한 계산기는 사용 불가 [2020.7.1부터 허용군 외 공학용계산기 사용불가 예정]

제조사	허용기종군
카시오(CASIO)	FX-901~999, FX-501~599, FX-301~399, FX-80~120
샤프(SHARP)	EL-501~599, EL-5100, EL-5230, EL-5250, EL-5500
유니원(UNIONE)	UC-400M, UC-600E, UC-800X
캐논(CANON)	F-715SG, F-788SG, F-792SGA
모닝글로리 (MORNING GLORY)	ECS-101

※ 위의 세부변경 사항에 대하여는 반드시 큐넷(Q-net) 홈페이지 공지사항 참조

이론정리 및 핵심문제

이론정리로 시작하여 예제문제로 이해!!

이론정리 예제문제

- 학습길잡이 역할
- 각 장마다 이론정리와 예제문제를 연계하여 단원별 이론을 쉽게 이해할 수 있도록 하여 각 장마다 이론정리를 마스터 하도록 하였다.

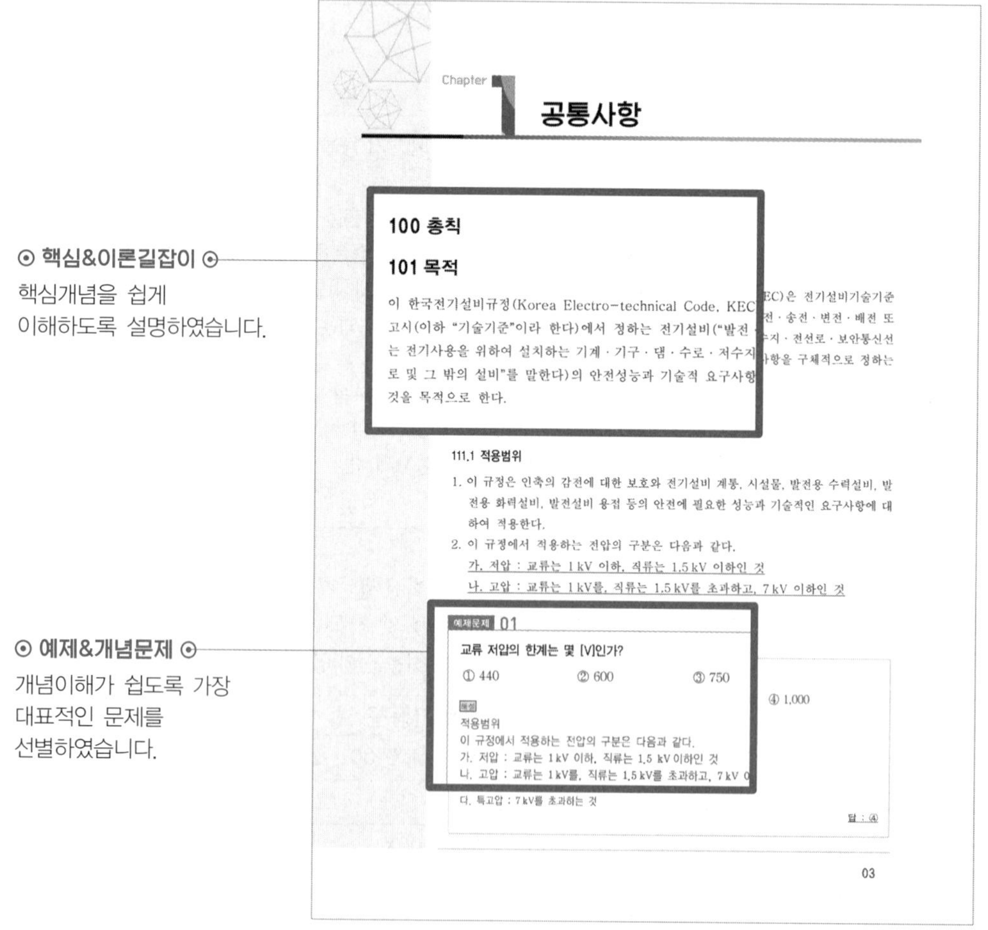

가장 기본이 되는 핵심과년도문제 수록!!

핵심 과년도구성

- 반복적인 학습문제
- 각 장마다 핵심과년도를 집중적이고 반복적으로 문제풀이를 학습하여 출제경향을 한 눈에 알 수 있게 하였다.

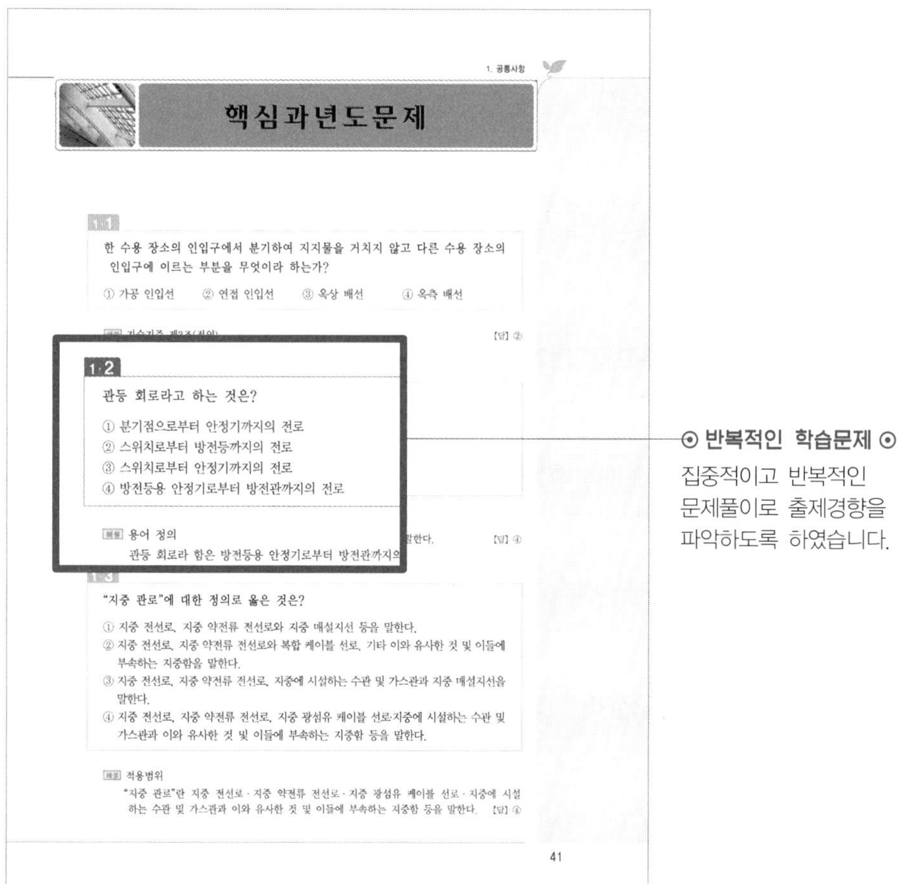

1. 공통사항

핵심과년도문제

1·1

한 수용 장소의 인입구에서 분기하여 지지물을 거치지 않고 다른 수용 장소의 인입구에 이르는 부분을 무엇이라 하는가?

① 가공 인입선 ② 연접 인입선 ③ 옥상 배선 ④ 옥측 배선

【답】 ②

1·2

관등 회로라고 하는 것은?

① 분기점으로부터 안정기까지의 전로
② 스위치로부터 방전등까지의 전로
③ 스위치로부터 안정기까지의 전로
④ 방전등용 안정기로부터 방전관까지의 전로

해설 용어 정의
관등 회로라 함은 방전등용 안정기로부터 방전관까지의 …말한다. 【답】 ④

1·3

"지중 관로"에 대한 정의로 옳은 것은?

① 지중 전선로, 지중 약전류 전선로와 지중 매설지선 등을 말한다.
② 지중 전선로, 지중 약전류 전선로와 복합 케이블 선로, 기타 이와 유사한 것 및 이들에 부속하는 지중함을 말한다.
③ 지중 전선로, 지중 약전류 전선로, 지중에 시설하는 수관 및 가스관과 지중 매설지선을 말한다.
④ 지중 전선로, 지중 약전류 전선로, 지중 광섬유 케이블 선로·지중에 시설하는 수관 및 가스관과 이와 유사한 것 및 이들에 부속하는 지중함 등을 말한다.

해설 적용범위
"지중 관로"란 지중 전선로 · 지중 약전류 전선로 · 지중 광섬유 케이블 선로 · 지중에 시설하는 수관 및 가스관과 이와 유사한 것 및 이들에 부속하는 지중함 등을 말한다. 【답】 ④

41

⊙ 반복적인 학습문제 ⊙

집중적이고 반복적인 문제풀이로 출제경향을 파악하도록 하였습니다.

목차 CONTENTS

PART 01 이론정리

Electricity

꿈·은·이·루·어·진·다

PART 1

이론정리

Chapter 1 공통사항

100 총칙

101 목적

이 한국전기설비규정(Korea Electro-technical Code, KEC)은 전기설비기술기준 고시(이하 "기술기준"이라 한다)에서 정하는 전기설비("발전 · 송전 · 변전 · 배전 또는 전기사용을 위하여 설치하는 기계 · 기구 · 댐 · 수로 · 저수지 · 전선로 · 보안통신선로 및 그 밖의 설비"를 말한다)의 안전성능과 기술적 요구사항을 구체적으로 정하는 것을 목적으로 한다.

111 통칙

111.1 적용범위

전압의 종별	범위	
저압	교류	1 kV 이하
	직류	1.5 kV 이하
고압	교류	1 kV를 초과 하고, 7 kV 이하인 것.
	직류	1.5 kV를 초과하고, 7 kV 이하인 것.
특고압	7 kV를 초과하는 것.	

예제문제 01

교류 저압의 한계는 몇 [V]인가?

① 440 ② 600 ③ 750 ④ 1,000

해설

한국전기설비규정 111.1 적용범위
이 규정에서 적용하는 전압의 구분은 다음과 같다.
가. 저압 : 교류는 1 kV 이하, 직류는 1.5 kV 이하인 것
나. 고압 : 교류는 1 kV를, 직류는 1.5 kV를 초과하고, 7 kV 이하인 것
다. 특고압 : 7 kV를 초과하는 것

답 : ④

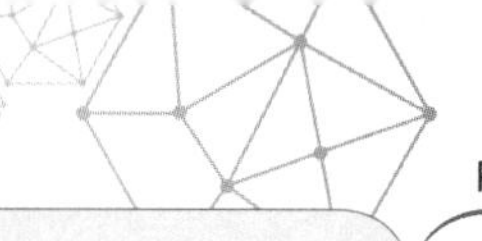

112 용어의 정의

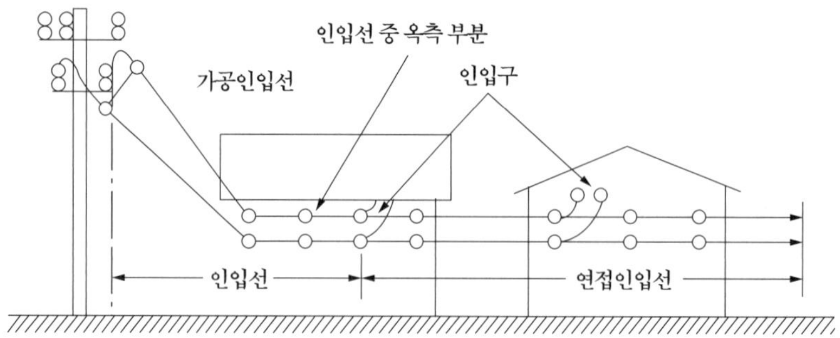

1. “관등회로”란 방전등용 안정기 또는 방전등용 변압기로부터 방전관까지의 전로를 말한다.
2. “등전위본딩(Equipotential Bonding)”이란 등전위를 형성하기 위해 도전부 상호간을 전기적으로 연결하는 것을 말한다.
3. “보호도체(PE, Protective Conductor)”란 감전에 대한 보호 등 안전을 위해 제공되는 도체를 말한다.
4. “서지보호장치(SPD, Surge Protective Device)”란 과도 과전압을 제한하고 서지전류를 분류하기 위한 장치를 말한다.
5. “접근상태”란 제1차 접근상태 및 제2차 접근상태를 말한다.
   (1) “제1차 접근상태”란 가공 전선이 다른 시설물과 접근(병행하는 경우를 포함하며 교차하는 경우 및 동일 지지물에 시설하는 경우를 제외한다. 이하 같다)하는 경우에 가공 전선이 다른 시설물의 위쪽 또는 옆쪽에서 수평거리로 가공 전선로의 지지물의 지표상의 높이에 상당하는 거리 안에 시설(수평 거리로 3 m 미만인 곳에 시설되는 것을 제외한다)됨으로써 가공 전선로의 전선의 절단, 지지물의 도괴 등의 경우에 그 전선이 다른 시설물에 접촉할 우려가 있는 상태를 말한다.
   (2) “제2차 접근상태”란 가공 전선이 다른 시설물과 접근하는 경우에 그 가공 전선이 다른 시설물의 위쪽 또는 옆쪽에서 수평 거리로 3 m 미만인 곳에 시설되는 상태를 말한다.

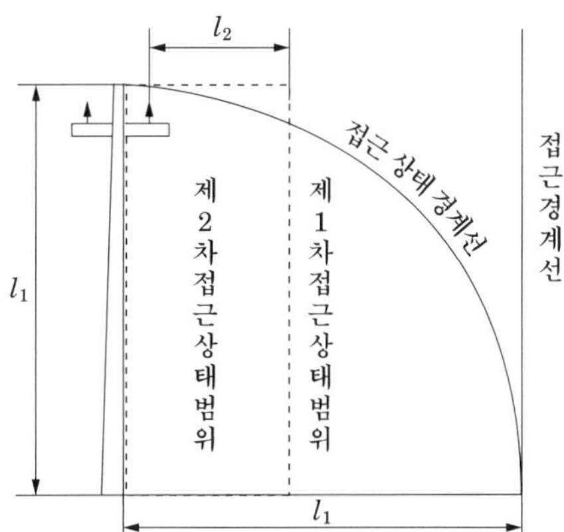

6. "접촉범위(Arm's Reach)"란 사람이 통상적으로 서있거나 움직일 수 있는 바닥면 상의 어떤 점에서라도 보조장치의 도움 없이 손을 뻗어서 접촉이 가능한 접근구역을 말한다.
7. "특별저압(ELV, Extra Low Voltage)"이란 인체에 위험을 초래하지 않을 정도의 저압을 말한다. 여기서 SELV(Safety Extra Low Voltage)는 비접지회로에 해당되며, PELV(Protective Extra Low Voltage)는 접지회로에 해당된다.
8. "PEN 도체(protective earthing conductor and neutral conductor)"란 교류회로에서 중성선 겸용 보호도체를 말한다.
9. "PEM 도체(protective earthing conductor and a mid-point conductor)"란 직류회로에서 중간도체 겸용 보호도체를 말한다.
10. "PEL 도체(protective earthing conductor and a line conductor)"란 직류회로에서 선도체 겸용 보호도체를 말한다.

예제문제 02

다음 중 "제2차 접근 상태"를 바르게 설명한 것은 어느 것인가?

① 가공 전선이 전선의 절단 또는 지지물의 도괴 등이 되는 경우에 당해 전선이 다른 시설물에 접속될 우려가 있는 상태를 말한다.
② 가공 전선이 다른 시설물과 접근하는 경우에 당해 가공 전선이 다른 시설물의 위쪽 또는 옆쪽에서 수평 거리로 3미터 미만인 곳에 시설되는 상태를 말한다.
③ 가공 전선이 다른 시설물과 접근하는 경우에 가공 전선이 다른 시설물의 위쪽 또는 옆쪽에서 수평 거리로 3미터 이상에 시설되는 것을 말한다.
④ 가공 선로 중 제1차 접근 시설로 접근할 수 없는 시설로서 제2차 보호 조치나 안전 시설을 하여야 접근할 수 있는 상태의 시설을 말한다.

해설

한국전기설비규정 112. 용어 정의

"제2차 접근상태"란 가공 전선이 다른 시설물과 접근하는 경우에 그 가공 전선이 다른 시설물의 위쪽 또는 옆쪽에서 수평 거리로 3 m 미만인 곳에 시설되는 상태를 말한다.

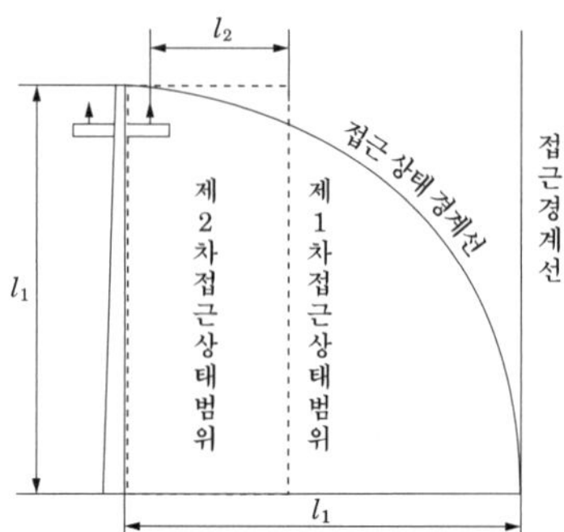

답 : ②

예제문제 03

"제2차 접근 상태"라 함은 가공 전선이 다른 시설물과 접근하는 경우에 그 가공 전선이 다른 시설물의 위쪽 또는 옆쪽에서 수평 거리로 몇 [m] 미만인 곳에 시설되는 상태를 말하는가?

① 0.5　② 1　③ 2　④ 3

해설

한국전기설비규정 112. 용어 정의

"제2차 접근상태"란 가공 전선이 다른 시설물과 접근하는 경우에 그 가공 전선이 다른 시설물의 위쪽 또는 옆쪽에서 수평 거리로 3 m 미만인 곳에 시설되는 상태를 말한다.

답 : ④

120 전선

121 전선의 식별

전선식별

상(문자)	색상
L1	갈색
L2	흑색
L3	회색
N	청색
보호도체	녹색-노란색

색상 식별이 종단 및 연결 지점에서만 이루어지는 나도체 등은 전선 종단부에 색상이 반영구적으로 유지될 수 있는 도색, 밴드, 색 테이프 등의 방법으로 표시해야 한다.

122 전선의 종류

122.1 절연전선

1. 450/750 V 비닐절연전선
2. 450/750 V 저독성 난연 폴리올레핀절연전선
3. 450/750 V 저독성 난연 가교폴리올레핀절연전선
4. 450/750 V 고무절연전선

122.4 저압케이블

1. 0.6/1 kV 연피(鉛皮)케이블
2. 클로로프렌외장(外裝)케이블
3. 비닐외장케이블
4. 폴리에틸렌외장케이블
5. 무기물 절연케이블
6. 금속외장케이블
7. 저독성 난연 폴리올레핀외장케이블
8. 300/500 V 연질 비닐시스케이블
9. 유선텔레비전용 급전 겸용 동축 케이블(그 외부도체를 접지하여 사용하는 것에 한한다)

122.5 고압 및 특고압케이블

고압	특고압
• 연피케이블 • 알루미늄피케이블 • 클로로프렌외장케이블 • 비닐외장케이블 • 폴리에틸렌외장케이블 • 저독성 난연 폴리올레핀외장케이블 • 콤바인 덕트 케이블 • KS에서 정하는 성능 이상의 것	• 절연체가 에틸렌 프로필렌고무혼합물 또는 가교 폴리에틸렌 혼합물인 케이블로서 선심 위에 금속제의 전기적 차폐층을 설치한 것 • 파이프형 압력케이블 • 연피케이블 • 알루미늄피케이블 • 금속피복을 한 케이블

물밑전선로의 시설에서 특고압 물밑전선로의 전선에 사용하는 케이블에는 절연체가 에틸렌 프로필렌고무혼합물 또는 가교폴리에틸렌 혼합물인 케이블로서 금속제의 전기적 차폐층을 설치하지 아니한 것을 사용할 수 있다.

예제문제 04

다음 각 케이블 중 특히 특고압 전선로용으로만 사용할 수 있는 것은?

① 용접용 케이블 ② MI 케이블
③ CD 케이블 ④ 파이프형 압력 케이블

해설
한국전기설비규정 122.5 고압 및 특고압케이블
사용전압이 특고압인 전로(전기기계기구 안의 전로를 제외한다)에 전선으로 사용하는 케이블은 절연체가 에틸렌 프로필렌고무혼합물 또는 가교폴리에틸렌 혼합물인 케이블로서 선심 위에 금속제의 전기적 차폐층을 설치한 것이거나 파이프형 압력케이블 · 연피케이블 · 알루미늄피케이블 그 밖의 금속피복을 한 케이블을 사용하여야 한다.

답 : ④

123 전선의 접속

1. 전선의 세기[인장하중(引張荷重)으로 표시한다. 이하 같다.]를 20% 이상 감소시키지 아니할 것. 다만, 점퍼선을 접속하는 경우와 기타 전선에 가하여지는 장력이 전선의 세기에 비하여 현저히 작을 경우에는 적용하지 않는다.
2. 접속부분을 그 부분의 절연전선의 절연물과 동등 이상의 절연성능이 있는 것으로 충분히 피복할 것.
3. 전기화학적 성질이 다른 도체를 접속하는 경우에는 접속부분에 전기적 부식(電氣的腐蝕)이 생기지 않도록 할 것.

두 개 이상의 전선을 병렬로 사용하는 경우에는 다음에 의하여 시설할 것.

1. 병렬로 사용하는 각 전선의 굵기는 동선 50 mm^2 이상 또는 알루미늄 70 mm^2 이상으로 하고, 전선은 같은 도체, 같은 재료, 같은 길이 및 같은 굵기의 것을 사용할 것.
2. 같은 극의 각 전선은 동일한 터미널러그에 완전히 접속할 것.
3. 병렬로 사용하는 전선에는 각각에 퓨즈를 설치하지 말 것.
4. 전자적 불평형이 생기지 않도록 시설할 것.

예제문제 05

전선의 접속법을 열거한 것 중 잘못 설명한 것은?

① 전선의 세기를 30 [%] 이상 감소시키지 않는다.
② 접속 부분은 절연 전선의 절연물과 동등 이상의 절연 효력이 있도록 충분히 피복한다.
③ 접속 부분은 접속관, 기타의 기구를 사용한다.
④ 알루미늄 도체의 전선과 동도체의 전선을 접속할 때에는 전기적 부식이 생기지 않도록 한다.

해설

한국전기설비규정 123 전선의 접속

전선의 세기[인장하중(引張荷重)으로 표시한다. 이하 같다.]를 20% 이상 감소시키지 아니할 것

답 : ①

예제문제 06

전선을 접속한 경우 전선의 세기를 최소 몇 [%] 이상 감소시키지 않아야 하는가?

① 10 ② 15 ③ 20 ④ 25

해설

한국전기설비규정 123 전선의 접속

전선의 세기[인장하중(引張荷重)으로 표시한다. 이하 같다.]를 20% 이상 감소시키지 아니할 것

답 : ③

130 전로의 절연

131 전로의 절연 원칙

전로는 다음 이외에는 대지로부터 절연하여야 한다.

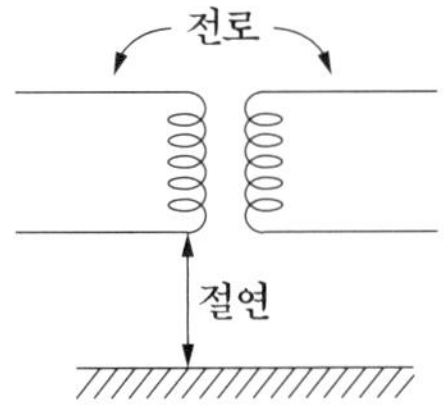

1. 수용장소의 인입구의 접지, 고압 또는 특고압과 저압의 혼촉에 의한 위험방지 시설, 피뢰기의 접지, 특고압 가공전선로의 지지물에 시설하는 저압 기계기구 등의 시설, 옥내에 시설하는 저압 접촉전선 공사 또는 아크 용접장치의 시설에 따라 저압전로에 접지공사를 하는 경우의 접지점

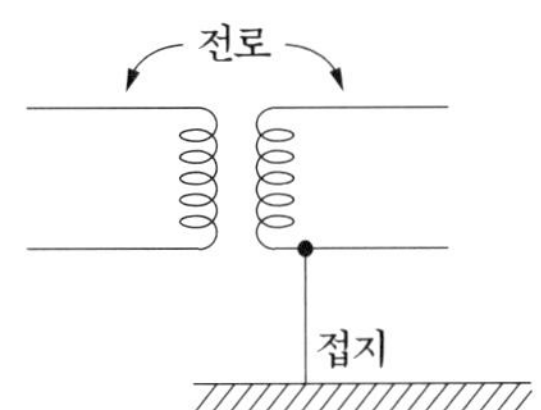

2. 고압 또는 특고압과 저압의 혼촉에 의한 위험방지 시설, 전로의 중성점의 접지 또는 옥내의 네온 방전등 공사에 따라 전로의 중성점에 접지공사를 하는 경우의 접지점
3. 계기용변성기의 2차측 전로의 접지에 따라 계기용변성기의 2차측 전로에 접지공사를 하는 경우의 접지점

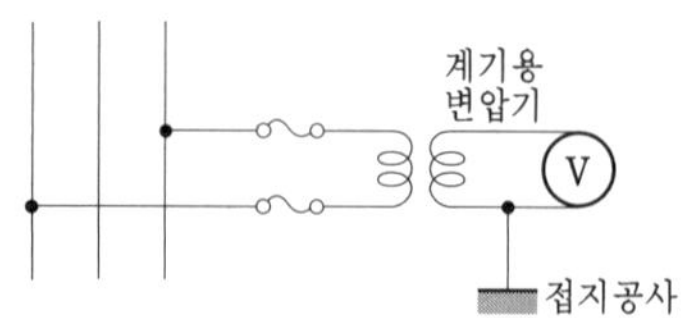

4. 특고압 가공전선과 저고압 가공전선의 병가에 따라 저압 가공 전선의 특고압 가공 전선과 동일 지지물에 시설되는 부분에 접지공사를 하는 경우의 접지점
5. 중성점이 접지된 특고압 가공선로의 중성선에 25 kV 이하인 특고압 가공전선로의 시설에 따라 다중 접지를 하는 경우의 접지점
6. 파이프라인 등의 전열장치의 시설에 따라 시설하는 소구경관(박스를 포함한다)에 접지공사를 하는 경우의 접지점
7. 다음과 같이 절연할 수 없는 부분

절연할 수 없는 부분
• 각 접지공사의 접지점 • 시험용 변압기, 기구 등의 전로의 절연내력 단서에 규정하는 전력선 반송용 결합 리액터 • 전기울타리의 시설에 규정하는 전기울타리용 전원장치 • 엑스선발생장치(엑스선관, 엑스선관용변압기, 음극 가열용 변압기 및 이의 부속 장치와 엑스선관 회로의 배선을 말한다. 이하 같다) • 전기부식방지 시설에 규정하는 전기부식방지용 양극 • 단선식 전기철도의 귀선(가공 단선식 또는 제3레일식 전기 철도의 레일 및 그 레일에 접속하는 전선을 말한다. 이하 같다) • 전로의 일부를 대지로부터 절연하지 아니하고 전기를 사용하는 것이 부득이한 것. • 전기욕기 • 전기로 • 전기보일러 • 전해조 • 대지로부터 절연하는 것이 기술상 곤란한 것.

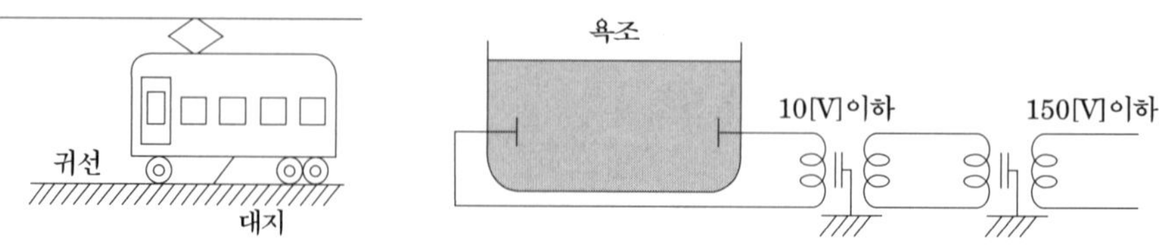

예제문제 07

전로를 대지로부터 절연을 하여야 하는 것은 다음 중 어느 것인가?

① 전기 보일러 ② 전기 다리미 ③ 전기 욕기 ④ 전기로

해설
한국전기설비규정 131 전로의 절연 원칙
전로는 다음 이외에는 대지로부터 절연하여야 한다.
전기욕기 · 전기로 · 전기보일러 · 전해조 등 대지로부터 절연하는 것이 기술상 곤란한 것

답 : ②

예제문제 08

전로의 절연 원칙에 따라 반드시 절연하여야 하는 것은?

① 전로의 중성점에 접지 공사를 하는 경우의 접지점
② 계기용 변성기의 2차측 전로의 접지점
③ 저압 가공 전선로의 접지측 전선
④ 22.9 [kV] 중성선의 다중 접지의 접지점

해설
한국전기설비규정 131 전로의 절연 원칙
전로는 다음 이외에는 대지로부터 절연하여야 한다.
① 각 접지 공사를 하는 경우의 접지점
② 전로의 중성점을 접지하는 경우의 접지점
③ 계기용 변성기의 2차측 전로에 접지공사를 하는 경우의 접지점
④ 25 [kV] 이하로서 다중 접지하는 경우의 접지점
⑤ 시험용 변압기, 기구 등의 전로의 절연내력 단서에 규정하는 전력선 반송용 결합 리액터, 전기울타리의 시설에 규정하는 전기울타리용 전원장치, 엑스선발생장치, 전기부식방지 시설에 규정하는 전기부식방지용 양극, 단선식 전기철도의 귀선 등 전로의 일부를 대지로부터 절연하지 아니하고 전기를 사용하는 것이 부득이한 것.
⑥ 전기 욕기, 전기로, 전기 보일러, 전해조 등 대지로부터 절연하는 것이 기술상 곤란한 것

답 : ③

참고사항 전기설비기술기준 저압전로의 절연성능

전선 상호간의 절연저항은 기계기구를 쉽게 분리가 곤란한 분기회로의 경우 기기 접속 전에 측정할 수 있다. 측정 시 영향을 주거나 손상을 받을 수 있는 SPD 또는 기타 기기 등은 측정 전에 분리시켜야 하고, 부득이하게 분리가 어려운 경우에는 시험전압을 250V DC로 낮추어 측정할 수 있지만 절연저항 값은 1MΩ 이상이어야 한다.

전로의 사용전압 V	DC시험전압 V
SELV 및 PELV	250
FELV, 500V 이하	500
500V 초과	1,000

[주] 특별저압(extra low voltage : 2차 전압이 AC 50V, DC 120V 이하)으로 SELV(비접지회로 구성) 및 PELV(접지회로 구성)은 1차와 2차가 전기적으로 절연된 회로, FELV는 1차와 2차가 전기적으로 절연되지 않은 회로
"특별저압(ELV, Extra Low Voltage)"이란 인체에 위험을 초래하지 않을 정도의 저압을 말한다. 여기서 SELV(Safety Extra Low Voltage/안전 특별저압)는 비접지회로에 해당되며, PELV (Protective Extra Low Voltage/보호 특별저압)는 접지회로에 해당된다.

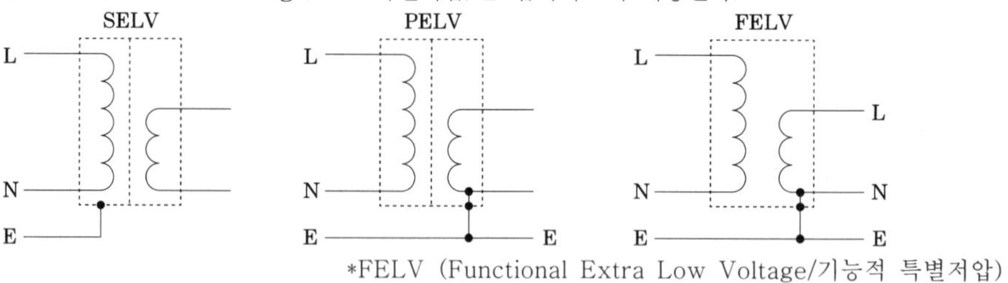

*FELV (Functional Extra Low Voltage/기능적 특별저압)

참고사항 **기술기준 제27조 (전선로 및 전선의 절연성능)**

저압 전선로 중 절연 부분의 전선과 대지 사이 및 전선의 심선 상호간의 절연 저항은 사용전압에 대한 누설 전류(I_g)가 최대 공급 전류의 1/2000을 넘지 않도록 하여야 한다.

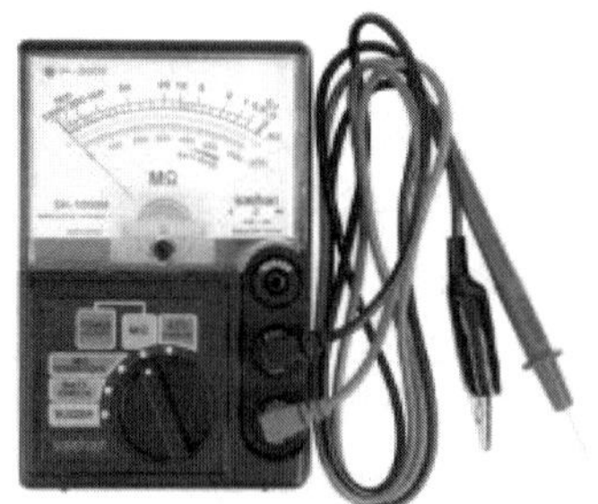

절연저항계

211.5.3 SELV와 PELV용 전원
특별저압 계통에는 다음의 전원을 사용해야 한다.
가. 안전절연변압기 전원[KS C IEC 61558-2-6(전력용 변압기, 전원 공급 장치 미 유사 기기의 안전-제2부:범용 절연 변압기의 개별 요구 사항에 적합한 것)]
나. "가"의 안전절연변압기 및 이와 동등한 절연의 전원
다. 축전지 및 디젤발전기 등과 같은 독립전원
라. 내부고장이 발생한 경우에도 출력단자의 전압이 211.5.1에 규정된 값을 초과하지 않도록 적절한 표준에 따른 전자장치
마. 저압으로 공급되는 안전절연변압기, 이중 또는 강화절연된 전동발전기 등 이동용 전원

예제문제 09

저압의 전선로 중 절연 부분의 전선과 대지간의 절연 저항은 사용 전압에 대한 누설 전류가 최대 공급 전류의 몇 분의 1을 넘지 않도록 유지하는가?

① $\frac{1}{1,000}$　② $\frac{1}{2,000}$　③ $\frac{1}{3,000}$　④ $\frac{1}{4,000}$

해설

기술기준 제27조(전선로 및 전선의 절연성능)

저압 전선로 중 절연 부분의 전선과 대지 사이 및 전선의 심선 상호간의 절연 저항은 사용전압에 대한 누설 전류(I_g)가 최대 공급 전류의 1/2,000을 넘지 않도록 하여야 한다.

답 : ②

예제문제 10

1차 전압 6,600 [V], 2차 전압 210 [V]인 주상 변압기 용량이 15 [kVA]이다. 이 변압기에서 공급하는 저압 전선로 누설 전류[mA]의 최대 한도는?

① 35.7　② 37.5　③ 71.4　④ 74.1

해설

기술기준 제27조(전선로 및 전선의 절연성능)

최대 공급 전류$=\frac{\text{용량}}{\text{정격 전압}}=\frac{15\times10^3}{210}$[A]

누설 전류$=\frac{15\times10^3}{210}\times\frac{1}{2000}=35.7\times10^{-3}$[A]

답 : ①

예제문제 11

SELV 및 PELV로서 DC시험전압 250V 옥내 분기 회로에 있어서 전선과 대지간의 절연 저항은 최소 몇 [MΩ] 이상이어야 하는가?

① 0.1　② 0.2　③ 0.4　④ 0.5

해설

기술기준 제52조(저압 전로의 절연 성능)

전로의 사용전압 V	DC 시험전압 V	절연저항 MΩ
SELV 및 PELV	250	0.5
FELV, 500V 이하	500	1.0
500V 초과	1,000	1.0

주) 특별저압(extra low voltage : 2차 전압이 AC 50V, DC 120V 이하)으로 SELV(비접지회로 구성) 및 PELV(접지회로 구성)은 1차와 2차가 전기적으로 절연된 회로, FELV는 1차와 2차가 전기적으로 절연되지 않은 회로

답 : ④

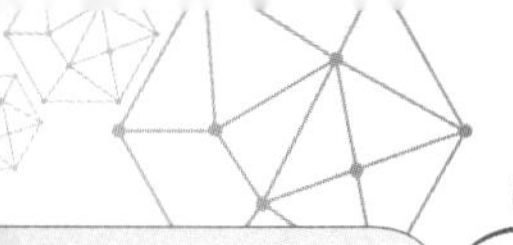

132 전로의 절연저항 및 절연내력

1. 절연저항 측정이 곤란한 경우 저항성분의 누설전류가 1 mA 이하이면 그 전로의 절연성능은 적합한 것으로 본다.
2. 전로와 대지 사이(다심케이블은 심선 상호 간 및 심선과 대지 사이)에 연속하여 10분간 가하여 절연내력을 시험하였을 때에 이에 견디어야 한다. 다만, 전선에 케이블을 사용하는 교류 전로로서 표 132-1에서 정한 시험전압의 2배의 직류전압을 전로와 대지 사이(다심케이블은 심선 상호 간 및 심선과 대지 사이)에 연속하여 10분간 가하여 절연내력을 시험하였을 때에 이에 견디는 것에 대하여는 그러하지 아니하다.

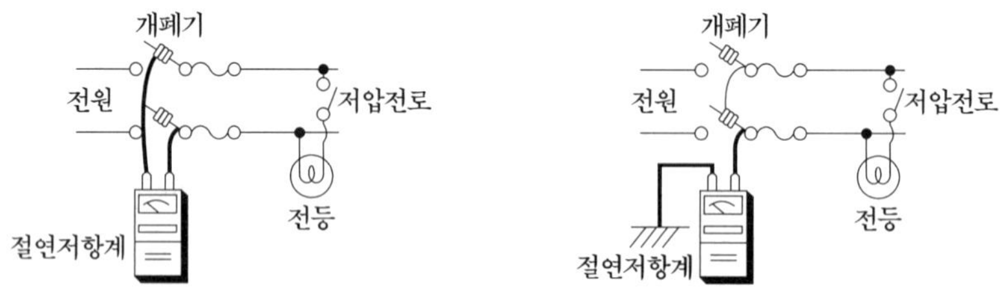

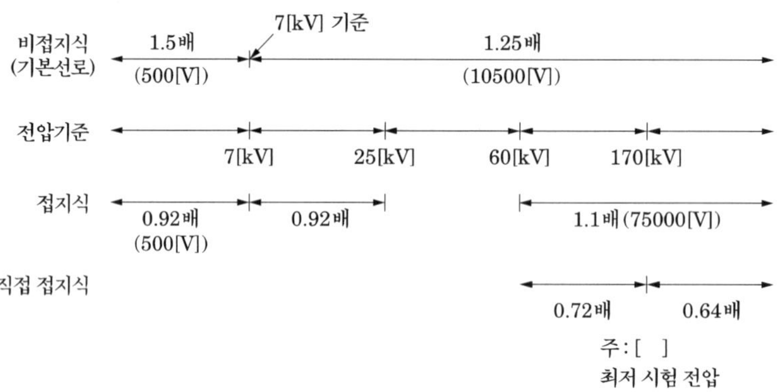

절연내력시험 정리

최대 사용 전압	시험 전압	최저 시험 전압	예
7 [kV]이하	1.5배	500 [V]	6,600 → 9,900
7 [kV] 초과 25 [kV] 이하 중성점 다중 접지 방식	0.92배		22,900 → 21,068
7 [kV] 초과 비접지식 모든 전압	1.25배	10,500 [V]	66,000 → 82,500
60 [kV] 초과 중성점 접지식	1.1배	75,000 [V]	66,000 → 72,600
60 [kV] 초과 중성점 직접 접지식	0.72배		154,000 → 110,880 345,000 → 248,400
170 [kV] 넘는 중성점 직접 접지식 구내에만 적용	0.64배		345,000 → 220,800

예제문제 12

최대 사용 전압이 154,000 [V]인 중성점 직접 접지식 전로의 절연 내력 시험 전압은 몇 [V] 인가?

① 110,880　② 141,680　③ 169,400　④ 192,500

해설

한국전기설비규정 132 전로의 절연저항 및 절연내력

접지 방식	최대 사용 전압	시험 전압 (최대 사용 전압 배수)	최저 시험 전압
비접지	7 [kV] 이하	1.5배	500 [V]
	7 [kV] 초과	1.25배	10,500 [V]
중성점접지	60 [kV] 초과	1.1배	75,000 [V]
중성점직접접지	60 [kV] 초과 170 [kV] 이하	0.72배	
	170 [kV] 초과	0.64배	
중성점다중접지	25 [kV] 이하	0.92배	500 [V]

※ 전로에 케이블을 사용하는 경우에는 직류로 시험할 수 있으며, 시험 전압은 교류의 경우의 2배가 된다.

∴ 시험 전압 $= 154{,}000 \times 0.72 = 110{,}880$[kV]

답 : ①

예제문제 13

배전 선로의 전압이 22,900 [V]이며 중성선에 다중 접지하는 전선로의 절연 내력 시험 전압은 최대 사용 전압의 몇 배인가?

① 0.72　② 0.92　③ 1.1　④ 1.25

해설

한국전기설비규정 132 전로의 절연저항 및 절연내력

절연 내력 시험 전압(최대 사용 전압의 배수)

접지 방식	최대 사용 전압	시험 전압 (최대 사용 전압 배수)	최저 시험 전압
비접지	7 [kV] 이하	1.5배	500 [V]
	7 [kV] 초과	1.25배	10,500 [V]
중성점접지	60 [kV] 초과	1.1배	75,000 [V]
중성점직접접지	60 [kV] 초과 170 [kV] 이하	0.72배	
	170 [kV] 초과	0.64배	
중성점다중접지	25 [kV] 이하	0.92배	500 [V]

※ 전로에 케이블을 사용하는 경우에는 직류로 시험할 수 있으며, 시험 전압은 교류의 경우의 2배가 된다.

답 : ②

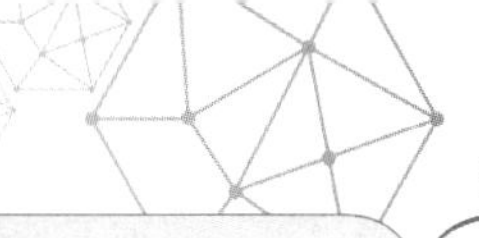

예제문제 14

최대 사용 전압이 69 [kV]인 중성점 비접지식 지중 케이블 선로의 절연 내력 시험을 직류 전압으로 실시하는 경우 전압의 값은?

① 126.8 [kV] ② 151.8 [kV]

③ 172.5 [kV] ④ 207.4 [kV]

해설

한국전기설비규정 132 전로의 절연저항 및 절연내력

절연 내력 시험 전압(최대 사용 전압의 배수)

접지 방식	최대 사용 전압	시험 전압 (최대 사용 전압 배수)	최저 시험 전압
비접지	7 [kV] 이하	1.5배	500 [V]
	7 [kV] 초과	1.25배	10,500 [V]
중성점접지	60 [kV] 초과	1.1배	75,000 [V]
중성점직접접지	60 [kV] 초과 170 [kV] 이하	0.72배	
	170 [kV] 초과	0.64배	
중성점다중접지	25 [kV] 이하	0.92배	500 [V]

※ 전로에 케이블을 사용하는 경우에는 직류로 시험할 수 있으며, 시험 전압은 교류의 경우의 2배가 된다.

∴ 시험 전압 $= 69 \times 1.25 \times 2 = 172.5$ [kV]

답 : ③

133 회전기 및 정류기의 절연내력

회전변류기 이외의 교류의 회전기로 표에서 정한 시험전압의 1.6배의 직류전압으로 절연내력을 시험하였을 때 이에 견디는 것을 시설하는 경우에는 그러하지 아니하다.

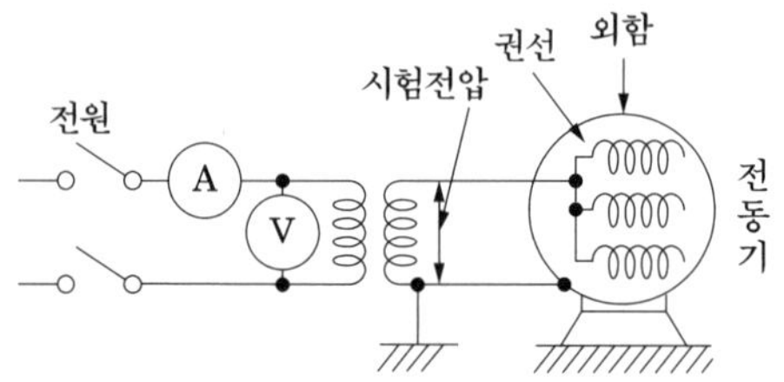

회전기 및 정류기 시험전압

종류			시험 전압	시험 방법
회전기	발전기·전동기·조상기·기타회전기(회전변류기를 제외한다)	최대사용전압 7 kV 이하	최대사용전압의 1.5배의 전압(500 V 미만으로 되는 경우에는 500 V)	권선과 대지 사이에 연속하여 10분간 가한다.
		최대사용전압 7 kV 초과	최대사용전압의 1.25배의 전압(10.5 kV 미만으로 되는 경우에는 10.5 kV)	
	회전변류기		직류측의 최대사용전압의 1배의 교류전압(500 V 미만으로 되는 경우에는 500 V)	

종류		시험 전압	시험 방법
정류기	최대사용전압이 60 kV 이하	직류측의 최대사용전압의 1배의 교류전압(500 V 미만으로 되는 경우에는 500 V)	충전부분과 외함 간에 연속하여 10분간 가한다.
	최대사용전압 60 kV 초과		교류측 및 직류고전압측단자와 대지 사이에 연속하여 10분간 가한다.

예제문제 15

고압용 수은정류기의 절연내력 시험은 직류측 최대 사용 전압의 몇 배의 교류전압을 음극 및 외함과 대지간에 연속하여 10분간 가하여 이에 견디어야 하는가?

① 1배 ② 1.1배 ③ 1.25배 ④ 1.5배

해설

한국전기설비규정 133 회전기 및 정류기의 절연내력

종류		시험전압	시험방법
정류기	최대사용전압이 60 kV 이하	직류측의 최대사용전압의 1배의 교류전압(500 [V] 미만으로 되는 경우에는 500 [V])	충전부분과 외함간에 연속하여 10분간 가한다.
	최대사용전압 60 kV 초과	교류측의 최대사용전압의 1.1배의 교류전압 또는 직류측의 최대사용전압의 1.1배의 직류전압	교류측 및 직류고전압측단자와 대지간에 연속하여 10분간 가한다.

답 : ①

예제문제 16

고압용 SCR의 절연 내력 시험 전압은 직류측 최대 사용 전압의 몇 배의 교류 전압인가?

① 1배 ② 1.25배 ③ 1.5배 ④ 2배

해설

한국전기설비규정 133 회전기 및 정류기의 절연내력

종류		시험전압	시험방법
정류기	최대사용전압이 60 kV 이하	직류측의 최대사용전압의 1배의 교류전압(500 [V] 미만으로 되는 경우에는 500 [V])	충전부분과 외함간에 연속하여 10분간 가한다.
	최대사용전압 60 kV 초과	교류측의 최대사용전압의 1.1배의 교류전압 또는 직류측의 최대사용전압의 1.1배의 직류전압	교류측 및 직류고전압측단자와 대지간에 연속하여 10분간 가한다.

답 : ①

예제문제 17

발전기, 전동기, 조상기, 기타 회전기(회전 변류기 제외)의 절연 내력 시험시 시험 전압은 어느 곳에 가하면 되는가?

① 권선과 대지 ② 외함과 전선 ③ 외함과 대지 ④ 회전자와 고정자

해설

한국전기설비규정 133 회전기 및 정류기의 절연내력

<table>
<tr><th colspan="3">종류</th><th>시험전압</th><th>시험방법</th></tr>
<tr><td rowspan="3">회전기</td><td rowspan="2">발전기 · 전동기 · 조상기 · 기타회전기 (회전변류기를 제외한다)</td><td>최대사용전압 7 kV 이하</td><td>최대사용전압의 1.5배의 전압(500 V 미만으로 되는 경우에는 500 V)</td><td rowspan="3">권선과 대지 사이에 연속하여 10분간 가한다.</td></tr>
<tr><td>최대사용전압 7 kV 초과</td><td>최대사용전압의 1.25배의 전압(10,500 V 미만으로 되는 경우에는 10,500 V)</td></tr>
<tr><td colspan="2">회전변류기</td><td>직류측의 최대사용전압의 1배의 교류전압(500 V 미만으로 되는 경우에는 500 V)</td></tr>
</table>

답 : ①

134 연료전지 및 태양전지 모듈의 절연내력

연료전지 및 태양전지 모듈은 최대사용전압의 1.5배의 직류전압 또는 1배의 교류전압(500 V 미만으로 되는 경우에는 500 V)을 충전부분과 대지사이에 연속하여 10분간 가하여 절연내력을 시험하였을 때에 이에 견디는 것이어야 한다.

예제문제 18

연료전지 및 태양전지 모듈의 절연내력시험을 하는 경우 충전부분과 대지 사이에 인가하는 시험전압은 얼마인가? (단, 연속하여 10분간 가하여 견디는 것이어야 한다.)

① 최대사용전압의 1.25배의 직류전압 또는 1배의 교류전압(500 V 미만으로 되는 경우에는 500 V)

② 최대사용전압의 1.25배의 직류전압 또는 1.26배의 교류전압(500 V 미만으로 되는 경우에는 500 V)

③ 최대사용전압의 1.5배의 직류전압 또는 1배의 교류전압(500 V 미만으로 되는 경우에는 500 V)

④ 최대사용전압의 1.5배의 직류전압 또는 1.25배의 교류전압(500 V 미만으로 되는 경우는 500 V)

해설

한국전기설비규정 134 연료전지 및 태양전지 모듈의 절연내력

연료전지 및 태양전지 모듈의 절연내력 : 연료전지 및 태양전지 모듈은 최대사용전압의 1.5배의 직류전압 또는 1배의 교류전압(500 V 미만으로 되는 경우에는 500 V)을 충전부분과 대지사이에 연속하여 10분간 가하여 절연내력을 시험하였을 때에 이에 견디는 것이어야 한다.

답 : ③

135 변압기 전로의 절연내력

접지방식	최대사용전압	시험전압 (최대사용전압 배수)	최저시험전압
비접지	7 [kV] 이하	1.5배	500 [V]
	7 [kV] 초과	1.25배	10,500 [V]
중성점접지	60 [kV] 초과	1.1배	75,000 [V]
중성점직접접지	60 [kV] 초과 170 [kV] 이하	0.72배	
	170 [kV] 초과	0.64배	
중성점다중접지	25 [kV] 이하	0.92배	500 [V]

예제문제 19

중성선 다중 접지 방식의 전로에 접속된 최대 사용 전압 23,000 [V]의 변압기 권선을 절연 내력 시험할 때 시험되는 권선과 다른 권선, 철심 및 외함 사이에 인가할 시험 전압은 몇 [V]인가?

① 21,160　② 25,300　③ 28,750　④ 34,500

해설

한국전기설비규정 135 변압기 전로의 절연내력

접지 방식	최대 사용 전압	시험 전압 (최대 사용 전압 배수)	최저 시험 전압
비접지	7 [kV] 이하	1.5배	500 [V]
	7 [kV] 초과	1.25배	10,500 [V]
중성점접지	60 [kV] 초과	1.1배	75,000 [V]
중성점직접접지	60 [kV] 초과 170 [kV] 이하	0.72배	
	170 [kV] 초과	0.64배	
중성점다중접지	25 [kV] 이하	0.92배	500 [V]

※ 전로에 케이블을 사용하는 경우에는 직류로 시험할 수 있으며, 시험 전압은 교류의 경우의 2배가 된다.

∴ 시험 전압 $= 23,000 \times 0.92 = 21,160$ [V]

답 : ①

예제문제 20

주상 변압기의 1차 전압 탭이 6,900 [V], 6,600 [V], 6,300 [V], 6,000 [V], 5,700 [V]이다. 이 변압기의 절연 내력 시험 전압 [V]은?

① 10,000　② 11,750　③ 10,350　④ 12,500

해설

한국전기설비규정 135 변압기 전로의 절연내력

최대 사용 전압은 6,900 [V]이므로 시험 전압은 7000 [V] 이하를 적용한다.

∴ 시험 전압 $= 6,900 \times 1.5 = 10,350$ [V]

답 : ③

예제문제 21

최대 사용 전압이 7,200 [V]인 중성점 비접지식 변압기의 절연 내력 시험 전압 [V]은?

① 90,000 ② 10,500 ③ 12,500 ④ 20,500

해설

한국전기설비규정 135 변압기 전로의 절연내력

최대 사용 전압이 7000 [V] 이상인 경우에는 비접지식에서 1.25배를 적용한다.

∴ 시험 전압=7200×1.25=9,000 [V]이므로 10,500 [V] 이하의 값이 되어서 시험 전압은 10,500 [V]로 하여야 한다.

답 : ②

140 접지시스템

142 접지시스템의 시설

접지시스템의 구성요소

1. 접지극
2. 접지도체
3. 보호도체

142.1 접지시스템의 구성요소 및 요구사항

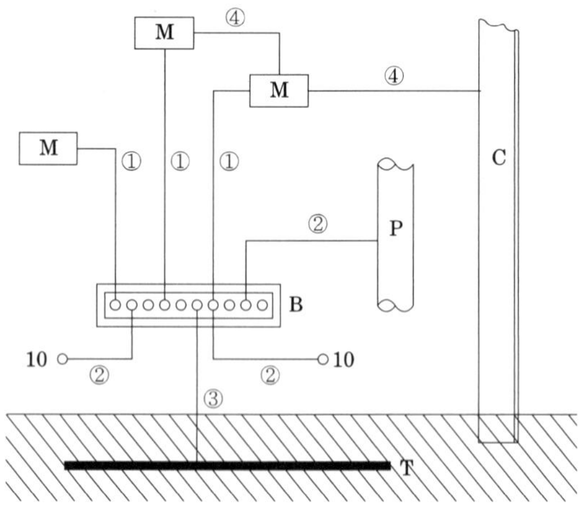

기호	명칭	기호	명칭
①	보호도체(PE)	C	철골, 금속덕트 등의 계통외 도전성 부분
②	보호등전위본딩 도체	B	주 접지단자
③	접지도체	P	수도관, 가스관 등 금속배관
④	보조보호등전위본딩 도체	T	접지극
M	전기 기기의 노출 도전성 부분	10	기타 기기 (예:정보통신시스템, 뇌보호시스템)

142.2 접지극의 시설 및 접지저항

1. 콘크리트에 매입된 기초 접지극
2. 토양에 매설된 기초 접지극
3. 토양에 수직 또는 수평으로 직접 매설된 금속전극(봉, 전선, 테이프, 배관, 판 등)
4. 케이블의 금속외장 및 그 밖에 금속피복
5. 지중 금속구조물(배관 등)
6. 대지에 매설된 철근콘크리트의 용접된 금속 보강재. 다만, 강화콘크리트는 제외한다.

접지극의 매설은 다음에 의한다.

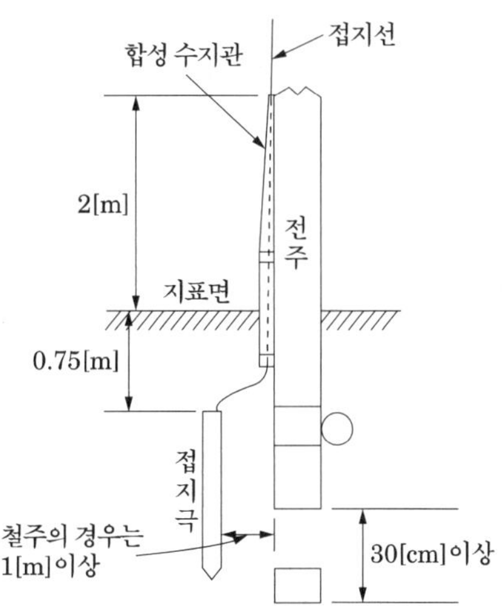

1. 접지극은 매설하는 토양을 오염시키지 않아야 하며, 가능한 다습한 부분에 설치한다.
2. 접지극은 동결 깊이를 감안하여 접지극의 매설깊이는 지표면으로부터 지하 0.75 m 이상으로 한다. 다만, 발전소·변전소·개폐소 또는 이에 준하는 곳에 접지극을 322.5의1의 "가"에 준하여 시설하는 경우에는 그러하지 아니하다.
3. 접지도체를 철주 기타의 금속체를 따라서 시설하는 경우에는 접지극을 철주의 밑면으로부터 0.3 m 이상의 깊이에 매설하는 경우 이외에는 접지극을 지중에서 그 금속체로부터 1 m 이상 떼어 매설하여야 한다.

수도관 등을 접지극으로 사용하는 경우는 다음에 의한다

1. 지중에 매설되어 있고 대지와의 전기저항 값이 3 Ω 이하의 값을 유지하고 있는 금속제 수도관로가 다음에 따르는 경우 접지극으로 사용이 가능하다. 접지도체와 금속제 수도관로의 접속은 안지름 75 mm 이상인 부분 또는 여기에서 분기한 안지름 75 mm 미만인 분기점으로부터 5 m 이내의 부분에서 하여야 한다. 다만, 금속제 수도관로와 대지 사이의 전기저항 값이 2 Ω 이하인 경우에는 분기점으로부터의 거리는 5 m을 넘을 수 있다.

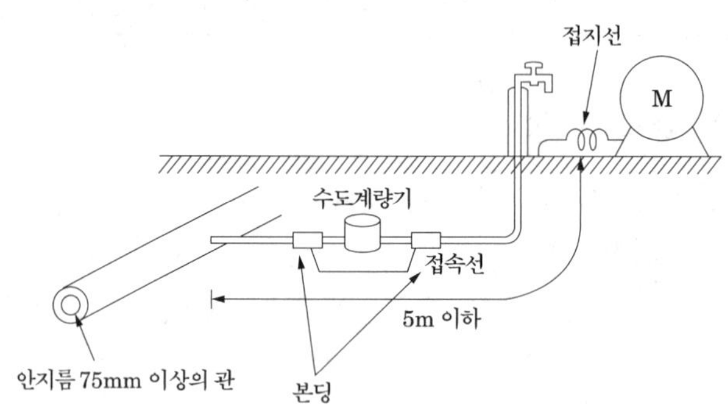

2. 건축물·구조물의 철골 기타의 금속제는 이를 비접지식 고압전로에 시설하는 기계기구의 철대 또는 금속제 외함의 접지공사 또는 비접지식 고압전로와 저압전로를 결합하는 변압기의 저압전로의 접지공사의 접지극으로 사용할 수 있다. 다만, 대지와의 사이에 전기저항 값이 2 Ω 이하인 값을 유지하는 경우에 한한다.

142.3 접지도체 · 보호도체

142.3.1 접지도체

1. 접지도체의 선정
   가. 접지도체의 최소 단면적은 다음과 같다.
      (1) 구리는 6 mm^2 이상
      (2) 철제는 50 mm^2 이상
   나. 접지도체에 피뢰시스템이 접속되는 경우, 접지도체의 단면적은 구리 16 mm^2 또는 철 50 mm^2 이상으로 하여야 한다.
2. 접지도체는 지하 0.75 m 부터 지표 상 2m 까지 부분은 합성수지관(두께 2 mm 미만의 합성수지제 전선관 및 가연성 콤바인덕트관은 제외한다) 또는 이와 동등 이상의 절연효과와 강도를 가지는 몰드로 덮어야 한다.
3. 특고압·고압 전기설비용 접지도체는 단면적 6 mm^2 이상의 연동선 또는 동등 이상의 단면적 및 강도를 가져야 한다.
4. 중성점 접지용 접지도체는 공칭단면적 16 mm^2 이상의 연동선 또는 동등 이상의 단면적 및 세기를 가져야 한다. 다만, 다음의 경우에는 공칭단면적 6 mm^2 이상의 연동선 또는 동등 이상의 단면적 및 강도를 가져야 한다.

142.3.2 보호도체

1. 보호도체의 최소 단면적은 다음에 의한다.

보호도체의 최소 단면적

상도체의 단면적 S (mm², 구리)	보호도체의 최소 단면적(mm², 구리)	
	보호도체의 재질	
	보호도체의 재질이 선도체와 같은 경우	보호도체의 재질이 선도체와 다른 경우
$S \leq 16$	S	$\left(\dfrac{k_1}{k_2}\right) \times S$
$16 < S \leq 35$	$16(a)$	$\left(\dfrac{k_1}{k_2}\right) \times 16$
$S > 35$	$\dfrac{S(a)}{2}$	$\left(\dfrac{k_1}{k_2}\right) \times \left(\dfrac{S}{2}\right)$

여기서,

k_1 : 도체 및 절연의 재질에 따라 KS C IEC 60364-5-54(저압전기설비-제5-54부:전기기기의 선정 및 설치-접지설비 및 보호도체)의 표A54.1(여러 가지 재료의 변수 값) 또는 KS C IEC 60364-4-43(저압전기설비-제4-43부:안전을 위한 보호-과전류에 대한 보호)의 표 43A(도체에 대한 k값)에서 선정된 상도체에 대한 k값

k_2 : KS C IEC 60364-5-54(저압전기설비-제5-54부:전기기기의 선정 및 설치-접지설비 및 보호도체)의 표A.54.2(케이블에 병합되지 않고 다른 케이블과 묶여 있지 않은 절연 보호도체의 k값)~A.54.6(제시된 온도에서 모든 인접 물질에 손상 위험성이 없는 경우 나도체의 k값)에서 선정된 보호도체에 대한 k값

a : PEN 도체의 최소단면적은 중성선과 동일하게 적용한다(KS C IEC 60364-5-52(저압전기설비-제5-52부:전기기기의 선정 및 설치-배선설비) 참조).

① 차단시간이 5초 이하인 경우에만 다음 계산식을 적용한다.

$$S = \frac{\sqrt{I^2 t}}{k} \ [\text{mm}^2]$$

여기서, S : 단면적 (mm²)

I : 보호장치를 통해 흐를 수 있는 예상 고장전류 실효값(A)

t : 자동차단을 위한 보호장치의 동작시간(s)

k : 보호도체, 절연, 기타 부위의 재질 및 초기온도와 최종온도에 따라 정해지는 계수로 KS C IEC 60364-5-54(저압전기설비-제5-54부:전기기기의 선정 및 설치-접지설비 및 보호도체)의 "부속서 A(기본보호에 관한 규정)"에 의한다.

② 보호도체가 케이블의 일부가 아니거나 선도체와 동일 외함에 설치되지 않으면 단면적은 다음의 굵기 이상으로 하여야 한다.

(1) 기계적 손상에 대해 보호가 되는 경우는 구리 2.5 mm², 알루미늄 16 mm² 이상

(2) 기계적 손상에 대해 보호가 되지 않는 경우는 구리 4 mm², 알루미늄 16 mm² 이상

(3) 케이블의 일부가 아니라도 전선관 및 트렁킹 내부에 설치되거나, 이와 유사한 방법으로 보호되는 경우 기계적으로 보호되는 것으로 간주한다.

2. 보호도체의 종류
   (1) 다심케이블의 도체
   (2) 충전도체와 같은 트렁킹에 수납된 절연도체 또는 나도체
   (3) 고정된 절연도체 또는 나도체
   (4) "나" (1), (2) 조건을 만족하는 금속케이블 외장, 케이블 차폐, 케이블 외장, 전선묶음(편조전선), 동심도체, 금속관
3. 다음과 같은 금속부분은 보호도체 또는 보호본딩도체로 사용해서는 안 된다.
   (1) 금속 수도관
   (2) 가스 · 액체 · 분말과 같은 잠재적인 인화성 물질을 포함하는 금속관
   (3) 상시 기계적 응력을 받는 지지 구조물 일부
   (4) 가요성 금속배관. 다만, 보호도체의 목적으로 설계된 경우는 예외로 한다.
   (5) 가요성 금속전선관
   (6) 지지선, 케이블트레이 및 이와 비슷한 것

142.3.4 보호도체와 계통도체 겸용

겸용도체는 고정된 전기설비에서만 사용할 수 있으며 다음에 의한다.

가. 단면적은 구리 10 mm^2 또는 알루미늄 16 mm^2 이상이어야 한다.

나. 중성선과 보호도체의 겸용도체는 전기설비의 부하 측으로 시설하여서는 안 된다.

다. 폭발성 분위기 장소는 보호도체를 전용으로 하여야 한다.

142.3.7 주 접지단자

접지시스템은 주 접지단자를 설치하고, 다음의 도체들을 접속하여야 한다.

가. 등전위본딩도체

나. 접지도체

다. 보호도체

라. 기능성 접지도체

142.4 전기수용가 접지

142.4.1 저압수용가 인입구 접지

1. 수용장소 인입구 부근에서 다음의 것을 접지극으로 사용하여 변압기 중성점 접지를 한 저압전선로의 중성선 또는 접지측 전선에 추가로 접지공사를 할 수 있다.
   가. 지중에 매설되어 있고 대지와의 전기저항 값이 3 Ω 이하의 값을 유지하고 있는 금속제 수도관로
   나. 대지 사이의 전기저항 값이 3 Ω 이하인 값을 유지하는 건물의 철골

2. 제1에 따른 접지도체는 공칭단면적 6 ㎟ 이상의 연동선 또는 이와 동등 이상의 세기 및 굵기의 쉽게 부식하지 않는 금속선으로서 고장 시 흐르는 전류를 안전하게 통할 수 있는 것이어야 한다.

142.4.2 주택 등 저압수용장소 접지

1. 저압수용장소에서 계통접지가 TN-C-S 방식인 경우에 보호도체

가. 보호도체의 최소 단면적

상도체의 단면적 S (mm², 구리)	보호도체의 최소 단면적(mm², 구리)	
	보호도체의 재질	
	보호도체의 재질이 선도체와 같은 경우	보호도체의 재질이 선도체와 다른 경우
$S \leq 16$	S	$\left(\frac{k_1}{k_2}\right) \times S$
$16 < S \leq 35$	$16^{(a)}$	$\left(\frac{k_1}{k_2}\right) \times 16$
$S > 35$	$\frac{S^{(a)}}{2}$	$\left(\frac{k_1}{k_2}\right) \times \left(\frac{S}{2}\right)$

나. 중성선 겸용 보호도체(PEN)는 고정 전기설비에만 사용할 수 있고, 그 도체의 단면적이 구리는 10 mm² 이상, 알루미늄은 16 mm² 이상이어야 한다.

142.5 변압기의 중성점 접지 저항 값

접지 저항값
• $\frac{150}{\text{1선 지락전류}I}$ [Ω] 이하 • 자동 차단는 장치가 1초 이내 동작하면 600/I [Ω] • 자동 차단하는 장치가 1초를 넘어 2초 이내 동작하면 $\frac{300}{I}$ [Ω]

142.6 공통접지 및 통합접지

1. 고압 및 특고압과 저압 전기설비의 접지극이 서로 근접하여 시설되어 있는 변전소 또는 이와 유사한 곳에서는 다음과 같이 공통접지시스템으로 할 수 있다.

가. 저압 전기설비의 접지극이 고압 및 특고압 접지극의 접지저항 형성영역에 완전히 포함되어 있다면 위험전압이 발생하지 않도록 이들 접지극을 상호 접속하여야 한다.

나. 접지시스템에서 고압 및 특고압 계통의 지락사고 시 저압계통에 가해지는 상용주파 과전압은 표 142.5-1 에서 정한 값을 초과해서는 안 된다.

표 142.5-1 저압설비 허용 상용주파 과전압

고압계통에서 지락고장시간 (초)	저압설비 허용 상용주파 과전압 (V)	비고
>5	U_0 + 250	중성선 도체가 없는 계통에서 U_0는 선간전압을 말한다.
≤ 5	U_0 + 1,200	

[비고]
1. 순시 상용주파 과전압에 대한 저압기기의 절연 설계기준과 관련된다.
2. 중성선이 변전소 변압기의 접지계통에 접속된 계통에서, 건축물외부에 설치한 외함이 접지되지 않은 기기의 절연에는 일시적 상용주파 과전압이 나타날 수 있다.

다. 고압 및 특고압을 수전 받는 수용가의 접지계통을 수전 전원의 다중접지된 중성선과 접속하면 "나"의 요건은 충족하는 것으로 간주할 수 있다.

라. 기타 공통접지와 관련한 사항은 KS C IEC 61936-1(교류 1 kV 초과 전력설비 - 제1부:공통규정)의 "10 접지시스템"에 의한다.

2. 전기설비의 접지설비, 건축물의 피뢰설비 · 전자통신설비 등의 접지극을 공용하는 통합접지시스템으로 하는 경우 다음과 같이 하여야 한다.

가. 통합접지시스템은 제1에 의한다.

나. 낙뢰에 의한 과전압 등으로부터 전기전자기기 등을 보호하기 위해 153.1의 규정에 따라 서지보호장치를 설치하여야 한다.

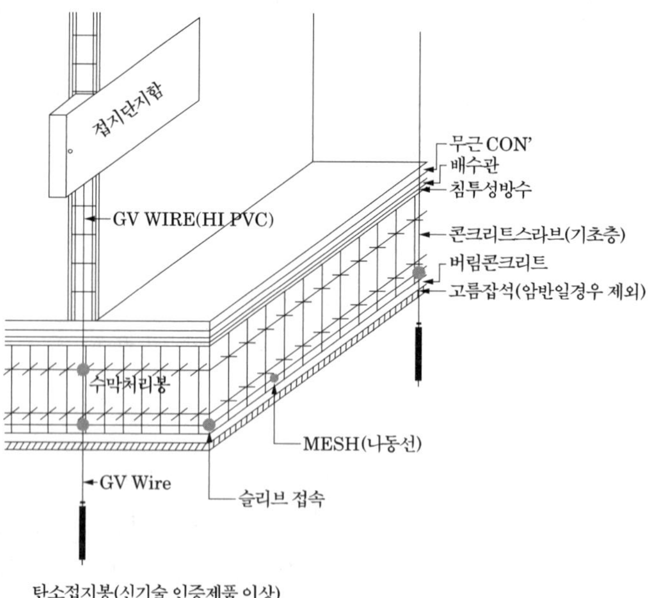

공 통 접 지	통 합 접 지
고압 및 특고압 접지계통과 저압 접지계통이 등전위가 되도록 공통으로 접지하는 방식을 말한다.	전기설비, 통신설비, 피뢰설비 및 수도관, 가스관, 철근, 철골 등을 모두 함께 접지하여 그들 간에 전위차가 없도록 함으로써 인체의 감전 우려를 최소화하는 방식을 말한다. (건물 내의 사람이 접촉할 수 있는 모든 도전부가 등전위를 형성하도록 한다.)
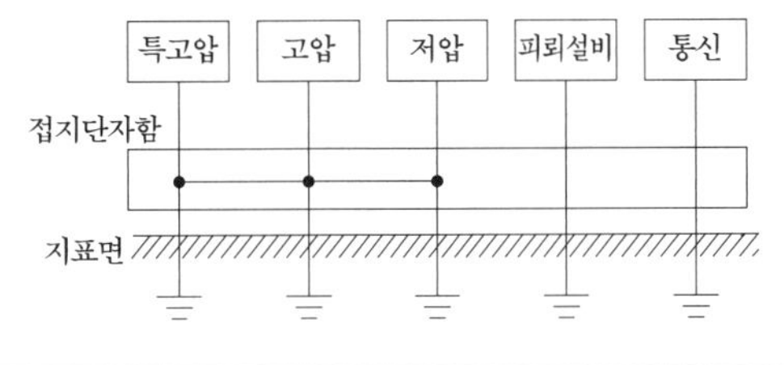	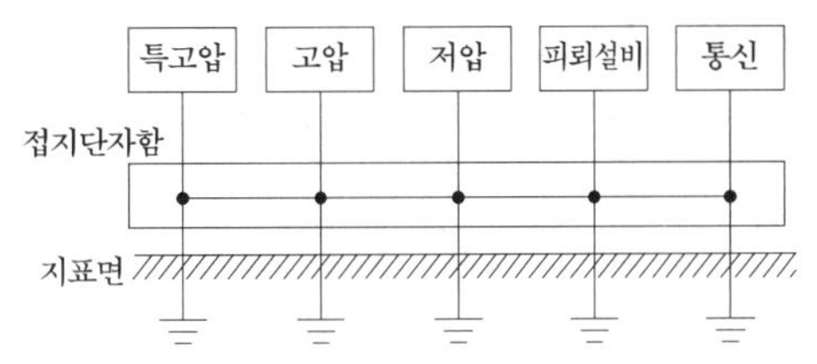

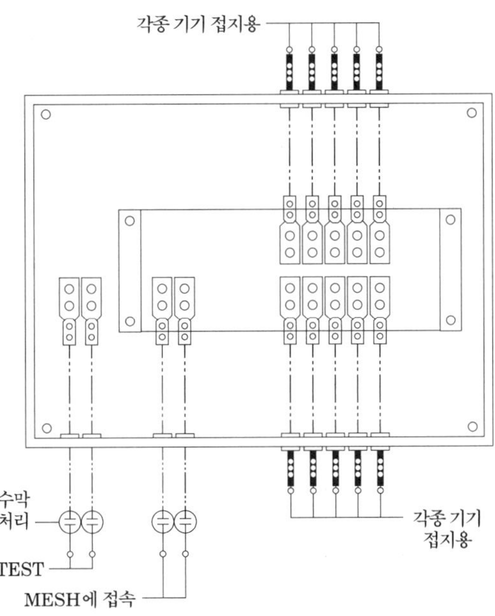

142.7 기계기구의 철대 및 외함의 접지

1. 접지의 생략

가. 사용전압이 직류 300 V 또는 교류 대지전압이 150 V 이하인 기계기구를 건조한곳에 시설하는 경우

나. 저압용의 기계기구를 건조한 목재의 마루 기타 이와 유사한 절연성 물건 위에서 취급하도록 시설하는 경우

다. 저압용 기계기구에 전기를 공급하는 전로의 전원측에 절연변압기(2차 전압이 300 V 이하이며, 정격용량이 3 kVA 이하인 것에 한한다)를 시설하고 또한 그 절연변압기의 부하측 전로를 접지하지 않은 경우

라. 물기 있는 장소 이외의 장소에 시설하는 저압용의 개별 기계기구에 전기를 공급하는 전로에 「전기용품 및 생활용품 안전관리법」의 적용을 받는 인체감전보호용 누전차단기(정격감도전류가 30 mA 이하, 동작시간이 0.03초 이하의 전류동작형에 한한다)를 시설하는 경우

예제문제 22

접지 공사시에 접지극은 지하 몇 [cm] 이상의 깊이에 매설하는가?

① 30 ② 50 ③ 75 ④ 100

해설

한국전기설비규정 142.2 접지극의 시설 및 접지저항
접지극의 매설은 다음에 의한다.
가. 접지극은 매설하는 토양을 오염시키지 않아야 하며, 가능한 다습한 부분에 설치한다.
나. 접지극은 지표면으로부터 지하 0.75 m 이상으로 하되 동결 깊이를 감안하여 매설 깊이를 정해야 한다.
다. 접지도체를 철주 기타의 금속체를 따라서 시설하는 경우에는 접지극을 철주의 밑면으로부터 0.3 m 이상의 깊이에 매설하는 경우 이외에는 접지극을 지중에서 그 금속체로부터 1 m 이상 떼어 매설하여야 한다.

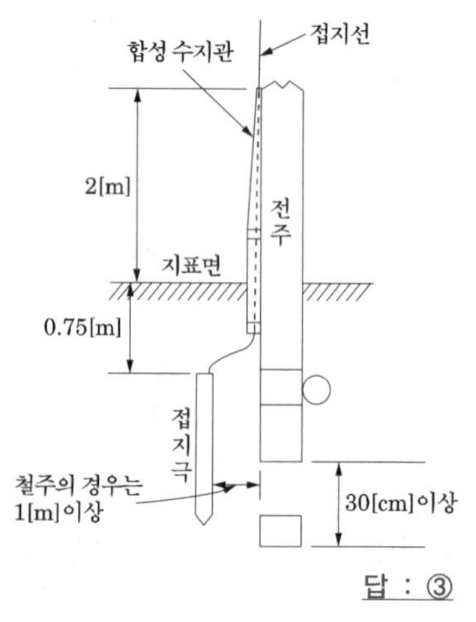

답 : ③

예제문제 23

수용 장소의 인입구 부근에 금속제 수도 관로가 있는 경우 또는 대지간의 전기 저항값이 몇 [Ω] 이하인 값을 유지하는 건물의 철골이 있는 경우에는 이것을 접지극으로 사용하여 저압 전선로의 접지측 전선에 추가 접지할 수 있는가?

① 1 [Ω] ② 2 [Ω] ③ 3 [Ω] ④ 4 [Ω]

해설

한국전기설비규정 142.4.1 저압수용가 인입구 접지
1. 수용장소 인입구 부근에서 다음의 것을 접지극으로 사용하여 변압기 중성점 접지를 한 저압전선로의 중성선 또는 접지측 전선에 추가로 접지공사를 할 수 있다.
   가. 지중에 매설되어 있고 대지와의 전기저항 값이 3Ω 이하의 값을 유지하고 있는 금속제 수도관로
   나. 대지 사이의 전기저항 값이 3Ω 이하인 값을 유지하는 건물의 철골
2. 제1에 따른 접지도체는 공칭단면적 6 mm^2 이상의 연동선 또는 이와 동등 이상의 세기 및 굵기의 쉽게 부식하지 않는 금속선으로서 고장 시 흐르는 전류를 안전하게 통할 수 있는 것이어야 한다. 다만, 접지도체를 사람이 접촉할 우려가 있는 곳에 시설할 때에는 접지도체는 142.3.1의 6에 따른다.

답 : ③

예제문제 24

저압수용장소에서 계통접지가 TN-C-S 방식인 경우 중성선 겸용 보호도체(PEN)의 단면적은 구리도체의 경우 몇[mm^2] 이상인가?

① 6　　② 10　　③ 16　　④ 25

해설
한국전기설비규정 142.4.2 주택 등 저압수용장소 접지
1. 저압수용장소에서 계통접지가 TN-C-S 방식인 경우에 보호도체는 다음에 따라 시설하여야 한다.
  가. 보호도체의 최소 단면적은 142.3.2의 1에 의한 값 이상으로 한다.
  나. 중성선 겸용 보호도체(PEN)는 고정 전기설비에만 사용할 수 있고, 그 도체의 단면적이 구리는 10 mm^2 이상, 알루미늄은 16 mm^2 이상이어야 하며, 그 계통의 최고전압에 대하여 절연되어야 한다.

답 : ②

예제문제 25

중성점 접지 공사의 접지 저항값을 $\frac{150}{I}[\Omega]$으로 정하고 있는데, 이때 I에 해당하는 것은?

① 변압기의 고압측 또는 특고압측 전로의 1선 지락 전류의 암페어 수
② 변압기의 고압측 또는 특고압측 전로의 단락 사고 시의 고장 전류의 암페어 수
③ 변압기의 1차측과 2차측의 혼촉에 의한 단락 전류의 암페어 수
④ 변압기의 1차와 2차에 해당되는 전류의 합

해설
한국전기설비규정 142.5.1 중성점 접지 저항 값
변압기의 중성점접지 저항 값은 다음에 의한다.
가. 일반적으로 변압기의 고압·특고압측 전로 1선 지락전류로 150을 나눈 값과 같은 저항 값 이하
나. 변압기의 고압·특고압측 전로 또는 사용전압이 35 kV 이하의 특고압전로가 저압측 전로와 혼촉하고 저압전로의 대지전압이 150 V를 초과하는 경우는 저항 값은 다음에 의한다.
 (1) 1초 초과 2초 이내에 고압·특고압 전로를 자동으로 차단하는 장치를 설치할 때는 300을 나눈 값 이하
 (2) 1초 이내에 고압·특고압 전로를 자동으로 차단하는 장치를 설치할 때는 600을 나눈 값 이하

답 : ①

예제문제 26

변압기의 고압측 1선 지락 전류가 60[A]라 할 때 변압기 중성점 접지 저항값은 최대 몇 [Ω]인가? 단, 2초 내에 자동적으로 고압전로를 차단하는 장치가 없다고 한다.

① 2.5 ② 5 ③ 7.5 ④ 10

해설

한국전기설비규정 142.5.1 중성점 접지 저항 값

접지 저항값
• $\dfrac{150}{1\text{선 지락전류 } I}$ [Ω] 이하
• 자동 차단하는 장치가 1초 이내 동작하면 600/I [Ω]
• 자동 차단하는 장치가 1초를 넘어 2초 이내 동작하면 300/I [Ω]

$$\therefore \text{접지 저항값} = \frac{150}{1\text{선 지락 전류}} = \frac{150}{60} = 2.5\,[\Omega]$$

답 : ①

143 감전보호용 등전위본딩

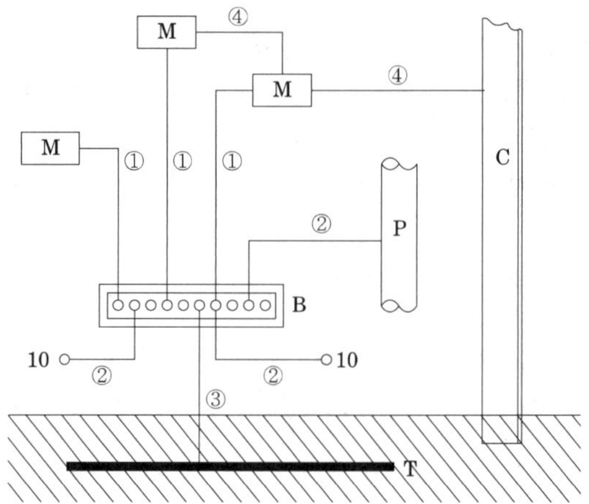

기호	명칭	기호	명칭
①	보호도체(PE)	C	철골, 금속덕트 등의 계통외 도전성 부분
②	보호등전위본딩 도체	B	주 접지단자
③	접지도체	P	수도관, 가스관 등 금속배관
④	보조보호등전위본딩 도체	T	접지극
M	전기 기기의 노출 도전성 부분	10	기타 기기 (예:정보통신시스템, 뇌보호시스템)

143.1 보호등전위본딩의 적용

1. 건축물·구조물에서 접지도체, 주 접지단자와 다음의 도전성부분은 등전위본딩 하여야 한다. 다만, 이들 부분이 다른 보호도체로 주 접지단자에 연결된 경우는 그러하지 아니하다.
   가. 수도관·가스관 등 외부에서 내부로 인입되는 금속배관
   나. 건축물·구조물의 철근, 철골 등 금속보강재
   다. 일상생활에서 접촉이 가능한 금속제 난방배관 및 공조설비 등 계통외도전부
2. 주 접지단자에 보호등전위본딩 도체, 접지도체, 보호도체, 기능성 접지도체를 접속하여야 한다.

143.2 등전위본딩 시설

143.2.1 보호등전위본딩

1. 건축물·구조물의 외부에서 내부로 들어오는 각종 금속제 배관은 다음과 같이 하여야 한다.
   가. 1 개소에 집중하여 인입하고, 인입구 부근에서 서로 접속하여 등전위본딩 바에 접속하여야 한다.
   나. 대형건축물 등으로 1 개소에 집중하여 인입하기 어려운 경우에는 본딩도체를 1 개의 본딩 바에 연결한다.
2. 수도관·가스관의 경우 내부로 인입된 최초의 밸브 후단에서 등전위본딩을 하여야 한다.
3. 건축물·구조물의 철근, 철골 등 금속보강재는 등전위본딩을 하여야 한다.

143.2.2 보조 보호등전위본딩

1. 보조 보호등전위본딩의 대상은 전원자동차단에 의한 감전보호방식에서 고장 시 자동차단시간이 표 211.2-1에서 요구하는 계통별 최대차단시간을 초과하는 경우이다.

표 211.2-1 32 A 이하 분기회로의 최대 차단시간 [단위 : 초]

계통	50 V< U_0≤120 V		120 V< U_0≤230 V		230 V< U_0≤400 V		U_0>400 V	
	교류	직류	교류	직류	교류	직류	교류	직류
TN	0.8	[비고1]	0.4	5	0.2	0.4	0.1	0.1
TT	0.3	[비고1]	0.2	0.4	0.07	0.2	0.04	0.1

TT 계통에서 차단은 과전류보호장치에 의해 이루어지고 보호등전위본딩은 설비 안의 모든 계통외도전부와 접속되는 경우 TN 계통에 적용 가능한 최대차단시간이 사용될 수 있다.
U0는 대지에서 공칭교류전압 또는 직류 선간전압이다.

[비고1] 차단은 감전보호 외에 다른 원인에 의해 요구될 수도 있다.
[비고2] 누전차단기에 의한 차단은 211.2.4 참조.

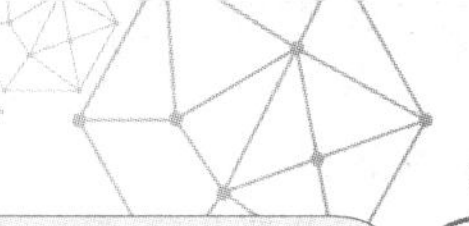

2. 제1의 차단시간을 초과하고 2.5 m 이내에 설치된 고정기기의 노출도전부와 계통외도전부는 보조 보호등전위본딩을 하여야 한다. 다만, 보조 보호등전위본딩의 유효성에 관해 의문이 생길 경우 동시에 접근 가능한 노출도전부와 계통외도전부 사이의 저항 값(R)이 다음의 조건을 충족하는지 확인하여야 한다.

$$\text{교류 계통: } R \leq \frac{50\,V}{I_a} \ (\Omega)$$

$$\text{직류 계통: } R \leq \frac{120\,V}{I_a} \ (\Omega)$$

I_a: 보호장치의 동작전류(A)

(누전차단기의 경우 I△n(정격감도전류), 과전류보호장치의 경우 5초 이내 동작전류)

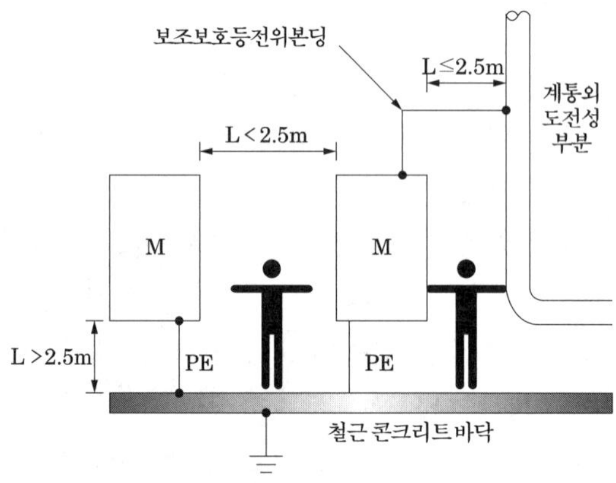

143.2.3 비접지 국부등전위본딩

1. 절연성 바닥으로 된 비접지 장소에서 다음의 경우 국부등전위본딩을 하여야 한다.
   가. 전기설비 상호 간이 2.5 m 이내인 경우
   나. 전기설비와 이를 지지하는 금속체 사이

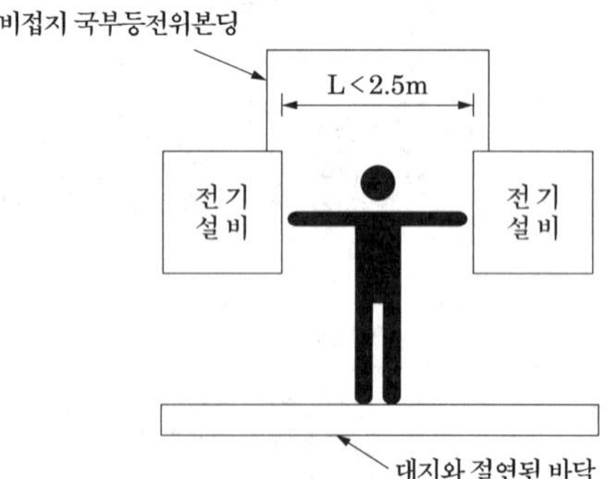

2. 전기설비 또는 계통외도전부를 통해 대지에 접촉하지 않아야 한다.

143.3 등전위본딩 도체

143.3.1 보호등전위본딩 도체

1. 주접지단자에 접속하기 위한 등전위본딩 도체는 설비 내에 있는 가장 큰 보호접지 도체 단면적의 1/2 이상의 단면적을 가져야 하고 다음의 단면적 이상이어야 한다.
   가. 구리도체 6 mm^2
   나. 알루미늄 도체 16 mm^2
   다. 강철 도체 50 mm^2

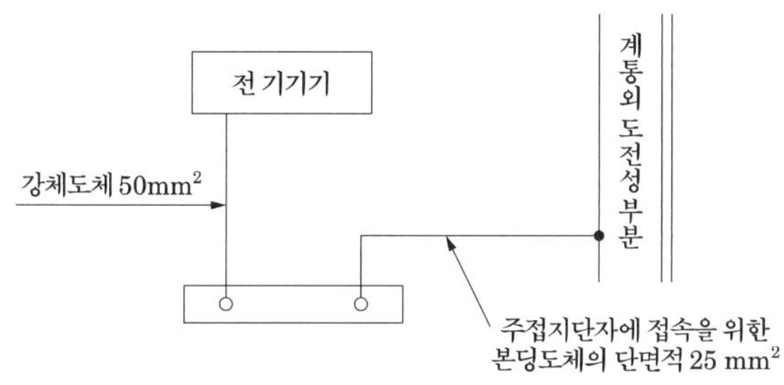

2. 주접지단자에 접속하기 위한 보호본딩도체의 단면적은 구리도체 25 mm^2 또는 다른 재질의 동등한 단면적을 초과할 필요는 없다.
3. 등전위본딩의 상호 접속은 다음에 의한다.
   가. 자연적 구성부재로 인한 본딩으로 전기적 연속성을 확보할 수 없는 장소는 본딩도체로 연결한다.
   나. 본딩도체로 직접 접속할 수 없는 장소의 경우에는 서지보호장치를 이용한다.
   다. 본딩도체로 직접 접속이 허용되지 않는 장소의 경우에는 절연방전갭(ISG)을 이용한다.

143.3.2 보조 보호등전위본딩 도체

1. 두 개의 노출도전부를 접속하는 보호본딩도체의 도전성은 노출도전부에 접속된 더 작은 보호도체의 도전성보다 커야 한다.
2. 노출도전부를 계통외도전부에 접속하는 보호본딩도체의 도전성은 같은 단면적을 갖는 보호도체의 1/2 이상이어야 한다.
3. 케이블의 일부가 아닌 경우 또는 선로도체와 함께 수납되지 않은 본딩도체는 다음 값 이상 이어야 한다.
   가. 기계적 보호가 된 것은 구리도체 2.5 mm^2, 알루미늄 도체 16 mm^2
   나. 기계적 보호가 없는 것은 구리도체 4 mm^2 , 알루미늄 도체 16 mm^2

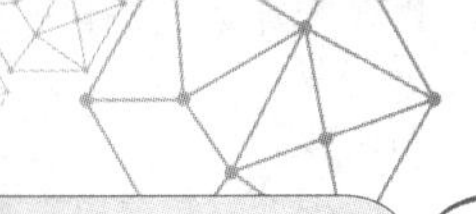

150 피뢰시스템

151 피뢰시스템의 적용범위 및 구성

151.1 적용범위

1. 전기전자설비가 설치된 건축물 · 구조물로서 낙뢰로부터 보호가 필요한 것 또는 지상으로부터 높이가 20 m 이상인 것
2. 전기설비 및 전자설비 중 낙뢰로부터 보호가 필요한 설비

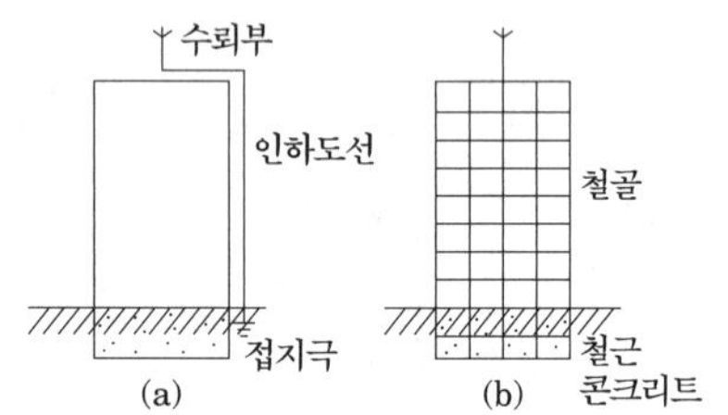

152 외부피뢰시스템

152.1 수뢰부시스템

1. 수뢰부시스템을 선정
   가. 돌침, 수평도체, 메시도체의 요소 중에 한 가지 또는 이를 조합한 형식으로 시설하여야 한다.

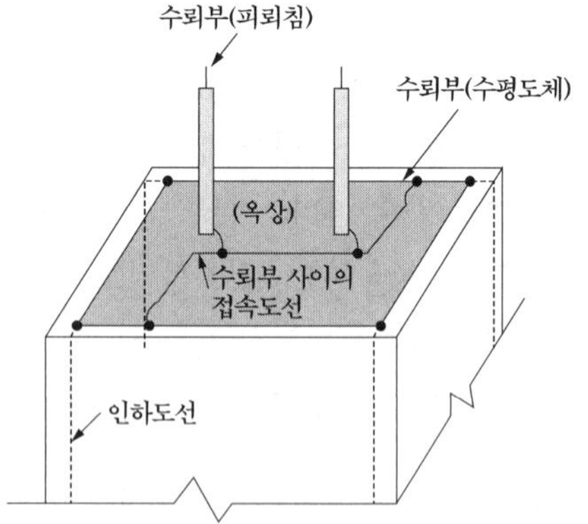

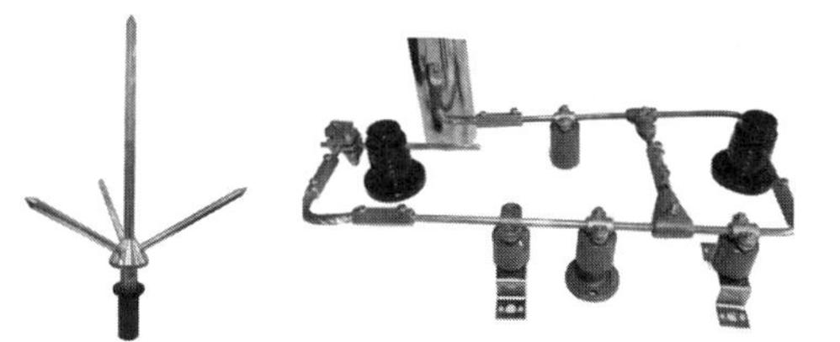

그림 152.1-1 돌침과 수평도체

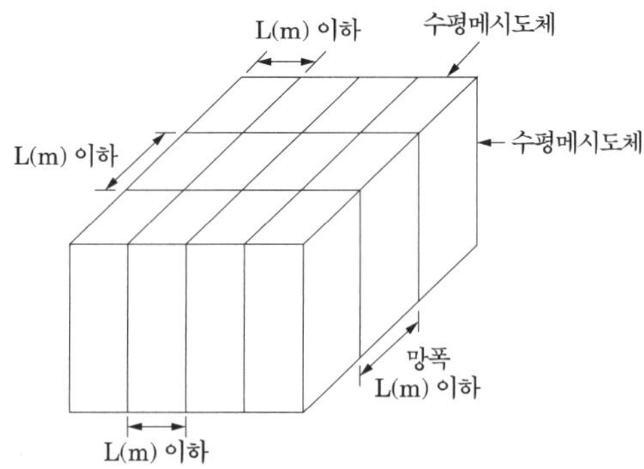

그림 152.1-2 케이지방식(메시도체)

2. 수뢰부시스템의 배치는 다음에 의한다.
   가. 보호각법, 회전구체법, 메시법 중 하나 또는 조합된 방법으로 배치하여야 한다.
   나. 건축물 · 구조물의 뾰족한 부분, 모서리 등에 우선하여 배치한다.

1. 보호각법

   피보호 구조물 전체가 수뢰부시스템에 의한 보호범위 내에 놓이면 수뢰부시스템의 배치가 적절한 것으로 간주한다. 피보호 범위의 결정에는 단지 금속제 수뢰부시스템의 실제 물리적 치수만 고려해야 한다.

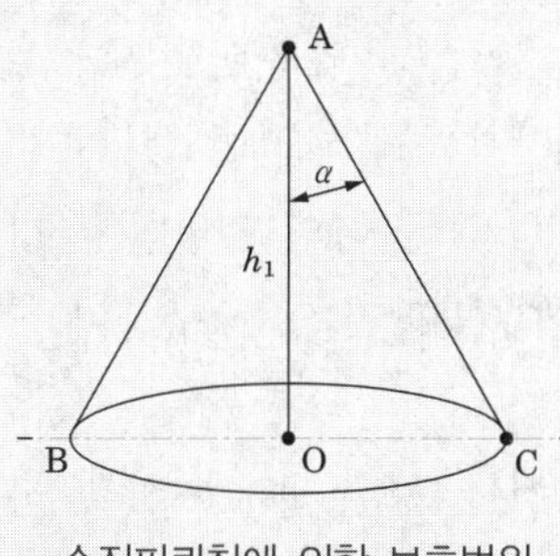

수직피뢰침에 의한 보호범위

A : 수직피뢰침
B : 기준면
α : 보호각
OC : 보호영역의 반경
h_1 : 보호를 위한 영역 기준면의 상부 수직피뢰침의 높이

피뢰침의 보호각도를 건물높이에 관계없이 60°를 적용하는 방법이다.

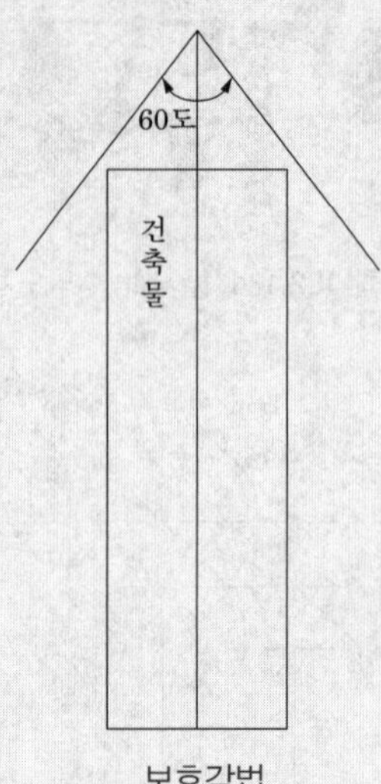

보호각법

2. 회전구체법

회전구체법은 피뢰침의 보호반경을 구하는 공식으로써 대부분의 선진국들의 기술기준이 인정하고 있으며, 국내의 기술기준인 KS C IEC 62305에 적용되고 있다.

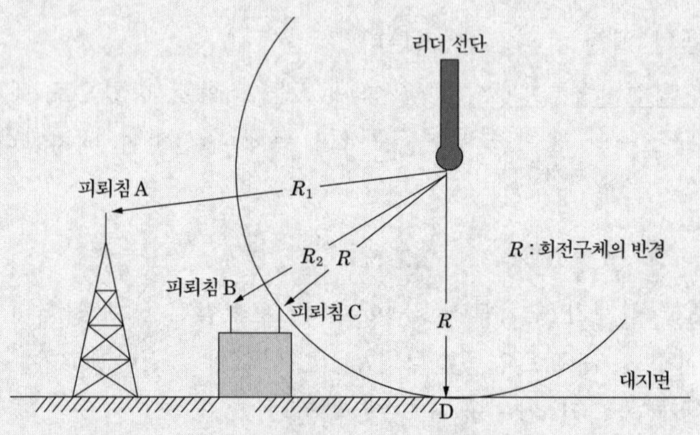

회전구체법

회전구체법의 이론은 피뢰침으로부터 방사되는 (+)이온과 뇌운으로부터 내려오는 (−)이온이 만나는 지점(뇌격점)으로부터 피뢰침까지의 거리인 "뇌격거리"를 반지름으로 하는 가상의 구를 그려서 마치 건축물 주위를 커다란 공을 굴리듯이 사방에서 굴려 감싸게 한 후 이 가상의 구와 건축물이 맞닿지 않는 부분이 낙뢰로부터 보호된다는 이론이다.

회전구체법은 2개 이상의 수뢰부에 동시에 접촉되거나, 또는 1개 이상의 수뢰부와 대지에 동시에 접촉되도록 구체를 회전시킬 때 구체표면의 포락면으로부터 보호대상물 측을 보호범위로 하는 방법이 회전구체법이며, 이 회전시킨 구체를 회전구체라 한다.

회전구체법을 적용하여 보호범위를 산정하는 경우 회전구체가 접촉하는 부분에 수뢰를 설치해야 하며, 아래 그림과 같이 보호반경에 해당되는 구체를 회전시켰을 때 구체에 의해 가려지는 부분이 보호범위이다. 회전구체의 반경을 60m 이내로 해야 되며, 한국전기설비규정에는 20m를 넘는 부분에만 수뢰장치를 설치하도록 하고 있다.

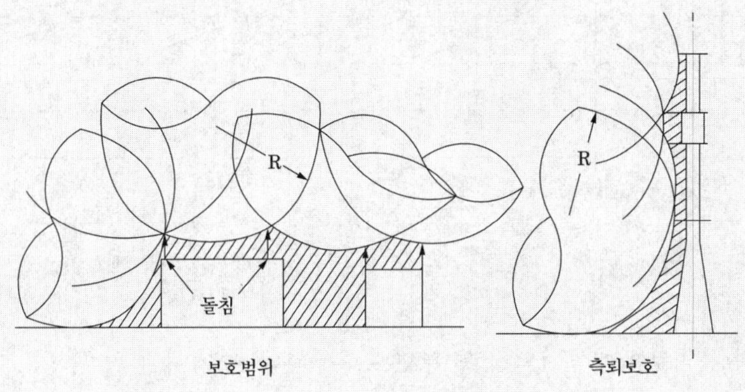

회전구체법의 보호범위

3. 메시도체법

수뢰도체는 지붕끝선, 지붕돌출부, 지붕 경사가 1/10을 넘는 경우 지붕마루선 에 배치하여야 한다.

회전구체의 반경값보다 높은 레벨의 건축물 측면 표면에 수로부 시스템이 시공되어 있을 경우 수뢰망의 메시 치수는 다음 표의 값 이하로 하여야 한다.

보호등급별 회전구체 반지름, 메시 치수

보호등급	회전구체 반지름 m	메시 치수 m
I	20	5×5
II	30	10×10
III	45	15×15
IV	60	20×20

수뢰부 시스템망은 뇌격전류가 항상 접지시스템에 이르는 2개 이상의 금속체로 연결되도록 구성하여야 하며, 수뢰부 시스템의 보호 범위 밖으로 금속체 설비가 돌출되지 않아야 한다. 수뢰도체는 가능한 짧고 직선 경로가 되도록 하여야 한다.

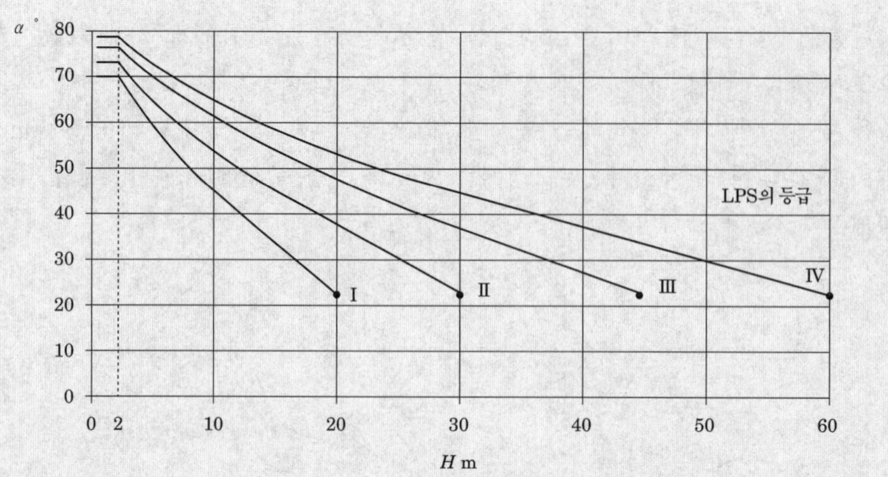

[주1] 표를 넘는 범위는 적용할 수 없으며, 회전구체법과 메시도체만 적용할 수 있다.

[주2] H 는 보호대상지역 기준평면으로부터의 높이이다.

[주3] 높이 H가 2m 이하인 경우 보호각은 불변이다.

3. 지상으로부터 높이 60m를 초과하는 건축물 · 구조물에 측뢰 보호가 필요한 경우에는 수뢰부시스템을 시설하여야 하며, 다음에 따른다.

가. 전체 높이 60 m를 초과하는 건축물 · 구조물의 최상부로부터 20 % 부분에 한하며, 피뢰시스템 등급 Ⅳ의 요구사항에 따른다.

나. 자연적 구성부재가 제1의 "다"에 적합하면, 측뢰 보호용 수뢰부로 사용할 수 있다.

152.2 인하도선시스템

건축물 · 구조물과 분리되지 않은 피뢰시스템인 경우 배치 방법은 다음에 의한다.

(1) 벽이 불연성 재료로 된 경우에는 벽의 표면 또는 내부에 시설할 수 있다. 다만, 벽이 가연성 재료인 경우에는 0.1 m 이상 이격하고, 이격이 불가능한 경우에는 도체의 단면적을 100 mm^2 이상으로 한다.

(2) 인하도선의 수는 2조 이상으로 한다.

(3) 보호대상 건축물 · 구조물의 투영에 다른 둘레에 가능한 한 균등한 간격으로 배치한다. 다만, 노출된 모서리 부분에 우선하여 설치한다.

(4) 병렬 인하도선의 최대 간격은 피뢰시스템 등급에 따라 Ⅰ·Ⅱ 등급은 10 m, Ⅲ 등급은 15 m, Ⅳ 등급은 20 m 로 한다.

핵심과년도문제

1·1

한 수용 장소의 인입구에서 분기하여 지지물을 거치지 않고 다른 수용 장소의 인입구에 이르는 부분을 무엇이라 하는가?

① 가공 인입선 ② 연접 인입선 ③ 옥상 배선 ④ 옥측 배선

해설 기술기준 제3조(정의) 【답】 ②

1·2

관등 회로라고 하는 것은?

① 분기점으로부터 안정기까지의 전로
② 스위치로부터 방전등까지의 전로
③ 스위치로부터 안정기까지의 전로
④ 방전등용 안정기로부터 방전관까지의 전로

해설 한국전기설비규정 112. 용어 정의
관등 회로라 함은 방전등용 안정기로부터 방전관까지의 전로를 말한다. 【답】 ④

1·3

"지중 관로"에 대한 정의로 옳은 것은?

① 지중 전선로, 지중 약전류 전선로와 지중 매설지선 등을 말한다.
② 지중 전선로, 지중 약전류 전선로와 복합 케이블 선로, 기타 이와 유사한 것 및 이들에 부속하는 지중함을 말한다.
③ 지중 전선로, 지중 약전류 전선로, 지중에 시설하는 수관 및 가스관과 지중 매설지선을 말한다.
④ 지중 전선로, 지중 약전류 전선로, 지중 광섬유 케이블 선로·지중에 시설하는 수관 및 가스관과 이와 유사한 것 및 이들에 부속하는 지중함 등을 말한다.

해설 한국전기설비규정 111.1 적용범위
"지중 관로"란 지중 전선로 · 지중 약전류 전선로 · 지중 광섬유 케이블 선로 · 지중에 시설하는 수관 및 가스관과 이와 유사한 것 및 이들에 부속하는 지중함 등을 말한다. 【답】 ④

1·4

전력 계통의 운용에 관한 지시를 하는 곳은?

① 급전소 ② 개폐소 ③ 변전소 ④ 발전소

해설 기술기준 제3조(정의) 【답】 ①

1·5

고압 교류 전압 E [V]의 범위는?

① 7,000 ≧ E > 1,000
② 7,000 ≧ E > 1,500
③ 7,000 ≧ E > 600
④ 3,500 ≧ E > 300

해설 한국전기설비규정 111.1 적용범위

가. 저압 : 교류는 1 kV 이하, 직류는 1.5 kV 이하인 것
나. 고압 : 교류는 1 kV를, 직류는 1.5 kV를 초과하고, 7 kV 이하인 것
다. 특고압 : 7 kV를 초과하는 것 【답】 ①

1·6

전로의 절연 원칙에 따라 대지로부터 반드시 절연하여야 하는 것은?

① 전로의 중성점에 접지 공사를 하는 경우의 접지점
② 계기용 변성기의 2차측 전로에 접지 공사를 하는 경우의 접지점
③ 저압 가공 전선로에 접속되는 변압기
④ 시험용 변압기

해설 한국전기설비규정 131 전로의 절연 원칙

전로는 다음 이외에는 대지로부터 절연하여야 한다.

① 각 접지 공사를 하는 경우의 접지점
② 전로의 중성점을 접지하는 경우의 접지점
③ 계기용 변성기의 2차측 전로에 접지공사를 하는 경우의 접지점
④ 25 [kV] 이하로서 다중 접지하는 경우의 접지점
⑤ 시험용 변압기, 전력선 반송용 결합 리액터, 전기 울타리용 전원 장치, X선 발생 장치, 전기 방식용 양극, 단선식 전기 철도의 귀선 등 전로의 일부를 대지로부터 절연하지 아니하고 전기를 사용하는 것이 부득이한 것
⑥ 전기 욕기, 전기로, 전기 보일러, 전해조 등 대지로부터 절연하는 것이 기술상 곤란한 것

【답】 ③

1·7

전압의 종별을 구분할 때 직류로는 몇 [V] 이하의 전압을 저압으로 구분하는가?

① 600 ② 700 ③ 1,500 ④ 7,000

해설 한국전기설비규정 111.1 적용범위

가. 저압 : 교류는 1 kV 이하, 직류는 1.5 kV 이하인 것

나. 고압 : 교류는 1 kV를, 직류는 1.5 kV를 초과하고, 7 kV 이하인 것

다. 특고압 : 7 kV를 초과하는 것

【답】 ③

1·8

61 [kV] 가공 송전선에 있어서 전선의 인장 하중이 2.15 [kN]으로 되어 있다. 지지물과 지지물 사이에 이 전선을 접속할 경우 이 전선 접속 부분의 세기는 최소 몇 [kN] 이상인가?

① 0.63 ② 1.72 ③ 1.83 ④ 1.94

해설 한국전기설비규정 123 전선의 접속

전선의 세기[인장하중(引張荷重)으로 표시한다. 이하 같다.]를 20% 이상 감소시키지 아니할 것

∴ 전선의 인장 세기×0.8=2.15×0.8=1.72 [kN]

【답】 ②

1·9

발전기, 전동기 등 회전기의 절연 내력은 규정된 시험 전압을 권선과 대지간에 계속하여 몇 분간 가하여 견디어야 하는가?

① 5 분 ② 10 분 ③ 15 분 ④ 20 분

해설 한국전기설비규정 133 회전기 및 정류기의 절연내력

종 류			시험전압	시험방법
회전기	발전기 · 전동기 · 조상기 · 기타회전기(회전변류기를 제외한다)	최대사용전압 7 kV 이하	최대사용전압의 1.5배의 전압(500 V 미만으로 되는 경우에는 500 V)	권선과 대지 사이에 연속하여 10분간 가한다.
		최대사용전압 7 kV 초과	최대사용전압의 1.25배의 전압(10.5 kV 미만으로 되는 경우에는 10.5 kV)	
	회전변류기		직류측의 최대사용전압의 1배의 교류전압(500 V 미만으로 되는 경우에는 500 V)	

【답】 ②

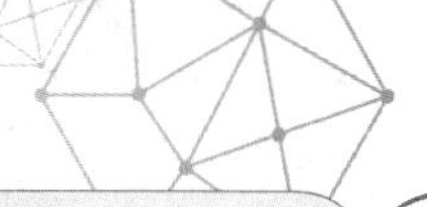

1·10

최대 사용 전압이 6,600 [V]인 3상 유도 전동기의 권선과 대지 사이의 절연 내력 시험 전압은 몇 [V]인가?

① 7,260 ② 7,920 ③ 8,250 ④ 9,900

해설 한국전기설비규정 133 회전기 및 정류기의 절연내력

<table>
<tr><th colspan="3">종 류</th><th>시험전압</th><th>시험방법</th></tr>
<tr><td rowspan="2">회
전
기</td><td rowspan="2">발전기·전동기·조상기·기타회전기(회전변류기를 제외한다)</td><td>최대사용전압 7 kV 이하</td><td>최대사용전압의 1.5배의 전압(500 V 미만으로 되는 경우에는 500 V)</td><td rowspan="2">권선과 대지 사이에 연속하여 10분간 가한다.</td></tr>
<tr><td>최대사용전압 7 kV 초과</td><td>최대사용전압의 1.25배의 전압(10,500 V 미만으로 되는 경우에는 10,500 V)</td></tr>
</table>

시험 전압=6,600×1.5=9,900 [V]

【답】 ④

1·11

최대 사용 전압 440 [V]인 전동기의 절연 내력 시험 전압[V]은?

① 330 ② 440 ③ 500 ④ 660

해설 한국전기설비규정 133 회전기 및 정류기의 절연내력

<table>
<tr><th colspan="3">종 류</th><th>시험전압</th><th>시험방법</th></tr>
<tr><td rowspan="2">회
전
기</td><td rowspan="2">발전기·전동기·조상기·기타회전기(회전변류기를 제외한다)</td><td>최대사용전압 7 kV 이하</td><td>최대사용전압의 1.5배의 전압(500 V 미만으로 되는 경우에는 500 V)</td><td rowspan="2">권선과 대지 사이에 연속하여 10분간 가한다.</td></tr>
<tr><td>최대사용전압 7 kV 초과</td><td>최대사용전압의 1.25배의 전압(10,500 V 미만으로 되는 경우에는 10,500 V)</td></tr>
</table>

∴ 시험 전압 = 440×1.5 = 660 [V]

【답】 ④

1·12

최대 사용 전압이 1차 22,000 [V], 2차 6,600 [V]의 권선으로서 중성점 비접지식 전로에 접속하는 변압기의 특고압측의 절연 내력 시험 전압은 몇 [V]인가?

① 44,000 ② 33,000 ③ 27,500 ④ 24,000

해설 한국전기설비규정 135 변압기 전로의 절연내력

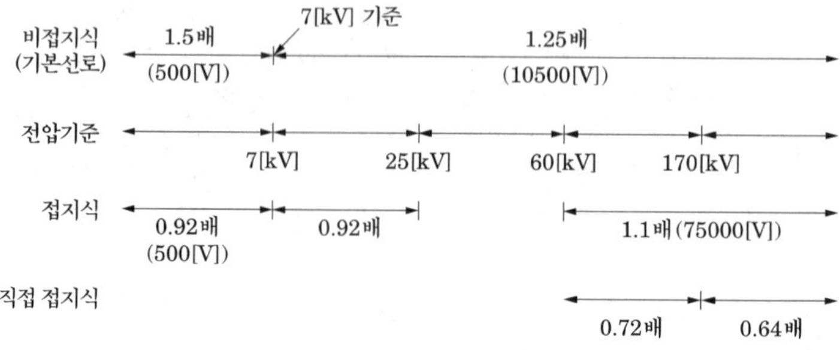

∴ 시험 전압=22,000×1.25=27,500 [V]

【답】 ③

1·13

최대 사용 전압 161 [kV]인 3상 변압기의 절연 내력 시험에 있어서, 접지시켜서는 안 되는 것은?

① 시험되는 권선의 중성점 단자 이외의 임의의 1단자
② 시험되는 권선의 중성점 단자
③ 다른 권선의 임의의 1단자
④ 철심 및 외함

해설 한국전기설비규정 135 변압기 전로의 절연내력

시험되는 권선의 중성점단자, 다른 권선(다른 권선이 2개 이상 있는 경우에는 각 권선)의 임의의 1단자, 철심 및 외함을 접지하고 시험되는 권선의 중성점 단자이외의 임의의 1단자와 대지 사이에 시험전압을 연속하여 10분간 가한다. 【답】 ①

1·14

중성점 직접 접지식으로서 최대 사용 전압이 161,000 [V]인 변압기 권선의 절연 내력 시험 전압은 몇 [V]인가?

① 103,040 ② 115,920 ③ 148,120 ④ 177,100

해설 한국전기설비규정 135 변압기 전로의 절연내력

접지 방식	최대 사용 전압	시험 전압 (최대 사용 전압 배수)	최저 시험 전압
비접지	7 [kV] 이하	1.5배	500 [V]
	7 [kV] 초과	1.25배	10,500 [V]
중성점접지	60 [kV] 초과	1.1배	75,000 [V]
중성점직접접지	60 [kV] 초과 170 [kV] 이하	0.72배	
	170 [kV] 초과	0.64배	
중성점다중접지	25 [kV] 이하	0.92배	500 [V]

중성점직접접지 60 [kV] 초과 170 [kV]이하를 적용한다.

∴ 시험 전압 $= 161,000 \times 0.72 = 115,920$ [V] 【답】 ②

1·15

중성점 직접 접지식 전로에 접속하는 것으로 성형 결선으로 된 변압기의 최대 사용 전압이 345,000 [V]라 하면 이 변압기의 내압 시험 전압은 얼마가 되는가?

① 220,800 [V] ② 248,400 [V] ③ 379,500 [V] ④ 431,250 [V]

해설 한국전기설비규정 135 변압기 전로의 절연내력

최대 사용 전압이 170,000 [V]를 넘는 중성점 접지식으로 접속되는 변압기의 절연 내력 시험은 최대 사용 전압의 0.64배를 적용한다.

∴ 시험 전압 $= 345,000 \times 0.64 = 220,800$ [V] 【답】 ①

1·16

2개의 단상 변압기 (200/6,000 [V])를 그림과 같이 연결하여 최대 사용 전압 6,600 [V]의 고압 전동기의 권선과 대지 사이의 절연 내력 시험을 하는 경우에 전압계의 전압(V)과 시험 전압 (E)의 값으로 옳은 것은?

① V=82.5 [V], E=8,250 [V]
② V=165 [V], E=13,200 [V]
③ V=165 [V], E=9,900 [V]
④ V=200 [V], E=12,000 [V]

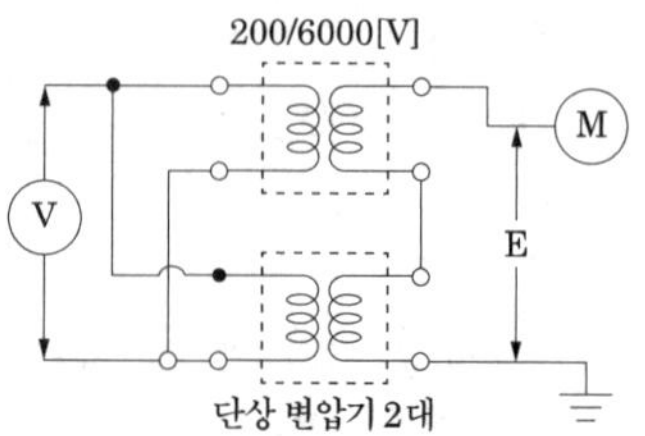

해설 한국전기설비규정 135 변압기 전로의 절연내력

① 최대 사용 전압 6,600 [V] 전동기이므로
∴ 시험 전압=6,600×1.5=9,900 [V]를 전동기 권선과 대지간에 가한다.

② 2차측 변압기 1대의 전압은
9,900/2=4,950 [V]
변압기 권수비 200/6,000 [V]이며 1차측 변압기 2대는 병렬로 접속되어 있다. 따라서 전압계 V의 지시값은 $V = 4,950 \times \frac{200}{6,000} = 165$ [V]

【답】③

1·17

중성점 접지식 전선로에 접속한 66 [kV] 변압기의 절연 내력 시험 전압[kV]은?

① 72.6　② 75.0　③ 82.5　④ 99.0

해설 한국전기설비규정 135 변압기 전로의 절연내력

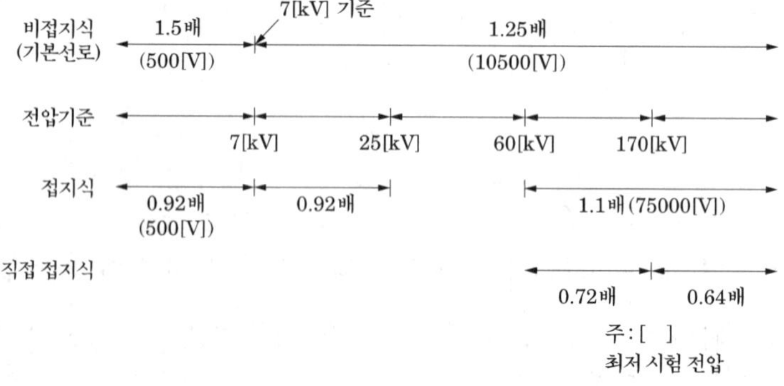

시험 전압=66×1.1=72.6 [kV]이므로 최저시험전압 75 [kV]로 하여야 한다.

【답】②

1·18

최대 사용전압이 3,300 [V]이며, 중성점이 접지되고 다중접지된 중성선을 가지는 전로에 접속되는 변압기 전로의 절연 내력을 규정된 시험방법에 의하여 시험할 때 몇 [V]의 시험전압에 견디어야 하는가?

① 2,376 ② 3,036 ③ 4,125 ④ 4,950

해설 한국전기설비규정 135 변압기 전로의 절연내력

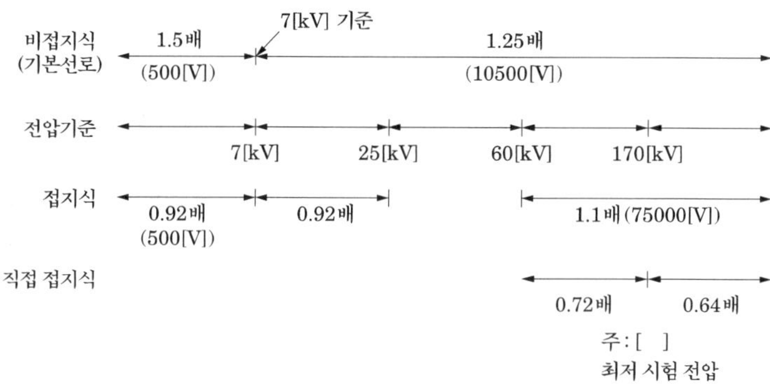

시험 전압=3,300×0.92=3,036 [V]

【답】 ②

1·19

중성점 접지식 전선로에 접속한 66 [kV] 변압기의 절연 내력 시험 전압[kV]은?

① 72.6 ② 75.0 ③ 82.5 ④ 99.0

해설 한국전기설비규정 135 변압기 전로의 절연내력

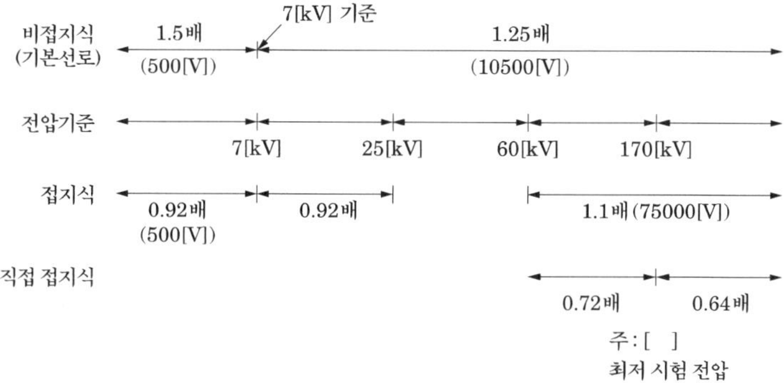

시험 전압=66×1.1=72.6 [kV]이므로 최저시험전압 75 [kV] 적용한다.

【답】 ②

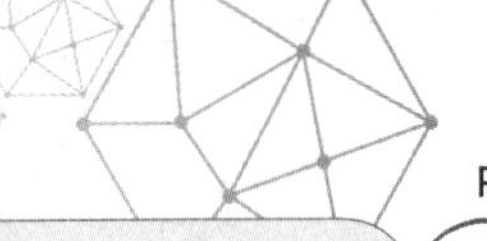

1·20

최대 사용 전압이 170,000 [V]를 넘는 권선(성형 결선)으로서 중성점 직접 접지식 전로에 접속하고 또한 그 중성점을 직접 접지하는 변압기 전로의 절연 내력 시험 전압은 최대 사용 전압의 몇 배의 전압인가?

① 0.3 ② 0.64
③ 0.72 ④ 1.1

해설 한국전기설비규정 135 변압기 전로의 절연내력

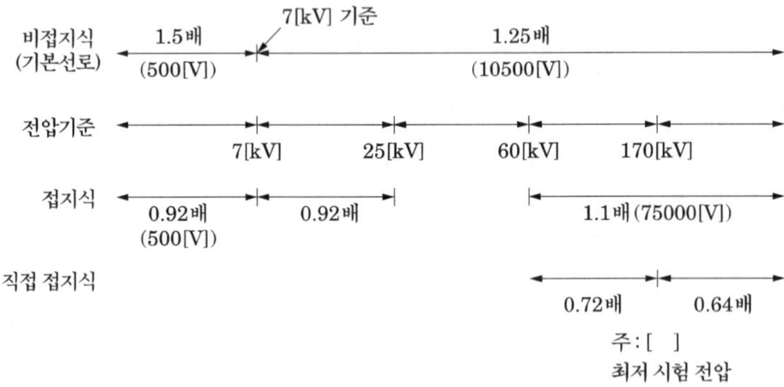

※ 전로에 케이블을 사용하는 경우에는 직류로 시험할 수 있으며, 시험 전압은 교류의 경우의 2배가 된다.

【답】②

1·21

직류 전기 철도에 전력을 공급하는 최대 사용 전압 1,500 [V]인 실리콘 정류기는 몇 [V]의 절연 내력 시험 전압에 견디어야 하는가?

① 500 ② 1,000
③ 1,500 ④ 2,000

해설 한국전기설비규정 133 회전기 및 정류기의 절연내력

종류		시험전압	시험방법
정류기	최대사용전압이 60 kV 이하	직류측의 최대사용전압의 1배의 교류전압(500 [V] 미만으로 되는 경우에는 500 [V])	충전부분과 외함간에 연속하여 10분간 가한다.
	최대사용전압 60 kV 초과	교류측의 최대사용전압의 1.1배의 교류전압 또는 직류측의 최대사용전압의 1.1배의 직류전압	교류측 및 직류고전압측 단자와 대지간에 연속하여 10분간 가한다.

【답】③

1·22

변압기의 중성점접지 저항 값은 300 / I 로 정할 수 있는 경우는? (단, I 는 1차측 1선 지락 전류의 암페어 수)

① 혼촉으로 인한 저압 전로의 대지 전압이 150 [V] 초과시 2초 이내에 자동적으로 고압 전로를 차단하는 장치가 있을 때
② 직경 16 [mm^2]인 동선을 사용하였을 때
③ 혼촉으로 인한 저압 전로의 대지 전압이 300 [V] 초과시 5초 이내에 자동 차단하는 장치가 있을 때
④ 직경 6 [mm^2] 이상 연동선을 이용하였을 때

해설 한국전기설비규정 142.5.1 중성점 접지 저항 값

변압기의 중성점접지 저항 값은 다음에 의한다.

가. 일반적으로 변압기의 고압 · 특고압측 전로 1선 지락전류로 150을 나눈 값과 같은 저항 값 이하

나. 변압기의 고압 · 특고압측 전로 또는 사용전압이 35 kV 이하의 특고압전로가 저압측 전로와 혼촉하고 저압전로의 대지전압이 150 V를 초과하는 경우는 저항 값은 다음에 의한다.

(1) 1초 초과 2초 이내에 고압 · 특고압 전로를 자동으로 차단하는 장치를 설치할 때는 300을 나눈 값 이하

(2) 1초 이내에 고압 · 특고압 전로를 자동으로 차단하는 장치를 설치할 때는 600을 나눈 값 이하

【답】 ①

1·23

변압기 고압측 전로의 1선 지락 전류가 5 [A]일 때 제2종 접지 저항값의 최대값 [Ω]은? 단, 혼촉에 의한 대지 전압은 150 [V]이다.

① 25 ② 30 ③ 35 ④ 40

해설 한국전기설비규정 142.5.1 중성점 접지 저항 값

변압기의 중성점접지 저항 값은 다음에 의한다.

가. 일반적으로 변압기의 고압 · 특고압측 전로 1선 지락전류로 150을 나눈 값과 같은 저항 값 이하

나. 변압기의 고압 · 특고압측 전로 또는 사용전압이 35 kV 이하의 특고압전로가 저압측 전로와 혼촉하고 저압전로의 대지전압이 150 V를 초과하는 경우는 저항 값은 다음에 의한다.

(1) 1초 초과 2초 이내에 고압 · 특고압 전로를 자동으로 차단하는 장치를 설치할 때는 300을 나눈 값 이하

(2) 1초 이내에 고압 · 특고압 전로를 자동으로 차단하는 장치를 설치할 때는 600을 나눈 값 이하

∴ 변압기의 중성점 접지 저항값$=\frac{150}{\text{1선 지락전류}}=\frac{150}{5}=30\,[\Omega]$

【답】 ②

1·24

접지도체는 사람이 닿을 우려가 있으므로 접지선을 합성 수지관 또는 이와 동등 이상의 절연 효력 및 강도를 가지는 몰드로 했어야 하는데 그 부분은 어떻게 규정되어 있는가?

① 지하 30 [cm] - 지표상 1 [m]
② 지하 50 [cm] - 지표상 1.2 [m]
③ 지하 60 [cm] - 지표상 1.8 [m]
④ 지하 75 [cm] - 지표상 2 [m]

해설 한국전기설비규정 142.3.1 접지도체

접지도체는 지하 0.75 m 부터 지표 상 2m까지 부분은 합성수지관(두께 2 mm 미만의 합성수지제 전선관 및 가연성 콤바인덕트관은 제외한다) 또는 이와 동등 이상의 절연효과와 강도를 가지는 몰드로 덮어야 한다. 【답】 ④

1·25

지중에 매설되어 있고 대지와의 전기 저항값이 최대 몇 [Ω] 이하의 값을 유지하고 있는 금속제 수도 관로는 이를 각종 접지 공사의 접지극으로 사용할 수 있는가?

① 2　② 3　③ 5　④ 10

해설 한국전기설비규정 142.2 접지극의 시설 및 접지저항

지중에 매설되어 있고 대지와의 전기저항 값이 3Ω 이하의 값을 유지하고 있는 금속제 수도관로가 다음에 따르는 경우 접지극으로 사용이 가능하다.

(1) 접지도체와 금속제 수도관로의 접속은 안지름 75 mm 이상인 부분 또는 여기에서 분기한 안지름 75 mm 미만인 분기점으로부터 5 m 이내의 부분에서 하여야 한다. 다만, 금속제 수도관로와 대지 사이의 전기저항 값이 2Ω 이하인 경우에는 분기점으로부터의 거리는 5 m을 넘을 수 있다.

(2) 접지도체와 금속제 수도관로의 접속부를 수도계량기로부터 수도 수용가 측에 설치하는 경우에는 수도계량기를 사이에 두고 양측 수도관로를 등전위본딩 하여야 한다.

(3) 접지도체와 금속제 수도관로의 접속부를 사람이 접촉할 우려가 있는 곳에 설치하는 경우에는 손상을 방지하도록 방호장치를 설치하여야 한다.

(4) 접지도체와 금속제 수도관로의 접속에 사용하는 금속제는 접속부에 전기적 부식이 생기지 않아야 한다. 【답】 ②

1·26

지중에 매설된 금속제 수도 관로는 각종 접지 공사의 접지극으로 사용할 수 있다. 다음 장소에서 법규상 접지극으로 사용할 수 없는 곳은 어느 곳인가?

① 내경 75 [mm] 수도관의 대지 저항이 3 [Ω] 이하의 곳
② 내경 90 [mm] 수도관에서 분기하여 12 [m]인 곳의 저항값이 2 [Ω] 이하인 부분
③ 내경 90 [mm] 수도관에서 분기하여 8 [m]인 곳의 저항값이 3 [Ω] 이하인 부분
④ 내경 75 [mm] 수도관에서 분기하여 3 [m]인 곳의 저항값이 3 [Ω] 이하인 부분

해설 한국전기설비규정 142.2 접지극의 시설 및 접지저항
지중에 매설되어 있고 대지와의 전기저항 값이 3Ω 이하의 값을 유지하고 있는 금속제 수도관로가 다음에 따르는 경우 접지극으로 사용이 가능하다.
(1) 접지도체와 금속제 수도관로의 접속은 안지름 75 mm 이상인 부분 또는 여기에서 분기한 안지름 75 mm 미만인 분기점으로부터 5 m 이내의 부분에서 하여야 한다. 다만, 금속제 수도관로와 대지 사이의 전기저항 값이 2Ω 이하인 경우에는 분기점으로부터의 거리는 5 m을 넘을 수 있다.
(2) 접지도체와 금속제 수도관로의 접속부를 수도계량기로부터 수도 수용가 측에 설치하는 경우에는 수도계량기를 사이에 두고 양측 수도관로를 등전위본딩 하여야 한다.
(3) 접지도체와 금속제 수도관로의 접속부를 사람이 접촉할 우려가 있는 곳에 설치하는 경우에는 손상을 방지하도록 방호장치를 설치하여야 한다.
(4) 접지도체와 금속제 수도관로의 접속에 사용하는 금속제는 접속부에 전기적 부식이 생기지 않아야 한다.
【답】 ③

1·27

저압수용장소에서 계통접지가 TN-C-S 방식인 경우에 보호도체는 중성선 겸용 보호도체(PEN) 경는 고정 전기설비에만 사용할 수 있고, 그 도체의 단면적은 구리로 몇 mm^2 이상이어야 하는가?

① 2.5 ② 4 ③ 10 ④ 16

해설 한국전기설비규정 142.4.2 주택 등 저압수용장소 접지
중성선 겸용 보호도체(PEN)는 고정 전기설비에만 사용할 수 있고, 그 도체의 단면적이 구리는 10 mm^2 이상, 알루미늄은 16 mm^2 이상이어야 하며, 그 계통의 최고전압에 대하여 절연되어야 한다.
【답】 ③

1·28

접지도체는 사람이 접촉할 우려가 있는 곳에 시설하는 경우 합성수지관 또는 이와 동등 이상의 절연효과와 강도를 가지는 몰드로 덮어야 하는가?

① 지하 30 [cm]로부터 지표상 1.5 [m]까지의 부분
② 지하 50 [cm]로부터 지표상 1.6 [m]까지의 부분
③ 지하 75 [cm]로부터 지표상 2 [m]까지의 부분
④ 지하 90 [cm]로부터 지표상 2.5 [m]까지의 부분

해설 한국전기설비규정 142.3.1 접지도체
접지도체는 지하 0.75 m부터 지표 상 2m 까지 부분은 합성수지관(두께 2 mm 미만의 합성수지제 전선관 및 가연성 콤바인덕트관은 제외한다) 또는 이와 동등 이상의 절연효과와 강도를 가지는 몰드로 덮어야 한다.
【답】 ③

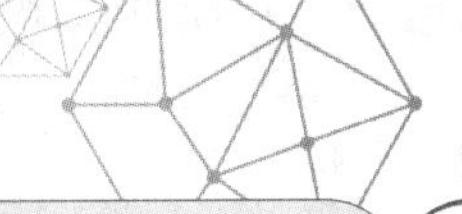

1·29

접지도체는 철주 기타 금속체를 따라 시설하는 경우 접지극을 그 금속체로부터 지중에서 몇 [cm] 이상 이격시켜야 하는가?

① 150 ② 125 ③ 100 ④ 75

해설 한국전기설비규정 142.2 접지극의 시설 및 접지저항

접지도체를 철주 기타의 금속체를 따라서 시설하는 경우에는 접지극을 철주의 밑면으로부터 0.3 m 이상의 깊이에 매설하는 경우 이외에는 접지극을 지중에서 그 금속체로부터 1 m 이상 떼어 매설하여야 한다. 【답】 ③

1·30

접지 공사의 접지극으로 사용되는 수도관 접지 저항의 최대값[Ω]은?

① 2 ② 3 ③ 5 ④ 10

해설 한국전기설비규정 142.2 접지극의 시설 및 접지저항

지중에 매설되어 있고 대지와의 전기저항 값이 3Ω 이하의 값을 유지하고 있는 금속제 수도관로가 다음에 따르는 경우 접지극으로 사용이 가능하다. 【답】 ②

1·31

지중에 매설되고 또한 대지간의 전기 저항이 몇 [Ω] 이하인 경우에 그 금속제 수도관을 각종 접지 공사의 접지극으로 사용할 수 있는가? 단, 접지선을 내경 75 [mm]의 금속제 수도관으로부터 분기한 50 [mm]의 금속제 수도관에 분기점으로부터 6 [m] 거리에 접촉하였다.

① 1 ② 2 ③ 3 ④ 5

해설 한국전기설비규정 142.2 접지극의 시설 및 접지저항

접지도체와 금속제 수도관로의 접속은 안지름 75 mm 이상인 부분 또는 여기에서 분기한 안지름 75 mm 미만인 분기점으로부터 5 m 이내의 부분에서 하여야 한다. 다만, 금속제 수도관로와 대지 사이의 전기저항 값이 2Ω 이하인 경우에는 분기점으로부터의 거리는 5 m을 넘을 수 있다. 【답】 ②

1·32

비접지식 고압 전로와 접속되는 변압기의 외함에 실시하는 접지 공사의 접지극으로 사용할 수 있는 건물 철골의 대지 전기 저항의 최대값[Ω]은 얼마인가?

① 2　② 3　③ 5　④ 10

해설 한국전기설비규정 142.2 접지극의 시설 및 접지저항

건축물·구조물의 철골 기타의 금속제는 이를 비접지식 고압전로에 시설하는 기계기구의 철대 또는 금속제 외함의 접지공사 또는 비접지식 고압전로와 저압전로를 결합하는 변압기의 저압전로의 접지공사의 접지극으로 사용할 수 있다. 다만, 대지와의 사이에 전기저항 값이 2Ω 이하인 값을 유지하는 경우에 한한다.

【답】①

Chapter 2 저압전기설비

200 통칙

201 적용범위

교류 1 kV 또는 직류 1.5 kV 이하인 저압의 전기를 공급하거나 사용하는 전기설비에 적용하며 다음의 경우를 포함한다.

1. 전기설비를 구성하거나, 연결하는 선로와 전기기계 기구 등의 구성품
2. 저압 기기에서 유도된 1 kV 초과 회로 및 기기(예: 저압 전원에 의한 고압방전등, 전기집진기 등)

202 배전방식

202.1 교류 회로

1. 3상 4선식의 중성선 또는 PEN 도체는 충전도체는 아니지만 운전전류를 흘리는 도체이다.
2. 3상 4선식에서 파생되는 단상 2선식 배전방식의 경우 두 도체 모두가 선도체이거나 하나의 선도체와 중성선 또는 하나의 선도체와 PEN 도체이다.
3. 모든 부하가 선간에 접속된 전기설비에서는 중성선의 설치가 필요하지 않을 수 있다.

202.2 직류 회로

PEL과 PEM 도체는 충전도체는 아니지만 운전전류를 흘리는 도체이다. 2선식 배전방식이나 3선식 배전방식을 적용한다.

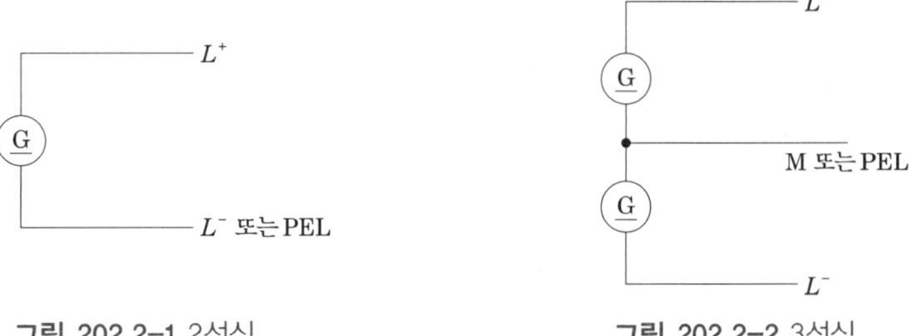

그림 202.2-1 2선식

그림 202.2-2 3선식

203 계통접지의 방식

203.1 계통접지 구성

1. 저압전로의 보호도체 및 중성선의 접속 방식에 따라 접지계통은 다음과 같이 분류한다.
   가. TN 계통
   나. TT 계통
   다. IT 계통
2. 문자의 정의
   가. 제1문자 - 전원계통과 대지의 관계
      T : 한 점을 대지에 직접 접속
      I : 모든 충전부를 대지와 절연시키거나 높은 임피던스를 통하여 한 점을 대지에 직접 접속
   나. 제2문자 - 전기설비의 노출도전부와 대지의 관계
      T : 노출도전부를 대지로 직접 접속. 전원계통의 접지와는 무관
      N : 노출도전부를 전원계통의 접지점(교류 계통에서는 통상적으로 중성점, 중성점이 없을 경우는 선도체)에 직접 접속
   다. 그 다음 문자(문자가 있을 경우) - 중성선과 보호도체의 배치
      S : 중성선 또는 접지된 선도체 외에 별도의 도체에 의해 제공되는 보호 기능
      C : 중성선과 보호 기능을 한 개의 도체로 겸용(PEN 도체)
3. 각 계통에서 나타내는 그림의 기호는 다음과 같다.

표 203.1-1 기호 설명

기호 설명	
	중성선(N), 중간도체(M)
	보호도체(PE)
	중성선과 보호도체겸용(PEN)

예제문제 01

저압전로의 보호도체 및 중성선의 접속 방식에 따라 접지계통은 3가지로 분류한다. 이중 틀린 것은?

① TT방식 ② IT방식 ③ TN방식 ④ GT방식

해설

한국전기설비규정 203.1 계통접지 구성
저압전로의 보호도체 및 중성선의 접속 방식에 따라 접지계통은 다음과 같이 분류한다.
가. TN 계통 나. TT 계통 다. IT 계통

답 : ④

203.2 TN 계통

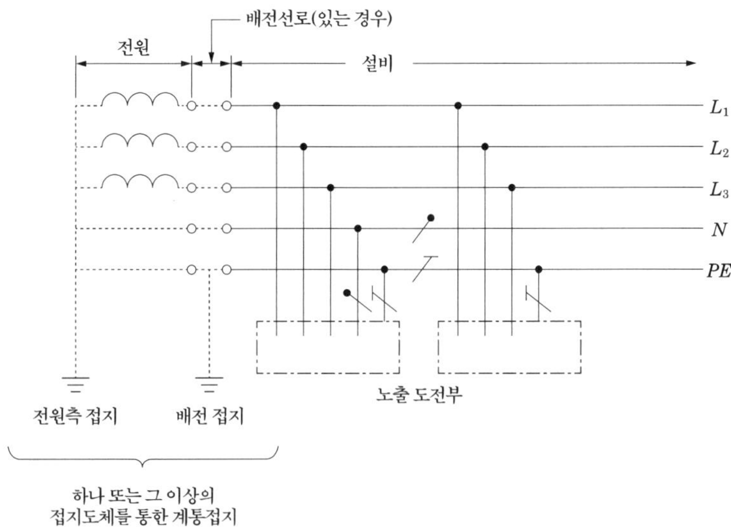

그림 203.2-2 계통 내에서 별도의 접지된 선도체와 보호도체가 있는 TN-S 계통

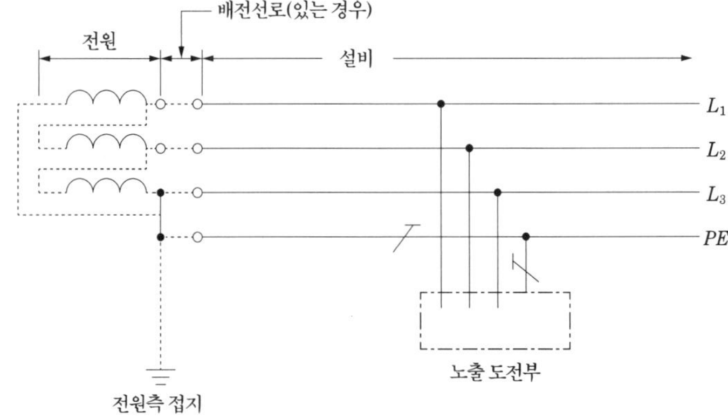

그림 203.2-2 계통 내에서 별도의 접지된 선도체와 보호도체가 있는 TN-S 계통

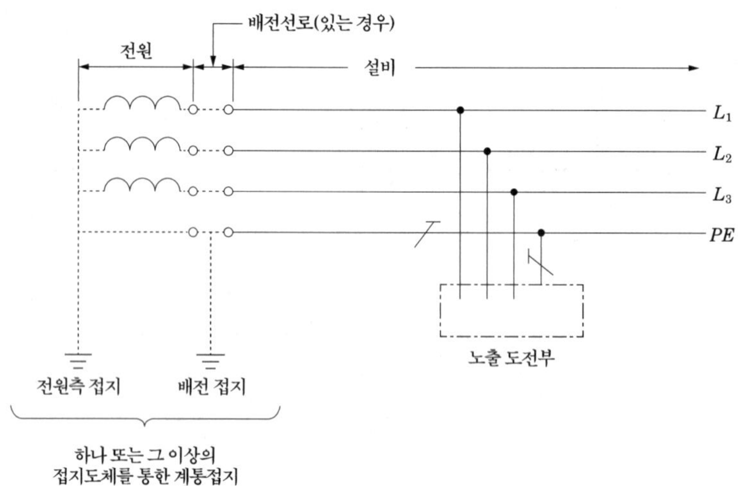

그림 203.2-3 계통 내에서 접지된 보호도체는 있으나 중성선의 배선이 없는 TN-S 계통

2. TN-C 계통은 그 계통 전체에 대해 중성선과 보호도체의 기능을 동일도체로 겸용한 PEN 도체를 사용한다. 배전계통에서 PEN 도체를 추가로 접지할 수 있다.

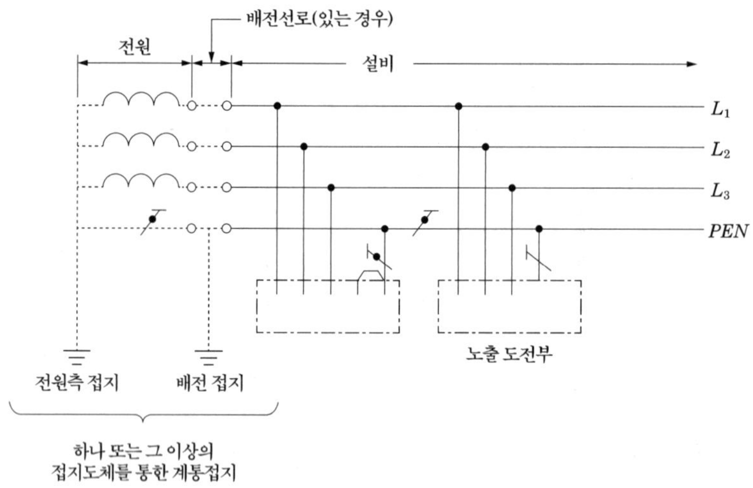

그림 203.2-4 TN-C 계통

3. TN-C-S계통은 계통의 일부분에서 PEN 도체를 사용하거나, 중성선과 별도의 PE 도체를 사용하는 방식이 있다. 배전계통에서 PEN 도체와 PE 도체를 추가로 접지할 수 있다.

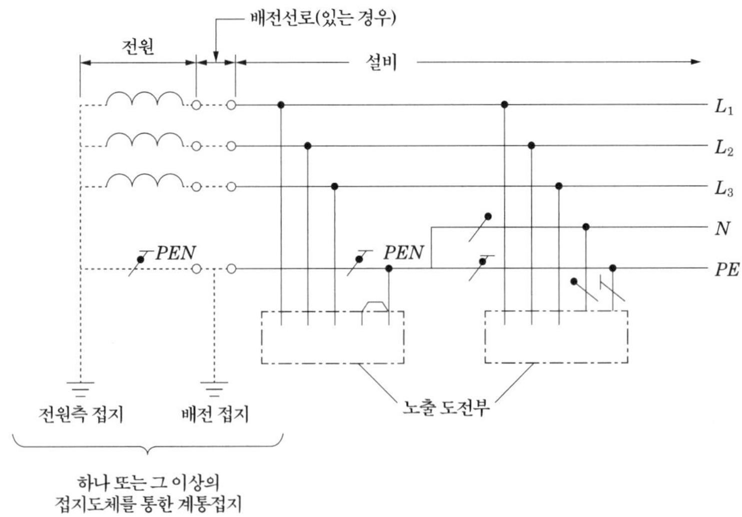

그림 203.2-5 설비의 어느 곳에서 PEN이 PE와 N으로 분리된 3상 4선식 TN-C-S 계통

203.3 TT 계통

전원의 한 점을 직접 접지하고 설비의 노출도전부는 전원의 접지전극과 전기적으로 독립적인 접지극에 접속시킨다. 배전계통에서 PE 도체를 추가로 접지할 수 있다.

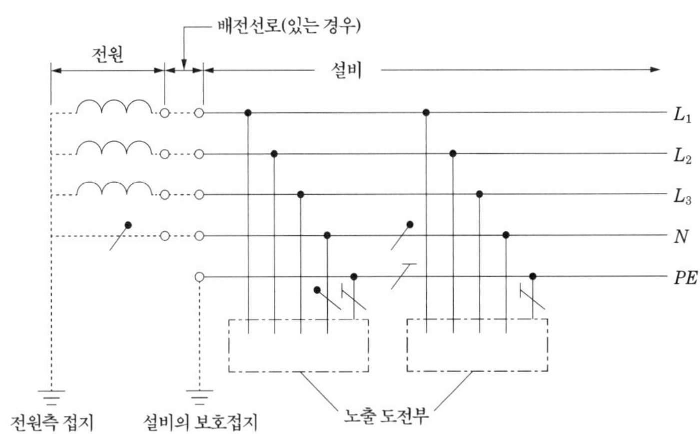

그림 203.3-1 설비 전체에서 별도의 중성선과 보호도체가 있는 TT 계통

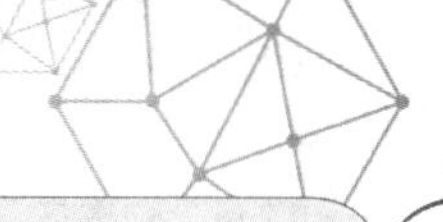

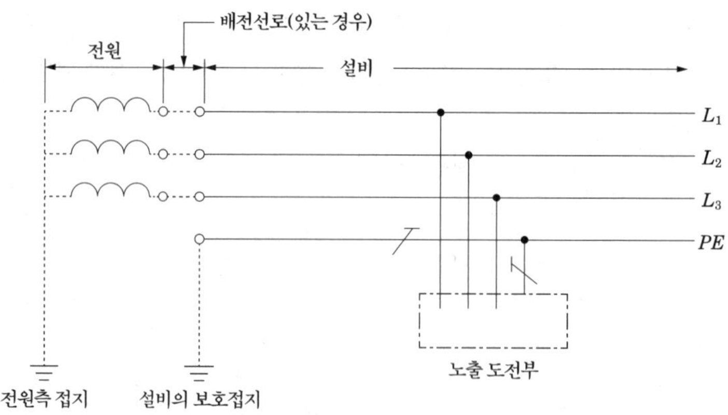

그림 203.3-2 설비 전체에서 접지된 보호도체가 있으나 배전용 중성선이 없는 TT 계통

203.4 IT 계통

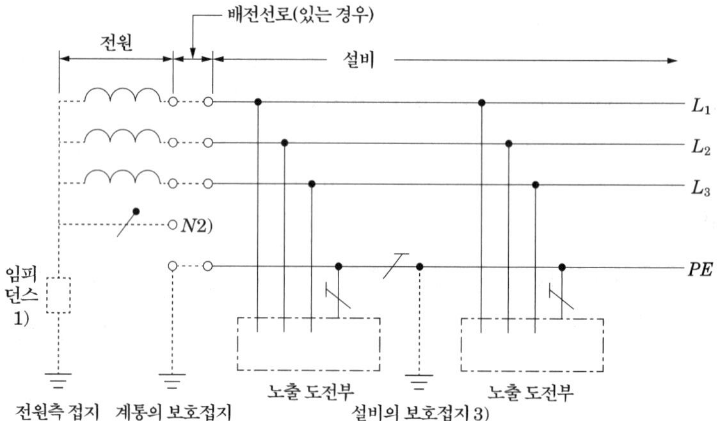

그림 203.4-1 계통 내의 모든 노출도전부가 보호도체에 의해 접속되어 일괄 접지된 IT 계통

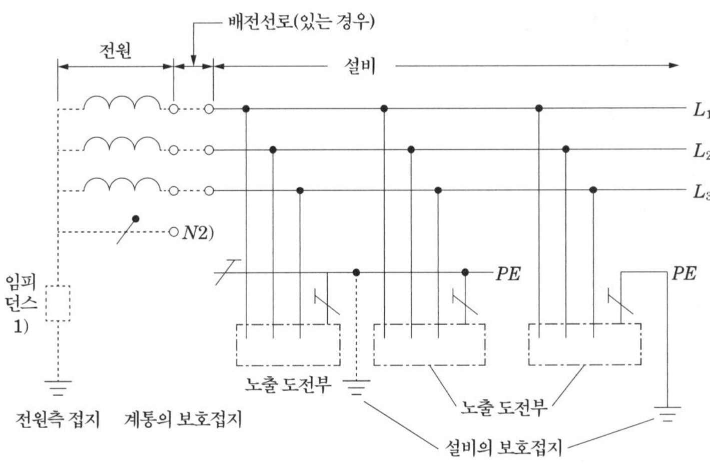

그림 203.4-2 노출도전부가 조합으로 또는 개별로 접지된 IT 계통

예제문제 02

전원계통의 접지극과 별도로 전기적으로 독립하여 접지하는 방식은?

① TT 계통 ② TN-C 계통 ③ TN-S 계통 ④ TN-CS 계통

해설

한국전기설비규정 203.3 TT 계통

전원의 한 점을 직접 접지하고 설비의 노출도전부는 전원의 접지전극과 전기적으로 독립적인 접지극에 접속시킨다. 배전계통에서 PE 도체를 추가로 접지할 수 있다.

답 : ①

예제문제 03

KS C IEC 60364에서 충전부 전체를 대지로부터 절연시키거나 한 점에 임피던스를 삽입하여 대지에 접속시키고 전기기기의 노출 도전성 부분 단독 또는 일괄적으로 접지하거나 또는 계통접지로 접속하는 접지계통을 무엇이라 하는가?

① TT 계통 ② IT 계통 ③ TN-C 계통 ④ TN-S 계통

해설

한국전기설비규정 203.4 IT 계통

1. 충전부 전체를 대지로부터 절연시키거나, 한 점을 임피던스를 통해 대지에 접속시킨다. 전기설비의 노출도전부를 단독 또는 일괄적으로 계통의 PE 도체a에 접속시킨다. 배전계통에서 추가접지가 가능하다.
2. 계통은 충분히 높은 임피던스를 통하여 접지할 수 있다. 이 접속은 중성점, 인위적 중성점, 선도체 등에서 할 수 있다. 중성선은 배선할 수도 있고, 배선하지 않을 수도 있다.

답 : ②

210 안전을 위한 보호

211 감전에 대한 보호

211.1.2 일반 요구사항

1. 안전을 위한 보호에서 별도의 언급이 없는 한 다음의 전압 규정에 따른다.
   가. 교류전압 : 실효값
   나. 직류전압 : 리플프리
2. 보호대책은 다음과 같이 구성하여야 한다.
   가. 기본보호와 고장보호를 독립적으로 적절하게 조합
   나. 기본보호와 고장보호를 모두 제공하는 강화된 보호 규정
   다. 추가적 보호는 외부영향의 특정 조건과 특정한 특수장소(240)에서의 보호대책의 일부로 규정
3. 설비의 각 부분에서 하나 이상의 보호대책은 외부영향의 조건을 고려하여 적용하여야 한다.
   가. 다음의 보호대책을 일반적으로 적용하여야 한다.
      (1) 전원의 자동차단(211.2)
      (2) 이중절연 또는 강화절연(211.3)
      (3) 한 개의 전기사용기기에 전기를 공급하기 위한 전기적 분리(211.4)
      (4) SELV와 PELV에 의한 특별저압(211.5)
   나. 전기기기의 선정과 시공을 할 때는 설비에 적용되는 보호대책을 고려하여야 한다.
4. 특수설비 또는 특수장소의 보호대책은 240에 해당되는 특별한 보호대책을 적용하여야 한다.
5. 장애물을 두거나 접촉범위 밖에 배치하는 보호대책
   가. 숙련자 또는 기능자
   나. 숙련자 또는 기능자의 감독 아래에 있는 사람

211.2 전원의 자동차단에 의한 보호대책

211.2.1 보호대책 일반 요구사항

1. 전원의 자동차단에 의한 보호대책
   가. 기본보호 : 충전부의 기본절연 또는 격벽이나 외함
   나. 고장보호 : 보호등전위본딩 및 자동차단
   다. 추가적인 보호 : 누전차단기를 시설
2. 누설전류감시장치는 보호장치는 아니지만 전기설비의 누설전류를 감시하는데 사용된다. 다만, 누설전류감시장치는 누설전류의 설정 값을 초과하는 경우 음향 또는 음향과 시각적인 신호를 발생시켜야 한다.

211.2.3 고장보호의 요구사항

1. 보호등전위본딩
   가. 도전성부분은 보호등전위본딩으로 접속
   나. 건축물 외부로부터 인입된 도전부는 건축물 안쪽의 가까운 지점에서 본딩
   다. 다만, 통신케이블의 금속외피는 소유자 또는 운영자의 요구사항을 고려하여 보호등전위본딩에 접속
2. 추가적인 보호
   다음에 따른 교류계통에서는 누전차단기에 의한 추가적 보호를 하여야 한다.
   가. 일반적으로 사용되며 일반인이 사용하는 정격전류 20 A 이하 콘센트
   나. 옥외에서 사용되는 정격전류 32 A 이하 이동용 전기기기

211.2.4 누전차단기의 시설

1. 금속제 외함을 가지는 사용전압이 50 V를 초과하는 저압의 기계 기구로서 사람이 쉽게 접촉할 우려가 있는 곳에 시설하는 것에 전기를 공급하는 전로
2. IEC 표준을 도입한 누전차단기를 저압전로에 사용하는 경우 일반인이 접촉할 우려가 있는 장소(세대 내 분전반 및 이와 유사한 장소)에는 주택용 누전차단기를 시설하여야 한다.
3. 다음의 어느 하나에 해당하는 경우에는 누전차단기를 시설하지 않는다.
   가. 기계기구를 발전소·변전소·개폐소 또는 이에 준하는 곳에 시설하는 경우
   나. 기계기구를 건조한 곳에 시설하는 경우
   다. 대지전압이 150 V 이하인 기계기구를 물기가 있는 곳 이외의 곳에 시설하는 경우
   라. 「전기용품 및 생활용품 안전관리법」의 적용을 받는 이중 절연구조의 기계기구를 시설하는 경우
   마. 그 전로의 전원측에 절연변압기(2차 전압이 300 V 이하인 경우에 한한다)를 시설하고 또한 그 절연 변압기의 부하측의 전로에 접지하지 아니하는 경우
   바. 기계기구가 고무·합성수지 기타 절연물로 피복된 경우
   사. 기계기구가 유도전동기의 2차측 전로에 접속되는 것일 경우
   아. 기계기구가 131의 8에 규정하는 것일 경우
   자. 기계기구내에 「전기용품 및 생활용품 안전관리법」의 적용을 받는 누전차단기를 설치하고 또한 기계기구의 전원 연결선이 손상을 받을 우려가 없도록 시설하는 경우

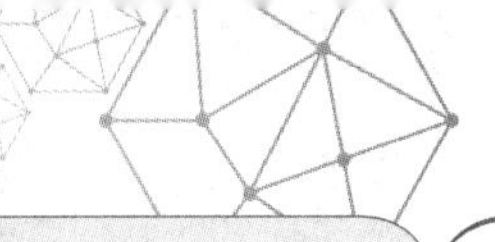

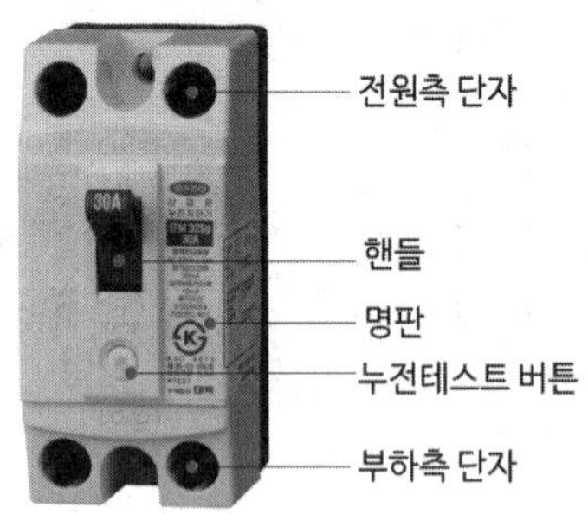

211.2.5 TN 계통

1. TN 계통에서 설비의 접지 신뢰성은 PEN 도체 또는 PE 도체와 접지극과의 효과적인 접속에 의한다.
2. 접지가 공공계통 또는 다른 전원계통으로부터 제공되는 경우 그 설비의 외부측에 필요한 조건은 전기공급자가 준수하여야 한다. 조건에 포함된 예는 다음과 같다.
   가. PEN 도체는 여러 지점에서 접지하여 PEN 도체의 단선위험을 최소화할 수 있도록 한다.
   나. $\dfrac{R_B}{R_E} \leq \dfrac{50}{U_0 - 50}$

      R_B : 병렬 접지극 전체의 접지저항 값(Ω)

      R_E : 1선 지락이 발생할 수 있으며 보호도체와 접속되어 있지 않는 계통외도전부의 대지와의 접촉저항의 최소값(Ω)

      U_0 : 공칭대지전압(실효값)
3. 보호장치의 특성과 회로의 임피던스는 다음 조건을 충족하여야 한다.

   $Z_s \times I_a \leq U_0$

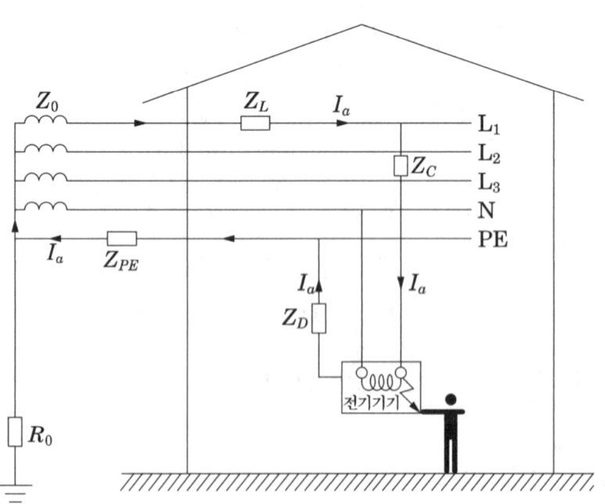

TN-C 계통의 고장 회로

Z_s : 다음과 같이 구성된 고장루프임피던스(Ω)

- 전원의 임피던스
- 고장점까지의 선도체 임피던스
- 고장점과 전원 사이의 보호도체 임피던스

I_a : 표 211.2-1에서 제시된 시간 내에 차단장치 또는 누전차단기를 자동으로 동작하게 하는 전류(A)

U_0 : 공칭대지전압(V)

표 211.2-1 32 A 이하 분기회로의 최대 차단시간 [단위 : 초]

계통	50 V< U_0≤120 V		120 V< U_0≤230 V		230 V< U_0≤400 V		U_0>400 V	
	교류	직류	교류	직류	교류	직류	교류	직류
TN	0.8	[비고1]	0.4	5	0.2	0.4	0.1	0.1
TT	0.3	[비고1]	0.2	0.4	0.07	0.2	0.04	0.1

TT 계통에서 차단은 과전류보호장치에 의해 이루어지고 보호등전위본딩은 설비 안의 모든 계통외도전부와 접속되는 경우 TN 계통에 적용 가능한 최대차단시간이 사용될 수 있다.
U0는 대지에서 공칭교류전압 또는 직류 선간전압이다.

[비고1] 차단은 감전보호 외에 다른 원인에 의해 요구될 수도 있다.
[비고2] 누전차단기에 의한 차단은 211.2.4 참조.

가. TN 계통에서 과전류보호장치 및 누전차단기는 고장보호에 사용할 수 있다. 누전차단기를 사용하는 경우 과전류보호 겸용의 것을 사용해야 한다.

나. TN-C 계통에는 누전차단기를 사용해서는 아니 된다.

- TN-C-S 계통에 누전차단기를 설치하는 경우에는 누전차단기의 부하측에는 PEN 도체를 사용할 수 없다. 이러한 경우 PE도체는 누전차단기의 전원측에서 PEN 도체에 접속하여야 한다.

211.2.6 TT 계통

1. 전원계통의 중성점이나 중간점은 접지하여야 한다. 중성점이나 중간점을 이용할 수 없는 경우, 선도체 중 하나를 접지하여야 한다.
2. TT 계통은 누전차단기를 사용하여 고장보호를 하여야 하며, 누전차단기를 적용하는 경우에는 누전차단기의 시설규정(211.2.4)에 따라야 한다. 다만, 고장 루프임피던스가 충분히 낮을 때는 과전류보호장치에 의하여 고장보호를 할 수 있다.
3. 누전차단기를 사용하여 TT 계통의 고장보호를 하는 경우에는 다음에 적합하여야 한다.

가. 211.2-1에서 요구하는 차단시간

나. $R_A \times I_{\Delta n} \le 50\ V$

R_A: 노출도전부에 접속된 보호도체와 접지극 저항의 합(Ω)

$I_{\Delta n}$: 누전차단기의 정격동작 전류(A)

4. 과전류보호장치를 사용하여 TT 계통의 고장보호를 할 때에는 다음의 조건을 충족하여야 한다.

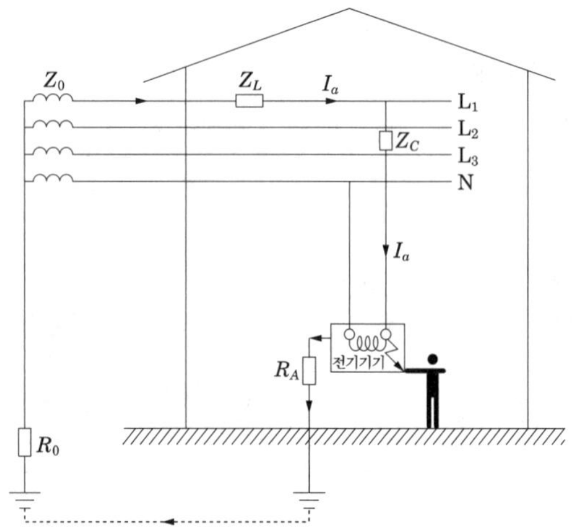

TT계통의 고장회로 구성

$Z_s \times I_a \leq U_0$

Z_s : 다음과 같이 구성된 고장루프임피던스(Ω)

- 전원
- 고장점까지의 선도체
- 노출도전부의 보호도체
- 접지도체
- 설비의 접지극
- 전원의 접지극

I_a : 표 211.2-1에서 요구하는 차단시간 내에 차단장치가 자동 작동하는 전류(A)

U_0: 공칭 대지전압(V)

211.2.7 IT 계통

1. 노출도전부는 개별 또는 집합적으로 접지하여야 하며, 다음 조건을 충족하여야 한다.
   가. 교류계통 : $R_A \times I_d \leq 50\ V$
   나. 직류계통 : $R_A \times I_d \leq 120\ V$
   R_A: 접지극과 노출도전부에 접속된 보호도체 저항의 합
   I_d : 하나의 선도체와 노출도전부 사이에서 무시할 수 있는 임피던스로 1차 고장이 발생했을 때의 고장전류(A)로 전기설비의 누설전류와 총 접지임피던스를 고려한 값
2. IT 계통은 다음과 같은 감시장치와 보호장치를 사용할 수 있으며, 1차 고장이 지속되는 동안 작동되어야 한다. 절연감시장치는 음향 및 시각신호를 갖추어야 한다.

가. 절연감시장치
나. 누설전류감시장치
다. 절연고장점검출장치
라. 과전류보호장치
마. 누전차단기

211.2.8 기능적 특별저압(FELV)

기능상의 이유로 교류 50 V, 직류 120 V 이하인 공칭전압을 사용하지만, SELV 또는 PELV(211.5)에 대한 모든 요구조건이 충족되지 않고 SELV와 PELV가 필요치 않은 경우에는 기본보호 및 고장보호의 보장을 위해 다음에 따라야 한다. 이러한 조건의 조합을 FELV라 한다.

1. 기본보호는 다음 중 어느 하나에 따른다.
   가. 전원의 1차 회로의 공칭전압에 대응하는 기본절연
   나. 격벽 또는 외함
2. FELV 계통용 플러그와 콘센트는 다음의 모든 요구사항에 부합하여야 한다.
   가. 플러그를 다른 전압 계통의 콘센트에 꽂을 수 없어야 한다.
   나. 콘센트는 다른 전압 계통의 플러그를 수용할 수 없어야 한다.
   다. 콘센트는 보호도체에 접속하여야 한다.

211.5 SELV와 PELV를 적용한 특별저압에 의한 보호

211.5.1 보호대책 일반 요구사항

1. 특별저압에 의한 보호는 다음의 특별저압 계통에 의한 보호대책이다.
   가. SELV (Safety Extra-Low Voltage)
   나. PELV (Protective Extra-Low Voltage)

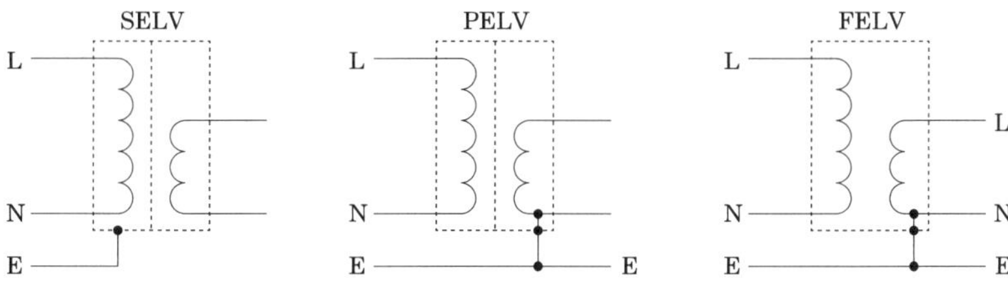

*FELV (Functional Extra Low Voltage/기능적 특별저압)

2. 보호대책의 요구사항
   가. 특별저압 계통의 전압한계는 KS C IEC 60449(건축전기설비의 전압밴드)에 의한 전압밴드 I의 상한 값인 교류 50 V 이하, 직류 120 V 이하이어야 한다.
   나. 특별저압 회로를 제외한 모든 회로로부터 특별저압 계통을 보호 분리하고, 특별저압 계통과 다른 특별저압 계통 간에는 기본절연을 하여야 한다.
   다. SELV 계통과 대지간의 기본절연을 하여야 한다.

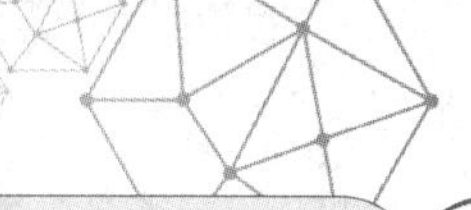

211.5.3 SELV와 PELV용 전원

특별저압 계통에는 다음의 전원을 사용해야 한다.

1. 안전절연변압기 전원
2. "가"의 안전절연변압기 및 이와 동등한 절연의 전원
3. 축전지 및 디젤발전기 등과 같은 독립전원
4. 저압으로 공급되는 안전절연변압기, 이중 또는 강화절연된 전동발전기 등 이동용 전원

211.5.4 SELV와 PELV 회로에 대한 요구사항

1. SELV 및 PELV 회로는 다음을 포함하여야 한다.
   가. 충전부와 다른 SELV와 PELV 회로 사이의 기본절연
   나. 이중절연 또는 강화절연 또는 최고전압에 대한 기본절연 및 보호차폐에 의한 SELV 또는 PELV 이외의 회로들의 충전부로부터 보호 분리
   다. SELV 회로는 충전부와 대지 사이에 기본절연
   라. PELV 회로 및 PELV 회로에 의해 공급되는 기기의 노출도전부는 접지
2. 기본절연이 된 다른 회로의 충전부로부터 특별저압 회로 배선계통의 보호분리는 다음의 방법 중 하나에 의한다.
   가. SELV와 PELV 회로의 도체들은 기본절연을 하고 비금속외피 또는 절연된 외함으로 시설하여야 한다.
   나. SELV와 PELV 회로의 도체들은 전압밴드 I 보다 높은 전압 회로의 도체들로부터 접지된 금속시스 또는 접지된 금속 차폐물에 의해 분리하여야 한다.
   다. SELV와 PELV 회로의 도체들이 사용 최고전압에 대해 절연된 경우 전압밴드 I 보다 높은 전압의 다른 회로 도체들과 함께 다심케이블 또는 다른 도체그룹에 수용할 수 있다.
3. SELV와 PELV 계통의 플러그와 콘센트는 다음에 따라야 한다.
   가. 플러그는 다른 전압 계통의 콘센트에 꽂을 수 없어야 한다.
   나. 콘센트는 다른 전압 계통의 플러그를 수용할 수 없어야 한다.
   다. SELV 계통에서 플러그 및 콘센트는 보호도체에 접속하지 않아야 한다.
   4. SELV 회로의 노출도전부는 대지 또는 다른 회로의 노출도전부나 보호도체에 접속하지 않아야 한다.

예제문제 04

금속제 외함을 갖는 저압의 기계기구로서 사람이 쉽게 접촉되어 위험의 우려가 있는 곳에 시설하는 전로에 지락이 생겼을 때 자동적으로 전로를 차단하는 장치를 설치하여야 한다. 사용전압은 몇 [V]인가?

① 30 ② 50 ③ 100 ④ 150

해설

한국전기설비규정 211.2.4 누전차단기의 시설

금속제 외함을 가지는 사용전압이 50 V를 초과하는 저압의 기계 기구로서 사람이 쉽게 접촉할 우려가 있는 곳에 시설하는 것에 전기를 공급하는 전로. 다만, 다음의 어느 하나에 해당하는 경우에는 적용하지 않는다.

답 : ②

211.6 추가적 보호

211.6.1 누전차단기

1. 기본보호 및 고장보호를 위한 대상 설비의 고장 또는 사용자의 부주의로 인하여 설비에 고장이 발생한 경우에는 사용 조건에 적합한 누전차단기를 사용하는 경우에는 추가적인 보호로 본다.
2. 누전차단기의 사용은 단독적인 보호대책으로 인정하지 않는다.

211.6.2 보조 보호등전위본딩

동시접근 가능한 고정기기의 노출도전부와 계통외도전부에 보조 보호등전위본딩을 한 경우에는 추가적인 보호로 본다.

212 과전류에 대한 보호

212.2 회로의 특성에 따른 요구사항

212.2.1 선도체의 보호

1. 과전류 검출기의 설치
   가. 모든 선도체에 대하여 과전류 검출기를 설치하여 과전류가 발생할 때 전원을 안전하게 차단해야 한다.
   나. 3상 전동기 등과 같이 단상 차단이 위험을 일으킬 수 있는 경우 적절한 보호조치를 해야 한다.
2. 과전류 검출기 설치 예외

   TT 계통 또는 TN 계통에서, 선도체만을 이용하여 전원을 공급하는 회로의 경우, 다음 조건들을 충족하면 선도체 중 어느 하나에는 과전류 검출기를 설치하지 않아도 된다.

가. 동일 회로 또는 전원 측에서 부하 불평형을 감지하고 모든 선도체를 차단하기 위한 보호장치를 갖춘 경우

212.2.2 중성선의 보호

1. TT 계통 또는 TN 계통
   중성선의 단면적이 선도체의 단면적과 동등 이상의 크기이고, 그 중성선의 전류가 선도체의 전류보다 크지 않을 것으로 예상될 경우, 중성선에는 과전류 검출기 또는 차단장치를 설치하지 않아도 된다.
2. IT 계통
   중성선을 배선하는 경우 중성선에 과전류검출기를 설치해야하며, 과전류가 검출되면 중성선을 포함한 해당 회로의 모든 충전도체를 차단해야 한다.

212.2.3 중성선의 차단 및 재폐로

중성선을 차단 및 재폐로하는 회로의 경우에 설치하는 개폐기 및 차단기는 차단 시에는 중성선이 선도체보다 늦게 차단되어야 하며, 재폐로 시에는 선도체와 동시 또는 그 이전에 재폐로 되는 것을 설치하여야 한다.

212.3 보호장치의 종류 및 특성

1. 과부하전류 및 단락전류 겸용 보호장치
2. 과부하전류 전용 보호장치
3. 단락전류 전용 보호장치

212.3.4 보호장치의 특성

1. 과전류 보호장치는 KS C 또는 KS C IEC 관련 표준(배선차단기, 누전차단기, 퓨즈 등의 표준)의 동작특성에 적합하여야 한다.
2. 과전류차단기로 저압전로에 사용하는 범용의 퓨즈(「전기용품 및 생활용품 안전관리법」에서 규정하는 것을 제외한다)는 표 212.3-1에 적합한 것이어야 한다.

표 212.3-1 퓨즈(gG)의 용단특성

정격전류의 구분	시 간	정격전류의 배수	
		불용단전류	용단전류
4 A 이하	60분	1.5배	2.1배
4 A 초과 16 A 미만	60분	1.5배	1.9배
16 A 이상 63 A 이하	60분	1.25배	1.6배
63 A 초과 160 A 이하	120분	1.25배	1.6배
160 A 초과 400 A 이하	180분	1.25배	1.6배
400 A 초과	240분	1.25배	1.6배

3. 과전류차단기로 저압전로에 사용하는 산업용 배선차단기(「전기용품 및 생활용품 안전관리법」에서 규정하는 것을 제외한다)는 표 212.3-2에 주택용 배선차단기는 표212.3-3 및 표 212.3-4에 적합한 것이어야 한다. 다만, 일반인이 접촉할 우려

가 있는장소(세대내 분전반 및 이와 유사한 장소)에는 주택용 배선차단기를 시설하여야 하고, 주택용 배선차단기를 정방향(세로)으로 부착할 경우에는 차단기의 위쪽이 켜짐(on)으로, 차단기의 아래쪽은 꺼짐(off)으로 시설하여야 한다.

표 212.3-2 과전류트립 동작시간 및 특성(산업용 배선차단기)

정격전류의 구분	시간	정격전류의 배수(모든 극에 통전)	
		부동작전류	동작전류
63 A 이하	60분	1.05배	1.3배
63 A 초과	120분	1.05배	1.3배

표 212.3-3 순시트립에 따른 구분(주택용 배선차단기)

형	순시트립범위
B	$3I_n$ 초과 ~ $5I_n$ 이하
C	$5I_n$ 초과 ~ $10I_n$ 이하
D	$10I_n$ 초과 ~ $20I_n$ 이하

비고
1. B, C, D: 순시트립전류에 따른 차단기 분류
2. I_n: 차단기 정격전류

표 212.3-4 과전류트립 동작시간 및 특성(주택용 배선차단기)

정격전류의 구분	시간	정격전류의 배수(모든 극에 통전)	
		부동작전류	동작전류
63 A 이하	60분	1.13배	1.45배
63 A 초과	120분	1.13배	1.45배

212.4 과부하전류에 대한 보호

212.4.1 도체와 과부하 보호장치 사이의 협조

과부하에 대해 케이블(전선)을 보호하는 장치의 동작특성은 다음의 조건을 충족해야 한다.

$I_B \le I_n \le I_Z$ .... (식 212.4-1)

$I_2 \le 1.45 \times I_Z$ .... (식 212.4-2)

I_B : 회로의 설계전류

I_Z : 케이블의 허용전류

I_n : 보호장치의 정격전류

I_2 : 보호장치가 규약시간 이내에 유효하게 동작하는 것을 보장하는 전류

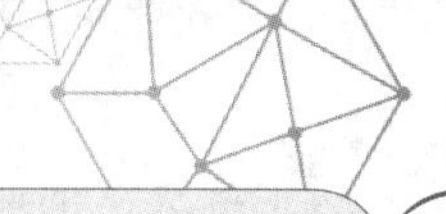

1. 조정할 수 있게 설계 및 제작된 보호장치의 경우, 정격전류 I_n은 사용현장에 적합하게 조정된 전류의 설정 값이다.
2. 보호장치의 유효한 동작을 보장하는 전류 I_2는 제조자로부터 제공되거나 제품 표준에 제시되어야 한다.
3. 식 212.4-2에 따른 보호는 조건에 따라서는 보호가 불확실한 경우가 발생할 수 있다. 이러한 경우에는 식 212.4-2에 따라 선정된 케이블 보다 단면적이 큰 케이블을 선정하여야 한다.
4. I_B는 선도체를 흐르는 설계전류이거나, 함유율이 높은 영상분 고조파(특히 제3고조파)가 지속적으로 흐르는 경우 중성선에 흐르는 전류이다.

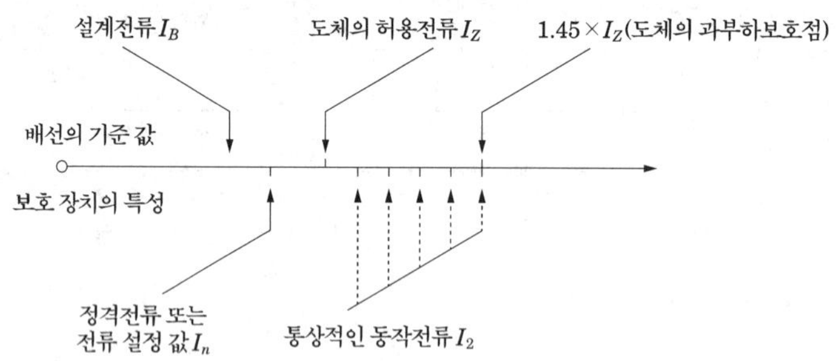

그림 212.4-1 과부하 보호 설계 조건도

212.4.2 과부하 보호장치의 설치 위치

1. 설치위치

   과부하 보호장치는 전로 중 도체의 단면적, 특성, 설치방법, 구성의 변경으로 도체의 허용전류 값이 줄어드는 곳(이하 분기점이라 함)에 설치해야 한다.

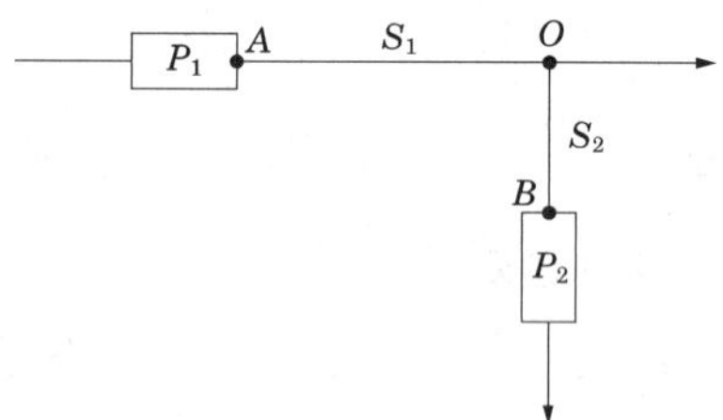

그림 212.4-2 분기회로(S_2)의 분기점(O)에 설치되지 않은 분기회로 과부하보호장치(P_2)

나. 그림 212.4-3과 같이 분기회로 (S_2)의 보호장치 (P_2)는 (P_2)의 전원 측에서 분기점(O) 사이에 다른 분기회로 또는 콘센트의 접속이 없고, 단락의 위험과 화재 및 인체에 대한 위험성이 최소화 되도록 시설된 경우, 분기회로의 보호장치 (P_2)는 분기회로의 분기점(O)으로부터 3 m 까지 이동하여 설치할 수 있다.

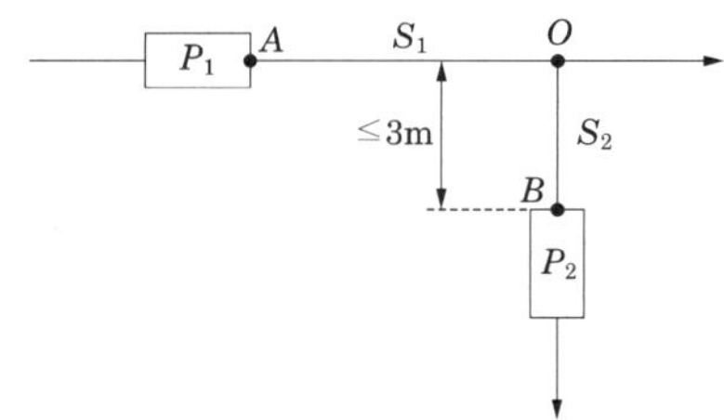

그림 212.4-3 분기회로(S_2)의 분기점(O)에서 3m 이내에 설치된 과부하 보호장치(P_2)

212.4.4 병렬 도체의 과부하 보호

하나의 보호장치가 여러 개의 병렬도체를 보호할 경우, 병렬도체는 분기회로, 분리, 개폐장치를 사용할 수 없다.

212.5 단락전류에 대한 보호

이 기준은 동일회로에 속하는 도체 사이의 단락인 경우에만 적용하여야 한다.

212.5.1 예상 단락전류의 결정

설비의 모든 관련 지점에서의 예상 단락전류를 결정해야 한다. 이는 계산 또는 측정에 의하여 수행할 수 있다.

212.5.2 단락보호장치의 설치위치

단락전류 보호장치는 분기점(O)에 설치해야 한다. 다만, 그림 212.5-1과 같이 분기회로의 단락보호장치 설치점(B)과 분기점(O) 사이에 다른 분기회로 또는 콘센트의 접속이 없고 단락, 화재 및 인체에 대한 위험이 최소화될 경우, 분기회로의 단락 보호장치 P_2는 분기점(O)으로부터 3 m까지 이동하여 설치할 수 있다.

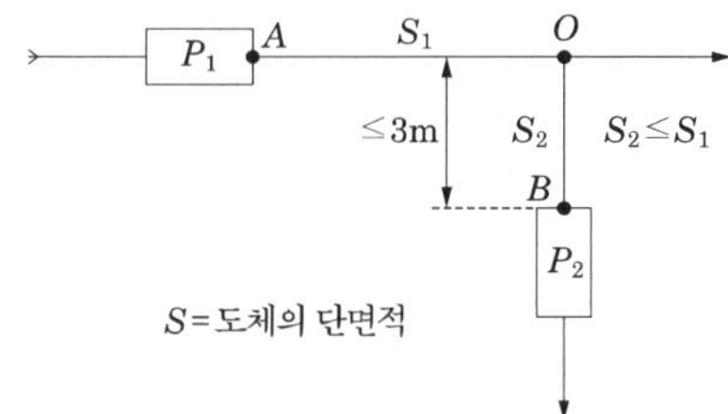

그림 212.5-1 분기회로 단락보호장치(P_2)의 제한된 위치 변경

212.5.3 단락보호장치의 생략

배선의 단락위험이 최소화할 수 있는 방법과 가연성 물질 근처에 설치하지 않는 조건이 모두 충족되면 다음과 같은 경우에는 단락보호장치를 생략할 수 있다.

1. 발전기, 변압기, 정류기, 축전지와 보호장치가 설치된 제어반을 연결하는 도체
2. 전원차단이 설비의 운전에 위험을 가져올 수 있는 회로
3. 특정 측정회로

212.5.5 단락보호장치의 특성

1. 차단용량

   정격차단용량은 단락전류보호장치 설치 점에서 예상되는 최대 크기의 단락전류보다 커야 한다

212.6 저압전로 중의 개폐기 및 과전류차단장치의 시설

212.6.1 저압전로 중의 개폐기의 시설

1. 저압전로 중에 개폐기를 시설하는 경우(이 규정에서 개폐기를 시설하도록 정하는 경우에 한한다)에는 그 곳의 각 극에 설치하여야 한다.
2. 사용전압이 다른 개폐기는 상호 식별이 용이하도록 시설하여야 한다.

212.6.2 저압 옥내전로 인입구에서의 개폐기의 시설

1. 저압 옥내전로에는 인입구에 가까운 곳으로서 쉽게 개폐할 수 있는 곳에 개폐기를 각 극에 시설하여야 한다.

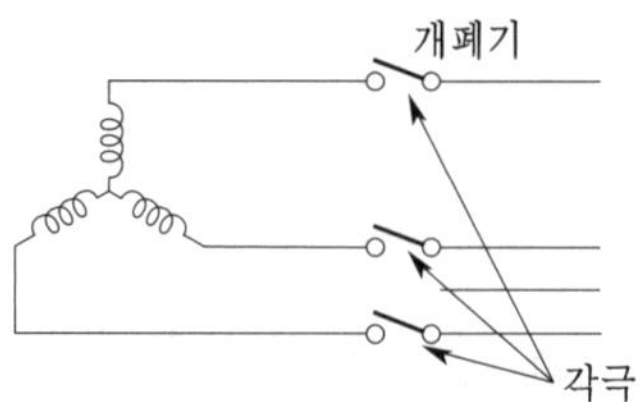

2. 사용전압이 400 V 이하인 옥내 전로로서 다른 옥내전로(정격전류가 16 A 이하인 과전류 차단기 또는 정격전류가 16 A를 초과하고 20 A 이하인 배선용 차단기로 보호되고 있는 것에 한한다)에 접속하는 길이 15 m 이하의 전로에서 전기의 공급을 받는 것은 제1의 규정에 의하지 아니할 수 있다.

212.6.3 저압전로 중의 전동기 보호용 과전류보호장치의 시설

옥내에 시설하는 전동기(정격 출력이 0.2 kW 이하인 것을 제외한다. 이하 여기에서 같다)에는 전동기가 손상될 우려가 있는 과전류가 생겼을 때에 자동적으로 이를 저지하거나 이를 경보하는 장치를 하여야 한다. 다만, 다음의 어느 하나에 해당하는 경우에는 그러하지 아니하다.

1. 전동기를 운전 중 상시 취급자가 감시할 수 있는 위치에 시설하는 경우
2. 전동기의 구조나 부하의 성질로 보아 전동기가 손상될 수 있는 과전류가 생길 우려가 없는 경우
3. 단상전동기[KS C 4204(2013)의 표준정격의 것을 말한다]로써 그 전원측 전로에 시설하는 과전류 차단기의 정격전류가 16 A(배선차단기는 20 A) 이하인 경우

예제문제 05

저압 옥내 간선에서 분기하여 전기 사용 기계 기구에 이르는 저압 옥내 전로의 분기 개소에 시설하는 개폐기 및 과전류 차단기는 분기점에서 전선의 길이가 몇 [m] 이내인 곳에서 시설하는가?

① 1.5 ② 3.0 ③ 8.0 ④ 10

해설

한국전기설비규정 212.4.2 과부하 보호장치의 설치 위치

그림과 같이 분기회로 (S_2)의 보호장치 (P_2)는 (P_2)의 전원 측에서 분기점(O) 사이에 다른 분기회로 또는 콘센트의 접속이 없고, 단락의 위험과 화재 및 인체에 대한 위험성이 최소화 되도록 시설된 경우, 분기회로의 보호장치 (P_2)는 분기회로의 분기점(O)으로부터 3 m까지 이동하여 설치할 수 있다.

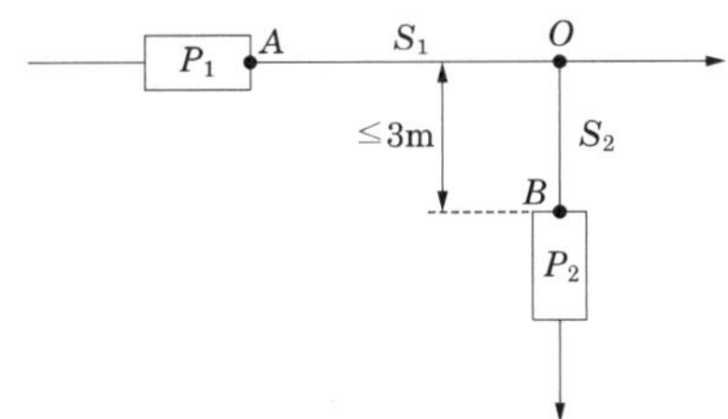

답 : ②

예제문제 06

전원측 전로에 시설한 배선용 차단기의 정격 전류가 몇 [A] 이하의 것이면 이 전로에 접속하는 단상 전동기에 과부하 보호장치를 생략할 수 있는가?

① 15 ② 20 ③ 30 ④ 50

해설

한국전기설비규정 212.6.3 저압전로 중의 전동기 보호용 과전류보호장치의 시설

옥내에 시설하는 전동기(정격 출력이 0.2 kW 이하인 것을 제외한다. 이하 여기에서 같다)에는 전동기가 손상될 우려가 있는 과전류가 생겼을 때에 자동적으로 이를 저지하거나 이를 경보하는 장치를 하여야 한다. 다만, 다음의 어느 하나에 해당하는 경우에는 그러하지 아니하다.

가. 전동기를 운전 중 상시 취급자가 감시할 수 있는 위치에 시설하는 경우

나. 전동기의 구조나 부하의 성질로 보아 전동기가 손상될 수 있는 과전류가 생길 우려가 없는 경우

다. 단상전동기[KS C 4204(2013)의 표준정격의 것을 말한다]로써 그 전원측 전로에 시설하는 과전류 차단기의 정격전류가 16 A(배선차단기는 20 A) 이하인 경우

답 : ②

예제문제 07

과전류 차단기로서 저압 전로에 사용하는 100 [A] 퓨즈는 1.6배의 전류를 통하는 경우는 몇 분 안에 용단되어야 하는가?

① 30분 ② 60분 ③ 120분 ④ 120분

해설

한국전기설비규정 212.3.4 보호장치의 특성
과전류차단기로 저압전로에 사용하는 퓨즈(「전기용품 및 생활용품 안전관리법」에서 규정하는 것을 제외한다)는 표 212.6-1에 적합한 것이어야 한다.

표 212.6-1 퓨즈(gG)의 용단특성

정격전류의 구분	시 간	정격전류의 배수	
		불용단전류	용단전류
4 A 이하	60분	1.5배	2.1배
4 A 초과 16 A 미만	60분	1.5배	1.9배
16 A 이상 63 A 이하	60분	1.25배	1.6배
63A 초과 160 A 이하	120분	1.25배	1.6배
160 A 초과 400 A 이하	180분	1.25배	1.6배
400 A 초과	240분	1.25배	1.6배

답 : ③

220 전선로

221 구내 · 옥측 · 옥상 · 옥내 전선로의 시설

221.1 구내인입선

221.1.1 저압 인입선의 시설

1. 저압 가공인입선
   가. 전선은 절연전선 또는 케이블일 것.
   나. 전선이 케이블인 경우 이외에는 인장강도 2.30 kN 이상의 것 또는 지름 2.6 mm 이상의 인입용 비닐절연전선일 것. 다만, 경간이 15 m 이하인 경우는 인장강도 1.25 kN 이상의 것 또는 지름 2 mm 이상의 인입용 비닐절연전선일 것.
   다. 전선이 옥외용 비닐절연전선인 경우에는 사람이 접촉할 우려가 없도록 시설하고, 옥외용 비닐절연전선 이외의 절연전선인 경우에는 사람이 쉽게 접촉할 우려가 없도록 시설할 것.
2. 전선의 높이는 다음에 의할 것.
   가. 도로(차도와 보도의 구별이 있는 도로인 경우에는 차도)를 횡단하는 경우에는 노면상 5 m(기술상 부득이한 경우에 교통에 지장이 없을 때에는 3 m) 이상
   나. 철도 또는 궤도를 횡단하는 경우에는 레일면상 6.5 m 이상
   다. 횡단보도교의 위에 시설하는 경우에는 노면상 3 m 이상

라. 가. 에서 다. 까지 이외의 경우에는 지표상 4 m(기술상 부득이한 경우에 교통에 지장이 없을 때에는 2.5 m) 이상

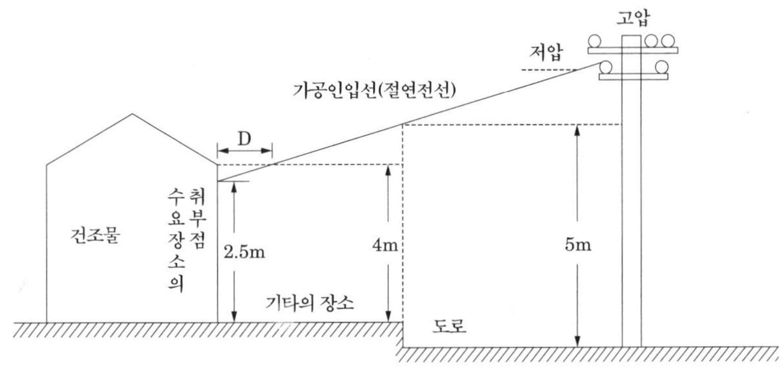

D 구간의 높이는 교통에 지장이 없을 때에 인정된다.

3. 다른 시설물 사이의 이격거리

표 221.1-1 저압 가공인입선 조영물의 구분에 따른 이격거리

시설물의 구분		이격거리
조영물의 상부 조영재	위쪽	2 m (전선이 옥외용 비닐절연전선 이외의 저압 절연전선인 경우는 1.0 m, 고압 절연전선, 특고압 절연전선 또는 케이블인 경우는 0.5 m)
	옆쪽 또는 아래쪽	0.3 m (전선이 고압 절연전선, 특고압 절연전선 또는 케이블인 경우는 0.15 m)
조영물의 상부 조영재 이외의 부분 또는 조영물 이외의 시설물		0.3 m (전선이 고압 절연전선, 특고압 절연전선 또는 케이블인 경우는 0.15 m)

221.1.2 연접 인입선의 시설

저압 연접(이웃 연결) 인입선은 저압 인입선의 규정 이외 다음에 따라 시설하여야 한다.

1. 인입선에서 분기하는 점으로부터 100 m를 초과하는 지역에 미치지 아니할 것.
2. 폭 5 m를 초과하는 도로를 횡단하지 아니할 것.
3. 옥내를 통과하지 아니할 것.

221.2 옥측전선로

1. 저압 옥측전선로는 다음에 따라 시설하여야 한다.
   가. 저압 옥측전선로는 다음의 공사방법에 의할 것.
      (1) 애자공사(전개된 장소에 한한다.)
      (2) 합성수지관공사
      (3) 금속관공사(목조 이외의 조영물에 시설하는 경우에 한한다)

(4) 버스덕트공사[목조 이외의 조영물(점검할 수 없는 은폐된 장소는 제외한다)에 시설하는 경우에 한한다]

(5) 케이블공사(연피 케이블, 알루미늄피 케이블 또는 무기물절연(MI) 케이블을 사용하는 경우에는 목조 이외의 조영물에 시설하는 경우에 한한다)

나. 애자공사에 의한 저압 옥측전선로는 다음에 의하고 또한 사람이 쉽게 접촉될 우려가 없도록 시설할 것.

(1) 전선은 공칭단면적 4 mm^2 이상의 연동 절연전선(옥외용 비닐절연전선 및 인입용 절연전선은 제외한다)일 것.

(2) 전선 상호 간의 간격 및 전선과 그 저압 옥측전선로를 시설하는 조영재 사이의 이격거리

표 221.2-1 시설장소별 조영재 사이의 이격거리

시설 장소	전선 상호 간의 간격		전선과 조영재 사이의 이격거리	
	사용전압이 400 V 이하인 경우	사용전압이 400 V 초과인 경우	사용전압이 400 V 이하인 경우	사용전압이 400 V 초과인 경우
비나 이슬에 젖지 않는 장소	0.06 m	0.06 m	0.025 m	0.025 m
비나 이슬에 젖는 장소	0.06 m	0.12 m	0.025 m	0.045 m

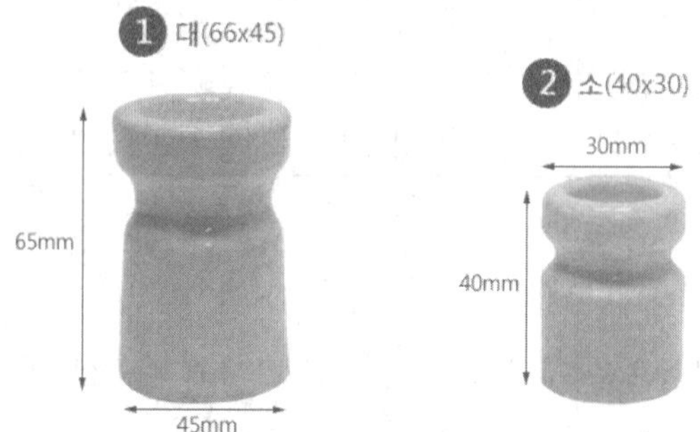

그림 221.2-1 놉애자

(3) 전선의 지지점 간의 거리는 2 m 이하일 것.

(4) 전선에 인장강도 1.38 kN 이상의 것 또는 지름 2 mm 이상의 경동선을 사용하고 또한 전선 상호 간의 간격을 0.2 m 이상, 전선과 저압 옥측전선로를 시설한 조영재 사이의 이격거리를 0.3 m 이상으로 하여 시설하는 경우에 한하여 옥외용 비닐절연전선을 사용하거나 지지점 간의 거리를 2 m를 초과하고 15 m 이하로 할 수 있다.

2. 애자공사에 의한 저압 옥측전선로의 전선이 다른 시설물과 접근하는 경우 또는 애자공사에 의한 저압 옥측전선로의 전선이 다른 시설물의 위나 아래에 시설되는 경우에 저압 옥측전선로의 전선과 다른 시설물 사이의 이격거리

표 221.2-2 저압 옥측전선로 조영물의 구분에 따른 이격거리

다른 시설물의 구분	접근 형태	이격 거리
조영물의 상부 조영재	위쪽	2 m (전선이 고압 절연전선, 특고압 절연전선 또는 케이블인 경우는 1 m)
	옆쪽 또는 아래쪽	0.6 m (전선이 고압 절연전선, 특고압 절연전선 또는 케이블인 경우는 0.3 m)
조영물의 상부 조영재 이외의 부분 또는 조영물 이외의 시설물		0.6 m (전선이 고압 절연전선, 특고압 절연전선 또는 케이블인 경우는 0.3 m)

3. 애자공사에 의한 저압 옥측전선로의 전선과 식물 사이의 이격거리는 0.2 m 이상이어야 한다.

221.3 옥상전선로

1. 저압 옥상전선로는 전개된 장소에 다음에 따르고 또한 위험의 우려가 없도록 시설하여야 한다.
   가. 전선은 인장강도 2.30 kN 이상의 것 또는 지름 2.6 mm 이상의 경동선을 사용할 것.
   나. 전선은 절연전선(OW전선을 포함한다) 또는 이와 동등 이상의 절연효력이 있는 것을 사용할 것.
   다. 전선은 조영재에 견고하게 붙인 지지주 또는 지지대에 절연성 • 난연성 및 내수성이 있는 애자를 사용하여 지지하고 또한 그 지지점 간의 거리는 15 m 이하일 것.
   라. 전선과 그 저압 옥상 전선로를 시설하는 조영재와의 이격거리는 2 m(전선이 고압 절연전선, 특고압 절연전선 또는 케이블인 경우에는 1 m) 이상일 것.
2. 저압 옥상전선로의 전선이 저압 옥측전선·고압 옥측전선·특고압 옥측전선·다른 저압 옥상전선로의 전선·약전류전선 등·안테나나 수관·가스관 또는 이들과 유사한 것과 접근하거나 교차하는 경우에는 저압 옥상전선로의 전선과 이들 사이의 이격거리는 1 m(저압 옥상전선로의 전선 또는 저압 옥측전선이나 다른 저압 옥상전선로의 전선이 저압 방호구에 넣은 절연전선 등·고압 절연전선·특고압 절연전선 또는 케이블인 경우에는 0.3 m) 이상이어야 한다.
3. 저압 옥상전선로의 전선은 상시 부는 바람 등에 의하여 식물에 접촉하지 아니하도록 시설하여야 한다.

예제문제 08

저압 연접 인입선이 횡단할 수 있는 최대의 도로 폭[m]은?

① 3.5　　② 4.0　　③ 5.0　　④ 5.5

해설

한국전기설비규정 221.1.2 연접 인입선의 시설

저압 연접인입선은 221.1.1의 규정에 준하여 시설하는 이외에 다음에 따라 시설하여야 한다.

가. 인입선에서 분기하는 점으로부터 100 m를 초과하는 지역에 미치지 아니할 것.

나. 폭 5 m를 초과하는 도로를 횡단하지 아니할 것.

다. 옥내를 통과하지 아니할 것.

답 : ③

예제문제 09

다음 저압 연접 인입선의 시설 규정 중 틀린 것은?

① 경간이 20 [m]인 곳에 직경 2.0 [mm] DV 전선을 사용하였다.

② 인입선에서 분기하는 점으로부터 100 [m]를 넘지 않았다.

③ 폭 4.5 [m]의 도로를 횡단하였다.

④ 옥내를 통과하지 않도록 했다.

해설

한국전기설비규정 221.1.2 연접 인입선의 시설

저압 연접인입선은 221.1.1의 규정에 준하여 시설하는 이외에 다음에 따라 시설하여야 한다.

가. 전선은 절연전선 또는 케이블일 것.

나. 전선이 케이블인 경우 이외에는 인장강도 2.30 kN 이상의 것 또는 지름 2.6 mm 이상의 인입용 비닐절연전선일 것. 다만, 경간이 15 m 이하인 경우는 인장강도 1.25 kN 이상의 것 또는 지름 2 mm 이상의 인입용 비닐절연전선일 것

다. 전선이 옥외용 비닐 절연 전선인 경우에는 사람이 접촉할 우려가 없도록 시설하고, 옥외용 비닐 절연 전선 이외의 절연 전선인 경우에는 사람이 쉽게 접촉할 우려가 없도록 시설할 것

답 : ①

예제문제 10

저압의 옥측배선을 시설 장소에 따라 시공할 때 적절하지 못한 것은?

① 버스덕트 공사를 철골조로 된 공장 건물에 시설
② 합성수지관 공사를 목조로 된 건축물에 시설
③ 금속몰드 공사를 목조로 된 건축물에 시설
④ 애자사용 공사를 전개된 장소에 있는 공장 건물에 시설

해설

한국전기설비규정 221.2 옥측전선로
저압 옥측전선로는 다음의 공사방법에 의할 것.
(1) 애자공사(전개된 장소에 한한다.)
(2) 합성수지관공사
(3) 금속관공사(목조 이외의 조영물에 시설하는 경우에 한한다)
(4) 버스덕트공사[목조 이외의 조영물(점검할 수 없는 은폐된 장소는 제외한다)에 시설하는 경우에 한한다]
(5) 케이블공사(연피 케이블, 알루미늄피 케이블 또는 무기물절연(MI) 케이블을 사용하는 경우에는 목조 이외의 조영물에 시설하는 경우에 한한다)

답 : ③

예제문제 11

저압 옥상전선로의 시설에 대한 설명으로 틀린 것은?

① 전선은 절연 전선을 사용한다.
② 전선은 지름 2.6[mm] 이상의 경동선을 사용한다.
③ 전선과 옥상전선로를 시설하는 조영재와의 이격거리를 0.5[m]로 한다.
④ 전선은 상시 부는 바람 등에 의하여 식물에 접촉하지 않도록 시설한다.

해설

한국전기설비규정 221.3 옥상전선로(저압)
저압 옥상전선로는 전개된 장소에 다음에 따르고 또한 위험의 우려가 없도록 시설하여야 한다.
가. 전선은 인장강도 2.30 kN 이상의 것 또는 지름 2.6 mm 이상의 경동선을 사용할 것.
나. 전선은 절연전선(OW전선을 포함한다) 또는 이와 동등 이상의 절연효력이 있는 것을 사용할 것.
다. 전선은 조영재에 견고하게 붙인 지지주 또는 지지대에 절연성·난연성 및 내수성이 있는 애자를 사용하여 지지하고 또한 그 지지점 간의 거리는 15 m 이하일 것.
라. 전선과 그 저압 옥상 전선로를 시설하는 조영재와의 이격거리는 2 m(전선이 고압 절연전선, 특고압 절연전선 또는 케이블인 경우에는 1 m) 이상일 것.
마. 저압 옥상전선로의 전선은 상시 부는 바람 등에 의하여 식물에 접촉하지 아니하도록 시설하여야 한다.

답 : ③

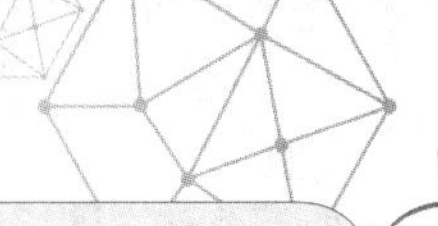

222 저압 가공전선로

222.5 저압 가공전선의 굵기 및 종류

1. 저압 가공전선은 나전선(중성선 또는 다중접지된 접지측 전선으로 사용하는 전선에 한한다), 절연전선, 다심형 전선 또는 케이블을 사용하여야 한다.
2. 사용전압이 400 V 초과인 저압 가공전선에는 인입용 비닐절연전선을 사용하여서는 안 된다.

가공전선의 굵기와 강도

<table>
<tr><th>전압</th><th>조건</th><th>전선의 굵기 및 인장강도</th></tr>
<tr><td rowspan="2">400 [V]
이하</td><td>절연전선</td><td>인장강도 2.3 [kN] 이상의 것 또는 지름 2.6 [mm] 이상</td></tr>
<tr><td>절연전선 이외</td><td>인장강도 3.43 [kN] 이상의 것 또는 지름 3.2 [mm] 이상</td></tr>
<tr><td rowspan="2">400 [V]
초과 저압</td><td>시가지에 시설</td><td>인장강도 8.01 [kN] 이상의 것 또는 지름 5 [mm] 이상</td></tr>
<tr><td>시가지 외에 시설</td><td>인장강도 5.26 [kN]이상의 것 또는 지름 4 [mm] 이상</td></tr>
<tr><td>고압</td><td colspan="2">인장강도 8.01 kN 이상의 고압 절연전선 또는
지름 5 mm 이상의 경동선의 고압 절연전선</td></tr>
<tr><td>특고압</td><td colspan="2">인장강도 8.71 [kN] 이상의 연선 또는 단면적이 22 [mm^2] 이상의 경동연선</td></tr>
</table>

222.7 저압 가공전선의 높이

1. 저압 가공전선의 높이는 다음에 따라야 한다.

<table>
<tr><th>구분</th><th colspan="2">시설장소</th><th colspan="2">전선의 높이</th></tr>
<tr><td rowspan="5">저
·
고
압</td><td colspan="2">도로횡단시</td><td colspan="2">지표상 6[m] 이상</td></tr>
<tr><td colspan="2">철도 또는
궤도 횡단시</td><td colspan="2">레일면상 6.5[m] 이상</td></tr>
<tr><td rowspan="2">횡단보도교</td><td>저압</td><td>노면상 3.5[m] 이상</td><td>절연전선, 다심형 전선,
케이블 사용시 3[m] 이상</td></tr>
<tr><td>고압</td><td colspan="2">노면상 3.5[m] 이상</td></tr>
<tr><td>기타
장소</td><td>–</td><td>지표상 5[m] 이상</td><td>절연전선, 케이블 사용하여 교통에 지장 없이
옥외조명등에 공급시 4[m] 이상</td></tr>
</table>

2. 다리의 하부 기타 이와 유사한 장소에 시설하는 저압의 전기철도용 급전선은 지표상 3.5 m 까지로 감할 수 있다.

222.8 저압 가공전선로의 지지물의 강도

저압 가공전선로의 지지물은 목주인 경우에는 풍압하중의 1.2배의 하중, 기타의 경우에는 풍압하중에 견디는 강도를 가지는 것이어야 한다.

222.9 저고압 가공전선 등의 병행설치

1. 저압 가공전선을 고압 가공전선의 아래로 하고 별개의 완금류에 시설할 것.
2. 저압 가공전선과 고압 가공전선 사이의 이격거리는 0.5 m 이상일 것. 다만, 각도주(角度柱)·분기주(分岐柱) 등에서 혼촉(混觸)의 우려가 없도록 시설하는 경우에는 그러하지 아니하다.
3. 고압 가공전선에 케이블을 사용하고, 또한 그 케이블과 저압 가공전선 사이의 이격거리를 0.3 m 이상일 것.

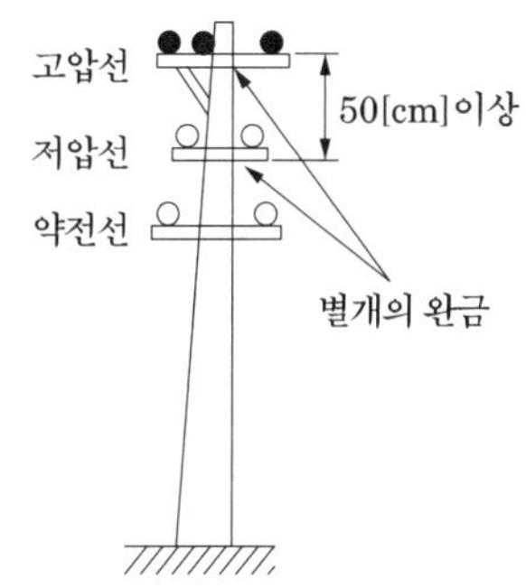

한국전기설비규정 저 · 고압 및 특고압 병행설치 이격거리

전 압	표 준	고압에 케이블사용	특고압에 케이블 사용 및 저·고압에 절연전선 또는 케이블 사용
저·고압 병가	0.5 [m] 이상	0.3 [m] 이상	–
22.9 [kV]	1 [m] 이상		0.5 [m] 이상
35 [kV] 이하	1.2 [m] 이상	–	0.5 [m] 이상
35 [kV] 초과 60 [kV] 이하	2 [m] 이상	–	1 [m] 이상
60 [kV] 초과	이격거리 = 2 + 단수 × 0.12 $단수 = \frac{(전압\ [kV]-60)}{10}$	–	이격거리 = 1 + 단수 × 0.12 $단수 = \frac{(전압\ [kV]-60)}{10}$ 단수 계산에서 소수점 이하는 절상

222.10 저압 보안공사

저압 보안공사는 다음에 따라야 한다.

1. 전선은 케이블인 경우 이외에는 인장강도 8.01 kN 이상의 것 또는 지름 5 mm(사용전압이 400 V 이하인 경우에는 인장강도 5.26 kN 이상의 것 또는 지름 4 mm 이상의 경동선) 이상의 경동선일 것.
2. 목주는 다음에 의할 것.
   가. 풍압하중에 대한 안전율은 1.5 이상일 것.
   나. 목주의 굵기는 말구(末口)의 지름 0.12 m 이상일 것.
   다. 경간은 표 222.10-1에서 정한 값 이하일 것.

표 222.10-1 지지물 종류에 따른 경간

지지물의 종류	경간
목주·A종 철주 또는 A종 철근 콘크리트주	100 m
B종 철주 또는 B종 철근 콘크리트주	150 m
철탑	400 m

(1) A종 철근 콘크리트주

전장 16 m 이하로서 설계하중 700 kg 이하의 철근콘크리트주와 전장이 14 m 이상 17 m 이하이고, 설계하중이 700 kg 초과 1,000 kg 이하의 철근콘크리트주를 논 기타 지반이 연약한 곳 이외인 곳에 시설하는 경우 그 묻히는 깊이를 전장이 15 m 이하인 경우에는 전장의 1/6에 0.3 m를 가산하고, 15 m를 넘는 경우에는 2.5 m에 0.3 m를 가산하여 시공한 콘크리트전주, 단, 기초안전율이 2.0 이상인 것은 제외한다.

(2) B종 철근 콘크리트주

A종 콘크리트주 이외의 철근콘크리트주를 말한다.

222.11 저압 가공전선과 건조물의 접근

<table>
<tr><th colspan="3">사용 전압 부분 공작물의 종류</th><th>저압[m]</th><th>고압[m]</th></tr>
<tr><td rowspan="10">건조물</td><td rowspan="3">상부 조영재
[지붕·챙(차양:遮陽)·옷 말리는 곳 기타 사람이 올라갈 우려가 있는 조영재를 말한다]</td><td>일반적인 경우</td><td>2</td><td>2</td></tr>
<tr><td>전선이 고압절연전선인 경우</td><td>1</td><td>2</td></tr>
<tr><td>전선이 케이블인 경우</td><td>1</td><td>1</td></tr>
<tr><td rowspan="4">기타 조영재
또는 상부조영재의 옆쪽 또는 아래쪽</td><td>일반적인 경우</td><td>1.2</td><td>1.2</td></tr>
<tr><td>전선이 고압절연전선인 경우</td><td>0.4</td><td>1.2</td></tr>
<tr><td>전선이 케이블인 경우</td><td>0.4</td><td>0.4</td></tr>
<tr><td>사람이 쉽게 접근할 수 없도록 시설한 경우</td><td>0.8</td><td>0.8</td></tr>
<tr><td rowspan="3">건조물 아래쪽</td><td>일반적인 경우</td><td>0.6</td><td>0.8</td></tr>
<tr><td>고압 절연전선, 특고압 절연전선</td><td>0.3</td><td>-</td></tr>
<tr><td>케이블</td><td>0.3</td><td>0.4</td></tr>
<tr><td colspan="2">식물</td><td colspan="3">상시 부는 바람 등에 의하여 식물에 접촉하지 않도록 시설하여야 한다.</td></tr>
<tr><td colspan="2" rowspan="3">안테나</td><td>일반적인 경우</td><td>0.6</td><td>0.8</td></tr>
<tr><td>전선이 고압절연전선인 경우</td><td>0.3</td><td>0.8</td></tr>
<tr><td>전선이 케이블인 경우</td><td>0.3</td><td>0.4</td></tr>
</table>

222.13 저압 가공전선과 가공약전류전선 등의 접근 또는 교차

가공전선과 약전류전선로 등의 지지물 사이의 이격거리는 저압은 0.3 m 이상, 고압은 0.6 m (전선이 케이블인 경우에는 0.3 m) 이상일 것.

가공전선 약전류 전선	저압 가공전선		고압 가공전선	
	저압 절연전선	고압 절연전선 또는 케이블	절연전선	케이블
일반	0.6 [m]	0.3 [m]	0.8 [m]	0.4 [m]
절연전선 또는 통신용 케이블인 경우	0.3 [m]	0.15 [m]	–	–

222.14 저압 가공전선과 안테나의 접근 또는 교차

사용 전압 부분 공작물의 종류		저압	고압
안테나	일반적인 경우	0.6 [m]	0.8 [m]
	전선이 고압 절연 전선 특고압 절연전선	0.3 [m]	0.8 [m]
	전선이 케이블인 경우	0.3 [m]	0.4 [m]

고압 가공전선로는 고압 보안공사에 의할 것

222.16 저압 가공전선 상호 간의 접근 또는 교차

저압 가공전선이 다른 저압 가공전선과 접근상태로 시설되거나 교차하여 시설되는 경우에는 저압 가공전선 상호 간의 이격거리는 0.6 m(어느 한 쪽의 전선이 고압 절연전선, 특고압 절연전선 또는 케이블인 경우에는 0.3 m) 이상, 하나의 저압 가공전선과 다른 저압 가공전선로의 지지물 사이의 이격거리는 0.3 m 이상이어야 한다.

222.18 저압 가공전선과 다른 시설물의 접근 또는 교차

저압 가공전선이 건조물·도로·횡단보도교·철도·궤도·삭도, 가공약전류전선로 등, 안테나, 교류 전차선, 저압/고압 전차선, 다른 저압 가공전선, 고압 가공전선 및 특고압 가공전선 이외의 시설물(이하 "다른 시설물"이라 한다)과 접근상태로 시설되는 경우에는 저압 가공전선과 다른 시설물 사이의 이격거리는 표 222.18-1에서 정한 값 이상이어야 한다.

표 222.18-1 저압 가공전선선 조영물의 구분에 따른 이격거리

다른 시설물의 구분		이격거리
조영물의 상부 조영재	위쪽	2 m (전선이 고압 절연전선, 특고압 절연전선 또는 케이블인 경우는 1.0 m)
	옆쪽 또는 아래쪽	0.6 m (전선이 고압 절연전선, 특고압 절연전선 또는 케이블인 경우는 0.3 m)
조영물의 상부 조영재 이외의 부분 또는 조영물 이외의 시설물		0.6 m (전선이 고압 절연전선, 특고압 절연전선 또는 케이블인 경우는 0.3 m)

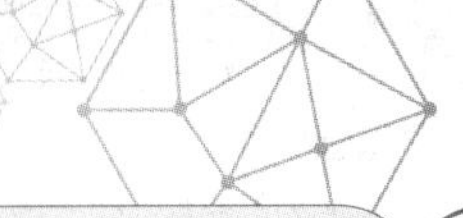

222.19 저압 가공전선과 식물의 이격거리

저압 가공전선은 상시 부는 바람 등에 의하여 식물에 접촉하지 않도록 시설하여야 한다. 다만, 저압 가공절연전선을 방호구에 넣어 시설하거나 절연내력 및 내마모성이 있는 케이블을 시설하는 경우는 그러하지 아니하다.

한국전기설비규정 저압 또는 고압 및 상호간의 접근 또는 교차

구분	저압 가공전선		고압 가공전선	
	일 반	고압 절연전선 또는 케이블	일 반	케이블
저압가공전선	0.6	0.3	0.8	0.4
저압가공전선로의 지지물	0.3	–	0.6	0.3
고압가공전선	–	–	0.8	0.4
고압가공전선로의 지지물	–	–	0.6	0.3
약전류전선 일반	0.6	0.3	0.8	0.4
약전류전선이 절연전선 케이블	0.3	0.15	–	–
지중약전류전선	0.3	–	0.3	–
안테나	0.6	0.3	0.8	0.4 (절연전선0.8)
도로·횡단보도교·철도 또는 궤도	3	–	3	–
삭도나 그 지주 또는 저압 전차선	0.6	0.3	0.8	0.4
전차선로 지지물	0.3	–	0.6	0.3
식물	상시 부는 바람 접촉하지 않는다.		상시 부는 바람 접촉하지 않는다.	
특고압 60 kV 이하	2 m (특고압 상호간격 적용) (특고압 가공전선과 식물의 이격거리 적용)			
특고압 60 kV 초과	2 m에 사용전압이 60 kV를 초과하는 10 kV 또는 그 단수마다 0.12 m 을 더한 값(특고압 상호간 동일하게 적용) (특고압 가공전선과 식물의 이격거리 적용)			

222.20 저압 옥측전선로 등에 인접하는 가공전선의 시설

1. 전선은 절연전선 또는 케이블일 것.
2. 전선이 케이블인 경우 이외에는 인장강도 2.30 kN 이상의 것 또는 지름 2.6 mm 이상의 인입용 비닐절연전선일 것. 다만, 경간이 15 m 이하인 경우는 인장강도 1.25kN 이상의 것 또는 지름 2 mm 이상의 인입용 비닐절연전선일 것.

3. 전선이 옥외용 비닐절연전선인 경우에는 사람이 접촉할 우려가 없도록 시설하고, 옥외용 비닐절연전선 이외의 절연전선인 경우에는 사람이 쉽게 접촉할 우려가 없도록 시설할 것.
4. 전선의 높이는 다음에 의할 것.
   가. 도로(차도와 보도의 구별이 있는 도로인 경우에는 차도)를 횡단하는 경우에는 노면상 5 m(기술상 부득이한 경우에 교통에 지장이 없을 때에는 3 m) 이상
   나. 철도 또는 궤도를 횡단하는 경우에는 레일면상 6.5 m 이상
   다. 횡단보도교의 위에 시설하는 경우에는 노면상 3 m 이상
   라. 가.에서 다.까지 이외의 경우에는 지표상 4 m(기술상 부득이한 경우에 교통에 지장이 없을 때에는 2.5 m) 이상

222.21 저압 가공전선과 가공약전류전선 등의 공용설치

저압 가공전선과 가공약전류전선 등(전력보안 통신용의 가공약전류전선은 제외한다)을 동일 지지물에 시설하는 경우에는 다음과 같이 시설하여야 한다.

1. 전선로의 지지물로서 사용하는 목주의 풍압하중에 대한 안전율은 1.5 이상일 것.
2. 가공전선을 가공약전류전선 등의 위로하고 별개의 완금류에 시설할 것. 다만, 가공약전류전선로의 관리자의 승낙을 받은 경우에 저압 가공전선에 고압 절연전선, 특고압 절연전선 또는 케이블을 사용하는 때에는 그러하지 아니하다.

전선의 종류	저압과 약전류전선	고압과 약전류전선	특별고압과 약전류전선
이격거리	75[cm], 케이블 사용시 30[cm]	1.5[m], 케이블 사용시 50[cm]	2[m], 케이블 사용시 50[cm]
가공약전류전선로 관리자 승락시	60[cm]	1[m]	

222.22 농사용 저압 가공전선로의 시설

1. 사용전압은 저압일 것.
2. 저압 가공전선은 인장강도 1.38 kN 이상의 것 또는 지름 2 mm 이상의 경동선일 것.
3. 저압 가공전선의 지표상의 높이는 3.5 m 이상일 것. 다만, 저압 가공전선을 사람이 쉽게 출입하지 못하는 곳에 시설하는 경우에는 3 m 까지로 감할 수 있다.
4. 목주의 굵기는 말구 지름이 0.09 m 이상일 것.
5. 전선로의 지지점 간 거리는 30 m 이하일 것.
6. 다른 전선로에 접속하는 곳 가까이에 그 저압 가공전선로 전용의 개폐기 및 과전류차단기를 각 극(과전류차단기는 중성극을 제외한다)에 시설할 것.

222.23 구내에 시설하는 저압 가공전선로

1. 1구내에만 시설하는 사용전압이 400 V 이하인 저압 가공전선로의 전선이 건조물의 위에 시설되는 경우, 도로(폭이 5 m를 초과하는 것에 한한다)·횡단보도교·철도·궤도·삭도, 가공약전류전선 등, 안테나, 다른 가공전선 또는 전차선과 교차하여 시설되는 경우 및 이들과 수평거리로 그 저압 가공전선로의 지지물의 지표상 높이에 상당하는 거리 이내에 접근하여 시설되는 경우 다음과 같이 시설할 수 있다.
   - 가. 전선은 지름 2 mm 이상의 경동선의 절연전선 또는 이와 동등 이상의 세기 및 굵기의 절연전선일 것. 다만, 경간이 10 m 이하인 경우에 한하여 공칭단면적 4 mm^2 이상의 연동 절연전선을 사용할 수 있다.
   - 나. 전선로의 경간은 30 m 이하일 것
   - 다. 도로를 횡단하는 경우에는 4 m 이상이고 교통에 지장이 없는 높이일 것
   - 라. 도로를 횡단하지 않는 경우에는 3 m 이상의 높이일 것
   - 마. 전선과 다른 시설물과의 이격거리

표 222.23-1 구내에 시설하는 저압 가공전선로 조영물의 구분에 따른 이격거리

다른 시설물의 구분		이격거리
조영물의 상부 조영재	위쪽	1 m
	옆쪽 또는 아래쪽	0.6 m (전선이 고압 절연전선, 특고압 절연전선 또는 케이블인 경우는 0.3 m)
조영물의 상부 조영재 이외의 부분 또는 조영물 이외의 시설물		0.6 m (전선이 고압 절연전선, 특고압 절연전선 또는 케이블인 경우는 0.3 m)

예제문제 12

시가지 내에 가설되는 200 [V] 가공 전선을 절연 전선으로 사용할 경우 그 최소 굵기는 지름 몇 [mm]인가?

① 2　　② 2.6　　③ 3.2　　④ 4

해설

한국전기설비규정 222.5 저압 가공전선의 굵기 및 종류

전압	조건	전선의 굵기 및 인장강도
400 [V] 이하	절연전선	인장강도 2.3 [kN] 이상의 것 또는 지름 2.6 [mm] 이상
	절연전선 이외	인장강도 3.43 [kN] 이상의 것 또는 지름 3.2 [mm] 이상
400 [V] 초과 저압	시가지에 시설	인장강도 8.01 [kN] 이상의 것 또는 지름 5 [mm] 이상
	시가지 외에 시설	인장강도 5.26 [kN] 이상의 것 또는 지름 4 [mm] 이상
특고압	인장강도 8.71 [kN] 이상의 연선 또는 단면적이 22 [mm^2] 이상의 경동연선	

답 : ②

예제문제 13

시가지의 도로에 300 [V] 이하의 저압 가공 전선로를 도로에 따라 시설할 경우 지표상의 최저 높이는 몇 [m] 이상이어야 하는가?

① 4.5　　② 5.0　　③ 5.5　　④ 6.0

해설

한국전기설비규정 222.7 저압 가공전선의 높이

① 도로를 횡단하는 경우에는 지표상 6 m 이상

② 철도 또는 궤도를 횡단하는 경우에는 레일면상 6.5 m 이상

③ 횡단보도교의 위에 시설하는 경우에는 저압 가공전선은 그 노면상 3.5 m[전선이 저압 절연전선(인입용 비닐절연전선 · 450/750 V 비닐절연전선 · 450/750 V 고무 절연전선 · 옥외용 비닐절연전선을 말한다. 이하 같다) · 다심형 전선 또는 케이블인 경우에는 3 m] 이상

④ "①"부터 "③"까지 이외의 경우에는 지표상 5 m 이상. 다만, 저압 가공전선을 도로 이외의 곳에 시설하는 경우 또는 절연전선이나 케이블을 사용한 저압 가공전선으로서 옥외 조명용에 공급하는 것으로 교통에 지장이 없도록 시설하는 경우에는 지표상 4 m 까지로 감할 수 있다.

⑤ 다리의 하부 기타 이와 유사한 장소에 시설하는 저압의 전기철도용 급전선은 "④"의 규정에도 불구하고 지표상 3.5 m 까지로 감할 수 있다.

답 : ②

예제문제 14

저압 보안 공사시에 사용되는 전선으로 경동선을 사용할 경우 그 지름은 몇 [mm]의 것을 사용하여야 하는가? (단, 400 [V] 이하임)

① 4　　② 3.5　　③ 2.6　　④ 1.2

해설

한국전기설비규정 222.10 저압 보안공사

전선은 케이블인 경우 이외에는 인장강도 8.01 kN 이상의 것 또는 지름 5 mm(사용전압이 400 V 이하인 경우에는 인장강도 5.26 kN 이상의 것 또는 지름 4 mm 이상의 경동선) 이상의 경동선이어야 하며, 또한 이를 222.6의 규정에 준하여 시설할 것

답 : ①

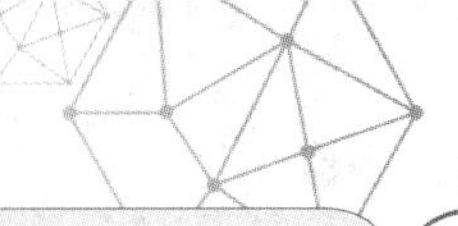

예제문제 15

저압 가공 전선을 가공 전화선에 접근하여 시설하는 경우 수평 이격 거리의 최소값[m]은?

① 0.3　② 0.6　③ 1　④ 1.5

해설

한국전기설비규정 222.13 저압 가공전선과 가공약전류전선 등의 접근 또는 교차

가공전선 약전류 전선	저압 가공전선		고압 가공전선	
	저압 절연전선	고압 절연전선 또는 케이블	절연전선	케이블
일반	0.6 [m]	0.3 [m]	0.8 [m]	0.4 [m]
절연전선 또는 통신용 케이블인 경우	0.3 [m]	0.15 [m]	–	–

가공전선과 약전류전선로 등의 지지물 사이의 이격거리는 저압은 0.3 m 이상, 고압은 0.6 m(전선이 케이블인 경우에는 0.3 m) 이상일 것

답 : ②

예제문제 16

농사용 저압 가공 전선로의 최대 경간은 몇 [m]인가?

① 30　② 60　③ 50　④ 100

해설

한국전기설비규정 222.22 농사용 저압 가공전선로의 시설

가. 사용전압은 저압일 것
나. 저압 가공전선은 인장강도 1.38 kN 이상의 것 또는 지름 2 mm 이상의 경동선일 것
다. 저압 가공전선의 지표상의 높이는 3.5 m 이상일 것. 다만, 저압 가공전선을 사람이 쉽게 출입하지 못하는 곳에 시설하는 경우에는 3 m까지로 감할 수 있다.
라. 목주의 굵기는 말구 지름이 0.09 m 이상일 것
마. 전선로의 지지점 간 거리는 30 m 이하일 것
바. 다른 전선로에 접속하는 곳 가까이에 그 저압 가공전선로 전용의 개폐기 및 과전류차단기를 각 극(과전류차단기는 중성극을 제외한다)에 시설할 것

답 : ①

예제문제 17

방직 공장의 구내 도로에 조명등용 저압 가공 전선로를 설치하고자 한다. 전선로의 최대 경간은 몇 [m]인가?

① 20 ② 30 ③ 40 ④ 50

해설

한국전기설비규정 222.23 구내에 시설하는 저압 가공전선로

가. 전선은 지름 2 mm 이상의 경동선의 절연전선 또는 이와 동등 이상의 세기 및 굵기의 절연전선일 것. 다만, 경간이 10 m 이하인 경우에 한하여 공칭단면적 4 mm^2 이상의 연동 절연전선을 사용할 수 있다.

나. 전선로의 경간은 30 m 이하일 것

답 : ②

230 배선 및 조명설비 등

231 일반사항

231.3.1 저압 옥내배선의 사용전선

1. 저압 옥내배선의 전선은 단면적 2.5 mm^2 이상의 연동선 또는 이와 동등 이상의 강도 및 굵기의 것.
2. 옥내배선의 사용 전압이 400 V 이하인 경우로 다음중 어느 하나에 해당하는 경우에는 제1을 적용하지 않는다.
   가. 전광표시장치 기타 이와 유사한 장치 또는 제어 회로 등에 사용하는 배선에 단면적 1.5 mm^2 이상의 연동선을 사용하고 이를 합성수지관공사·금속관공사·금속몰드공사·금속덕트공사·플로어덕트공사 또는 셀룰러덕트공사에 의하여 시설하는 경우
   나. 전광표시장치 기타 이와 유사한 장치 또는 제어회로 등의 배선에 단면적 0.75 mm^2 이상인 다심케이블 또는 다심 캡타이어케이블을 사용하고 또한 과전류가 생겼을때에 자동적으로 전로에서 차단하는 장치를 시설하는 경우
   다. 단면적 0.75 mm^2 이상인 코드 또는 캡타이어케이블을 사용하는 경우
   라. 리프트 케이블을 사용하는 경우

231.3.2 중성선의 단면적

1. 다음의 경우는 중성선의 단면적은 최소한 선도체의 단면적 이상이어야 한다.
   가. 2선식 단상회로
   나. 선도체의 단면적이 구리선 16 mm^2, 알루미늄선 25 mm^2 이하인 다상 회로

다. 제3고조파 및 제3고조파의 홀수배수의 고조파 전류가 흐를 가능성이 높고 전류 종합고조파왜형률이 15~33%인 3상회로

2. 다상 회로의 각 선도체 단면적이 구리선 16 mm² 또는 알루미늄선 25 mm²를 초과하는 경우 다음 조건을 모두 충족한다면 그 중성선의 단면적을 선도체 단면적보다 작게 해도 된다.

가. 통상적인 사용 시에 상(phase)과 제3고조파 전류 간에 회로 부하가 균형을 이루고 있고, 제3고조파 홀수배수 전류가 선도체 전류의 15%를 넘지 않는다.

나. 중성선은 과전류 보호된다.

다. 중성선의 단면적은 구리선 16 mm², 알루미늄선 25 mm² 이상이다.

231.4 나전선의 사용 제한

옥내에 시설하는 저압전선에는 나전선을 사용하여서는 아니 된다. 다만, 다음중 어느 하나에 해당하는 경우에는 그러하지 아니하다.

1. 애자공사에 의하여 전개된 곳에 다음의 전선을 시설하는 경우
   가. 전기로용 전선
   나. 전선의 피복 절연물이 부식하는 장소에 시설하는 전선
   다. 취급자 이외의 자가 출입할 수 없도록 설비한 장소에 시설하는 전선
2. 버스덕트공사에 의하여 시설하는 경우
3. 라이팅덕트공사에 의하여 시설하는 경우
4. 접촉 전선을 시설하는 경우

231.5 고주파 전류에 의한 장해의 방지

형광 방전등에는 적당한 곳에 정전용량이 0.006 μF 이상 0.5 μF이하[예열시동식(豫熱始動式)의 것으로 글로우램프에 병렬로 접속할 경우에는 0.006 μF 이상 0.01 μF 이하]인 커패시터를 시설할 것.

231.6 옥내전로의 대지 전압의 제한

1. 백열전등 또는 방전등에 전기를 공급하는 옥내의 전로(주택의 옥내 전로를 제외한다)의 대지전압은 300 V 이하로 한다.
2. 주택의 옥내전로(전기기계기구내의 전로를 제외한다)의 대지전압은 300 V 이하이어야 하며 다음 각 호에 따라 시설하여야 한다. 다만, 대지전압 150 V 이하의 전로인 경우에는 다음에 따르지 않을 수 있다.
   가. 사용전압은 400 V 이하여야 한다.
   바. 정격 소비 전력 3 kW 이상의 전기기계기구에 전기를 공급하기 위한 전로에는 전용의 개폐기 및 과전류 차단기를 시설하고 그 전로의 옥내배선과 직접 접속하거나 적정 용량의 전용콘센트를 시설하여야 한다.

예제문제 18

옥내 저압 배선용 전선의 굵기는 연동선을 사용할 때 원칙적으로 몇 [mm²] 이상으로 규정되고 있는가?

① 6　　② 4　　③ 2.5　　④ 1

해설

한국전기설비규정 231.3.1 저압 옥내배선의 사용전선

저압 옥내배선의 전선은 다음 중 어느 하나에 적합한 것을 사용하여야 한다.

가. 단면적 2.5 mm² 이상의 연동선 또는 이와 동등 이상의 강도 및 굵기의 것

나. 단면적이 1 mm² 이상의 미네럴인슈레이션케이블

답 : ③

예제문제 19

다음의 옥내 배선에 있어서 나전선을 사용할 수 없는 것은 무엇인가?

① 전기로용 전선　　② 축전지실용 전선

③ 합성 수지 몰드 내의 전선　　④ 이동 기중기용 전선

해설

한국전기설비규정 231.4 나전선의 사용 제한

옥내에 시설하는 저압전선에는 나전선을 사용하여서는 아니 된다. 다만, 다음 중 어느 하나에 해당하는 경우에는 그러하지 아니하다.

가. 232.56의 규정에 준하는 애자공사에 의하여 전개된 곳에 다음의 전선을 시설하는 경우

(1) 전기로용 전선

(2) 전선의 피복 절연물이 부식하는 장소에 시설하는 전선

(3) 취급자 이외의 자가 출입할 수 없도록 설비한 장소에 시설하는 전선

나. 232.61의 규정에 준하는 버스덕트공사에 의하여 시설하는 경우

다. 232.71의 규정에 준하는 라이팅덕트공사에 의하여 시설하는 경우

라. 232.81의 규정에 준하는 접촉 전선을 시설하는 경우

마. 241.8.3의 "가" 규정에 준하는 접촉 전선을 시설하는 경우

답 : ③

예제문제 20

예열 기동식 형광 방전등에 무선 설비에 대한 고주파 전류에 의한 장해 방지용으로 글로 램프와 병렬로 접속하는 콘덴서의 정전 용량[μF]은?

① 0.1 ~ 1　　② 0.06 ~ 0.1　　③ 0.006 ~ 0.01　　④ 0.6 ~ 10

해설

한국전기설비규정 231.5 고주파 전류에 의한 장해의 방지

전기기계기구가 무선설비의 기능에 계속적이고 또한 중대한 장해를 주는 고주파 전류를 발생시킬 우려가 있는 경우에는 이를 방지하기 위하여 다음 각 호에 따라 시설하여야 한다.

형광 방전등에는 적당한 곳에 정전용량이 0.006 μF 이상 0.5 μF 이하[예열시동식(豫熱始動式)의 것으로 글로우램프에 병렬로 접속할 경우에는 0.006 μF 이상 0.01 μF 이하]인 커패시터를 시설할 것

답 : ③

232 배선설비

232.2 배선설비 공사의 종류

종류	공사방법
전선관시스템	합성수지관공사, 금속관공사, 가요전선관공사
케이블트렁킹시스템	합성수지몰드공사, 금속몰드공사, 금속트렁킹공사a
케이블덕팅시스템	플로어덕트공사, 셀룰러덕트공사, 금속덕트공사b
애자공사	애자공사
케이블트레이시스템(래더, 브래킷 포함)	케이블트레이공사
케이블공사	고정하지 않는 방법, 직접 고정하는 방법, 지지선 방법

a. 금속본체와 커버가 별도로 구성되어 커버를 개폐할 수 있는 금속덕트공사를 말한다.
b. 본체와 커버 구분 없이 하나로 구성된 금속덕트공사를 말한다.

232.3 배선설비 적용 시 고려사항

232.3.1 회로 구성

1. 하나의 회로도체는 다른 다심케이블, 다른 전선관, 다른 케이블덕팅시스템 또는 다른 케이블트렁킹 시스템을 통해 배선해서는 안 된다.
2. 여러 개의 주회로에 공통 중성선을 사용하는 것은 허용되지 않는다.

232.3.2 병렬접속

두 개 이상의 선도체(충전도체) 또는 PEN도체를 계통에 병렬로 접속하는 경우, 다음에 따른다.

1. 병렬도체 사이에 부하전류가 균등하게 배분될 수 있도록 조치를 취한다.
2. 도체가 같은 재질, 같은 단면적을 가지고, 거의 길이가 같고, 전체 길이에 분기회로가 없으며 다음과 같을 경우 이 요구사항을 충족하는 것으로 본다.

232.3.7 배선설비와 다른 공급설비와의 접근

1. 다른 전기 공급설비의 접근

   저압 옥내배선이 다른 저압 옥내배선 또는 관등회로의 배선과 접근하거나 교차하는 경우에 애자사용 공사에 의하여 시설하는 저압 옥내배선과 다른 저압 옥내배선 또는 관등회로의 배선 사이의 이격거리는 0.1 m(애자사용 공사에 의하여 시설하는 저압 옥내배선이 나전선인 경우에는 0.3 m) 이상이어야 한다.

2. 통신 케이블과의 접근

   가. 지중 통신케이블과 지중 전력케이블이 교차하거나 접근하는 경우 100 ㎜ 이상의 간격을 유지

   나. 지중 전선이 지중 약전류전선 등과 접근하거나 교차하는 경우에 상호 간의 이격거리가 저압 지중 전선은 0.3 m 이하인 때에는 지중 전선과 지중 약전류전선

등 사이에 견고한 내화성 또는 난연성(難燃性)의 관에 넣어 그 관이 지중 약전류 전선 등과 직접 접촉하지 아니하도록 하여야 한다.

232.3.9 수용가 설비에서의 전압강하

1. 다른 조건을 고려하지 않는다면 수용가 설비의 인입구로부터 기기까지의 전압강하는 표 232.3-1의 값 이하이어야 한다.

표 232.3-1 수용가설비의 전압강하

설비의 유형	조명 (%)	기타 (%)
A - 저압으로 수전하는 경우	3	5
B - 고압 이상으로 수전하는 경우a	6	8

a. 가능한 한 최종회로 내의 전압강하가 A 유형의 값을 넘지 않도록 하는 것이 바람직하다.
사용자의 배선설비가 100 m를 넘는 부분의 전압강하는 미터 당 0.005% 증가할 수 있으나 이러한 증가분은 0.5%를 넘지 않아야 한다.

2. 다음의 경우에는 표 232.3-1보다 더 큰 전압강하를 허용할 수 있다.
   가. 기동 시간 중의 전동기
   나. 돌입전류가 큰 기타 기기
3. 다음과 같은 일시적인 조건은 고려하지 않는다.
   가. 과도과전압
   나. 비정상적인 사용으로 인한 전압 변동

232.5 허용전류

232.5.1 절연물의 허용온도

정상적인 사용 상태에서 내용기간 중에 전선에 흘러야 할 전류는 통상적으로 표 232.5-1에 따른 절연물의 허용온도 이하이어야 한다.

표 232.5-1 절연물의 종류에 대한 최고허용온도

절연물의 종류	최고허용온도 (℃)a,d
열가소성 물질[폴리염화비닐(PVC)]	70(도체)
열경화성 물질[가교폴리에틸렌(XLPE) 또는 에틸렌프로필렌고무 (EPR)혼합물]	90(도체)b
무기물(열가소성 물질 피복 또는 나도체로 사람이 접촉할 우려가 있는 것)	70(시스)
무기물(사람의 접촉에 노출되지 않고, 가연성 물질과 접촉할 우려가없는 나도체)	105(시스)b,c

a. 이 표에서 도체의 최고허용온도(최대연속운전온도)는 KS C IEC 60364-5-52(저압전기설비-제 5-52부: 전기기기의 선정 및 설치-배선설비)의 "부속서 B(허용전류)"에 나타낸 허용전류 값의 기초가 되는 것으로서 KS C IEC 60502(정격전압 1 kV ~ 30 kV 압출 성형 절연 전력케이블 및 그 부속품) 및 IEC60702(정격전압 750 V 이하 무기물 절연 케이블 및 단말부) 시리즈에서 인용하였다.
b. 도체가 70 ℃를 초과하는 온도에서 사용될 경우, 도체에 접속되어 있는 기기가 접속 후에 나타나는 온도에 적합한지 확인하여야 한다.
c. 무기절연(MI)케이블은 케이블의 온도 정격, 단말 처리, 환경조건 및 그 밖의 외부영향에 따라 더 높은 허용 온도로 할 수 있다.
d. (공인)인증 된 경우, 도체 또는 케이블 제조자의 규격에 따라 최대허용온도 한계(범위)를 가질 수 있다.

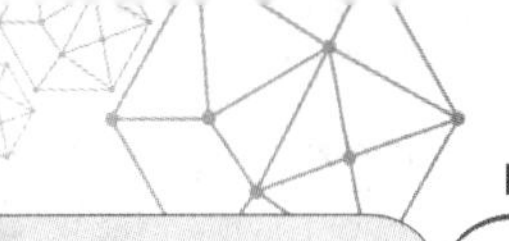

232.11 합성수지관공사

1. 전선은 절연전선(옥외용 비닐절연전선을 제외한다)일 것.
2. 전선은 연선일 것. 다만, 다음의 것은 적용하지 않는다.
   가. 짧고 가는 합성수지관에 넣은 것.
   나. 단면적 10 mm^2(알루미늄선은 단면적 16 mm^2) 이하의 것.
3. 전선은 합성수지관 안에서 접속점이 없도록 할 것.
4. 중량물의 압력 또는 현저한 기계적 충격을 받을 우려가 없도록 시설할 것.
5. 관 상호 간 및 박스와는 관을 삽입하는 깊이를 관의 바깥지름의 1.2배(접착제를 사용 하는 경우에는 0.8배) 이상으로 하고 또한 꽂음 접속에 의하여 견고하게 접속할 것.
6. 관의 지지점 간의 거리는 1.5 m 이하로 하고, 또한 그 지지점은 관의 끝 · 관과 박스의 접속점 및 관 상호 간의 접속점 등에 가까운 곳에 시설할 것.

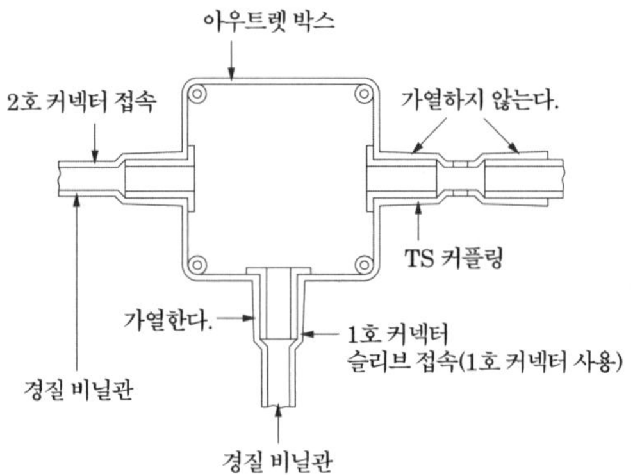

232.12 금속관공사

1. 전선은 절연전선(옥외용 비닐절연전선을 제외한다)일 것.
2. 전선은 연선일 것. 다만, 다음의 것은 적용하지 않는다.
   가. 짧고 가는 금속관에 넣은 것.
   나. 단면적 10 mm^2(알루미늄선은 단면적 16 mm^2) 이하의 것.
3. 전선은 금속관 안에서 접속점이 없도록 할 것.
4. 금속관 및 부속품의 선정
   가. 관의 두께는 다음에 의할 것.
      (1) 콘크리트에 매입하는 것은 1.2 mm 이상
      (2) (1) 이외의 것은 1 mm 이상. 다만, 이음매가 없는 길이 4 m 이하인 것을 건조하고 전개된 곳에 시설하는 경우에는 0.5 mm까지로 감할 수 있다.
   나. 관의 끝부분 및 안쪽 면은 전선의 피복을 손상하지 아니하도록 매끈한 것일 것.

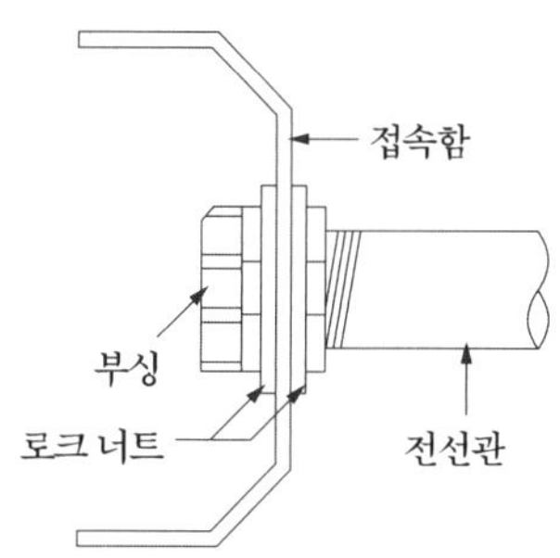

다. 금속관의 방폭형 부속품의 경우 전선관과의 접속부분의 나사는 5턱 이상 완전히 나사결합이 될 수 있는 길이일 것.

232.13 금속제 가요전선관공사

1. 전선은 절연전선(옥외용 비닐절연전선을 제외한다)일 것.
2. 전선은 연선일 것. 다만, 단면적 10 mm²(알루미늄선은 단면적 16 mm²) 이하인 것은 그러하지 아니하다.
3. 가요전선관 안에는 전선에 접속점이 없도록 할 것.
4. 가요전선관은 2종 금속제 가요전선관일 것. 다만, 전개된 장소 이거나 점검할 수 있는 은폐된 장소(옥내배선의 사용전압이 400 V 초과인 경우에는 전동기에 접속하는 부분으로서 가요성을 필요로 하는 부분에 사용하는 것에 한한다) 또는 점검 불가능한 은폐장소에 기계적 충격을 받을 우려가 없는 조건일 경우에는 1종 가요전선관(습기가 많은 장소 또는 물기가 있는 장소에는 비닐 피복 1종 가요전선관에 한한다)을 사용할 수 있다.

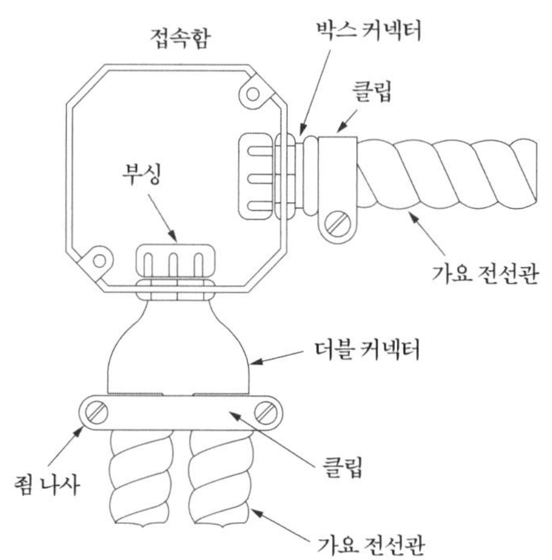

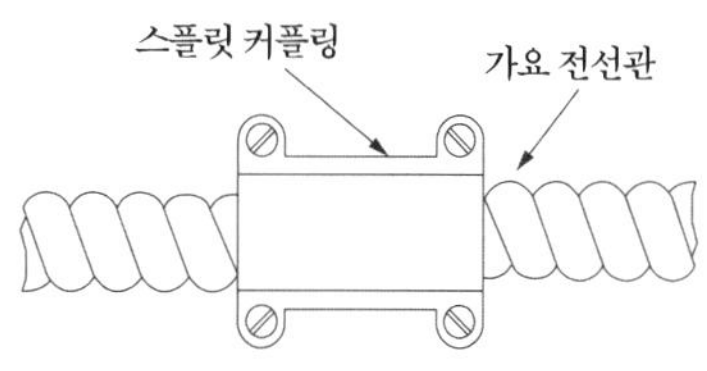

232.21 합성수지몰드공사

1. 전선은 절연전선(옥외용 비닐절연전선을 제외한다)일 것
2. 합성수지몰드 안에는 전선에 접속점이 없도록 할 것.

3. 합성수지몰드 상호 간 및 합성수지 몰드와 박스 기타의 부속품과는 전선이 노출되지 아니하도록 접속할 것
4. 합성수지몰드는 홈의 폭 및 깊이가 35 ㎜ 이하, 두께는 2 mm 이상의 것일 것. 다만, 사람이 쉽게 접촉할 우려가 없도록 시설하는 경우에는 폭이 50 mm 이하, 두께 1mm 이상의 것을 사용할 수 있다.

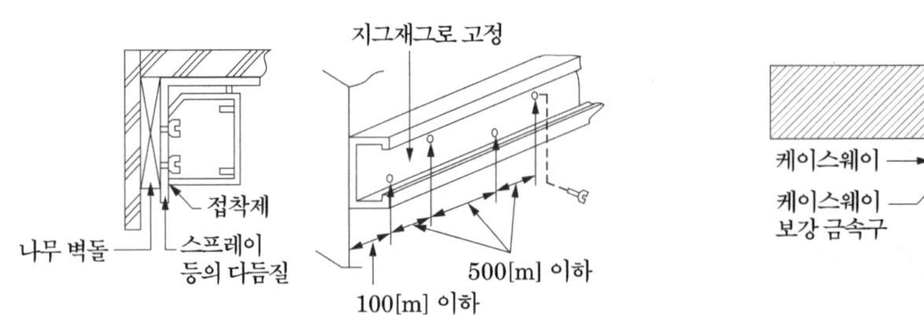

232.22 금속몰드공사

1. 전선은 절연전선(옥외용 비닐절연 전선을 제외한다)일 것.
2. 금속몰드 안에는 전선에 접속점이 없도록 할 것. 다만, 「전기용품 및 생활용품 안전관리법」에 의한 금속제 조인트 박스를 사용할 경우에는 접속할 수 있다.
3. 황동제 또는 동제의 몰드는 폭이 50 ㎜ 이하, 두께 0.5 ㎜ 이상인 것일 것.
4. 몰드에는 211 및 140의 규정에 준하여 접지공사를 할 것.

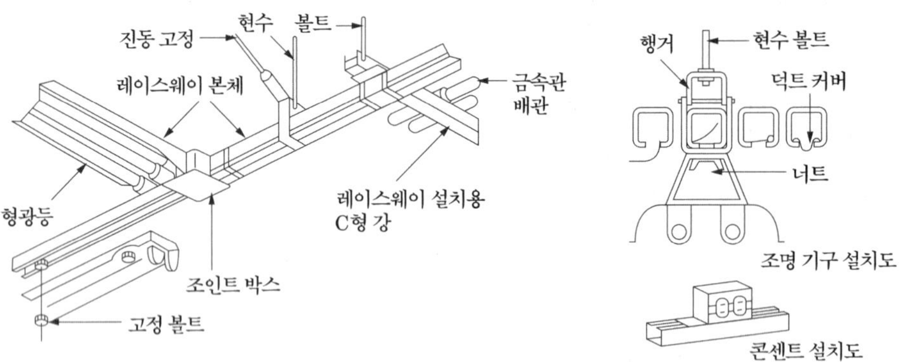

232.31 금속덕트공사

1. 전선은 절연전선(옥외용 비닐절연전선을 제외한다)일 것.
2. 금속덕트에 넣은 전선의 단면적(절연피복의 단면적을 포함한다)의 합계는 덕트의 내부 단면적의 20%(전광표시 장치·출퇴표시등 기타 이와 유사한 장치 또는 제어회로 등의 배선만을 넣는 경우에는 50%) 이하일 것.

3. 금속덕트 안에는 전선에 접속점이 없도록 할 것. 다만, 전선을 분기하는 경우에는 그 접속점을 쉽게 점검할 수 있는 때에는 그러하지 아니하다.
4. 덕트 상호 간은 견고하고 또한 전기적으로 완전하게 접속할 것.
5. 덕트를 조영재에 붙이는 경우에는 덕트의 지지점 간의 거리를 3 m(취급자 이외의 자가 출입할 수 없도록 설비한 곳에서 수직으로 붙이는 경우에는 6 m) 이하로 하고 또한 견고하게 붙일 것.
6. 덕트의 본체와 구분하여 뚜껑을 설치하는 경우에는 쉽게 열리지 아니하도록 시설할 것.
7. 덕트의 끝부분은 막을 것.
8. 덕트는 211과 140에 준하여 접지공사를 할 것.

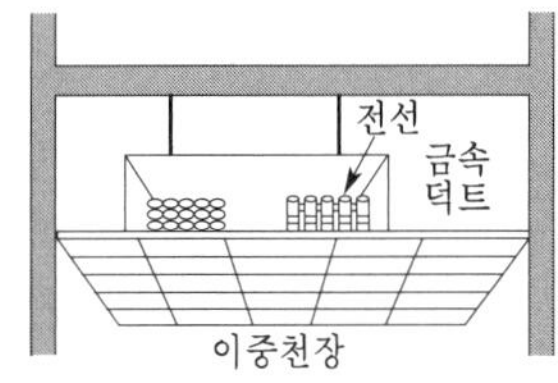

232.32 플로어덕트공사

1. 전선은 절연전선(옥외용 비닐절연전선을 제외한다)일 것.
2. <u>전선은 연선일 것. 다만, 단면적 10 mm^2(알루미늄선은 단면적 16 mm^2) 이하인 것은 그러하지 아니하다.</u>
3. 플로어덕트 안에는 전선에 접속점이 없도록 할 것. 다만, 전선을 분기하는 경우에 접속점을 쉽게 점검할 수 있을 때에는 그러하지 아니하다.

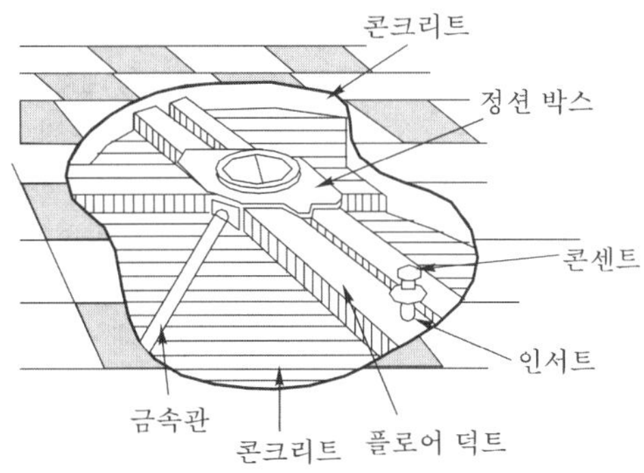

232.33 셀룰러덕트공사

1. 전선은 절연전선(옥외용 비닐절연전선을 제외한다)일 것.
2. 전선은 연선일 것. 다만, 단면적 10 mm^2(알루미늄선은 단면적 16 mm^2) 이하의 것은 그러하지 아니하다.

3. 셀룰러덕트 안에는 전선에 접속점을 만들지 아니할 것. 다만, 전선을 분기하는 경우 그 접속점을 쉽게 점검할 수 있을 때에는 그러하지 아니하다.
4. 셀룰러덕트 안의 전선을 외부로 인출하는 경우에는 그 셀룰러덕트의 관통 부분에서 전선이 손상될 우려가 없도록 시설할 것.

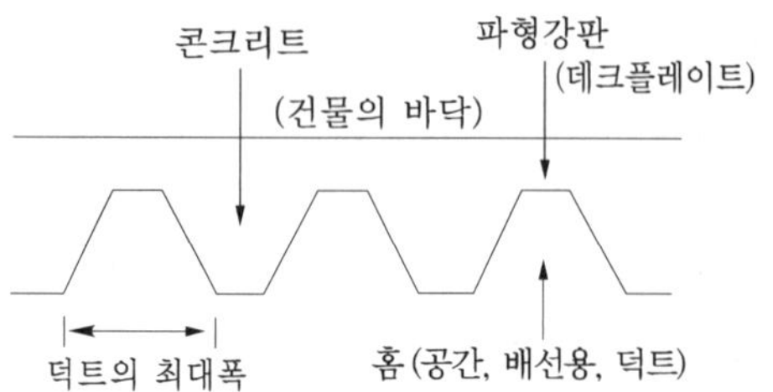

232.41 케이블트레이공사

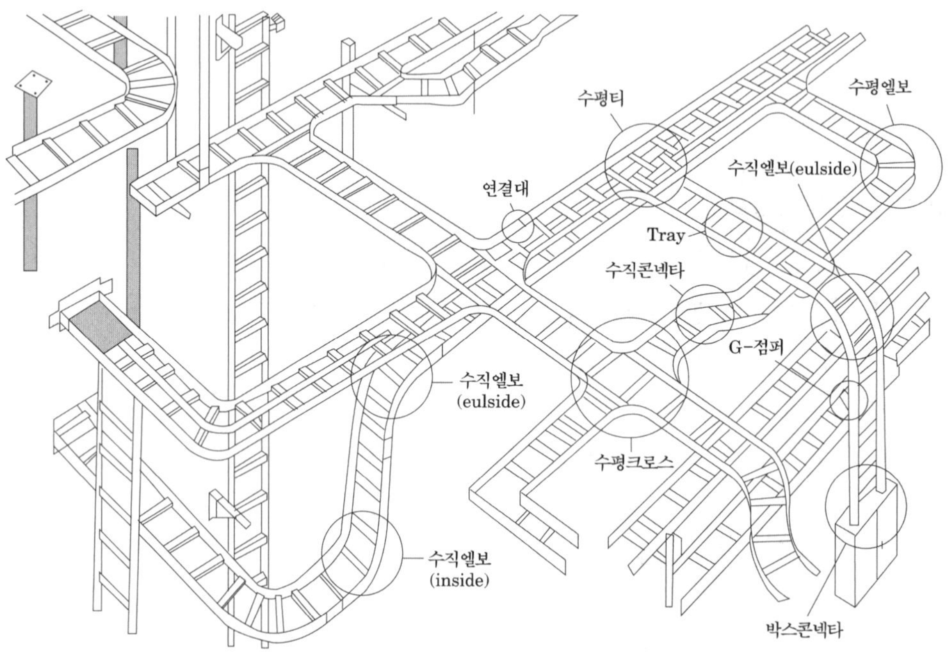

케이블트레이공사는 케이블을 지지하기 위하여 사용하는 금속재 또는 불연성 재료로 제작된 유닛 또는 유닛의 집합체 및 그에 부속하는 부속재 등으로 구성된 견고한 구조물을 말하며 사다리형, 펀칭형, 메시형, 바닥밀폐형 기타 이와 유사한 구조물을 포함하여 적용한다.

1. 전선은 연피케이블, 알루미늄피 케이블 등 난연성 케이블 또는 기타 케이블(적당한 간격으로 연소(延燒)방지 조치를 하여야 한다) 또는 금속관 혹은 합성수지관 등에 넣은 절연전선을 사용하여야 한다.
2. 케이블트레이 안에서 전선을 접속하는 경우에는 전선 접속부분에 사람이 접근할 수 있고 또한 그 부분이 측면 레일 위로 나오지 않도록 하고 그 부분을 절연처리 하여야 한다.

3. 수용된 모든 전선을 지지할 수 있는 적합한 강도의 것이어야 한다. 이 경우 케이블 트레이의 안전율은 1.5 이상으로 하여야 한다.
4. 비금속제 케이블 트레이는 난연성 재료의 것이어야 한다.
5. 금속제 케이블트레이시스템은 기계적 및 전기적으로 완전하게 접속하여야 하며 금속제 트레이는 211과 140에 준하여 접지공사를 하여야 한다.
6. 지지대는 트레이 자체 하중과 포설된 케이블 하중을 충분히 견딜 수 있는 강도를 가져야 한다.
7. 전선의 피복 등을 손상시킬 돌기 등이 없이 매끈하여야 한다.
8. 저압 케이블과 고압 또는 특고압 케이블은 동일 케이블 트레이 안에 포설하여서는 아니 된다. 다만, 견고한 불연성의 격벽을 시설하는 경우 또는 금속외장 케이블인 경우에는 그러하지 아니하다.

232.41.2 케이블트레이의 선정

1. 수용된 모든 전선을 지지할 수 있는 적합한 강도의 것이어야 한다. 이 경우 케이블 트레이의 안전율은 1.5 이상으로 하여야 한다.
2. 지지대는 트레이 자체 하중과 포설된 케이블 하중을 충분히 견딜 수 있는 강도를 가져야 한다.
3. 전선의 피복 등을 손상시킬 돌기 등이 없이 매끈하여야 한다.
4. 금속재의 것은 적절한 방식처리를 한 것이거나 내식성 재료의 것이어야 한다.
5. 측면 레일 또는 이와 유사한 구조재를 부착하여야 한다.
6. 배선의 방향 및 높이를 변경하는데 필요한 부속재 기타 적당한 기구를 갖춘 것이어야 한다.
7. 비금속제 케이블 트레이는 난연성 재료의 것이어야 한다.
8. 금속제 케이블트레이시스템은 기계적 및 전기적으로 완전하게 접속하여야 하며 금속제 트레이는 211과 140에 준하여 접지공사를 하여야 한다.
9. 케이블이 케이블트레이시스템에서 금속관, 합성수지관 등 또는 함으로 옮겨가는 개소에는 케이블에 압력이 가하여지지 않도록 지지하여야 한다.
10. 별도로 방호를 필요로 하는 배선부분에는 필요한 방호력이 있는 불연성의 커버 등을 사용하여야 한다.
11. 케이블트레이가 방화구획의 벽, 마루, 천장 등을 관통하는 경우에 관통부는 불연성의 물질로 충전(充塡)하여야 한다.

232.51 케이블공사

케이블공사에 의한 저압 옥내배선(232.51.2 및 232.51.3에서 규정하는 것을 제외한다)은 다음에 따라 시설하여야 한다.

1. 전선은 케이블 및 캡타이어케이블일 것.

2. 중량물의 압력 또는 현저한 기계적 충격을 받을 우려가 있는 곳에 포설하는 케이블에는 적당한 방호 장치를 할 것.
3. 전선을 조영재의 아랫면 또는 옆면에 따라 붙이는 경우에는 전선의 지지점 간의 거리를 케이블은 2 m(사람이 접촉할 우려가 없는 곳에서 수직으로 붙이는 경우에는 6 m) 이하 캡타이어케이블은 1 m 이하로 하고 또한 그 피복을 손상하지 아니하도록 붙일 것.
4. 관 기타의 전선을 넣는 방호 장치의 금속제 부분 · 금속제의 전선 접속함 및 전선의 피복에 사용하는 금속체에는 211과 140에 준하여 접지공사를 할 것. 다만, 사용전압이 400 V 이하으로서 다음 중 하나에 해당할 경우에는 관 기타의 전선을 넣는 방호 장치의 금속제 부분에 대하여는 그러하지 아니하다.
   가. 방호 장치의 금속제 부분의 길이가 4 m 이하인 것을 건조한 곳에 시설하는 경우
   나. 옥내배선의 사용전압이 직류 300 V 또는 교류 대지 전압이 150 V 이하로서 방호 장치의 금속제 부분의 길이가 8 m 이하인 것을 사람이 쉽게 접촉할 우려가 없도록 시설하는 경우 또는 건조한 것에 시설하는 경우

232.56 애자공사

1. 전선은 다음의 경우 이외에는 절연전선(옥외용 비닐절연전선 및 인입용 비닐절연전선을 제외한다)일 것.
   가. 전기로용 전선
   나. 전선의 피복 절연물이 부식하는 장소에 시설하는 전선
   다. 취급자 이외의 자가 출입할 수 없도록 설비한 장소에 시설하는 전선

<table>
<tr><th colspan="2" rowspan="2">전압</th><th colspan="2" rowspan="2">전선과 조영재와의 이격 거리</th><th rowspan="2">전선 상호 간격</th><th colspan="2">전선 지지점간의 거리</th></tr>
<tr><th>조영재의 윗면 또는 옆면</th><th>조영재에 따라 시설하지 않는 경우</th></tr>
<tr><td rowspan="3">저압</td><td>400 [V] 이하</td><td>25 mm 이상</td><td></td><td rowspan="3">0.06 m 이상</td><td rowspan="3">2 [m] 이하</td><td>–</td></tr>
<tr><td rowspan="2">400 [V] 초과</td><td>건조한 장소</td><td>25 mm이상</td><td rowspan="2">6 [m] 이하</td></tr>
<tr><td>기타의 장소</td><td>45 mm 이상</td></tr>
</table>

232.56.2 애자의 선정

사용하는 애자는 절연성·난연성 및 내수성의 것이어야 한다.

232.61 버스덕트공사

1. 덕트 상호 간 및 전선 상호 간은 견고하고 또한 전기적으로 완전하게 접속할 것.
2. 덕트를 조영재에 붙이는 경우에는 덕트의 지지점 간의 거리를 3 m(취급자 이외의 자가 출입할 수 없도록 설비한 곳에서 수직으로 붙이는 경우에는 6 m) 이하로 하고 또한 견고하게 붙일 것.

3. 덕트(환기형의 것을 제외한다)의 끝부분은 막을 것.
4. 덕트(환기형의 것을 제외한다)의 내부에 먼지가 침입하지 아니하도록 할 것.
5. 덕트는 211과 140에 준하여 접지공사를 할 것.
6. 습기가 많은 장소 또는 물기가 있는 장소에 시설하는 경우에는 옥외용 버스덕트를 사용하고 버스덕트 내부에 물이 침입하여 고이지 아니하도록 할 것.

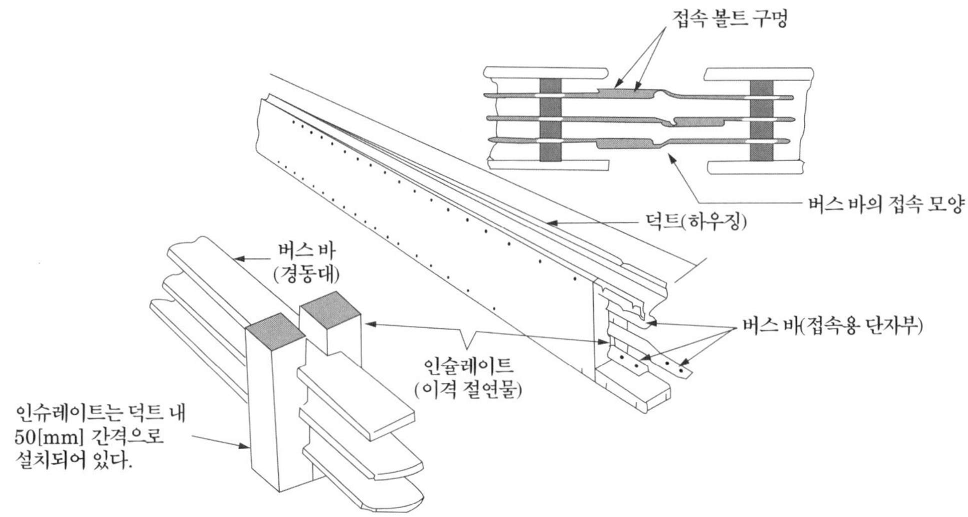

232.71 라이팅덕트공사

1. 덕트 상호 간 및 전선 상호 간은 견고하게 또한 전기적으로 완전히 접속할 것.
2. 덕트는 조영재에 견고하게 붙일 것.
3. <u>덕트의 지지점 간의 거리는 2 m 이하로 할 것.</u>
4. 덕트의 끝부분은 막을 것.
5. 덕트의 개구부(開口部)는 아래로 향하여 시설할 것. 다만, 사람이 쉽게 접촉할 우려가 없는 장소에서 덕트의 내부에 먼지가 들어가지 아니하도록 시설하는 경우에 한하여 옆으로 향하여 시설할 수 있다.
6. 덕트는 조영재를 관통하여 시설하지 아니할 것.
7. 덕트에는 합성수지 기타의 절연물로 금속재 부분을 피복한 덕트를 사용한 경우 이외에는 211과 140에 준하여 접지공사를 할 것. 다만, 대지 전압이 150 V 이하이고 또한 덕트의 길이(2본 이상의 덕트를 접속하여 사용할 경우에는 그 전체 길이를 말한다)가 4 m 이하인 때는 그러하지 아니하다.
8. 덕트를 사람이 용이하게 접촉할 우려가 있는 장소에 시설하는 경우에는 전로에 지락이 생겼을 때에 자동적으로 전로를 차단하는 장치를 시설할 것.

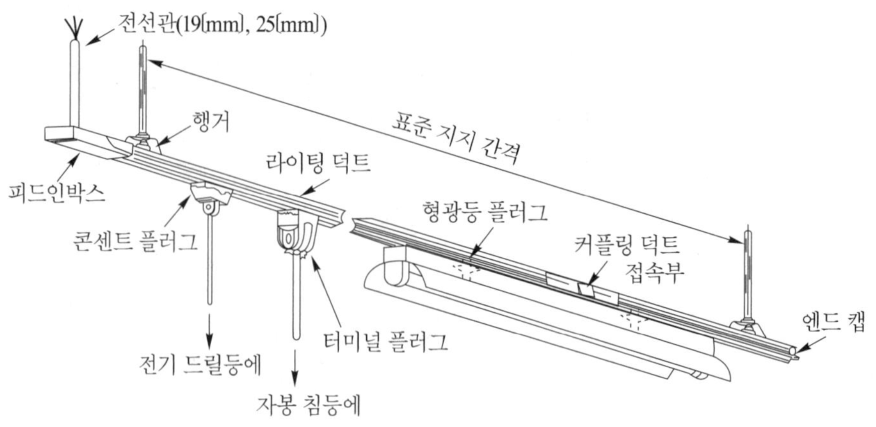

232.81 옥내에 시설하는 저압 접촉전선 배선

저압 접촉전선을 애자공사에 의하여 옥내의 전개된 장소에 시설하는 경우에는 기계기구에 시설하는 경우 이외에는 다음에 따라야 한다.

1. 전선의 바닥에서의 높이는 3.5 m 이상으로 하고 또한 사람이 접촉할 우려가 없도록 시설할 것.
2. 전선과 건조물 또는 주행 크레인에 설치한 보도 · 계단 · 사다리 · 점검대(전선 전용 점검대로서 취급자 이외의 자가 쉽게 들어갈 수 없도록 자물쇠 장치를 한 것은 제외한다)이거나 이와 유사한 것 사이의 이격거리는 위쪽 2.3 m 이상, 1.2 m 이상으로 할 것.
3. 전선은 인장강도 11.2 kN 이상의 것 또는 지름 6 mm의 경동선으로 단면적이 28 mm^2 이상인 것일 것. 다만, 사용전압이 400 V 이하인 경우에는 인장강도 3.44 kN 이상의 것 또는 지름 3.2 mm 이상의 경동선으로 단면적이 8 mm^2 이상인 것을 사용할 수 있다.
4. 전선은 각 지지점에 견고하게 고정시켜 시설하는 것 이외에는 양쪽 끝을 장력에 견디는 애자 장치에 의하여 견고하게 인류(引留)할 것.
5. 전선의 지지점 간의 거리는 6 m 이하일 것.
   (다만, 수평으로 배열하고 전선 상호 간격이 0.4m 이상인 경우 12m 이하로 할 수 있다.)
6. 전선 상호 간의 간격
   가. 수평으로 배열하는 경우에는 0.14 m 이상
   나. 기타의 경우에는 0.2 m 이상일 것.

예제문제 21

옥내에 시설하는 애자 사용 공사시 사용 전압이 400 [V]를 넘는 경우 전선과 조영재와의 이격 거리는? 단, 전개된 장소로서 건조한 장소임

① 2.5 [cm] 이상　② 5 [cm] 이상
③ 7.5 [cm] 이상　④ 10 [cm] 이상

해설
한국전기설비규정 232.56 애자공사

<table>
<tr><th colspan="2" rowspan="2">전압</th><th colspan="2" rowspan="2">전선과 조영재와의 이격 거리</th><th rowspan="2">전선 상호 간격</th><th colspan="2">전선 지지점간의 거리</th></tr>
<tr><th>조영재의 윗면 또는 옆면</th><th>조영재에 따라 시설하지 않는 경우</th></tr>
<tr><td rowspan="3">저압</td><td>400 [V] 이하</td><td colspan="2">25 mm 이상</td><td rowspan="3">0.06 m 이상</td><td rowspan="3">2 [m] 이하</td><td>-</td></tr>
<tr><td rowspan="2">400 [V] 초과</td><td>건조한 장소</td><td>25 mm 이상</td><td rowspan="2">6 [m] 이하</td></tr>
<tr><td>기타의 장소</td><td>45 mm 이상</td></tr>
</table>

답 : ①

예제문제 22

합성 수지 몰드 공사에 의한 저압 옥내 배선의 시설 방법으로 옳은 것은?

① 전선으로는 단선만을 사용하고 연선을 사용하여서는 안된다.
② 전선으로 옥외용 비닐 절연 전선을 사용하였다.
③ 합성 수지 몰드 안에 전선의 접속점을 두기 위하여 합성 주지제의 조인트 박스를 사용하였다.
④ 합성 수지 몰드 안에는 전선의 접속점을 최소 2개소 두어야 한다.

해설
한국전기설비규정 232.21 합성수지몰드공사, 시설조건
1. 전선은 절연전선(옥외용 비닐절연전선을 제외한다)일 것.
2. 합성수지몰드 안에는 전선에 접속점이 없도록 할 것.
3. 합성수지몰드는 홈의 폭 및 깊이가 35 mm 이하, 두께는 2 mm 이상의 것일 것. 다만, 사람이 쉽게 접촉할 우려가 없도록 시설하는 경우에는 폭이 50 mm 이하, 두께 1 mm 이상의 것을 사용할 수 있다.
4. 합성수지몰드 상호 간 및 합성수지 몰드와 박스 기타의 부속품과는 전선이 노출되지 아니하도록 접속할 것.

답 : ③

예제문제 23

합성 수지관 공사시에 관의 지지점간의 거리는 몇 [m] 이하로 하여야 하는가?

① 1.0 ② 1.5
③ 2.0 ④ 2.5

해설

한국전기설비규정 232.11.3 합성수지관 및 부속품의 시설

1. 관 상호 간 및 박스와는 관을 삽입하는 깊이를 관의 바깥지름의 1.2배(접착제를 사용하는 경우에는 0.8배) 이상으로 하고 또한 꽂음 접속에 의하여 견고하게 접속할 것
2. 관의 지지점 간의 거리는 1.5 m 이하로 하고, 또한 그 지지점은 관의 끝 · 관과 박스의 접속점 및 관 상호 간의 접속점 등에 가까운 곳에 시설할 것
3. 습기가 많은 장소 또는 물기가 있는 장소에 시설하는 경우에는 방습 장치를 할 것

답 : ②

예제문제 24

저압 옥내 배선을 위한 금속관을 콘크리트에 매설할 때 적합한 관의 두께[mm]와 전선의 종류는?

① 1.0 [mm] 이상, 옥외용 비닐 절연 전선
② 1.2 [mm] 이상, 450/750 [V] 이하 염화비닐절연전선
③ 1.0 [mm] 이상, 450/750 [V] 이하 염화비닐절연전선
④ 1.2 [mm] 이상, 옥외용 비닐 절연 전선

해설

한국전기설비규정 232.12.1 금속관공사, 시설조건

1. 전선은 절연전선(옥외용 비닐절연전선을 제외한다)일 것
2. 전선은 연선일 것. 다만, 다음의 것은 적용하지 않는다.
   가. 짧고 가는 금속관에 넣은 것
   나. 단면적 10 mm^2(알루미늄선은 단면적 16 mm^2) 이하의 것
3. 전선은 금속관 안에서 접속점이 없도록 할 것
4. 관의 두께는 다음에 의할 것
   (1) 콘크리트에 매설하는 것은 1.2 mm 이상
   (2) (1) 이외의 것은 1 mm 이상. 다만, 이음매가 없는 길이 4 m 이하인 것을 건조하고 전개된 곳에 시설하는 경우에는 0.5 mm까지로 감할 수 있다.

답 : ②

예제문제 25

금속몰드 배선공사에 대한 설명으로 틀린 것은?

① 몰드에는 211 및 140의 규정에 준하여 접지공사를 할 것.
② 접속점을 쉽게 점검할 수 있도록 시설할 것
③ 황동제 또는 동제의 몰드는 폭이 5[cm] 이하, 두께 0.5[mm] 이상인 것일 것
④ 몰드 안의 전선을 외부로 인출하는 부분은 몰드의 관통 부분에서 전선이 손상될 우려가 없도록 시설할 것

해설
한국전기설비규정 232.22.1 금속몰드공사, 시설조건
1. 전선은 절연전선(옥외용 비닐절연 전선을 제외한다)일 것.
2. 금속몰드 안에는 전선에 접속점이 없도록 할 것. 다만, 「전기용품 및 생활용품 안전관리법」에 의한 금속제 조인트 박스를 사용할 경우에는 접속할 수 있다.
3. 황동제 또는 동제의 몰드는 폭이 50 mm 이하, 두께 0.5 mm 이상인 것일 것.
4. 몰드에는 211 및 140의 규정에 준하여 접지공사를 할 것. 다만, 다음 중 하나에 해당하는 경우에는 그러하지 아니하다.
  가. 몰드의 길이(2개 이상의 몰드를 접속하여 사용하는 경우에는 그 전체의 길이를 말한다. 이하 같다)가 4 m 이하인 것을 시설하는 경우
  나. 옥내배선의 사용전압이 직류 300 V 또는 교류 대지 전압이 150 V 이하로서 그 전선을 넣는 관의 길이가 8 m 이하인 것을 사람이 쉽게 접촉할 우려가 없도록 시설하는 경우 또는 건조한 장소에 시설하는 경우 것일 것

답 : ②

예제문제 26

가요 전선관 공사에 의한 저압 옥내 배선으로 잘못된 것은?

① 2종 금속제 가요 전선관을 사용하였다.
② 규격에 적당한 지름 10 [mm^2]의 단선을 사용하였다.
③ 전선으로 옥외용 비닐 절연 전선을 사용하였다.
④ 습기가 많은 장소 또는 물기가 있는 장소에는 비닐 피복 1종 가요전선관을 사용하였다.

해설
한국전기설비규정 232.13 가요전선관공사, 시설조건
1. 전선은 절연전선(옥외용 비닐절연전선을 제외한다)일 것
2. 전선은 연선일 것. 다만, 단면적 10 mm^2(알루미늄선은 단면적 16 mm^2) 이하인 것은 그러하지 아니하다.
3. 가요전선관 안에는 전선에 접속점이 없도록 할 것
4. 가요전선관은 2종 금속제 가요전선관일 것. 다만, 전개된 장소 또는 점검할 수 있는 은폐된 장소(옥내배선의 사용전압이 400 V 이상인 경우에는 전동기에 접속하는 부분으로서 가요성을 필요로 하는 부분에 사용하는 것에 한한다)에는 1종 가요전선관(습기가 많은 장소 또는 물기가 있는 장소에는 비닐 피복 1종 가요전선관에 한한다)을 사용할 수 있다.

답 : ③

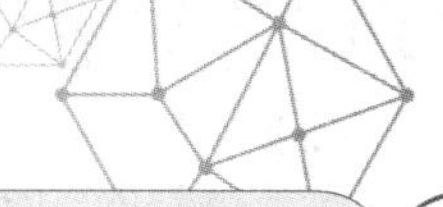

예제문제 27

금속 덕트 공사에 의한 저압 옥내 배선 공사 중 시설 기준에 적합하지 않은 항은?

① 금속 덕트에 넣은 전선의 단면적의 합계가 덕트의 내부 단면적의 20 [%] 이하가 되게 하였다.

② 덕트 상호 및 덕트와 금속관과는 전기적으로 완전하게 접속했다.

③ 덕트를 조영재에 붙이는 경우 덕트의 지지점간의 거리를 4 [m] 이하로 견고하게 붙였다.

④ 덕트는 211과 140에 준하여 접지공사를 하였다.

해설

한국전기설비규정 232.31 금속덕트공사

1. 전선은 절연전선(옥외용 비닐절연전선을 제외한다)일 것.
2. 금속덕트에 넣은 전선의 단면적(절연피복의 단면적을 포함한다)의 합계는 덕트의 내부 단면적의 20%(전광표시 장치·출퇴표시 등 기타 이와 유사한 장치 또는 제어회로 등의 배선만을 넣는 경우에는 50%) 이하일 것
3. 금속덕트 안에는 전선에 접속점이 없도록 할 것. 다만, 전선을 분기하는 경우에는 그 접속점을 쉽게 점검할 수 있는 때에는 그러하지 아니하다.
4. 덕트 상호 간은 견고하고 또한 전기적으로 완전하게 접속할 것
5. 덕트를 조영재에 붙이는 경우에는 덕트의 지지점 간의 거리를 3 m(취급자 이외의 자가 출입할 수 없도록 설비한 곳에서 수직으로 붙이는 경우에는 6 m) 이하로 하고 또한 견고하게 붙일 것
6. 덕트의 본체와 구분하여 뚜껑을 설치하는 경우에는 쉽게 열리지 아니하도록 시설할 것
7. 덕트의 끝부분은 막을 것
8. 덕트는 211과 140에 준하여 접지공사를 할 것

답 : ③

예제문제 28

버스 덕트 공사에 의한 저압 옥내 배선에서 잘못 설명한 것은?

① 덕트의 종단부는 폐쇄할 것

② 습기가 적은 장소 또는 물기가 없는 장소에 시설하는 경우에는 옥외용 버스덕트를 사용하고 버스덕트 내부에 물이 침입하여 고이지 아니하도록 할 것

③ 덕트의 내부에 먼지가 침입하지 아니하도록 할 것

④ 덕트 상호 간 및 전선 상호 간은 견고하고 또한 전기적으로 완전하게 접속할 것

해설

한국전기설비규정 232.61 버스덕트공사, 시설조건

1. 덕트 상호 간 및 전선 상호 간은 견고하고 또한 전기적으로 완전하게 접속할 것
2. 덕트를 조영재에 붙이는 경우에는 덕트의 지지점 간의 거리를 3 m(취급자 이외의 자가 출입할 수 없도록 설비한 곳에서 수직으로 붙이는 경우에는 6 m) 이하로 하고 또한 견고하게 붙일 것
3. 덕트(환기형의 것을 제외한다)의 끝부분은 막을 것
4. 덕트(환기형의 것을 제외한다)의 내부에 먼지가 침입하지 아니하도록 할 것
5. 덕트는 211과 140에 준하여 접지공사를 할 것
6. 습기가 많은 장소 또는 물기가 있는 장소에 시설하는 경우에는 옥외용 버스덕트를 사용하고 버스덕트 내부에 물이 침입하여 고이지 아니하도록 할 것

답 : ②

예제문제 29

라이팅 덕트 공사에 의한 저압 옥내 배선은 덕트의 지지점간의 거리는 몇 [m] 이하로 하여야 하는가?

① 2　　② 3　　③ 4　　④ 5

해설

한국전기설비규정 232.71 라이팅덕트공사, 시설조건

1. 덕트 상호 간 및 전선 상호 간은 견고하게 또한 전기적으로 완전히 접속할 것
2. 덕트는 조영재에 견고하게 붙일 것
3. 덕트의 지지점 간의 거리는 2 m 이하로 할 것
4. 덕트의 끝부분은 막을 것
5. 덕트의 개구부(開口部)는 아래로 향하여 시설할 것. 다만, 사람이 쉽게 접촉할 우려가 없는 장소에서 덕트의 내부에 먼지가 들어가지 아니하도록 시설하는 경우에 한하여 옆으로 향하여 시설할 수 있다.
6. 덕트는 조영재를 관통하여 시설하지 아니할 것
7. 덕트에는 합성수지 기타의 절연물로 금속재 부분을 피복한 덕트를 사용한 경우 이외에는 211과 140에 준하여 접지공사를 할 것. 다만, 대지 전압이 150 V 이하이고 또한 덕트의 길이(2본 이상의 덕트를 접속하여 사용할 경우에는 그 전체 길이를 말한다)가 4 m 이하인 때는 그러하지 아니하다.
8. 덕트를 사람이 용이하게 접촉할 우려가 있는 장소에 시설하는 경우에는 전로에 지락이 생겼을 때에 자동적으로 전로를 차단하는 장치를 시설할 것

답 : ①

예제문제 30

플로어 덕트 공사에 의한 저압 옥내 배선에서 절연 전선으로 연선을 사용하지 않아도 되는 것은 전선의 굵기가 단면적 몇 [mm^2] 이하의 경우인가?

① 2.5　　② 4.0　　③ 6.0　　④ 10

해설

한국전기설비규정 232.32 플로어덕트공사, 시설조건

1. 전선은 절연전선(옥외용 비닐절연전선을 제외한다)일 것
2. 전선은 연선일 것. 다만, 단면적 10 mm^2(알루미늄선은 단면적 16 mm^2) 이하인 것은 그러하지 아니하다.
3. 플로어덕트 안에는 전선에 접속점이 없도록 할 것. 다만, 전선을 분기하는 경우에 접속점을 쉽게 점검할 수 있을 때에는 그러하지 아니하다.

답 : ④

예제문제 31

단면적 8 [mm^2] 이상의 캡타이어케이블을 조영재의 옆면에 따라 붙이는 경우에 전선 지지점 간의 거리의 최대값은?

① 60　　② 1　　③ 1.5　　④ 2

해설

한국전기설비규정 232.51 케이블공사, 시설조건

케이블공사에 의한 저압 옥내배선(232.51.2 및 232.51.3에서 규정하는 것을 제외한다)은 다음에 따라 시설하여야 한다.

1. 전선은 케이블 및 캡타이어케이블일 것.
2. 중량물의 압력 또는 현저한 기계적 충격을 받을 우려가 있는 곳에 포설하는 케이블에는 적당한 방호 장치를 할 것.
3. 전선을 조영재의 아랫면 또는 옆면에 따라 붙이는 경우에는 전선의 지지점 간의 거리를 케이블은 2 m(사람이 접촉할 우려가 없는 곳에서 수직으로 붙이는 경우에는 6 m) 이하 캡타이어케이블은 1 m 이하로 하고 또한 그 피복을 손상하지 아니하도록 붙일 것.
4. 관 기타의 전선을 넣는 방호 장치의 금속제 부분·금속제의 전선 접속함 및 전선의 피복에 사용하는 금속체에는 211과 140에 준하여 접지공사를 할 것. 다만, 사용전압이 400 V 미만으로서 다음 중 하나에 해당할 경우에는 관 기타의 전선을 넣는 방호 장치의 금속제 부분에 대하여는 그러하지 아니하다.
   가. 방호 장치의 금속제 부분의 길이가 4 m 이하인 것을 건조한 곳에 시설하는 경우
   나. 옥내배선의 사용전압이 직류 300 V 또는 교류 대지 전압이 150 V 이하로서 방호 장치의 금속제 부분의 길이가 8 m 이하인 것을 사람이 쉽게 접촉할 우려가 없도록 시설하는 경우 또는 건조한 것에 시설하는 경우

답 : ②

예제문제 32

케이블 트레이의 시설에 대한 설명으로 틀린 것은?

① 수용된 모든 전선을 지지할 수 있는 적합한 강도의 것이어야 한다. 이 경우 케이블 트레이의 안전율은 1.2 이상으로 하여야 한다.
② 비금속제 케이블 트레이는 난연성 재료의 것이어야 한다.
③ 금속제 케이블트레이시스템은 기계적 및 전기적으로 완전하게 접속하여야 하며 금속제 트레이는 211과 140에 준하여 접지공사를 하여야 한다.
④ 케이블트레이가 방화구획의 벽, 마루, 천장 등을 관통하는 경우에 관통부는 불연성의 물질로 충전(充塡)하여야 한다.

해설

한국전기설비규정 232.41 케이블트레이공사, 시설 조건

① 전선은 연피케이블, 알루미늄피 케이블 등 난연성 케이블(334.7의 1의 "가"(1)(가)의 시험방법에 의한 시험에 합격한 케이블) 또는 기타 케이블(적당한 간격으로 연소(延燒)방지 조치를 하여야 한다) 또는 금속관 혹은 합성수지관 등에 넣은 절연전선을 사용하여야 한다.
② 케이블트레이 안에서 전선을 접속하는 경우에는 전선 접속부분에 사람이 접근할 수 있고 또한 그 부분이 측면 레일 위로 나오지 않도록 하고 그 부분을 절연처리 하여야 한다.
③ 수용된 모든 전선을 지지할 수 있는 적합한 강도의 것이어야 한다. 이 경우 케이블 트레이의 안전율은 1.5 이상으로 하여야 한다.
④ 비금속제 케이블 트레이는 난연성 재료의 것이어야 한다.
⑤ 금속제 케이블트레이시스템은 기계적 및 전기적으로 완전하게 접속하여야 하며 금속제 트레이는 211과 140에 준하여 접지공사를 하여야 한다.
⑥ 지지대는 트레이 자체 하중과 포설된 케이블 하중을 충분히 견딜 수 있는 강도를 가져야 한다.
⑦ 전선의 피복 등을 손상시킬 돌기 등이 없이 매끈하여야 한다.
⑧ 저압 케이블과 고압 또는 특고압 케이블은 동일 케이블 트레이 안에 포설하여서는 아니 된다. 다만, 견고한 불연성의 격벽을 시설하는 경우 또는 금속외장 케이블인 경우에는 그러하지 아니하다.

답 : ①

234 조명설비

234.1 등기구의 시설

1. 등기구는 다음을 고려하여 설치하여야 한다.
   가. 기동 전류
   나. 고조파 전류
   다. 보상
   라. 누설 전류
   마. 최초 점화 전류
   바. 전압강하
2. 램프에서 발생되는 모든 주파수 및 과도전류에 관련된 자료를 고려하여 보호방법 및 제어장치를 선정하여야 한다.

234.3 코드 및 이동전선

1. 조명용 전원코드 또는 이동전선은 단면적 0.75 mm^2 이상의 코드 또는 캡타이어케이블을 용도에 적합하게 표 234.3-1에 따라 선정하여야 한다.
2. 조명용 전원코드를 비나 이슬에 맞지 않도록 시설하고(옥측에 시설하는 경우에 한 한다) 사람이 쉽게 접촉되지 않도록 시설할 경우에는 단면적이 0.75 mm^2 이상인 450/750 V 내열성 에틸렌아세테이트 고무절연전선을 사용할 수 있다. 이 경우 전구수구의 리드 인출부의 전선간격이 10 mm 이상인 전구소켓을 사용하는 것은 0.75 mm^2 이상인 450/750 V 일반용 단심 비닐절연전선을 사용할 수 있다

표 234.3-1 코드 또는 캡타이어케이블의 선정

종류 \ 용도		옥내		옥외·옥측	
		조명용 전원코드	이동전선	조명용 전원코드	이동전선
코드	비닐	×	△○	×	×
	고무	○	○	×	×
	편조 고무			●	□
	금사	×	▲	×	×
	실내장식전등기구용		○	×	×
캡타이어케이블	고무	◎	◎	◎	◎
	비닐	×	△◎	×	△◎

○, □, ●: 300/300 V 이하에 사용한다.
◎: 0.6/1 kV 이하에 사용한다.
×: 사용될 수 없다.
△: 다음 조건에 적합한 것에 한하여 사용할 수 있다.
- 방전등, 라디오, 텔레비전, 선풍기, 전기이발기 등 전기를 열로 사용하지 않는 소형기계기구에 사용할 경우
- 전기모포, 전기온수기 등 고온부가 노출되지 않은 것으로 이에 전선이 접촉될 우려가 없는 구조의 가열장치(가열장치와 전선과의 접속부 온도가 80 ℃ 이하이고 또한 전열기 외면의 온도가 100 ℃를 초과할 우려가 없는 것) 에 사용할 경우

▲: 전기면도기, 전기이발기 등과 같은 소형 가정용 전기기계기구에 부속되고 또한 길이가 2.5 m 이하이며 건조한 장소에서 사용될 경우에 한한다.
●: 사람이 쉽게 접촉할 우려가 없도록 시설하는 경우
□: 옥측에 비나 이슬에 맞지 아니하도록 시공한 경우 사용할 수 있다.

3. 옥내에서 조명용 전원코드 또는 이동전선을 습기가 많은 장소 또는 수분이 있는 장소에 시설할 경우에는 고무코드(사용전압이 400 V 이하인 경우에 한함) 또는 0.6/1kV EP 고무 절연 클로로프렌캡타이어케이블로서 단면적이 0.75 mm^2 이상인 것이어야 한다.

234.5 콘센트의 시설

욕조나 샤워시설이 있는 욕실 또는 화장실 등 인체가 물에 젖어있는 상태에서 전기를 사용하는 장소에 콘센트를 시설하는 경우에는 다음에 따라 시설하여야 한다.

1. 「전기용품 및 생활용품 안전관리법」의 적용을 받는 인체감전보호용 누전차단기(정격감도전류 15 mA 이하, 동작시간 0.03초 이하의 전류동작형의 것에 한한다) 또는 절연변압기(정격용량 3 kVA 이하인 것에 한한다)로 보호된 전로에 접속하거나, 인체감전보호용 누전차단기가 부착된 콘센트를 시설하여야 한다.
2. 콘센트는 접지극이 있는 방적형 콘센트를 사용하여 211과 140의 규정에 준하여 접지하여야 한다.

234.6 점멸기의 시설

점멸기는 다음에 의하여 설치하여야 한다.

1. 점멸기는 전로의 비접지측에 시설할 것.
2. 노출형의 점멸기는 기둥 등의 내구성이 있는 조영재에 견고하게 설치할 것.
3. 욕실 내는 점멸기를 시설하지 말 것.
4. 가정용전등은 매 등기구마다 점멸이 가능하도록 할 것.
5. 공장·사무실·학교·상점 및 기타 이와 유사한 장소의 옥내에 시설하는 전체 조명용 전등은 부분조명이 가능하도록 전등군으로 구분하여 전등군마다 점멸이 가능하도록 하되, 태양광선이 들어오는 창과 가장 가까운 전등은 따로 점멸이 가능하도록 할 것.
6. 다음의 경우에는 센서등(타임스위치 포함)을 시설하여야 한다.
   가. 「관광 진흥법」과 「공중위생관리법」에 의한 관광숙박업 또는 숙박업(여인숙업을 제외한다)에 이용되는 객실의 입구등은 1분 이내에 소등되는 것.
   나. 일반주택 및 아파트 각 호실의 현관등은 3분 이내에 소등되는 것.

234.8 진열장 또는 이와 유사한 것의 내부 배선

1. 건조한 장소에 시설하고 또한 내부를 건조한 상태로 사용하는 진열장 또는 이와 유사한 것의 내부에 사용전압이 400 V 이하의 배선을 외부에서 잘 보이는 장소에 한하여 코드 또는 캡타이어케이블로 직접 조영재에 밀착하여 배선할 수 있다.
2. 제1의 배선은 단면적 0.75 mm^2 이상의 코드 또는 캡타이어케이블일 것.

234.9 옥외등

234.9.1 사용전압

옥외등에 전기를 공급하는 전로의 사용전압은 대지전압을 300 V 이하로 하여야 한다.

234.9.4 옥외등의 인하선

옥외등 또는 그의 점멸기에 이르는 인하선은 사람의 접촉과 전선피복의 손상을 방지하기 위하여 다음 공사방법으로 시설하여야 한다.

1. 애자공사(지표상 2 m 이상의 높이에서 노출된 장소에 시설할 경우에 한한다)
2. 금속관공사
3. 합성수지관공사
4. 케이블공사(알루미늄피 등 금속제 외피가 있는 것은 목조 이외의 조영물에 시설하는 경우에 한한다)

234.9.6 누전차단기

옥측 및 옥외에 시설하는 저압의 전기간판에 전기를 공급하는 전로에는 전로에 지락이 생겼을 때에 자동으로 차단하는 누전차단기를 시설

234.11 1 kV 이하 방전등

234.11.1 적용범위

전로의 대지전압은 300 V 이하로 하여야 하며, 다음에 의하여 시설하여야 한다.

1. 방전등은 사람이 접촉될 우려가 없도록 시설할 것.
2. 방전등용 안정기는 옥내배선과 직접 접속하여 시설할 것.

234.11.2 방전등용 안정기

1. 방전등용 안정기는 조명기구에 내장하여야 한다. 다만, 다음에 의할 경우는 조명기구의 외부에 시설할 수 있다.
   가. 안정기를 견고한 내화성의 외함 속에 넣을 때
   나. 노출장소에 시설할 경우는 외함을 가연성의 조영재에서 0.01 m 이상 이격하여 견고하게 부착할 것.
   다. 간접조명을 위한 벽안 및 진열장 안의 은폐장소에는 외함을 가연성의 조영재에서 10 mm 이상 이격하여 견고하게 부착하고 쉽게 점검할 수 있도록 시설할 것.

234.11.3 방전등용 변압기

1. 관등회로의 사용전압이 400 V 초과인 경우는 방전등용 변압기를 사용할 것.
2. 방전등용 변압기는 절연변압기를 사용할 것.

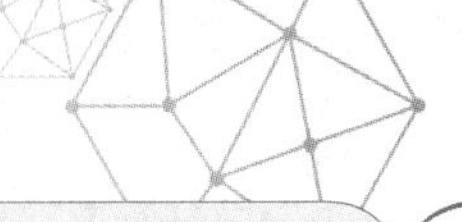

234.11.4 관등회로의 배선

1. 관등회로의 사용전압이 400 V 이하인 배선 : 공칭단면적 2.5 mm^2 이상의 연동선과 이와 동등 이상의 세기 및 굵기의 절연전선(옥외용 비닐절연전선 및 인입용 비닐절연전선은 제외한다), 캡타이어케이블 또는 케이블을 사용하여 시설하여야 한다. 다만, 방전관에 네온방전관을 사용하는 것은 제외한다.
2. 관등회로의 사용전압이 400 V 초과이고, 1 kV 이하인 배선 : 그 시설장소에 따라 합성수지관공사·금속관공사·가요전선관공사나 케이블공사 또는 표 234.11-1 중 어느 한 방법에 의하여야 한다.

표 234.11-1 관등회로의 공사방법

시설장소의 구분	배선방법	
전개된 장소	건조한 장소	애자공사·합성수지몰드공사 또는 금속몰드공사
	기타의 장소	애자공사
점검할 수 있는 은폐된 장소	건조한 장소	금속몰드공사

표 234.11-2 애자공사의 시설

공사방법	전선 상호 간의 거리	전선과 조영재의 거리	전선 지지점간의 거리	
			관등회로의 전압이 400 V 초과 600 V 이하의 것.	관등회로의 전압이 600 V 초과 1 kV 이하의 것.
애자공사	60 mm 이상	25 mm 이상 (습기가 많은 장소는 45 mm 이상)	2 m 이하	1 m 이하

234.12 네온방전등

234.12.1 적용범위

1. 이 규정은 네온방전등을 옥내, 옥측 또는 옥외에 시설할 경우에 적용한다.
2. 네온방전등에 공급하는 전로의 대지전압은 300 V 이하로 하여야 하며, 다음에 의하여 시설하여야 한다.
   가. 네온관은 사람이 접촉될 우려가 없도록 시설할 것.
   나. 네온변압기는 옥내배선과 직접 접촉하여 시설할 것.

234.12.2 네온변압기

네온변압기는 다음에 의하는 외에 사람이 쉽게 접촉될 우려가 없는 장소에 위험하지 않도록 시설하여야 한다.

1. 네온변압기는 「전기용품 및 생활용품 안전관리법」의 적용을 받은 것.
2. 네온변압기는 2차측을 직렬 또는 병렬로 접속하여 사용하지 말 것. 다만, 조광장치 부착과 같이 특수한 용도에 사용되는 것은 적용하지 않는다.
3. 네온변압기를 우선 외에 시설할 경우는 옥외형의 것을 사용할 것.

234.12.3 관등회로의 배선

1. 관등회로의 배선은 애자공사로 다음에 따라서 시설하여야 한다.
   가. 전선은 네온전선을 사용할 것.
   나. 배선은 외상을 받을 우려가 없고 사람이 접촉될 우려가 없는 노출장소 또는 점검할 수 있는 은폐장소(관등회로에 배선하기 위하여 특별히 설치한 장소에 한하며 보통 천장 안·다락·선반 등은 포함하지 않는다)에 시설할 것.
   다. 전선은 자기 또는 유리제 등의 애자로 견고하게 지지하여 조영재의 아랫면 또는 옆면에 부착하고 또한 다음과 같이 시설할 것. 다만, 전선을 노출장소에 시설할 경우로 공사 여건상 부득이한 경우는 조영재의 윗면에 부착할 수 있다.
      (1) 전선 상호간의 이격거리는 60 mm 이상일 것.
      (2) 전선과 조영재 이격거리는 노출장소에서 표 234.12-1에 따르고 점검할 수 있는 은폐장소에서 60 mm 이상으로 할 것.

표 234.12-1 전선과 조영재의 이격거리

전압 구분	이격 거리
6 kV 이하	20 mm 이상
6 kV 초과 9 kV 이하	30 mm 이상
9 kV 초과	40 mm 이상

      (3) 전선지지점간의 거리는 1 m 이하로 할 것.
      (4) 애자는 절연성·난연성 및 내수성이 있는 것일 것.

234.14 수중조명등

수영장 기타 이와 유사한 장소에 사용하는 수중조명등(이하 "수중조명등"이라 한다)에 전기를 공급하기 위하서는 절연변압기를 사용하고, 그 사용전압은 다음에 의하여야 한다.

1. 절연변압기의 1차측 전로의 사용전압은 400 V 이하일 것.
2. 절연변압기의 2차측 전로의 사용전압은 150 V 이하일 것.
3. 절연변압기의 2차측 전로는 접지하지 말 것.
4. 절연변압기는 교류 5 kV의 시험전압으로 하나의 권선과 다른 권선, 철심 및 외함 사이에 계속적으로 1분간 가하여 절연내력을 시험할 경우, 이에 견디는 것이어야 한다.
5. 절연변압기의 2차측 배선은 금속관공사에 의하여 시설할 것.
6. 수중조명등의 절연변압기의 2차측 전로에는 개폐기 및 과전류차단기를 각 극에 시설하여야 한다.
7. 수중조명등의 절연변압기의 2차측 전로의 사용전압이 30 V를 초과하는 경우에는 그 전로에 지락이 생겼을 때에 자동적으로 전로를 차단하는 정격감도전류 30 mA 이하의 누전차단기를 시설하여야 한다.

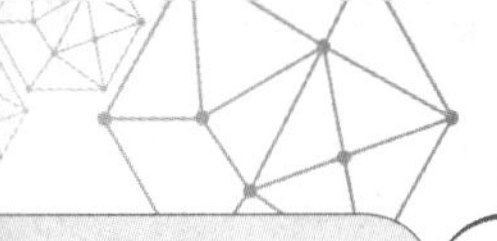

234.15 교통신호등

234.15.1 사용전압

교통신호등 제어장치의 2차측 배선의 최대사용전압은 300 V 이하이어야 한다.

234.15.2 2차측 배선

전선은 케이블인 경우 이외에는 공칭단면적 2.5 mm² 연동선과 동등 이상의 세기 및 굵기의 450/750 V 일반용 단심 비닐절연전선 또는 450/750 V 내열성에틸렌아세테이트 고무절연전선일 것.

234.15.4 교통신호등의 인하선

1. 전선은 케이블인 경우 이외에는 공칭단면적 2.5 mm² 연동선과 동등 이상의 세기 및 굵기의 450/750 V 일반용 단심 비닐절연전선 또는 450/750 V 내열성에틸렌아세테이트 고무절연전선일 것.
2. 교통신호등 제어장치의 2차측 배선의 최대사용전압은 300 V 이하이어야 한다.
3. 교통신호등의 인하선은 지표상의 높이는 2.5 m 이상일 것

예제문제 33

목욕탕에서 이동하여 사용하는 코드는 어느 것을 사용하는가?

① 고무코드　② 면 코드선　③ 고무 절연선　④ 2개 면연선

해설

한국전기설비규정 234.3 코드 및 이동전선
전구선 또는 이동전선은 단면적 0.75 mm² 이상의 코드 또는 캡타이어케이블을 용도에 따라서 표 234.3-1에 따라 선정하여야 한다.

표 234.3-1 코드 또는 캡타이어케이블의 선정

종류 \ 용도		옥내		옥외 · 옥측	
		조명용 전원코드	이동전선	조명용 전원코드	이동전선
코드	비닐	×	△○	×	×
	고무	○	○	×	×
	편조 고무			●	□
	금사	×	▲	×	×
	실내장식전등기구용		○	×	×
캡타이어 케이블	고무	◎	◎	◎	◎
	비닐	×	△◎	×	△◎

○, □, ● : 300/300 V 이하에 사용한다.
◎ : 0.6/1 kV 이하에 사용한다.
× : 사용될 수 없다.
△ : 다음 조건에 적합한 것에 한하여 사용할 수 있다.
- 방전등, 라디오, 텔레비전, 선풍기, 전기이발기 등 전기를 열로 사용하지 않는 소형기계기구에 사용할 경우
- 전기모포, 전기온수기 등 고온부가 노출되지 않은 것으로 이에 전선이 접촉될 우려가 없는 구조의 가열장치(가열장치와 전선과의 접속부 온도가 80℃ 이하이고 또한 전열기 외면의 온도가 100℃를 초과할 우려가 없는 것)에 사용할 경우

▲ : 전기면도기, 전기이발기 등과 같은 소형 가정용 전기기계기구에 부속되고 또한 길이가 2.5 m 이하이며 건조한 장소에서 사용될 경우에 한한다.
● : 사람이 쉽게 접촉할 우려가 없도록 시설하는 경우
□ : 옥측에 비나 이슬에 맞지 아니하도록 시공한 경우 사용할 수 있다.

답 : ①

예제문제 34

일반 주택 및 아파트 각 호실의 현관에 조명용 백열 전등을 설치할 때 사용하는 타임 스위치는 몇 [분] 이내에 소등되는 것을 시설하여야 하는가?

① 1분　　② 3분　　③ 10분　　④ 20분

해설

한국전기설비규정 234.6 점멸기의 시설

다음의 경우에는 센서등(타임스위치 포함)을 시설하여야 한다.

가. 「관광 진흥법」과 「공중위생관리법」에 의한 관광숙박업 또는 숙박업(여인숙업을 제외한다)에 이용되는 객실의 입구등은 1분 이내에 소등되는 것

나. 일반주택 및 아파트 각 호실의 현관등은 3분 이내에 소등되는 것.

답 : ②

예제문제 35

진열장 또는 진열장 안의 저압 옥내 배선에서 사용 전압[V]은 얼마 미만인가?

① 100　　② 200　　③ 400　　④ 600

해설

한국전기설비규정 234.8 진열장 또는 이와 유사한 것의 내부 배선

건조한 장소에 시설하고 또한 내부를 건조한 상태로 사용하는 진열장 또는 이와 유사한 것의 내부에 사용전압이 400 V 이하의 배선을 외부에서 잘 보이는 장소에 한하여 코드 또는 캡타이어케이블로 직접 조영재에 밀착하여 배선할 수 있다.

답 : ③

예제문제 36

옥외 백열전등의 인하선으로 애자공사를 노출된 장소에 시설하는 경우 지표상의 높이는 몇 [m] 미만인가?

① 2　　② 3　　③ 3.5　　④ 4

해설

한국전기설비규정 234.9.4 옥외등의 인하선

옥외등 또는 그의 점멸기에 이르는 인하선은 사람의 접촉과 전선피복의 손상을 방지하기 위하여 다음 공사방법으로 시설하여야 한다.

1. 애자공사(지표상 2 m 이상의 높이에서 노출된 장소에 시설할 경우에 한한다)
2. 금속관공사
3. 합성수지관공사
4. 케이블공사(알루미늄피 등 금속제 외피가 있는 것은 목조 이외의 조영물에 시설하는 경우에 한한다.)

답 : ①

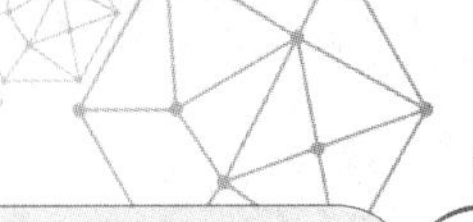

예제문제 37

옥내에 시설하는 관등 회로의 사용 전압이 1,000 [V] 이하인 방전관 등을 전개된 곳에 시설하는 경우 외함을 가연성의 조영재로부터 몇 [cm] 이상 격리시켜야 하는가?

① 1　　② 2　　③ 3　　④ 4

해설

한국전기설비규정 234.11.2 방전등용 안정기

1. 방전등용 안정기는 조명기구에 내장하여야 한다. 다만, 다음에 의할 경우는 조명기구의 외부에 시설할 수 있다.
   가. 안정기를 견고한 내화성의 외함 속에 넣을 때
   나. 노출장소에 시설할 경우는 외함을 가연성의 조영재에서 0.01 m 이상 이격하여 견고하게 부착할 것
   다. 간접조명을 위한 벽안 및 진열장 안의 은폐장소에는 외함을 가연성의 조영재에서 10 mm 이상 이격하여 견고하게 부착하고 쉽게 점검할 수 있도록 시설할 것
   라. 은폐장소에 시설("다"에서 규정한 것은 제외한다)할 경우는 외함을 또 다른 내화성 함속에 넣고 그 함은 가연성의 조영재로부터 10 mm 이상 떼어서 견고하게 부착하고 쉽게 점검할 수 있도록 시설하여야 한다.

답 : ①

예제문제 38

옥내의 네온 방전등 공사에서 전선의 지지점간의 거리는 몇 [m] 이하로 시설하여야 하는가?

① 1　　② 2

③ 3　　④ 4

해설

한국전기설비규정 234.12.3 관등회로의 배선

(1) 전선 상호간의 이격거리는 60 mm 이상일 것

(2) 전선과 조영재 이격거리는 노출장소에서 표 234.12-1에 따르고 점검할 수 있는 은폐장소에서 60 mm 이상으로 할 것

표 234.12-1 전선과 조영재의 이격거리

전압 구분	이격 거리
6 kV 이하	20 mm 이상
6 kV 초과 9 kV 이하	30 mm 이상
9 kV 초과	40 mm 이상

(3) 전선지지점간의 거리는 1 m 이하로 할 것

(4) 애자는 절연성 · 난연성 및 내수성이 있는 것일 것

답 : ①

예제문제 39

풀용 수중 조명등에 전기를 공급하기 위하여 사용되는 절연 변압기 1차측 및 2차측 전로의 사용 전압은 각각 최대 몇 [V]인가?

① 300, 100　　② 400, 150
③ 200, 150　　④ 600, 300

해설

한국전기설비규정 234.14.1 수중조명등, 사용전압
수영장 기타 이와 유사한 장소에 사용하는 수중조명등(이하 "수중조명등"이라 한다)에 전기를 공급하기 위하서는 절연변압기를 사용하고, 그 사용전압은 다음에 의하여야 한다.
1. 절연변압기의 1차측 전로의 사용전압은 400 V 이하일 것
2. 절연변압기의 2차측 전로의 사용전압은 150 V 이하일 것

답 : ②

예제문제 40

교통신호등 회로의 사용 전압은 최대 몇 [V]인가?

① 100　　② 200　　③ 300　　④ 400

해설

한국전기설비규정 234.15 교통신호등
① 교통신호등 제어장치의 2차측 배선의 최대사용전압은 300 V 이하이어야 한다.
② 교통신호등의 인하선은 지표상의 높이는 2.5 m 이상일 것
③ 교통신호등의 제어장치의 금속제외함 및 신호등을 지지하는 철주에는 211과 140의 규정에 준하여 접지공사를 하여야 한다.
④ LED를 광원으로 사용하는 교통신호등의 설치는 KS C 7528(LED 교통신호등)에 적합할 것.

답 : ③

240 특수설비

241 특수 시설

241.1 전기울타리

1. 전기울타리는 사람이 쉽게 출입하지 아니하는 곳에 시설할 것.
2. 전선은 인장강도 1.38 kN 이상의 것 또는 지름 2 mm 이상의 경동선일 것.
3. 전선과 이를 지지하는 기둥 사이의 이격거리는 25 mm 이상일 것.
4. 전선과 다른 시설물(가공 전선을 제외한다) 또는 수목과의 이격거리는 0.3 m 이상일 것.
5. 전기울타리용 전원장치에 전원을 공급하는 전로의 사용전압은 250 V 이하이어야 한다.

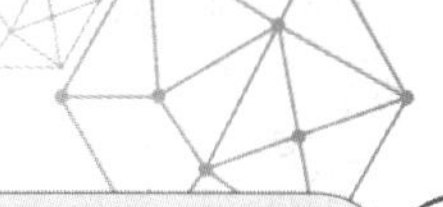

241.2 전기욕기

1. 전기욕기에 전기를 공급하기 위한 전기욕기용 전원장치(내장되는 전원 변압기의 2차측 전로의 사용전압이 10 V 이하의 것에 한한다)는 「전기용품 및 생활용품 안전관리법」에 의한 안전기준에 적합하여야 한다.
2. 전기욕기용 전원장치는 욕실 이외의 건조한 곳으로서 취급자 이외의 자가 쉽게 접촉하지 아니하는 곳에 시설하여야 한다.
   가. 욕기내의 전극간의 거리는 1 m 이상일 것.
   나. 욕기내의 전극은 사람이 쉽게 접촉될 우려가 없도록 시설할 것.

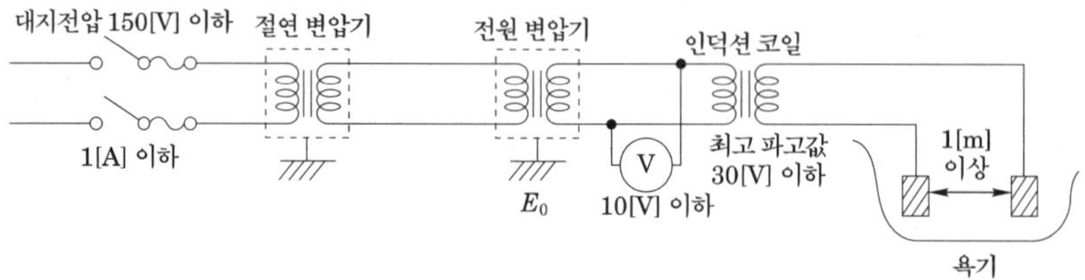

241.4 전극식 온천온수기(溫泉昇溫器)

1. 수관을 통하여 공급되는 온천수의 온도를 올려서 수관을 통하여 욕탕에 공급하는 전극식 온천온수기의 사용전압은 400 V 이하이어야 한다.
2. 전극식 온천온수기 또는 이에 부속하는 급수 펌프에 직결되는 전동기에 전기를 공급하기 위해서는 사용전압이 400 V 이하인 절연변압기를 다음에 따라 시설하여야 한다.
3. 전극식 온천온수기 및 차폐장치의 외함은 절연성 및 내수성이 있는 견고한 것일 것
4. 전극식 온천온수기 전원장치의 절연변압기 1차측 전로에는 개폐기 및 과전류차단기를 각 극(과전류차단기는 다선식의 중성극을 제외한다)에 시설하여야 한다.
5. 전극식 온천온수기 전원장치의 절연변압기 철심 및 금속제 외함과 차폐장치의 전극에는 140의 규정에 준하여 접지공사를 하여야 한다. 이 경우에 차폐장치 접지공사의 접지극은 수도관로를 접지극으로 사용하는 경우 이외에는 다른 접지공사의 접지극과 공용해서는 안 된다.

241.5 전기온상 등

1. 전기온상에 전기를 공급하는 전로의 대지전압은 300 V 이하일 것.
2. 발열선 및 발열선에 직접 접속하는 전선은 전기온상선(電氣溫床線)일 것.
3. <u>발열선은 그 온도가 80 ℃를 넘지 않도록 시설할 것.</u>
4. 발열선 및 발열선에 직접 접속하는 전선은 손상을 받을 우려가 있는 경우에는 적당한 방호장치를 할 것.

5. 발열선은 다른 전기설비·약전류전선 등 또는 수관·가스관이나 이와 유사한 것에 전기적·자기적 또는 열적인 장해를 주지 않도록 시설할 것.

241.6 엑스선 발생장치

제1종 엑스선 발생장치의 시설은 다음에 의하여야 한다.

1. 전선의 바닥에서의 높이는 엑스선관의 최대 사용전압(파고치로 표시한다. 이하 같다)이 100 kV 이하인 경우에는 2.5 m 이상, 100 kV를 초과하는 경우에는 2.5 m에 초과분 10 kV 또는 그 단수마다 0.02 m를 더한 값 이상일 것.
2. 전선과 조영재간의 이격거리는 엑스선관의 최대 사용전압이 100 kV 이하인 경우에는 0.3 m 이상, 100 kV를 초과하는 경우에는 0.3 m에 초과분 10 kV 또는 그 단수마다 0.02 m를 더한 값 이상일 것.
3. 전선 상호 간의 간격은 엑스선관의 최대 사용전압이 100 kV 이하인 경우에는 0.45 m 이상, 100 kV를 초과하는 경우에는 0.45 m에 초과분 10 kV 또는 그 단수마다 0.03 m를 더한 값 이상일 것.

241.7 전격살충기

241.7.1 전격살충기의 시설

전격살충기는 다음에 의하여 시설하여야 한다.

가. 전격살충기는 「전기용품 및 생활용품 안전관리법」의 적용을 받는 것일 것.

나. 전격살충기의 전격격자(電擊格子)는 지표 또는 바닥에서 3.5 m 이상의 높은 곳에 시설할 것.

다. 전격살충기의 전격격자와 다른 시설물(가공전선은 제외한다) 또는 식물과의 이격거리는 0.3 m 이상일 것.

라. 전격살충기에 전기를 공급하는 전로는 전용의 개폐기를 전격살충기에 가까운 장소에서 쉽게 개폐할 수 있도록 시설하여야 한다.

마. 전격살충기를 시설한 장소는 위험표시를 하여야 한다.

241.8 유희용 전차

유희용 전차(유원지·유회장 등의 구내에서 유희용으로 시설하는 것을 말한다)에 전기를 공급하기 위하여 사용하는 변압기의 1차 전압은 400V 이하이어야 한다.

유희용 전차에 전기를 공급하는 전원장치는 다음에 의하여 시설하여야 한다.

1. 전원장치의 2차측 단자의 최대사용전압은 직류의 경우 60 V 이하, 교류의 경우 40 V 이하일 것.
2. 전원장치의 변압기는 절연변압기일 것.

241.10 아크 용접기

가반형(可搬型)의 용접 전극을 사용하는 아크 용접장치는 다음에 따라 시설하여야 한다.

1. 용접변압기는 절연변압기일 것.
2. 용접변압기의 1차측 전로의 대지전압은 300 V 이하일 것.
3. 용접변압기의 1차측 전로에는 용접 변압기에 가까운 곳에 쉽게 개폐할 수 있는 개폐기를 시설할 것.

241.12 도로 등의 전열장치

발열선을 도로(농로 기타 교통이 빈번하지 아니하는 도로 및 횡단보도교를 포함한다. 이하 같다), 주차장 또는 조영물의 조영재에 고정시켜 시설하는 경우에는 다음에 따라야 한다.

1. 발열선에 전기를 공급하는 전로의 대지전압은 300 V 이하일 것.
2. 발열선은 미네럴인슈레이션(MI) 케이블 등 KS C IEC 60800(정격전압 300/500 V 이하 보온 및 결빙 방지용 케이블)에 규정된 발열선으로서 노출 사용하지 아니하는 것은 B종 발열선을 사용하고, 동 표준의 부속서A(규정) "사용 지침"에 따라 적용하여야 한다.

241.14 소세력 회로(小勢力回路)

1. 전자 개폐기의 조작회로 또는 초인벨 · 경보벨 등에 접속하는 전로로서 최대 사용전압이 60 V 이하인 것(최대사용전류가, 최대 사용전압이 15 V이하인 것은 5 A 이하, 최대 사용전압이 15 V를 초과하고 30 V 이하인 것은 3 A 이하, 최대 사용전압이 30 V를 초과하는 것은 1.5 A 이하인 것에 한한다)(이하 "소세력 회로"라 한다)은 다음에 따라 시설하여야 한다.
2. 소세력 회로에 전기를 공급하기 위한 절연변압기의 사용전압은 대지전압 300 V 이하로 하여야 한다.

표 241.14-1 절연변압기의 2차 단락전류 및 과전류차단기의 정격전류

소세력 회로의 최대 사용전압의 구분	2차 단락전류	과전류 차단기의 정격전류
15 V 이하	8 A	5 A
15 V 초과 30 V 이하	5 A	3 A
30 V 초과 60 V 이하	3 A	1.5 A

241.16 전기부식방지 시설

1. 전기부식방지 회로(전기부식방지용 전원장치로부터 양극 및 피방식체까지의 전로를 말한다. 이하 같다)의 사용전압은 직류 60 V 이하일 것.

2. 양극(陽極)은 지중에 매설하거나 수중에서 쉽게 접촉할 우려가 없는 곳에 시설할 것.
3. 지중에 매설하는 양극(양극의 주위에 도전 물질을 채우는 경우에는 이를 포함한다)의 매설 깊이는 0.75 m 이상일 것.
4. 수중에 시설하는 양극과 그 주위 1 m 이내의 거리에 있는 임의점과의 사이의 전위차는 10 V를 넘지 아니할 것. 다만, 양극의 주위에 사람이 접촉되는 것을 방지하기 위하여 적당한 울타리를 설치하고 또한 위험 표시를 하는 경우에는 그러하지 아니하다.
5. 지표 또는 수중에서 1 m 간격의 임의의 2점(제4의 양극의 주위 1 m 이내의 거리에 있는 점 및 울타리의 내부점을 제외한다)간의 전위차가 5 V를 넘지 아니할 것.
6. 전기부식방지 회로의 전선중 지중에 시설하는 부분은 다음에 의하여 시설할 것.
   가. 전선은 공칭단면적 4.0 mm²의 연동선 또는 이와 동등 이상의 세기 및 굵기의 것일 것. 다만, 양극에 부속하는 전선은 공칭단면적 2.5 mm² 이상의 연동선 또는 이와 동등 이상의 세기 및 굵기의 것을 사용할 수 있다.
   나. 전선은 450/750 V 일반용 단심 비닐절연전선·클로로프렌외장 케이블·비닐외장 케이블 또는 폴리에틸렌외장 케이블일 것.
   다. 전선을 직접 매설식에 의하여 시설하는 경우에는 전선을 피방식체의 아랫면에 밀착하여 시설하는 경우 이외에는 매설깊이를 차량 기타의 중량물의 압력을 받을 우려가 있는 곳에서는 1.0 m 이상, 기타의 곳에서는 0.3 m 이상으로 하고 또한 전선을 돌·콘크리트 등의 판이나 몰드로 전선의 위와 옆을 덮거나 「전기용품 및 생활용품 안전관리법」의 적용을 받는 합성수지관이나 이와 동등 이상의 절연효력 및 강도를 가지는 관에 넣어 시설할 것.
   라. 입상(立上)부분의 전선 중 깊이 0.6 m 미만인 부분은 사람이 접촉할 우려가 없고 또한 손상을 받을 우려가 없도록 적당한 방호장치를 할 것.

241.17 전기자동차 전원설비

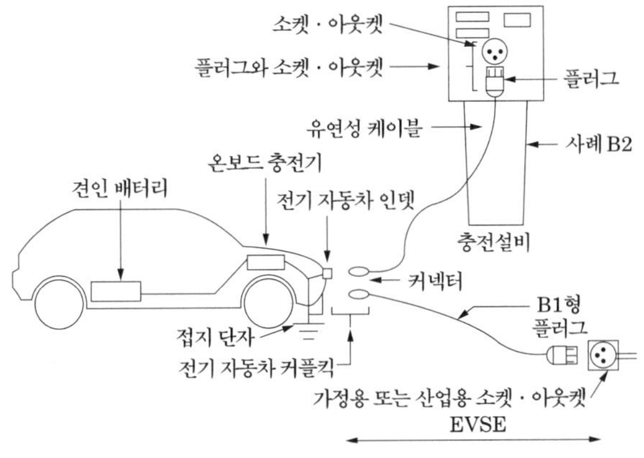

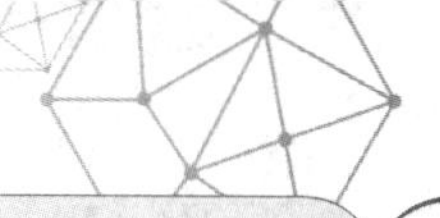

전기자동차의 전원공급설비에 사용하는 전로의 전압은 저압으로 한다.

1. 충전부분이 노출되지 않도록 시설하고, 외함의 접지는 140의 규정에 준하여 접지공사를 할 것.
2. 외부 기계적 충격에 대한 충분한 기계적 강도(IK08 이상)를 갖는 구조일 것.
3. 침수 등의 위험이 있는 곳에 시설하지 말아야 하며, 옥외에 설치 시 강우·강설에 대하여 충분한 방수 보호등급(IPX4 이상)을 갖는 것일 것.
4. 분진이 많은 장소, 가연성 가스나 부식성 가스 또는 위험물 등이 있는 장소에 시설하는 경우에는 통상의 사용 상태에서 부식이나 감전·화재·폭발의 위험이 없도록 시설할 것.
5. 충전장치에는 전기자동차 전용임을 나타내는 표지를 쉽게 보이는 곳에 설치할 것.
6. 전기자동차의 충전장치는 쉽게 열 수 없는 구조일 것.
7. 전기자동차의 충전장치 또는 충전장치를 시설한 장소에는 위험표시를 쉽게 보이는 곳에 표지할 것.
8. 전기자동차의 충전장치는 부착된 충전 케이블을 거치할 수 있는 거치대 또는 충분한 수납공간(옥내 0.45 m 이상, 옥외 0.6 m 이상)을 갖는 구조이며, 충전 케이블은 반드시 거치할 것.
9. 충전장치의 충전 케이블 인출부는 옥내용의 경우 지면으로부터 0.45 m 이상 1.2 m 이내에, 옥외용의 경우 지면으로부터 0.6 m 이상에 위치할 것.

예제문제 41

전기울타리의 시설에서 전기울타리용 전원 장치에 전기를 공급하는 전로의 사용 전압은 몇 [V] 이하인가?

① 250　　② 300　　③ 400　　④ 600

해설

한국전기설비규정 241.1.2 전기울타리,사용전압

전기울타리용 전원장치에 전원을 공급하는 전로의 사용전압은 250 V 이하이어야 한다.

답 : ①

예제문제 42

전기 욕기의 전원 변압기의 2차측 전압의 최대 한도는 몇 [V]인가?

① 6　　② 10　　③ 12　　④ 15

해설

한국전기설비규정 241.2 전기욕기

1. 전기욕기에 전기를 공급하기 위한 전기욕기용 전원장치(내장되는 전원 변압기의 2차측 전로의 사용전압이 10 V 이하의 것에 한한다)는 「전기용품 및 생활용품 안전관리법」에 의한 안전기준에 적합하여야 한다.
2. 전기욕기용 전원장치는 욕실 이외의 건조한 곳으로서 취급자 이외의 자가 쉽게 접촉하지 아니하는 곳에 시설하여야 한다.

답 : ②

예제문제 43

전기 온상용 발열선의 최고 사용 전압은 섭씨 몇 도를 넘지 않도록 시설하여야 하는가?

① 50 ② 60 ③ 80 ④ 100

해설

한국전기설비규정 241.5 전기온상 등

① 전기온상에 전기를 공급하는 전로의 대지전압은 300 V 이하일 것

② 발열선 및 발열선에 직접 접속하는 전선은 전기온상선(電氣溫床線) 일 것

③ 발열선은 그 온도가 80℃를 넘지 않도록 시설 할 것

④ 발열선 및 발열선에 직접 접속하는 전선은 손상을 받을 우려가 있는 경우에는 적당한 방호장치를 할 것

⑤ 발열선은 다른 전기설비 · 약전류전선 등 또는 수관 · 가스관이나 이와 유사한 것에 전기적 · 자기적 또는 열적인 장해를 주지 않도록 시설할 것

답 : ③

예제문제 44

제1종 X선관의 최대 사용 전압이 154,000 [V]인 경우에 전선 상호의 간격은 몇 [cm]인가?

① 45 ② 63 ③ 67 ④ 70

해설

한국전기설비규정 241.6.2 제1종 엑스선 발생장치의 시설

제1종 엑스선 발생장치의 시설은 다음에 의하여야 한다.

엑스선관 회로의 배선(엑스선관 도선을 제외한다. 이하 같다)은 "나"에서 정하는 표준에 적합한 엑스선용 케이블을 사용하는 경우 이외에는 다음에 의하여 시설할 것. 다만, 상호 간에 절연성의 격벽을 견고히 붙이거나 전선을 충분한 길이의 난연성 및 내수성이 있는 견고한 절연관에 넣었을 경우에는 (2) 및 (3)의 규정에 의하지 아니할 수 있다.

(1) 전선의 바닥에서의 높이는 엑스선관의 최대 사용전압(파고치로 표시한다. 이하 같다)이 100 kV 이하인 경우에는 2.5 m 이상, 100 kV를 초과하는 경우에는 2.5 m에 초과분 10 kV 또는 그 단수마다 0.02 m를 더한 값 이상일 것. 다만, 취급자 이외의 사람이 출입할 수 없도록 설비한 장소에 시설하는 것은 그러하지 아니하다.

(2) 전선과 조영재간의 이격거리는 엑스선관의 최대 사용전압이 100 kV 이하인 경우에는 0.3 m 이상, 100 kV를 초과하는 경우에는 0.3 m에 초과분 10 kV 또는 그 단수마다 0.02 m를 더한 값 이상일 것

(3) 전선 상호 간의 간격은 엑스선관의 최대 사용전압이 100 kV 이하인 경우에는 0.45 m 이상, 100 kV를 초과하는 경우에는 0.45 m에 초과분 10 kV 또는 그 단수마다 0.03 m를 더한 값 이상일 것

$\therefore$ 단수 $= \dfrac{154-100}{10} = 5.4 \rightarrow$ 6단

$\therefore$ 간격 $= 45 + 6 \times 3 = 63$ [cm]

답 : ②

예제문제 45

2차측 개방 전압이 1만 볼트인 절연 변압기를 사용한 전격 살충기는 전격 격자가 지표 상 또는 마루 위 몇 [m] 이상의 높이에 설치하여야 하는가?

① 3.5 [m] ② 3.0 [m] ③ 2.8 [m] ④ 2.5 [m]

해설

한국전기설비규정 241.7.1 전격살충기의 시설
전격살충기는 다음에 의하여 시설하여야 한다.
가. 전격살충기는 「전기용품 및 생활용품 안전관리법」의 적용을 받는 것일 것
나. 전격살충기의 전격격자(電擊格子)는 지표 또는 바닥에서 3.5 m 이상의 높은 곳에 시설할 것. 다만, 2차측 개방 전압이 7 kV 이하의 절연변압기를 사용하고 또한 보호격자의 내부에 사람의 손이 들어갔을 경우 또는 보호격자에 사람이 접촉될 경우 절연변압기의 1차측 전로를 자동적으로 차단하는 보호장치를 시설한 것은 지표 또는 바닥에서 1.8 m까지 감할 수 있다.
다. 전격살충기의 전격격자와 다른 시설물(가공전선은 제외한다) 또는 식물과의 이격거리는 0.3 m 이상일 것

답 : ①

예제문제 46

유희용 전차 안의 전로 및 이격에 전기를 공급하기 위하여 사용하는 전기 설비는 다음에 의하여 시설하여야 한다. 옳지 않은 것은?

① 유희용 전차에 전기를 공급하는 전로에는 전용 개폐기를 시설할 것
② 유희용 전차에 전기를 공급하기 위하여 사용하는 접촉 전선은 제3 궤조 방식에 의하여 시설할 것
③ 유희용 전차에 전기를 공급하는 전로의 사용 전압은 직류에 있어서는 80 [V] 이하, 교류에 있어서는 60 [V] 이하일 것
④ 유희용 전차에 전기를 공급하는 전로의 사용 전압에 전기를 변성하기 위하여 사용하는 변압기의 1차 전압은 400 [V] 이하일 것

해설

한국전기설비규정 241.8 유희용 전차
① 유희용 전차(유원지 · 유회장 등의 구내에서 유희용으로 시설하는 것을 말한다)에 전기를 공급하기 위하여 사용하는 변압기의 1차 전압은 400 V 이하이어야 한다.
② 유희용 전차에 전기를 공급하는 전원장치는 다음에 의하여 시설하여야 한다.
가. 전원장치의 2차측 단자의 최대사용전압은 직류의 경우 60 V 이하, 교류의 경우 40 V 이하일 것
나. 전원장치의 변압기는 절연변압기일 것

답 : ③

예제문제 47

가반형의 용접 전극을 사용하는 아크 용접 장치를 시설할 때 용접 변압기의 1차측 전로의 대지 전압은 몇 [V] 이하이어야 하는가?

① 200 ② 250
③ 300 ④ 600

해설

한국전기설비규정 241.10 아크 용접기
가반형(可搬型)의 용접 전극을 사용하는 아크 용접장치는 다음에 따라 시설하여야 한다.
가. 용접변압기는 절연변압기일 것
나. 용접변압기의 1차측 전로의 대지전압은 300 V 이하일 것
다. 용접변압기의 1차측 전로에는 용접 변압기에 가까운 곳에 쉽게 개폐할 수 있는 개폐기를 시설할 것
라. 용접기 외함 및 피용접재 또는 이와 전기적으로 접속되는 받침대 · 정반 등의 금속체는 140의 규정에 준하여 접지공사를 하여야 한다.

답 : ③

예제문제 48

전기 온돌 등의 전열 장치를 시설할 때 발열선을 도로, 주차장 또는 조영물의 조영재에 고정시켜 시설하는 경우, 발열선에 전기를 공급하는 전로의 대지 전압은 몇 [V] 이하이어야 하는가?

① 150 ② 300
③ 380 ④ 440

해설

한국전기설비규정 241.12.1 도로, 주차장 또는 조영물의 조영재에 고정시켜 시설하는 경우
발열선을 도로(농로 기타 교통이 빈번하지 아니하는 도로 및 횡단보도교를 포함한다. 이하 같다), 주차장 또는 조영물의 조영재에 고정시켜 시설하는 경우에는 다음에 따라야 한다.
가. 발열선에 전기를 공급하는 전로의 대지전압은 300 V 이하일 것
나. 발열선은 미네럴인슈레이션(MI) 케이블 등 KS C IEC 60800(정격전압 300/500 V 이하 보온 및 결빙 방지용 케이블)에 규정된 발열선으로서 노출 사용하지 아니하는 것은 B종 발열선을 사용하고, 동 표준의 부속서A(규정) "사용 지침"에 따라 적용하여야 한다.

답 : ②

예제문제 49

교통 신호등의 시설을 다음과 같이 하였다. 이 공사 중 옳지 못한 것은?

① 전선은 450/750 V 일반용 단심 비닐절연전선을 사용하였다.
② 신호등의 인하선은 지표상 2.5 [m]로 하였다.
③ 교통신호등 제어장치의 2차측 배선의 최대사용전압은 400 V 이하이어야 한다.
④ 교통신호등의 제어장치의 금속제외함 및 신호등을 지지하는 철주에는 211과 140의 규정에 준하여 접지공사를 하여야 한다.

해설

한국전기설비규정 234.15 교통신호등
① 전선은 케이블인 경우 이외에는 공칭단면적 2.5 mm^2 연동선과 동등 이상의 세기 및 굵기의 450/750 V 일반용 단심 비닐절연전선 또는 450/750 V 내열성에틸렌아세테이트 고무절연전선일 것
② 교통신호등 제어장치의 2차측 배선의 최대사용전압은 300 V 이하이어야 한다.
③ 교통신호등의 인하선은 지표상의 높이는 2.5 m 이상일 것
④ 교통신호등의 제어장치의 금속제외함 및 신호등을 지지하는 철주에는 211과 140의 규정에 준하여 접지공사를 하여야 한다.
⑤ LED를 광원으로 사용하는 교통신호등의 설치는 KS C 7528(LED 교통신호등)에 적합할 것.

답 : ③

예제문제 50

지중 또는 수중에 시설되는 금속체의 부식을 방지하기 위하여 지중 또는 수중에 시설하는 전기 방식 회로의 사용 전압은 다음의 어느 것 이하로 제한하고 있는가?

① DC 60 [V] ② DC 120 [V]
③ AC 60 [V] ④ AC 100 [V]

해설

한국전기설비규정 241.16.3 전기부식방지 회로의 전압 등
1. 전기부식방지 회로(전기부식방지용 전원장치로부터 양극 및 피방식체까지의 전로를 말한다. 이하 같다)의 사용전압은 직류 60 V 이하일 것
2. 양극(陽極)은 지중에 매설하거나 수중에서 쉽게 접촉할 우려가 없는 곳에 시설할 것
3. 지중에 매설하는 양극(양극의 주위에 도전 물질을 채우는 경우에는 이를 포함한다)의 매설깊이는 0.75 m 이상일 것
4. 수중에 시설하는 양극과 그 주위 1 m 이내의 거리에 있는 임의점과의 사이의 전위차는 10 V를 넘지 아니할 것. 다만, 양극의 주위에 사람이 접촉되는 것을 방지하기 위하여 적당한 울타리를 설치하고 또한 위험 표시를 하는 경우에는 그러하지 아니하다.
5. 지표 또는 수중에서 1 m 간격의 임의의 2점(제4의 양극의 주위 1 m 이내의 거리에 있는 점 및 울타리의 내부점을 제외한다)간의 전위차가 5 V를 넘지 아니할 것

답 : ①

예제문제 51

전기 방식 시설을 할 때 전기 방식 회로의 사용 전압은 직류 몇 [V] 이하이어야 하는가?

① 40 ② 60 ③ 80 ④ 100

해설

한국전기설비규정 241.16.3 전기부식방지 회로의 전압 등

1. 전기부식방지 회로(전기부식방지용 전원장치로부터 양극 및 피방식체까지의 전로를 말한다. 이하 같다)의 사용전압은 직류 60 V 이하일 것
2. 양극(陽極)은 지중에 매설하거나 수중에서 쉽게 접촉할 우려가 없는 곳에 시설할 것
3. 지중에 매설하는 양극(양극의 주위에 도전 물질을 채우는 경우에는 이를 포함한다)의 매설깊이는 0.75 m 이상일 것
4. 수중에 시설하는 양극과 그 주위 1 m 이내의 거리에 있는 임의점과의 사이의 전위차는 10 V를 넘지 아니할 것. 다만, 양극의 주위에 사람이 접촉되는 것을 방지하기 위하여 적당한 울타리를 설치하고 또한 위험 표시를 하는 경우에는 그러하지 아니하다.
5. 지표 또는 수중에서 1 m 간격의 임의의 2점(제4의 양극의 주위 1 m 이내의 거리에 있는 점 및 울타리의 내부점을 제외한다)간의 전위차가 5 V를 넘지 아니할 것

답 : ②

242 특수 장소

242.2 분진 위험장소

242.2.1 폭연성 분진 위험장소

폭연성 분진(마그네슘·알루미늄·티탄·지르코늄 등의 먼지가 쌓여있는 상태에서 불이 붙었을 때에 폭발할 우려가 있는 것을 말한다. 이하 같다) 또는 화약류의 분말이 전기설비가 발화원이 되어 폭발할 우려가 있는 곳에 시설하는 저압 옥내 전기설비는 다음에 따르고 또한 위험의 우려가 없도록 시설하여야 한다.

1. 저압 옥내배선, 저압 관등회로 배선은 금속관공사 또는 케이블공사(캡타이어케이블을 사용하는 것을 제외한다)에 의할 것.
2. 금속관공사에 의하는 때에는 다음에 의하여 시설할 것.
   가. 금속관은 박강 전선관(薄鋼電線管)사용
   나. 박스 기타의 부속품 및 풀박스는 쉽게 마모·부식 기타의 손상을 일으킬 우려가 없는 패킹을 사용하여 먼지가 내부에 침입하지 아니하도록 시설할 것
   다. 관 상호 간 및 관과 박스 기타의 부속품·풀박스 또는 전기기계기구와는 5턱 이상 나사조임으로 접속하는 방법 기타 이와 동등 이상의 효력이 있는 방법에 의하여 견고하게 접속하고 또한 내부에 먼지가 침입하지 아니하도록 접속할 것
   라. 전동기에 접속하는 부분에서 가요성을 필요로 하는 부분의 배선에는 방폭형의 부속품 중 분진 방폭형 유연성 부속을 사용할 것.
3. 케이블공사에 의하는 때에는 다음에 의하여 시설할 것.

가. 전선은 개장된 케이블 또는 미네럴인슈레이션 케이블을 사용하는 경우 이외에는 관 기타의 방호 장치에 넣어 사용할 것.

나. 전선을 전기기계기구에 끌어넣을 때에는 패킹 또는 충진제를 사용하여 인입구로부터 먼지가 내부에 침입하지 아니하도록 하고 또한 인입구에서 전선이 손상될 우려가 없도록 시설할 것.

242.2.2 가연성 분진 위험장소

가연성 분진(소맥분·전분·유황 기타 가연성의 먼지로 공중에 떠다니는 상태에서 착화하였을 때에 폭발할 우려가 있는 것을 말하며 폭연성 분진을 제외한다. 이하 같다)에 전기설비가 발화원이 되어 폭발할 우려가 있는 곳에 시설하는 저압 옥내 전기설비는 저압 옥내배선 등은 합성수지관공사(두께 2 mm 미만의 합성수지 전선관 및 난연성이 없는 콤바인 덕트관을 사용하는 것을 제외한다)·금속관공사 또는 케이블공사에 의할 것.

242.4 위험물 등이 존재하는 장소

셀룰로이드·성냥·석유류 기타 타기 쉬운 위험한 물질(이하 "위험물"이라 한다)을 제조하거나 저장하는 곳에 시설하는 저압 옥내 전기설비는 242.2.1의 "나"(1), "다"(1), "마", "사"와 242.2.2의 "가" 및 "나"(1)의 규정에 준하여 시설하는 이외에 다음에 따르고 또한 위험의 우려가 없도록 시설하여야 한다.

1. 이동전선은 접속점이 없는 0.6/1 kV EP 고무 절연 클로로프렌 캡타이어케이블 또는 0.6/1 kV 비닐 절연 비닐캡타이어케이블을 사용하고 또한 손상을 받을 우려가 없도록 시설하는 이외에 이동전선을 전기기계기구에 끌어넣을 때에는 인입구에서 손상을 받을 우려가 없도록 시설할 것.
2. 통상의 사용 상태에서 불꽃 또는 아크를 일으키거나 온도가 현저히 상승할 우려가 있는 전기기계기구는 위험물에 착화할 우려가 없도록 시설할 것.

한국전기설비규정 242.2.1의 "나"(1), "다"(1), "마", "사"의 규정

나. 금속관공사에 의하는 때에는 금속관은 박강 전선관(薄鋼電線管) 또는 이와 동등 이상의 강도를 가지는 것일 것.

다. 케이블공사에 의하는 때에는 전선은 334.1의 4의 "나"에서 규정하는 개장된 케이블 또는 미네럴인슈레이션 케이블을 사용하는 경우 이외에는 관 기타의 방호 장치에 넣어 사용할 것.

마. 전선과 전기기계기구는 진동에 의하여 헐거워지지 아니하도록 견고하고 또한 전기적으로 완전하게 접속할 것.

사. 백열전등 및 방전등용 전등기구는 조영재에 직접 견고하게 붙이거나 또는 전등을 다는 관·전등 완관(電燈腕管) 등에 의하여 조영재에 견고하게 붙일 것.

한국전기설비규정 242.2.2의 "가" 및 "나"(1)의 규정

가. 저압 옥내배선 등은 합성수지관공사(두께 2 mm 미만의 합성수지 전선관 및 난연성이 없는 콤바인 덕트관을 사용하는 것을 제외한다)·금속관공사 또는 케이블공사에 의할 것.

나. 합성수지관공사에 의하는 때에는 합성수지관 및 박스 기타의 부속품은 손상을 받을 우려가 없도록 시설할 것.

242.5 화약류 저장소 등의 위험장소

화약류 저장소(「총포 · 도검 · 화약류 등 단속법」제24조에 규정하는 화약류 저장소. 이하 "화약류 저장소" 라 한다) 안에는 전기설비를 시설해서는 안 된다. 다만, 백열전등이나 형광등 또는 이들에 전기를 공급하기 위한 전기설비(개폐기 및 과전류 차단기를 제외한다)는 242.2.1의 "가", "나"(1), "다"(1), "마", "사"의 규정에 준하여 시설하는 이외에 다음에 따라 시설하는 경우에는 그러하지 아니하다.

1. 전로에 대지전압은 300 V 이하일 것.
2. 전기기계기구는 전폐형의 것일 것.
3. 케이블을 전기기계기구에 인입할 때에는 인입구에서 케이블이 손상될 우려가 없도록 시설할 것.
4. 화약류 저장소 안의 전기설비에 전기를 공급하는 전로에는 화약류 저장소 이외의 곳에 전용 개폐기 및 과전류 차단기를 각 극(과전류 차단기는 다선식 전로의 중성극을 제외한다)에 취급자 이외의 자가 쉽게 조작할 수 없도록 시설하고 또한 전로에 지락이 생겼을 때에 자동적으로 전로를 차단하거나 경보하는 장치를 시설하여야 한다.

242.6 전시회, 쇼 및 공연장의 전기설비

무대·무대마루 밑·오케스트라 박스·영사실 기타 사람이나 무대 도구가 접촉할 우려가 있는 곳에 시설하는 저압 옥내배선, 전구선 또는 이동전선은 사용전압이 400 V 이하이어야 한다.

242.7 터널, 갱도 기타 이와 유사한 장소

242.7.1 사람이 상시 통행하는 터널 안의 배선의 시설

1. 사용전압이 저압의 것에 한한다.
2. 전로에는 터널의 입구에 가까운 곳에 전용 개폐기를 시설할 것.
3. 애자공사에 의하여 시설하고 또한 이를 노면상 2.5 m 이상의 높이로 할 것.
4. 공칭단면적 2.5 mm^2의 연동선과 동등 이상의 세기 및 굵기의 절연전선(옥외용 비닐절연전선 및 인입용 비닐절연전선을 제외한다)을 사용한다.

242.7.4 터널 등의 전구선 또는 이동전선 등의 시설

터널 등에 시설하는 사용전압이 400 V 이하인 저압의 전구선 또는 이동전선의 전구선은 단면적 0.75 mm^2 이상의 300/300 V 편조 고무코드 또는 0.6/1 kV EP 고무 절연 클로로프렌 캡타이어케이블일 것.

242.10 의료장소

242.10.1 적용범위

의료장소[병원이나 진료소 등에서 환자의 진단·치료(미용치료 포함)·감시·간호 등의 의료행위를 하는 장소를 말한다. 이하 같다]는 의료용 전기기기의 장착부(의료용 전기기기의 일부로서 환자의 신체와 필연적으로 접촉되는 부분)의 사용방법에 따라 다음과 같이 구분한다.

1. 그룹 0 : 일반병실, 진찰실, 검사실, 처치실, 재활치료실 등 장착부를 사용하지 않는 의료장소
2. 그룹 1 : 분만실, MRI실, X선 검사실, 회복실, 구급처치실, 인공투석실, 내시경실 등 장착부를 환자의 신체 외부 또는 심장 부위를 제외한 환자의 신체 내부에 삽입시켜 사용하는 의료장소
3. 그룹 2 : 관상동맥질환 처치실(심장카테터실), 심혈관조영실, 중환자실(집중치료실), 마취실, 수술실, 회복실 등 장착부를 환자의 심장 부위에 삽입 또는 접촉시켜 사용하는 의료장소

242.10.2 의료장소별 접지 계통

242.10.1의 의료장소별로 다음과 같이 접지계통을 적용한다.

1. 그룹 0: TT 계통 또는 TN 계통
2. 그룹 1: TT 계통 또는 TN 계통. 다만, 전원자동차단에 의한 보호가 의료행위에 중대한 지장을 초래할 우려가 있는 의료용 전기기기를 사용하는 회로에는 의료 IT 계통을 적용할 수 있다.
3. 그룹 2: 의료 IT 계통. 다만, 이동식 X-레이 장치, 정격출력이 5 kVA 이상인 대형 기기용 회로, 생명유지 장치가 아닌 일반 의료용 전기기기에 전력을 공급하는 회로 등에는 TT 계통 또는 TN 계통을 적용할 수 있다.
4. 의료장소에 TN 계통을 적용할 때에는 주배전반 이후의 부하 계통에서는 TN-C 계통으로 시설하지 말 것.

242.10.3 의료장소의 안전을 위한 보호 설비

그룹 1 및 그룹 2의 의료 IT 계통은 다음과 같이 시설할 것.

1. 전원측에 이중 또는 강화절연을 한 비단락보증 절연변압기를 설치하고 그 2차측 전로는 접지하지 말 것.

2. 비단락보증 절연변압기는 함 속에 설치하여 충전부가 노출되지 않도록 하고 의료장소의 내부 또는 가까운 외부에 설치할 것.
3. 비단락보증 절연변압기의 2차측 정격전압은 교류 250 V 이하로 하며 공급방식 및 정격출력은 단상 2선식, 10 kVA 이하로 할 것.
4. 3상 부하에 대한 전력공급이 요구되는 경우 비단락보증 3상 절연변압기를 사용할 것.
5. 비단락보증 절연변압기의 과부하 및 온도를 지속적으로 감시하는 장치를 적절한 장소에 설치할 것.
6. 의료 IT 계통의 분전반은 의료장소의 내부 혹은 가까운 외부에 설치할 것.
7. 의료 IT 계통에 접속되는 콘센트는 TT 계통 또는 TN 계통에 접속되는 콘센트와 혼용됨을 방지하기 위하여 적절하게 구분 표시할 것.
8. 절연 감시장치를 설치하여 절연저항이 50 kΩ 까지 감소하면 표시설비 및 음향설비로 경보를 발하도록 할 것.

242.10.4 의료장소 내의 접지 설비

의료장소와 의료장소 내의 전기설비 및 의료용 전기기기의 노출도전부, 그리고 계통외도전부에 대하여 다음과 같이 접지설비를 시설하여야 한다.

1. 의료장소마다 그 내부 또는 근처에 기준접지 바를 설치할 것. 다만, 인접하는 의료장소와의 바닥 면적 합계가 50 m^2 이하인 경우에는 기준접지 바를 공용할 수 있다.
2. 의료장소 내에서 사용하는 모든 전기설비 및 의료용 전기기기의 노출도전부는 보호도체에 의하여 기준접지 바에 각각 접속되도록 할 것.
   가. 콘센트 및 접지단자의 보호도체는 기준접지 바에 직접 접속할 것.
   나. 보호도체의 공칭 단면적은 표에 따라 선정할 것.

보호도체의 최소 단면적

상도체의 단면적 S (mm^2, 구리)	보호도체의 최소 단면적(mm^2, 구리)	
	보호도체의 재질	
	상도체와 같은 경우	상도체와 다른 경우
$S \le 16$	S	$\left(\frac{k_1}{k_2}\right) \times S$
$16 < S \le 35$	$16^{(a)}$	$\left(\frac{k_1}{k_2}\right) \times 16$
$S > 35$	$\frac{S^{(a)}}{2}$	$\left(\frac{k_1}{k_2}\right) \times \left(\frac{S}{2}\right)$

여기서,

k_1 : 도체 및 절연의 재질에 따라 KS C IEC 60364-5-54(저압전기설비-제5-54부:전기기기의 선정 및 설치-접지설비 및 보호도체)의 표A54.1(여러 가지 재료의 변수 값) 또는 KS C IEC 60364-4-43(저압전기설비-제4-43부:안전을 위한 보호-과전류에 대한 보호)의 표 43A(도체에 대한 k값)에서 선정된 상도체에 대한 k값

k_2 : KS C IEC 60364-5-54(저압전기설비-제5-54부:전기기기의 선정 및 설치-접지설비 및 보호도체)의 표A.54.2(케이블에 병합되지 않고 다른 케이블과 묶여 있지 않은 절연 보호도체의 k값)~A.54.6(제시된 온도에서 모든 인접 물질에 손상 위험성이 없는 경우 나도체의 k값)에서 선정된 보호도체에 대한 k값

a : PEN 도체의 최소단면적은 중성선과 동일하게 적용한다(KS C IEC 60364-5-52(저압전기설비-제5-52부:전기기기의 선정 및 설치-배선설비) 참조).

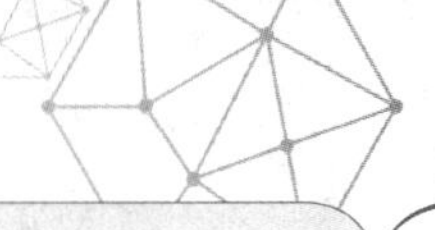

3. 그룹 2의 의료장소에서 환자환경(환자가 점유하는 장소로부터 수평방향 2.5 m, 의료장소의 바닥으로부터 2.5 m 높이 이내의 범위) 내에 있는 계통외 도전부와 전기설비 및 의료용 전기기기의 노출도전부, 전자기장해(EMI) 차폐선, 도전성 바닥 등은 등전위본딩을 시행할 것.

242.10.5 의료장소내의 비상전원

상용전원 공급이 중단될 경우 의료행위에 중대한 지장을 초래할 우려가 있는 전기설비 및 의료용 전기기기에는 다음 및 KS C IEC 60364-7-710(특수설비 또는 특수장소에 대한 요구사항-의료장소)에 따라 비상전원을 공급하여야 한다.

1. 절환시간 0.5초 이내에 비상전원을 공급하는 장치 또는 기기
   가. 0.5초 이내에 전력공급이 필요한 생명유지장치
   나. 그룹 1 또는 그룹 2의 의료장소의 수술등, 내시경, 수술실 테이블, 기타 필수 조명
2. 절환시간 15초 이내에 비상전원을 공급하는 장치 또는 기기
   가. 15초 이내에 전력공급이 필요한 생명유지장치
   나. 그룹 2의 의료장소에 최소 50%의 조명, 그룹 1의 의료장소에 최소 1개의 조명
3. 절환시간 15초를 초과하여 비상전원을 공급하는 장치 또는 기기
   가. 병원기능을 유지하기 위한 기본 작업에 필요한 조명
   나. 그 밖의 병원 기능을 유지하기 위하여 중요한 기기 또는 설비

예제문제 52

폭연성 분진 또는 화약류의 분말이 존재하는 곳의 저압 옥내 배선은 어느 공사에 의하는가?

① 애자 사용 공사 또는 가요 전선관 공사
② 캡타이어케이블 공사
③ 합성 수지관 공사
④ 금속관 공사

해설

한국전기설비규정 242.2.1 폭연성 분진 위험장소

폭연성 분진(마그네슘 · 알루미늄 · 티탄 · 지르코늄 등의 먼지가 쌓여있는 상태에서 불이 붙었을 때에 폭발할 우려가 있는 것을 말한다. 이하 같다) 또는 화약류의 분말이 전기설비가 발화원이 되어 폭발할 우려가 있는 곳에 시설하는 저압 옥내 전기설비(사용전압이 400 V 이상인 방전등을 제외한다. 저압 옥내배선, 저압 관등회로 배선 및 241.14에서 규정하는 소세력 회로의 전선(이하 여기 및 242.3에서 "저압 옥내배선 등"이라 한다)은 금속관공사 또는 케이블공사(캡타이어케이블을 사용하는 것을 제외한다)에 의할 것.

답 : ④

예제문제 53

화약류 저장 장소에 있어서의 전기 설비의 시설이 적당하지 않은 것은?

① 전로의 대지 전압은 300 [V] 이하일 것
② 전기 기계 기구는 개방형일 것
③ 지락 차단 장치 또는 경보 장치를 시설할 것
④ 전용 개폐기 또는 과전류 차단 장치를 시설할 것

해설
한국전기설비규정 242.5.1 화약류 저장소에서 전기설비의 시설
가. 전로에 대지전압은 300 V 이하일 것
나. 전기기계기구는 전폐형의 것일 것
다. 케이블을 전기기계기구에 인입할 때에는 인입구에서 케이블이 손상될 우려가 없도록 시설할 것
라. 화약류 저장소 안의 전기설비에 전기를 공급하는 전로에는 화약류 저장소 이외의 곳에 전용 개폐기 및 과전류 차단기를 각 극(과전류 차단기는 다선식 전로의 중성극을 제외한다)에 취급자 이외의 자가 쉽게 조작할 수 없도록 시설하고 또한 전로에 지락이 생겼을 때에 자동적으로 전로를 차단하거나 경보하는 장치를 시설하여야 한다.

답 : ②

예제문제 54

흥행장의 저압 전기 설비 공사로 무대, 무대 마루 밑, 오케스트라 박스, 영사실, 기타 사람이나 무대 도구가 접촉할 우려가 있는 곳에 시설하는 저압 옥내 배선, 전구선 또는 이동 전선은 사용 전압이 몇 [V] 이하이어야 하는가?

① 100 ② 200 ③ 300 ④ 400

해설
한국전기설비규정 242.6 전시회, 쇼 및 공연장의 전기설비
무대·무대마루 밑·오케스트라 박스·영사실 기타 사람이나 무대 도구가 접촉할 우려가 있는 곳에 시설하는 저압 옥내배선, 전구선 또는 이동전선은 사용전압이 400 V 이하이어야 한다.

답 : ④

244 비상용 예비전원설비

244.1 일반 요구사항

244.1.2 비상용 예비전원설비의 조건 및 분류

1. 비상용 예비전원설비는 상용전원의 고장 또는 화재 등으로 정전되었을 때 수용장소에 전력을 공급하도록 시설하여야 한다.
2. 화재조건에서 운전이 요구되는 비상용 예비전원설비는 다음의 2가지 조건이 추가적으로 충족되어야 한다.

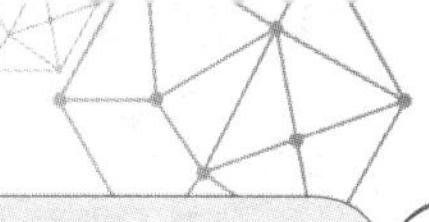

가. 비상용 예비전원은 충분한 시간 동안 전력 공급이 지속되도록 선정하여야 한다.

나. 모든 비상용 예비전원의 기기는 충분한 시간의 내화 보호 성능을 갖도록 선정하여 설치하여야 한다.

3. 비상용 예비전원설비의 전원 공급방법은 다음과 같이 분류한다.

가. 수동 전원공급

나. 자동 전원공급

4. 자동 전원공급은 절환 시간에 따라 다음과 같이 분류된다.

가. 무순단 : 과도시간 내에 전압 또는 주파수 변동 등 정해진 조건에서 연속적인 전원공급이 가능한 것

나. 순단 : 0.15초 이내 자동 전원공급이 가능한 것

다. 단시간 차단 : 0.5초 이내 자동 전원공급이 가능한 것

라. 보통 차단 : 5초 이내 자동 전원공급이 가능한 것

마. 중간 차단 : 15초 이내 자동 전원공급이 가능한 것

바. 장시간 차단 : 자동 전원공급이 15초 이후에 가능한 것

5. 비상용 예비전원설비에 필수적인 기기는 지정된 동작을 유지하기 위해 절환 시간과 호환되어야 한다.

핵심과년도문제

2·1

옥내에 방전등 공사를 할 때 접지 공사를 하지 않으려고 한다. 방전등용 변압기의 2차 단락 전류나 관등 회로의 동작 전류가 몇 [mA] 이하인 방전등을 시설하는 경우에 접지 공사를 하지 않아도 되는가?

① 25 ② 50 ③ 75 ④ 100

해설 한국전기설비규정 234.11.9 1 kV 이하 방전등, 접지

접지공사는 다음에 해당될 경우는 생략할 수 있다.

가. 관등회로의 사용전압이 대지전압 150 V 이하의 것을 건조한 장소에서 시공할 경우

나. 관등회로의 사용전압이 400 V 미만의 것을 사람이 쉽게 접촉될 우려가 없는 건조한 장소에서 시설할 경우로 그 안정기의 외함 및 조명기구의 금속제부분이 금속제의 조영재와 전기적으로 접속되지 않도록 시설할 경우

다. 관등회로의 사용전압이 400 V 미만 또는 변압기의 정격 2차 단락전류 혹은 회로의 동작전류가 50 mA 이하의 것으로 안정기를 외함에 넣고, 이것을 조명기구와 전기적으로 접속되지 않도록 시설할 경우

라. 건조한 장소에 시설하는 목제의 진열장속에 안정기의 외함 및 이것과 전기적으로 접속하는 금속제부분을 사람이 쉽게 접촉되지 않도록 시설할 경우 【답】 ②

2·2

옥내의 네온 방전등 공사 방법으로 옳은 것은?

① 방전등용 변압기는 절연 변압기일 것
② 관등 회로의 배선은 점검할 수 없는 은폐 장소에 시설할 것
③ 관등 회로의 배선은 애자 사용 공사에 의할 것
④ 전선의 지지점간의 거리는 2 [m] 이하일 것

해설 한국전기설비규정 234.12.3 관등회로의 배선

1. 관등회로의 배선은 애자공사로 다음에 따라서 시설하여야 한다.

가. 전선은 네온전선을 사용할 것

나. 배선은 외상을 받을 우려가 없고 사람이 접촉될 우려가 없는 노출장소 또는 점검할 수 있는 은폐장소(관등회로에 배선하기 위하여 특별히 설치한 장소에 한하며 보통 천장 안 · 다락 · 선반 등은 포함하지 않는다)에 시설할 것

다. 전선은 자기 또는 유리제 등의 애자로 견고하게 지지하여 조영재의 아랫면 또는 옆면에 부착하고 또한 다음과 같이 시설할 것. 다만, 전선을 노출장소에 시설할 경우로 공사 여건상 부득이한 경우는 조영재의 윗면에 부착할 수 있다.

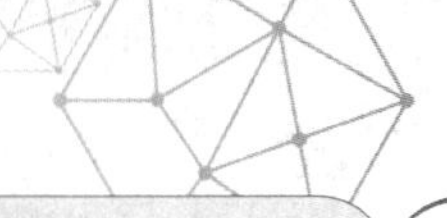

① 전선 상호간의 이격거리는 60 mm 이상일 것
② 전선지지점간의 거리는 1 m 이하로 할 것
③ 애자는 절연성·난연성 및 내수성이 있는 것일 것 【답】 ③

2·3

전기 울타리의 시설에 관한 다음 사항 중 틀린 것은?

① 사람이 쉽게 출입하지 아니하는 곳에 시설한다.
② 전선은 2 [mm]의 경동선 또는 동등 이상의 것을 사용할 것
③ 수목과의 이격 거리는 30 [cm] 이상일 것
④ 전로의 사용 전압은 600 [V] 이하일 것

해설 한국전기설비규정 241.1.3 전기울타리의 시설

전기울타리는 다음에 의하고 또한 견고하게 시설하여야 한다.

1. 전기울타리는 사람이 쉽게 출입하지 아니하는 곳에 시설할 것
2. 전선은 인장강도 1.38 kN 이상의 것 또는 지름 2 mm 이상의 경동선일 것
3. 전선과 이를 지지하는 기둥 사이의 이격거리는 25 mm 이상일 것
4. 전선과 다른 시설물(가공 전선을 제외한다) 또는 수목과의 이격거리는 0.3 m 이상일 것
5. 전기울타리용 전원장치에 전원을 공급하는 전로의 사용전압은 250 V 이하이어야 한다.

【답】 ④

2·4

목장에서 가축의 탈출을 방지하기 위하여 전기 울타리에 사용한 전선의 최소 지름[mm]은?

① 1.2 ② 1.6 ③ 2.0 ④ 2.6

해설 한국전기설비규정 241.1.3 전기울타리의 시설

전기울타리는 다음에 의하고 또한 견고하게 시설하여야 한다.

1. 전기울타리는 사람이 쉽게 출입하지 아니하는 곳에 시설할 것
2. 전선은 인장강도 1.38 kN 이상의 것 또는 지름 2 mm 이상의 경동선일 것
3. 전선과 이를 지지하는 기둥 사이의 이격거리는 25 mm 이상일 것
4. 전선과 다른 시설물(가공 전선을 제외한다) 또는 수목과의 이격거리는 0.3 m 이상일 것
5. 전기울타리용 전원장치에 전원을 공급하는 전로의 사용전압은 250 V 이하이어야 한다.

【답】 ③

2·5

전기 울타리의 시설에서 전선과 이를 지지하는 기둥과의 이격 거리는 최소 몇 [mm] 이상인가?

① 15 ② 25 ③ 35 ④ 45

해설 한국전기설비규정 241.1.3 전기울타리의 시설

전기울타리는 다음에 의하고 또한 견고하게 시설하여야 한다.

1. 전기울타리는 사람이 쉽게 출입하지 아니하는 곳에 시설할 것
2. 전선은 인장강도 1.38 kN 이상의 것 또는 지름 2 mm 이상의 경동선일 것
3. <u>전선과 이를 지지하는 기둥 사이의 이격거리는 25 mm 이상일 것</u>
4. 전선과 다른 시설물(가공 전선을 제외한다) 또는 수목과의 이격거리는 0.3 m 이상일 것.
5. 전기울타리용 전원장치에 전원을 공급하는 전로의 사용전압은 250 V 이하이어야 한다.

【답】 ②

2·6

전기 욕기용 전원 장치로부터 욕탕 안의 전극까지의 전선 상호간 및 전선과 대지 사이의 절연 저항값은 몇 [MΩ] 이상이어야 하는가?

① 0.1 ② 0.2 ③ 0.3 ④ 0.5

해설 한국전기설비규정 241.2 전기욕기

1. 전기욕기에 전기를 공급하기 위한 전기욕기용 전원장치(내장되는 전원 변압기의 2차측 전로의 사용전압이 10 V 이하의 것에 한한다)는 「전기용품 및 생활용품 안전관리법」에 의한 안전기준에 적합하여야 한다.
2. 전기욕기용 전원장치는 욕실 이외의 건조한 곳으로서 취급자 이외의 자가 쉽게 접촉하지 아니하는 곳에 시설하여야 한다.
   가. 욕기내의 전극간의 거리는 1 m 이상일 것
   나. 욕기내의 전극은 사람이 쉽게 접촉될 우려가 없도록 시설할 것
3. 전기욕기용 전원장치로부터 욕기안의 전극까지의 전선 상호 간 및 전선과 대지 사이의 절연저항은 132에 따른다(기술기준 제52조).

전로의 사용전압 V	DC시험전압 V	절연저항 MΩ
SELV 및 PELV	250	0.5
FELV, 500V 이하	500	1.0
500V 초과	1,000	1.0

주) 특별저압(extra low voltage : 2차 전압이 AC 50V, DC 120V 이하)으로 SELV(비접지회로 구성) 및 PELV(접지회로 구성)은 1차와 2차가 전기적으로 절연된 회로, FELV는 1차와 2차가 전기적으로 절연되지 않은 회로
"특별저압(ELV, Extra Low Voltage)"이란 인체에 위험을 초래하지 않을 정도의 저압을 말한다. 여기서 SELV(Safety Extra Low Voltage)는 비접지회로에 해당되며, PELV(Protective Extra Low Voltage)는 접지회로에 해당된다.

【답】 ④

2·7

풀용 수중 조명등의 사용 전압이 몇 [V]를 넘으면 누전 차단기를 시설하여야 하는가?

① 30 [V] ② 60 [V] ③ 150 [V] ④ 300 [V]

해설 한국전기설비규정 234.14.7 수중조명등, 누전차단기
수중조명등의 절연변압기의 2차측 전로의 사용전압이 30 V를 초과하는 경우에는 그 전로에 지락이 생겼을 때에 자동적으로 전로를 차단하는 정격감도전류 30 mA 이하의 누전차단기를 시설하여야 한다.

【답】 ①

2·8

철제 물 탱크에 전기 방식 시설을 하였다. 지표 또는 수중에서의 1 [m]의 간격을 가지는 임의의 두 점간의 전위차는 몇 볼트를 넘으면 안 되는가?

① 10볼트 ② 30볼트
③ 5볼트 ④ 25볼트

해설 한국전기설비규정 241.16.3 전기부식방지 회로의 전압 등

1. 전기부식방지 회로(전기부식방지용 전원장치로부터 양극 및 피방식체까지의 전로를 말한다. 이하 같다)의 사용전압은 직류 60 V 이하일 것
2. 양극(陽極)은 지중에 매설하거나 수중에서 쉽게 접촉할 우려가 없는 곳에 시설할 것
3. 지중에 매설하는 양극(양극의 주위에 도전 물질을 채우는 경우에는 이를 포함한다)의 매설깊이는 0.75 m 이상일 것
4. 수중에 시설하는 양극과 그 주위 1 m 이내의 거리에 있는 임의점과의 사이의 전위차는 10 V를 넘지 아니할 것. 다만, 양극의 주위에 사람이 접촉되는 것을 방지하기 위하여 적당한 울타리를 설치하고 또한 위험 표시를 하는 경우에는 그러하지 아니하다.
5. 지표 또는 수중에서 1 m 간격의 임의의 2점(제4의 양극의 주위 1 m 이내의 거리에 있는 점 및 울타리의 내부점을 제외한다)간의 전위차가 5 V를 넘지 아니할 것

【답】 ③

2·9

전자 개폐기의 조작 회로, 벨, 경보기 등의 전로로서 60 [V] 이하의 소세력 회로용으로 사용하는 변압기의 1차 대지 전압[V]의 최대 크기는?

① 100 ② 150
③ 300 ④ 600

해설 한국전기설비규정 241.14 소세력 회로(小勢力回路)

① 사용전압 : 소세력 회로에 전기를 공급하기 위한 절연변압기의 사용전압은 대지전압 300 V 이하로 하여야 한다.
② 전자 개폐기의 조작회로 또는 초인벨 · 경보벨 등에 접속하는 전로로서 최대 사용전압이 60 V 이하인 것(최대사용전류가, 최대 사용전압이 15 V 이하인 것은 5 A 이하, 최대 사용전압이 15 V를 초과하고 30 V 이하인 것은 3 A 이하, 최대 사용전압이 30 V를 초과하는 것은 1.5 A 이하인 것에 한한다)(이하 "소세력 회로"라 한다)은 다음에 따라 시설하여야 한다.

【답】 ③

2·10

전자 개폐기의 조작 회로, 벨, 경보기 등의 전로 전압은 최대 몇 [V]인가?

① 15 ② 60 ③ 50 ④ 300

해설 한국전기설비규정 241.14 소세력 회로(小勢力回路)

① 사용전압 : 소세력 회로에 전기를 공급하기 위한 절연변압기의 사용전압은 대지전압 300 V 이하로 하여야 한다.

② 전자 개폐기의 조작회로 또는 초인벨 · 경보벨 등에 접속하는 전로로서 최대 사용전압이 60 V 이하인 것(최대사용전류가, 최대 사용전압이 15 V 이하인 것은 5 A 이하, 최대 사용전압이 15 V를 초과하고 30 V 이하인 것은 3 A 이하, 최대 사용전압이 30 V를 초과하는 것은 1.5 A 이하인 것에 한한다)(이하 "소세력 회로"라 한다)은 다음에 따라 시설하여야 한다.

【답】 ②

2·11

최대 사용 전압 30 [V]를 넘고 60 [V] 이하인 소세력 회로에 사용하는 절연 변압기의 2차 단락 전류값이 제한을 받지 않을 경우는 2차측에 시설하는 과전류 차단기의 용량이 몇 [A] 이하일 경우인가?

① 0.5 ③ 1.5 ③ 3 ④ 5

해설 한국전기설비규정 241.14.2 소세력 회로, 전원장치

절연변압기의 2차 단락전류 및 과전류차단기의 정격전류

소세력 회로의 최대 사용전압의 구분	2차 단락전류	과전류 차단기의 정격전류
15 V 이하	8 A	5 A
15 V 초과 30 V 이하	5 A	3 A
30 V 초과 60 V 이하	3 A	1.5 A

【답】 ②

2·12

공사 현장 등에서 사용하는 이동용 전기 아크 용접기용 절연 변압기의 1차측 대지 전압은 얼마 이하이어야 하는가?

① 150 ② 220 ③ 300 ④ 480

해설 한국전기설비규정 241.10 아크 용접기

가반형(可搬型)의 용접 전극을 사용하는 아크 용접장치는 다음에 따라 시설하여야 한다.

가. 용접변압기는 절연변압기일 것

나. 용접변압기의 1차측 전로의 대지전압은 300 V 이하일 것

다. 용접변압기의 1차측 전로에는 용접 변압기에 가까운 곳에 쉽게 개폐할 수 있는 개폐기를 시설할 것

라. 용접변압기의 2차측 전로 중 용접변압기로부터 용접전극에 이르는 부분 및 용접변압기로부터 피용접재에 이르는 부분(전기기계기구 안의 전로를 제외한다)은 다음에 의하여 시설할 것

【답】 ③

2·13

옥내에 시설하는 전동기에 과부하 보호장치의 시설을 생략할 수 없는 경우는?

① 전동기의 정격 출력이 0.75 [kW]인 전동기
② 타인이 출입할 수 없고, 전동기가 소손할 정도의 과전류가 생길 우려가 없는 경우
③ 전동기가 단상의 것으로 그 전원측 전로에 시설하는 배선용 차단기의 정격 전류가 20 [A] 이하인 경우
④ 전동기가 단상의 것으로 그 전원측 전로에 시설하는 과전류 차단기의 정격 전류가 15 [A] 이하인 경우

해설 한국전기설비규정 212.6.4 저압전로 중의 전동기 보호용 과전류보호장치의 시설

옥내에 시설하는 전동기(정격 출력이 0.2 kW 이하인 것을 제외한다. 이하 여기에서 같다)에는 전동기가 손상될 우려가 있는 과전류가 생겼을 때에 자동적으로 이를 저지하거나 이를 경보하는 장치를 하여야 한다. 다만, 다음의 어느 하나에 해당하는 경우에는 그러하지 아니하다.

가. 전동기를 운전 중 상시 취급자가 감시할 수 있는 위치에 시설하는 경우
나. 전동기의 구조나 부하의 성질로 보아 전동기가 손상될 수 있는 과전류가 생길 우려가 없는 경우
다. 단상전동기[KS C 4204(2013)의 표준정격의 것을 말한다]로써 그 전원측 전로에 시설하는 과전류 차단기의 정격전류가 16 A(배선차단기는 20 A) 이하인 경우

【답】 ①

2·14

조명용 백열 전등을 설치할 때 타임 스위치를 설치하지 않아도 되는 곳은?

① 호텔 각 객실의 입구등
② 병원의 출입구 등
③ 일반 주택의 현관등
④ 아파트 각 호실의 현관등

해설 한국전기설비규정 234.6 점멸기의 시설

다음의 경우에는 센서등(타임스위치 포함)을 시설하여야 한다.

가. 「관광 진흥법」과 「공중위생관리법」에 의한 관광숙박업 또는 숙박업(여인숙업을 제외한다)에 이용되는 객실의 입구등은 1분 이내에 소등되는 것
나. 일반주택 및 아파트 각 호실의 현관등은 3분 이내에 소등되는 것

【답】 ②

2·15

사용 전압 200 [V]인 경우에 애자 사용 공사에서 전선과 조영재와의 이격 거리는 최소 몇 [mm] 이상이어야 하는가?

① 25 ② 45 ③ 60 ④ 80

해설 한국전기설비규정 232.56 애자공사

전압		전선과 조영재와의 이격 거리		전선 상호 간격	전선 지지점간의 거리	
					조영재의 윗면 또는 옆면	조영재에 따라 시설하지 않는 경우
저압	400 [V] 이하	25 mm 이상		0.06 m 이상	2 [m] 이하	-
	400 [V] 초과	건조한 장소	25 mm 이상			6 [m] 이하
		기타의 장소	45 mm 이상			

【답】 ①

2·16

점검할 수 있는 은폐 장소로서 건조한 곳에 시설하는 애자 사용 노출 공사에 있어서 사용 전압 440 [V]의 경우 전선과 조영재와의 이격 거리는?

① 2.5 [cm] 이상 ② 3 [cm] 이상
③ 4.5 [cm] 이상 ④ 5 [cm] 이상

해설 한국전기설비규정 232.56 애자공사

전압		전선과 조영재와의 이격 거리		전선 상호 간격	전선 지지점간의 거리	
					조영재의 윗면 또는 옆면	조영재에 따라 시설하지 않는 경우
저압	400 [V] 이하	25 mm 이상		0.06 m 이상	2 [m] 이하	-
	400 [V] 초과	건조한 장소	25 mm 이상			6 [m] 이하
		기타의 장소	45 mm 이상			

【답】 ①

2·17

사용 전압 480 [V]인 옥내 저압 절연 전선을 애자 사용 공사에 의해서 점검할 수 있는 은폐 장소에 시설하는 경우에 전선 상호간의 거리는 몇 [cm] 이상이어야 하는가?

① 6 ② 10 ③ 12 ④ 15

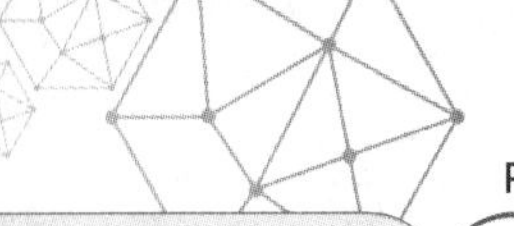

해설 한국전기설비규정 232.56 애자공사

<table>
<tr><th colspan="2" rowspan="2">전압</th><th colspan="2" rowspan="2">전선과 조영재와의 이격 거리</th><th rowspan="2">전선 상호 간격</th><th colspan="2">전선 지지점간의 거리</th></tr>
<tr><th>조영재의 윗면 또는 옆면</th><th>조영재에 따라 시설하지 않는 경우</th></tr>
<tr><td rowspan="3">저압</td><td>400 [V] 이하</td><td colspan="2">25 mm 이상</td><td rowspan="3">0.06 m 이상</td><td rowspan="3">2 [m] 이하</td><td>–</td></tr>
<tr><td rowspan="2">400 [V] 초과</td><td>건조한 장소</td><td>25 mm 이상</td><td rowspan="2">6 [m] 이하</td></tr>
<tr><td>기타의 장소</td><td>45 mm 이상</td></tr>
</table>

【답】 ①

2·18

저압 옥내 배선을 합성 수지관 공사에 의하여 실시하는 경우 사용할 수 있는 단선의 최대 굵기는 몇 [mm^2]인가?

① 2.5 ② 6
③ 10 ④ 16

해설 한국전기설비규정 232.11.1 합성수지관공사 시설조건

1. 전선은 절연전선(옥외용 비닐절연전선을 제외한다)일 것
2. 전선은 연선일 것. 다만, 다음의 것은 적용하지 않는다.
   가. 짧고 가는 합성수지관에 넣은 것
   나. 단면적 10 mm^2(알루미늄선은 단면적 16 mm^2) 이하의 것
3. 전선은 합성수지관 안에서 접속점이 없도록 할 것
4. 중량물의 압력 또는 현저한 기계적 충격을 받을 우려가 없도록 시설할 것 【답】 ③

2·19

합성 수지관 공사에 의한 저압 옥내 배선의 시설 기준으로 옳지 않은 것은?

① 습기가 많은 장소에 방습 장치를 하여 사용하였다.
② 전선은 옥외용 비닐 절연 전선을 사용하였다.
③ 전선은 연선을 사용하였다.
④ 관의 지지점간의 거리는 1.5 [m]로 하였다.

해설 한국전기설비규정 232.11.1 합성수지관공사 시설조건

1. 전선은 절연전선(옥외용 비닐절연전선을 제외한다)일 것
2. 전선은 연선일 것. 다만, 다음의 것은 적용하지 않는다.
   가. 짧고 가는 합성수지관에 넣은 것
   나. 단면적 10 mm^2(알루미늄선은 단면적 16 mm^2) 이하의 것
3. 전선은 합성수지관 안에서 접속점이 없도록 할 것
4. 중량물의 압력 또는 현저한 기계적 충격을 받을 우려가 없도록 시설할 것
5. 관의 지지점 간의 거리는 1.5 m 이하로 하고, 또한 그 지지점은 관의 끝·관과 박스의 접속점 및 관 상호 간의 접속점 등에 가까운 곳에 시설할 것 【답】 ②

2·20

금속관 공사에 의한 저압 옥내 배선의 방법으로 옳은 것은?

① 옥외용 비닐 절연 전선을 사용하였다.
② 전선으로는 지름 5 [mm]의 단선을 사용하였다.
③ 콘크리트에 매설하는 금속관의 두께는 1.2 [mm]를 사용하였다.
④ 관 안에서는 전선의 접속점을 1개소만 허용하였다.

해설 한국전기설비규정 232.12.1 금속관공사, 시설조건

1. 전선은 절연전선(옥외용 비닐절연전선을 제외한다)일 것
2. 전선은 연선일 것. 다만, 다음의 것은 적용하지 않는다.
   가. 짧고 가는 금속관에 넣은 것
   나. 단면적 10 mm^2(알루미늄선은 단면적 16 mm^2) 이하의 것
3. 전선은 금속관 안에서 접속점이 없도록 할 것
4. 관의 두께는 다음에 의할 것
   (1) 콘크리트에 매설하는 것은 1.2 mm 이상
   (2) (1) 이외의 것은 1 mm 이상. 다만, 이음매가 없는 길이 4 m 이하인 것을 건조하고 전개된 곳에 시설하는 경우에는 0.5 mm까지로 감할 수 있다.

【답】 ③

2·21

다음은 저압 옥측 전선로의 종별에 따르는 시설 장소를 설명한 것이다. 장소에 따른 부적정한 공사의 종별을 택한 것은 어느 것인가?

① 버스 덕트 공사를 철골조로 된 공장 건물에 시설하고자 한다.
② 합성 수지관 공사를 목조로 된 건축물에 시설하고자 한다.
③ 금속관 공사를 목조로 된 건축물에 시설하고자 한다.
④ 애자 사용 공사를 전개된 장소가 있는 공장 건물에 시설하고자 한다.

해설 한국전기설비규정 221.2 옥측전선로

저압 옥측전선로는 다음의 공사방법에 의할 것
(1) 애자공사(전개된 장소에 한한다.)
(2) 합성수지관공사
(3) 금속관공사(목조 이외의 조영물에 시설하는 경우에 한한다)
(4) 버스덕트공사[목조 이외의 조영물(점검할 수 없는 은폐된 장소는 제외한다)에 시설하는 경우에 한한다]
(5) 케이블공사(연피 케이블·알루미늄피 케이블 또는 미네럴 인슐레이션 케이블을 사용하는 경우에는 목조 이외의 조영물에 시설하는 경우에 한한다)

【답】 ③

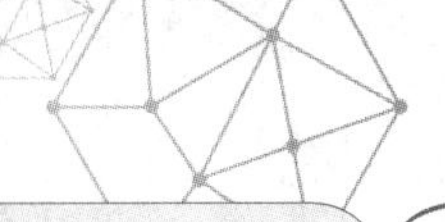

2·22

옥내 저압 배선을 가요 전선관 공사에 의해 시공하고자 한다. 가요 전선관에 설치할 전선이 단선일 경우 그 지름은 최대 몇 [mm^2]이어야 하는가?

① 2.5 ② 4.0
③ 6.0 ④ 10

해설 한국전기설비규정 232.13 가요전선관공사, 시설조건

1. 전선은 절연전선(옥외용 비닐절연전선을 제외한다)일 것.
2. 전선은 연선일 것. 다만, 단면적 10 mm^2(알루미늄선은 단면적 16 mm^2) 이하인 것은 그러하지 아니하다.
3. 가요전선관 안에는 전선에 접속점이 없도록 할 것
4. 가요전선관은 2종 금속제 가요전선관일 것. 다만, 전개된 장소 또는 점검할 수 있는 은폐된 장소(옥내배선의 사용전압이 400 V 이상인 경우에는 전동기에 접속하는 부분으로서 가요성을 필요로 하는 부분에 사용하는 것에 한한다)에는 1종 가요전선관(습기가 많은 장소 또는 물기가 있는 장소에는 비닐 피복 1종 가요전선관에 한한다)을 사용할 수 있다.

【답】 ④

2·23

모양 변경, 배치 변경 등 전기 배선이 변경되는 장소에 쉽게 응할 수 있게 마련한 저압 옥내 배선 공사는?

① 가요 전선관 공사 ② 금속 덕트 공사
③ 합성 수지관 공사 ④ 버스 덕트 공사

해설 한국전기설비규정 232.13 가요전선관공사, 시설조건

1. 전선은 절연전선(옥외용 비닐절연전선을 제외한다)일 것
2. 전선은 연선일 것. 다만, 단면적 10 mm^2(알루미늄선은 단면적 16 mm^2) 이하인 것은 그러하지 아니하다.
3. 가요전선관 안에는 전선에 접속점이 없도록 할 것.
4. 가요전선관은 2종 금속제 가요전선관일 것. 다만, 전개된 장소 또는 점검할 수 있는 은폐된 장소(옥내배선의 사용전압이 400 V 이상인 경우에는 전동기에 접속하는 부분으로서 가요성을 필요로 하는 부분에 사용하는 것에 한한다)에는 1종 가요전선관(습기가 많은 장소 또는 물기가 있는 장소에는 비닐 피복 1종 가요전선관에 한한다)을 사용할 수 있다.

【답】 ①

2·24

저압 옥내 배선에 있어서 애자 사용 공사에 의한 절연 전선과 전화선과의 최소 이격 거리[cm]는?

① 6 ② 10 ③ 20 ④ 30

해설 한국전기설비규정 232.3.7 배선설비와 다른 공급설비와의 접근
저압 옥내배선이 약전류 전선 등 또는 수관·가스관이나 이와 유사한 것과 접근하거나 교차하는 경우에 저압 옥내배선을 애자사용 공사에 의하여 시설하는 때에는 저압 옥내배선과 약전류 전선 등 또는 수관 · 가스관이나 이와 유사한 것과의 이격거리는 0.1 m(전선이 나전선인 경우에 0.3 m) 이상이어야 한다. 【답】 ②

2·25

옥내 저압용의 전구선을 시설하려고 한다. 사용 전압이 몇 [V] 초과인 전구선은 옥내에 시설할 수 없는가?

① 250 ② 300 ③ 350 ④ 400

해설 한국전기설비규정 234.3 코드 및 이동전선
옥내에서 조명용 전원코드 또는 이동전선을 습기가 많은 장소 또는 수분이 있는 장소에 시설할 경우에는 고무코드(사용전압이 400 V 이하인 경우에 한함) 또는 0.6/1kV EP 고무 절연 클로로프렌캡타이어케이블로서 단면적이 0.75 mm^2 이상인 것이어야 한다. 【답】 ④

2·26

사용 전압 440 [V]인 이동 기중기용 접촉 전선을 옥내에 시설하는 경우 그 전선의 단면적은 몇 [mm^2] 이상이어야 하는가?

① 22 ② 28 ③ 32 ④ 38

해설 한국전기설비규정 232.81 옥내에 시설하는 저압 접촉전선 배선
전선은 인장강도 11.2 kN 이상의 것 또는 지름 6 mm의 경동선으로 단면적이 28 mm^2 이상인 것일 것. 다만, 사용전압이 400 V 이하인 경우에는 인장강도 3.44 kN 이상의 것 또는 지름 3.2 mm 이상의 경동선으로 단면적이 8 mm^2 이상인 것을 사용할 수 있다. 【답】 ②

2·27

티탄을 제조하는 공장으로 먼지가 쌓여진 상태에서 착화된 때는 폭발할 우려가 있는 곳에 저압 옥내 배선을 설치하고자 한다. 다음 중 적절한 공사 방법은 어느 것인가?

① 얇은 강전선관 공사 또는 케이블 공사
② 합성 수지관 공사 또는 캡타이어케이블 공사
③ 후강 전선관 공사 또는 콤바인드 덕트 케이블 공사
④ 2종 금속제 가요 전선관 공사 또는 합성 수지 몰드 공사

해설 한국전기설비규정 242.2.1 폭연성 분진 위험장소
폭연성 분진(마그네슘 · 알루미늄 · 티탄 · 지르코늄 등의 먼지가 쌓여있는 상태에서 불이 붙었을 때에 폭발할 우려가 있는 것을 말한다. 이하 같다) 또는 화약류의 분말이 전기설비가 발화원이 되어 폭발할 우려가 있는 곳에 시설하는 저압 옥내 전기설비(사용전압이 400 V 초과인 방전등을 제외한다. 저압 옥내배선, 저압 관등회로 배선 및 241.14에서 규정하는 소세력 회로의 전선(이하 여기 및 242.3에서 "저압 옥내배선 등"이라 한다)은 금속관공사 또는 케이블공사(캡타이어케이블을 사용하는 것을 제외한다)에 의할 것. 【답】 ①

2·28

네온관 등 회로의 배선 공사에서 적합하지 않은 것은?

① 관등회로의 배선은 전개된 장소 또는 점검할 수 있는 은폐된 장소에 시설할 것
② 전선은 네온 전선일 것.
③ 전선은 조영재의 옆면 또는 아랫면에 붙일 것
④ 전선 상호간의 간격은 6 [m] 이상이고, 유리관의 지지점간의 거리는 50 [cm] 이하일 것

해설 한국전기설비규정 234.12.3 네온방전등, 관등회로의 배선

1. 관등회로의 배선은 애자공사로 다음에 따라서 시설하여야 한다.
   가. 전선은 네온전선을 사용할 것
   나. 배선은 외상을 받을 우려가 없고 사람이 접촉될 우려가 없는 노출장소 또는 점검할 수 있는 은폐장소(관등회로에 배선하기 위하여 특별히 설치한 장소에 한하며 보통 천장안 · 다락 · 선반 등은 포함하지 않는다)에 시설할 것
   다. 전선은 자기 또는 유리제 등의 애자로 견고하게 지지하여 조영재의 아랫면 또는 옆면에 부착하고 또한 다음과 같이 시설할 것. 다만, 전선을 노출장소에 시설할 경우로 공사 여건상 부득이한 경우는 조영재의 윗면에 부착할 수 있다.
   (1) 전선 상호간의 이격거리는 60 mm 이상일 것
   (2) 전선과 조영재 이격거리는 노출장소에서 표 234.12-1에 따르고 점검할 수 있는 은폐장소에서 60 mm 이상으로 할 것

표 234.12-1 전선과 조영재의 이격거리

전압 구분	이격 거리
6 kV 이하	20 mm 이상
6 kV 초과 9 kV 이하	30 mm 이상
9 kV 초과	40 mm 이상

   (3) 전선지지점간의 거리는 1 m 이하로 할 것
   (4) 애자는 절연성 · 난연성 및 내수성이 있는 것일 것 【답】 ④

2·29

유희용 전차에 전기를 공급하는 전로의 사용 전압은 교류에 있어서는 몇 [V] 이하이어야 하는가?

① 20　② 40　③ 60　④ 100

해설 한국전기설비규정 241.8 유희용 전차

① 유희용 전차(유원지 · 유회장 등의 구내에서 유희용으로 시설하는 것을 말한다)에 전기를 공급하기 위하여 사용하는 변압기의 1차 전압은 400 V 이하이어야 한다.

② 유희용 전차에 전기를 공급하는 전원장치는 다음에 의하여 시설하여야 한다.

가. 전원장치의 2차측 단자의 최대사용전압은 직류의 경우 60 V 이하, 교류의 경우 40 V 이하일 것

나. 전원장치의 변압기는 절연변압기일 것

【답】 ②

2·30

전기 욕기를 시설하였다. 욕탕 안의 전극과 절연 변압기와의 사이의 2차 전압이 몇 [V] 이하인 전원 변압기를 사용하여야 하는가?

① 10볼트 이하　② 25볼트 이하
③ 30볼트 이하　④ 60볼트 이하

해설 한국전기설비규정 241.2 전기욕기

1. 전기욕기에 전기를 공급하기 위한 전기욕기용 전원장치(내장되는 전원 변압기의 2차측 전로의 사용전압이 10 V 이하의 것에 한한다)는 「전기용품 및 생활용품 안전관리법」에 의한 안전기준에 적합하여야 한다.
2. 전기욕기용 전원장치는 욕실 이외의 건조한 곳으로서 취급자 이외의 자가 쉽게 접촉하지 아니하는 곳에 시설하여야 한다.

가. 욕기내의 전극간의 거리는 1 m 이상일 것

나. 욕기내의 전극은 사람이 쉽게 접촉될 우려가 없도록 시설할 것

【답】 ①

2·31

가반형의 용접 전극을 사용하는 아크 용접 장치의 시설에 대한 설명으로 옳은 것은?

① 용접 변압기의 1차측 전로의 대지 전압은 600 [V] 이하일 것
② 용접 변압기의 1차측 전로에는 퓨즈를 시설할 것
③ 용접 변압기는 절연 변압기일 것
④ 용접기 외함 및 피용접재 또는 이와 전기적으로 접속되는 받침대·정반 등의 접지를 생략할 수 있다.

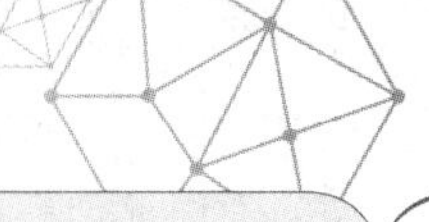

해설 한국전기설비규정 241.10 아크 용접기

가반형(可搬型)의 용접 전극을 사용하는 아크 용접장치는 다음에 따라 시설하여야 한다.

가. 용접변압기는 절연변압기일 것

나. 용접변압기의 1차측 전로의 대지전압은 300 V 이하일 것

다. 용접변압기의 1차측 전로에는 용접 변압기에 가까운 곳에 쉽게 개폐할 수 있는 개폐기를 시설할 것

라. 용접기 외함 및 피용접재 또는 이와 전기적으로 접속되는 받침대 · 정반 등의 금속체는 140의 규정에 준하여 접지공사를 하여야 한다. 【답】 ③

2·32

옥내의 저압 전선으로 나전선의 사용이 기본적으로 허용되지 않는 경우는?

① 전기로용 전선

② 이동 기중기용 접촉 전선

③ 제분 공장의 전선

④ 전선 피복 절연물이 부식하는 장소에 시설하는 전선

해설 한국전기설비규정 231.4 나전선의 사용 제한

옥내에 시설하는 저압전선에는 나전선을 사용하여서는 아니 된다. 다만, 다음 중 어느 하나에 해당하는 경우에는 그러하지 아니하다.

가. 232.3의 규정에 준하는 애자공사에 의하여 전개된 곳에 다음의 전선을 시설하는 경우

(1) 전기로용 전선

(2) 전선의 피복 절연물이 부식하는 장소에 시설하는 전선

(3) 취급자 이외의 자가 출입할 수 없도록 설비한 장소에 시설하는 전선

나. 232.10의 규정에 준하는 버스덕트공사에 의하여 시설하는 경우

다. 232.11의 규정에 준하는 라이팅덕트공사에 의하여 시설하는 경우

라. 232.31의 규정에 준하는 접촉 전선을 시설하는 경우

마. 241.8.3의 “가” 규정에 준하는 접촉 전선을 시설하는 경우 【답】 ③

2·33

다음 배전 공사 중 전선이 반드시 절연선이 아니더라도 상관없는 것은 어느 것인가?

① 합성 수지관 공사 ② 금속관 공사

③ 버스 덕트 공사 ④ 플로어 덕트 공사

해설 한국전기설비규정 231.4 나전선의 사용 제한

옥내에 시설하는 저압전선에는 나전선을 사용하여서는 아니 된다. 다만, 다음 중 어느 하나에 해당하는 경우에는 그러하지 아니하다.

가. 232.3의 규정에 준하는 애자공사에 의하여 전개된 곳에 다음의 전선을 시설하는 경우

(1) 전기로용 전선

(2) 전선의 피복 절연물이 부식하는 장소에 시설하는 전선

(3) 취급자 이외의 자가 출입할 수 없도록 설비한 장소에 시설하는 전선

나. 232.10의 규정에 준하는 버스덕트공사에 의하여 시설하는 경우
다. 232.11의 규정에 준하는 라이팅덕트공사에 의하여 시설하는 경우
라. 232.31의 규정에 준하는 접촉 전선을 시설하는 경우
마. 241.8.3의 "가" 규정에 준하는 접촉 전선을 시설하는 경우 【답】 ③

2·34

옥내에 시설하는 저압 전선으로 나전선을 절대로 사용할 수 없는 것은?

① 금속 덕트 공사에 의하여 시설하는 경우
② 버스 덕트 공사에 의하여 시설하는 경우
③ 애자 사용 공사에 의하여 전개된 곳에 전기로용 전선을 시설하는 경우
④ 유희용 전차에 전기를 공급하기 위하여 접촉 전선을 사용하는 경우

해설 한국전기설비규정 231.4 나전선의 사용 제한

옥내에 시설하는 저압전선에는 나전선을 사용하여서는 아니 된다. 다만, 다음 중 어느 하나에 해당하는 경우에는 그러하지 아니하다.

가. 232.3의 규정에 준하는 애자공사에 의하여 전개된 곳에 다음의 전선을 시설하는 경우
(1) 전기로용 전선
(2) 전선의 피복 절연물이 부식하는 장소에 시설하는 전선
(3) 취급자 이외의 자가 출입할 수 없도록 설비한 장소에 시설하는 전선
나. 232.10의 규정에 준하는 버스덕트공사에 의하여 시설하는 경우
다. 232.11의 규정에 준하는 라이팅덕트공사에 의하여 시설하는 경우
라. 232.31의 규정에 준하는 접촉 전선을 시설하는 경우
마. 241.8.3의 "가" 규정에 준하는 접촉 전선을 시설하는 경우 【답】 ①

2·35

옥내에 시설하는 전동기가 소손되는 것을 방지하기 위한 과부하 보호장치를 하지 않아도 되는 것은?

① 전동기 출력이 0.4 [kW]이며, 취급자가 감시할 수 없는 경우
② 정격 출력이 0.2 [kW] 이하인 경우
③ 전류 차단기가 없는 경우
④ 정격 출력이 10 [kW] 이상인 경우

해설 한국전기설비규정 212.6.3 저압전로 중의 전동기 보호용 과전류보호장치의 시설

옥내에 시설하는 전동기(정격 출력이 0.2 kW 이하인 것을 제외한다. 이하 여기에서 같다)에는 전동기가 손상될 우려가 있는 과전류가 생겼을 때에 자동적으로 이를 저지하거나 이를 경보하는 장치를 하여야 한다. 다만, 다음의 어느 하나에 해당하는 경우에는 그러하지 아니하다.

가. 전동기를 운전 중 상시 취급자가 감시할 수 있는 위치에 시설하는 경우

나. 전동기의 구조나 부하의 성질로 보아 전동기가 손상될 수 있는 과전류가 생길 우려가 없는 경우

다. 단상전동기[KS C 4204(2013)의 표준정격의 것을 말한다]로써 그 전원측 전로에 시설하는 과전류 차단기의 정격전류가 16 A(배선차단기는 20 A) 이하인 경우 【답】 ②

2·36

옥내 배선 공사할 때 간선의 굵기는 무엇에 의하여 결정하는가?

① 기계적 강도 ② 전력 ③ 전압 강하 ④ 허용 전류

해설 한국전기설비규정 212.4.1 도체와 과부하 보호장치 사이의 협조

과부하에 대해 케이블(전선)을 보호하는 장치의 동작특성은 다음의 조건을 충족해야 한다.

$I_B \leq I_n \leq I_Z$

$I_2 \leq 1.45 \times I_Z$

I_B : 회로의 설계전류 I_Z : 케이블의 허용전류 I_n : 보호장치의 정격전류

I_2 : 보호장치가 규약시간 이내에 유효하게 동작하는 것을 보장하는 전류

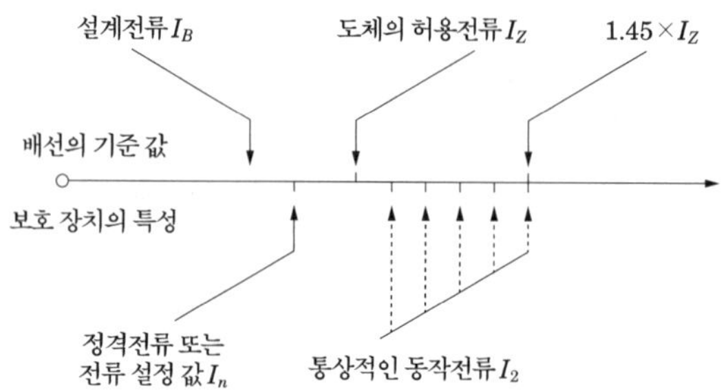

【답】 ④

2·37

호텔 또는 여관 각 객실의 입구에 조명용 백열 전등을 설치할 경우 몇 분 이내에 소등되는 타임 스위치를 시설하여야 하는가?

① 1분 ② 2분 ③ 3분 ④ 5분

해설 한국전기설비규정 234.6 점멸기의 시설

다음의 경우에는 센서등(타임스위치 포함)을 시설하여야 한다.

가. 「관광 진흥법」과 「공중위생관리법」에 의한 관광숙박업 또는 숙박업(여인숙업을 제외한다)에 이용되는 객실의 입구등은 1분 이내에 소등되는 것

나. 일반주택 및 아파트 각 호실의 현관등은 3분 이내에 소등되는 것 【답】 ①

2·38

저압 옥내 배선을 할 때 인입용 비닐 절연 전선을 사용할 수 없는 것은?

① 합성 수지관 공사 ② 금속관 공사
③ 애자 사용 공사 ④ 가요 전선관 공사

해설 한국전기설비규정 232.56 애자공사

1. 전선은 다음의 경우 이외에는 절연전선(옥외용 비닐절연전선 및 인입용 비닐절연전선을 제외한다)일 것
   가. 전기로용 전선
   나. 전선의 피복 절연물이 부식하는 장소에 시설하는 전선
   다. 취급자 이외의 자가 출입할 수 없도록 설비한 장소에 시설하는 전선
2. 이격 거리

<table>
<tr><th colspan="2" rowspan="2">전압</th><th colspan="2" rowspan="2">전선과 조영재와의 이격 거리</th><th rowspan="2">전선 상호 간격</th><th colspan="2">전선 지지점간의 거리</th></tr>
<tr><th>조영재의 윗면 또는 옆면</th><th>조영재에 따라 시설하지 않는 경우</th></tr>
<tr><td rowspan="3">저압</td><td>400 [V] 이하</td><td colspan="2">25 mm 이상</td><td rowspan="3">0.06 m 이상</td><td rowspan="3">2 [m] 이하</td><td>–</td></tr>
<tr><td rowspan="2">400 [V] 초과</td><td>건조한 장소</td><td>25 mm 이상</td><td rowspan="2">6 [m] 이하</td></tr>
<tr><td>기타의 장소</td><td>45 mm 이상</td></tr>
</table>

【답】 ③

2·39

옥내에 시설하는 애자 사용 공사시 사용 전압이 400 [V] 이하인 경우 전선 상호 간의 이격 거리는? 단, 비와 이슬에 젖지 아니하는 장소이다.

① 4.5 [cm] ② 6 [cm] ③ 10 [cm] ④ 12 [cm]

해설 한국전기설비규정 232.56 애자공사

<table>
<tr><th colspan="2" rowspan="2">전압</th><th colspan="2" rowspan="2">전선과 조영재와의 이격 거리</th><th rowspan="2">전선 상호 간격</th><th colspan="2">전선 지지점간의 거리</th></tr>
<tr><th>조영재의 윗면 또는 옆면</th><th>조영재에 따라 시설하지 않는 경우</th></tr>
<tr><td rowspan="3">저압</td><td>400 [V] 이하</td><td colspan="2">25 mm 이상</td><td rowspan="3">0.06 m 이상</td><td rowspan="3">2 [m] 이하</td><td>–</td></tr>
<tr><td rowspan="2">400 [V] 초과</td><td>건조한 장소</td><td>25 mm 이상</td><td rowspan="2">6 [m] 이하</td></tr>
<tr><td>기타의 장소</td><td>45 mm 이상</td></tr>
</table>

【답】 ②

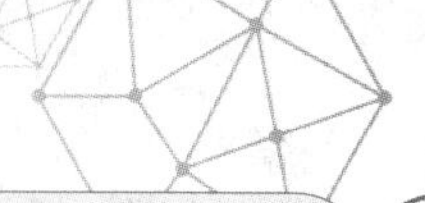

2·40

사용 전압 220 [V]의 애자 사용 공사에서 전선의 지지점간의 거리는 최대 몇 [m]인가? 단, 전개된 장소로서 전선을 조영재의 윗면에 따라 붙일 경우

① 1.5 ② 2 ③ 3.5 ④ 4

해설 한국전기설비규정 232.56 애자공사

<table>
<tr><th colspan="2" rowspan="2">전압</th><th colspan="2" rowspan="2">전선과 조영재와의 이격 거리</th><th rowspan="2">전선 상호 간격</th><th colspan="2">전선 지지점간의 거리</th></tr>
<tr><th>조영재의 윗면 또는 옆면</th><th>조영재에 따라 시설하지 않는 경우</th></tr>
<tr><td rowspan="3">저압</td><td>400 [V] 이하</td><td colspan="2">25 mm 이상</td><td rowspan="3">0.06 m 이상</td><td rowspan="3">2 [m] 이하</td><td>–</td></tr>
<tr><td rowspan="2">400 [V] 초과</td><td>건조한 장소</td><td>25 mm 이상</td><td rowspan="2">6 [m] 이하</td></tr>
<tr><td>기타의 장소</td><td>45 mm 이상</td></tr>
</table>

【답】 ②

2·41

습기가 많은 장소에서 440 [V] 애자 사용 공사의 전선과 조영재와의 최소 이격 거리[mm]는?

① 20 ② 25 ③ 45 ④ 60

해설 한국전기설비규정 232.56 애자공사

<table>
<tr><th colspan="2" rowspan="2">전압</th><th colspan="2" rowspan="2">전선과 조영재와의 이격 거리</th><th rowspan="2">전선 상호 간격</th><th colspan="2">전선 지지점간의 거리</th></tr>
<tr><th>조영재의 윗면 또는 옆면</th><th>조영재에 따라 시설하지 않는 경우</th></tr>
<tr><td rowspan="3">저압</td><td>400 [V] 이하</td><td colspan="2">25 mm 이상</td><td rowspan="3">0.06 m 이상</td><td rowspan="3">2 [m] 이하</td><td>–</td></tr>
<tr><td rowspan="2">400 [V] 초과</td><td>건조한 장소</td><td>25 mm 이상</td><td rowspan="2">6 [m] 이하</td></tr>
<tr><td>기타의 장소</td><td>45 mm 이상</td></tr>
</table>

【답】 ③

2·42

일반 주택의 저압 옥내 배선을 점검하였더니 다음과 같이 시공되어 있었다. 잘못 시공된 것은?

① 욕실의 전등으로 방습 형광등이 시설되어 있다.
② 단상 3선식 인입 개폐기의 중성선에 동판이 접속되어 있었다.
③ 합성 수지관 공사의 지지점간의 거리가 2.0 [m]로 되어 있었다.
④ 금속관 공사로 시공하였고 NR전선이 사용되어 있었다.

해설 한국전기설비규정 232.11.3 합성수지관 및 부속품의 시설

1. 관 상호 간 및 박스와는 관을 삽입하는 깊이를 관의 바깥지름의 1.2배(접착제를 사용하는 경우에는 0.8배) 이상으로 하고 또한 꽂음 접속에 의하여 견고하게 접속할 것
2. 관의 지지점 간의 거리는 1.5 m 이하로 하고, 또한 그 지지점은 관의 끝 · 관과 박스의 접속점 및 관 상호 간의 접속점 등에 가까운 곳에 시설할 것
3. 습기가 많은 장소 또는 물기가 있는 장소에 시설하는 경우에는 방습 장치를 할 것

【답】 ③

2·43

합성 수지관 공사에 대한 설명 중 옳은 것은?

① 합성 수지관 안에 전선의 접속점이 있어야 한다.
② 전선은 반드시 옥외용 절연 전선을 사용하여야 한다.
③ 합성 수지관 내 6.0 [mm^2] 경동선은 넣을 수 있다.
④ 합성 수지관의 지지점간의 거리는 3 [m]로 한다.

해설 한국전기설비규정 232.11.1 합성수지관공사 시설조건

1. 전선은 절연전선(옥외용 비닐절연전선을 제외한다)일 것
2. 전선은 연선일 것. 다만, 다음의 것은 적용하지 않는다.
   가. 짧고 가는 합성수지관에 넣은 것
   나. 단면적 10 mm^2(알루미늄선은 단면적 16 mm^2) 이하의 것
3. 전선은 합성수지관 안에서 접속점이 없도록 할 것
4. 중량물의 압력 또는 현저한 기계적 충격을 받을 우려가 없도록 시설할 것
5. 관의 지지점 간의 거리는 1.5 m 이하로 하고, 또한 그 지지점은 관의 끝관과 박스의 접속점 및 관 상호 간의 접속점 등에 가까운 곳에 시설할 것 【답】 ③

2·44

저압 옥내 배선에서 합성 수지관을 넣을 수 있는 단선의 최대 굵기[mm^2]는?

① 2.5 ② 6.0
③ 10 ④ 25

해설 한국전기설비규정 232.11.1 합성수지관공사 시설조건

1. 전선은 절연전선(옥외용 비닐절연전선을 제외한다)일 것.
2. 전선은 연선일 것. 다만, 다음의 것은 적용하지 않는다.
   가. 짧고 가는 합성수지관에 넣은 것
   나. 단면적 10 mm^2(알루미늄선은 단면적 16 mm^2) 이하의 것
3. 전선은 합성수지관 안에서 접속점이 없도록 할 것
4. 중량물의 압력 또는 현저한 기계적 충격을 받을 우려가 없도록 시설할 것 【답】 ③

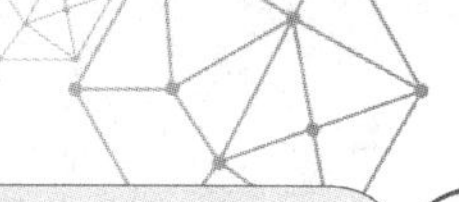

2·45

합성 수지관 공사시 관 상호간과 박스와의 접속은 관의 삽입하는 깊이를 관 바깥 지름의 몇 배 이상으로 하여야 하는가?

① 0.5배 ② 0.9배
③ 1.0배 ④ 1.2배

해설 한국전기설비규정 232.11.3 합성수지관 및 부속품의 시설

1. 관 상호 간 및 박스와는 관을 삽입하는 깊이를 관의 바깥지름의 1.2배(접착제를 사용하는 경우에는 0.8배) 이상으로 하고 또한 꽂음 접속에 의하여 견고하게 접속할 것
2. 관의 지지점 간의 거리는 1.5 m 이하로 하고, 또한 그 지지점은 관의 끝·관과 박스의 접속점 및 관 상호 간의 접속점 등에 가까운 곳에 시설할 것
3. 습기가 많은 장소 또는 물기가 있는 장소에 시설하는 경우에는 방습 장치를 할 것

【답】 ④

2·46

금속관 공사에 의한 저압 옥내 배선에 사용할 수 없는 것은?

① 인입용 비닐 절연 전선
② 옥외용 비닐 절연 전선
③ 450/750[V] 이하 염화비닐절연전선
④ 450/750[V] 이하 고무절연전선

해설 한국전기설비규정 232.12.1 금속관공사, 시설조건

1. 전선은 절연전선(옥외용 비닐절연전선을 제외한다)일 것
2. 전선은 연선일 것. 다만, 다음의 것은 적용하지 않는다.
   가. 짧고 가는 금속관에 넣은 것
   나. 단면적 10 mm^2(알루미늄선은 단면적 16 mm^2) 이하의 것
3. 전선은 금속관 안에서 접속점이 없도록 할 것
4. 관의 두께는 다음에 의할 것
   (1) 콘크리트에 매설하는 것은 1.2 mm 이상
   (2) (1) 이외의 것은 1 mm 이상. 다만, 이음매가 없는 길이 4 m 이하인 것을 건조하고 전개된 곳에 시설하는 경우에는 0.5 mm까지로 감할 수 있다.

【답】 ②

2·47

금속관 공사에 의한 저압 옥내 배선시 콘크리트에 매설하는 경우 관의 최소 두께 [mm]는?

① 0.8 ② 1.0 ③ 1.2 ④ 1.4

해설 한국전기설비규정 232.12.1 금속관공사, 시설조건

관의 두께는 다음에 의할 것

(1) 콘크리트에 매설하는 것은 1.2 mm 이상

(2) (1) 이외의 것은 1 mm 이상. 다만, 이음매가 없는 길이 4 m 이하인 것을 건조하고 전개된 곳에 시설하는 경우에는 0.5 mm까지로 감할 수 있다. 【답】 ③

2·48

금속관 공사에서 절연 부싱을 쓰는 목적은?

① 관의 끝이 터지는 것을 방지
② 관의 단구에서 조영재의 접촉 방지
③ 관내 해충 및 이물질 출입 방지
④ 관의 단구에서 전선 손상 방지

해설 한국전기설비규정 232.12.3 금속관 및 부속품의 시설

1. 관 상호 간 및 관과 박스 기타의 부속품과는 나사접속 기타 이와 동등 이상의 효력이 있는 방법에 의하여 견고하고 또한 전기적으로 완전하게 접속할 것.
2. 관의 끝 부분에는 전선의 피복을 손상하지 아니하도록 적당한 구조의 부싱을 사용할 것. 다만, 금속관공사로부터 애자사용공사로 옮기는 경우에는 그 부분의 관의 끝부분에는 절연부싱 또는 이와 유사한 것을 사용하여야 한다.
3. 습기가 많은 장소 또는 물기가 있는 장소에 시설하는 경우에는 방습 장치를 할 것

【답】 ④

2·49

금속관 공사에 의한 저압 옥내 배선의 방법으로 틀린 것은?

① 옥외용 비닐 절연 전선을 사용하였다.
② 전선으로 연선을 사용하였다.
③ 콘크리트에 매설하는 금속관의 두께는 1.2 [mm]를 사용하였다.
④ 전선은 금속관 안에서 접속점이 없도록 하였다.

해설 한국전기설비규정 232.12.1 금속관공사, 시설조건

1. 전선은 절연전선(옥외용 비닐절연전선을 제외한다)일 것
2. 전선은 연선일 것. 다만, 다음의 것은 적용하지 않는다.
   가. 짧고 가는 금속관에 넣은 것.
   나. 단면적 10 mm^2(알루미늄선은 단면적 16 mm^2) 이하의 것
3. 전선은 금속관 안에서 접속점이 없도록 할 것
4. 관의 두께는 다음에 의할 것.
   (1) 콘크리트에 매설하는 것은 1.2 mm 이상
   (2) (1) 이외의 것은 1 mm 이상. 다만, 이음매가 없는 길이 4 m 이하인 것을 건조하고 전개된 곳에 시설하는 경우에는 0.5 mm까지로 감할 수 있다. 【답】 ①

2·50

가요 전선관 공사에 사용할 수 없는 전선은?

① 인입용 비닐 절연 전선
② 옥외용 비닐 절연 전선
③ 450/750[V] 이하 염화비닐절연전선
④ 450/750[V] 이하 고무절연전선

해설 한국전기설비규정 232.13 가요전선관공사, 시설조건

1. 전선은 절연전선(옥외용 비닐절연전선을 제외한다)일 것
2. 전선은 연선일 것. 다만, 단면적 10 mm^2(알루미늄선은 단면적 16 mm^2) 이하인 것은 그러하지 아니하다.
3. 가요전선관 안에는 전선에 접속점이 없도록 할 것
4. 가요전선관은 2종 금속제 가요전선관일 것. 다만, 전개된 장소 또는 점검할 수 있는 은폐된 장소(옥내배선의 사용전압이 400 V 이상인 경우에는 전동기에 접속하는 부분으로서 가요성을 필요로 하는 부분에 사용하는 것에 한한다)에는 1종 가요전선관(습기가 많은 장소 또는 물기가 있는 장소에는 비닐 피복 1종 가요전선관에 한한다)을 사용할 수 있다.

【답】 ②

2·51

가요 전선관 공사에 의한 저압 옥내 배선을 다음과 같이 시행하였다. 옳은 것은?

① 옥외용 비닐 절연 전선을 사용하였다.
② 단면적 25 [mm^2]의 단선을 사용하였다.
③ 2종 금속제 가요 전선관을 사용하였다.
④ 가요전선관 안에는 전선에 접속점이 있도록 하였다.

해설 한국전기설비규정 232.13 가요전선관공사, 시설조건

1. 전선은 절연전선(옥외용 비닐절연전선을 제외한다)일 것.
2. 전선은 연선일 것. 다만, 단면적 10 mm^2(알루미늄선은 단면적 16 mm^2) 이하인 것은 그러하지 아니하다.
3. 가요전선관 안에는 전선에 접속점이 없도록 할 것
4. 가요전선관은 2종 금속제 가요전선관일 것. 다만, 전개된 장소 또는 점검할 수 있는 은폐된 장소(옥내배선의 사용전압이 400 V 이상인 경우에는 전동기에 접속하는 부분으로서 가요성을 필요로 하는 부분에 사용하는 것에 한한다)에는 1종 가요전선관(습기가 많은 장소 또는 물기가 있는 장소에는 비닐 피복 1종 가요전선관에 한한다)을 사용할 수 있다.

【답】 ③

2·52

제어 회로용 절연 전선을 금속 덕트 공사에 의하여 시설하고자 한다. 절연 피복을 포함한 전선의 총면적은 덕트의 내부 단면적의 몇 [%]까지 할 수 있는가?

① 20 ② 30 ③ 40 ④ 50

해설 한국전기설비규정 232.31 금속덕트공사

금속덕트에 넣은 전선의 단면적(절연피복의 단면적을 포함한다)의 합계는 덕트의 내부 단면적의 20%(전광표시 장치 · 출퇴표시등 기타 이와 유사한 장치 또는 제어회로 등의 배선만을 넣는 경우에는 50%) 이하일 것

【답】④

2·53

옥내에 시설하는 사용 전압이 400 [V] 이하인 전구선으로 캡타이어케이블을 시설할 경우, 단면적이 몇 [mm^2] 이상인 것을 사용하여야 하는가?

① 0.75 ② 2 ③ 3.5 ④ 5.5

해설 한국전기설비규정 234.3 코드 및 이동전선

조명용 전원코드 또는 이동전선은 단면적 0.75 mm^2 이상의 코드 또는 캡타이어케이블을 용도에 적합하게 표 234.3-1에 따라 선정하여야 한다.

【답】①

2·54

저압 옥내 배선과 옥내 저압용의 전구선의 시설 방법이 잘못된 것은?

① 전광 표시 장치의 전선으로 단면적 1.5 [mm^2]의 연동선을 사용하여 금속관에 넣어 시설하였다.
② 전광 표시 장치의 배선으로 단면적 1.5 [mm^2]의 연동선을 사용하고 합성 수지관에 넣어 시설하였다.
③ 쇼케이스 내의 배선에 0.75 [mm^2]의 캡타이어케이블을 사용하였다.
④ 조영물에 고정시키지 아니하고 백열 전등에 이르는 전구선으로 0.55 [mm^2]의 케이블을 사용하였다.

해설 한국전기설비규정 234.3 코드 및 이동전선

조명용 전원코드 또는 이동전선은 단면적 0.75 mm^2 이상의 코드 또는 캡타이어케이블을 용도에 적합하게 표 234.3-1에 따라 선정하여야 한다.

저압 옥내배선의 사용전선

옥내배선의 사용 전압이 400 V 이하인 경우

가. 전광표시장치 기타 이와 유사한 장치 또는 제어 회로 등에 사용하는 배선에 단면적 1.5 mm^2 이상의 연동선을 사용하고 이를 합성수지관공사 · 금속관공사 · 금속몰드공사 · 금속덕트공사 · 플로어덕트공사 또는 셀룰러덕트공사에 의하여 시설하는 경우

나. 전광표시장치 기타 이와 유사한 장치 또는 제어회로 등의 배선에 단면적 0.75 mm^2 이상인 다심케이블 또는 다심 캡타이어케이블을 사용하고 또한 과전류가 생겼을 때에 자동적으로 전로에서 차단하는 장치를 시설하는 경우 【답】 ④

2·55

옥내 저압용의 전구선을 시설하려고 한다. 사용 전압이 몇 [V] 초과인 전구선은 옥내에 시설할 수 없는가?

① 250 ② 300 ③ 350 ④ 400

해설 한국전기설비규정 234.3 코드 및 이동전선

옥내에서 조명용 전원코드 또는 이동전선을 습기가 많은 장소 또는 수분이 있는 장소에 시설할 경우에는 고무코드(사용전압이 400 V 이하인 경우에 한함) 또는 0.6/1kV EP 고무 절연 클로로프렌캡타이어케이블로서 단면적이 0.75 mm^2 이상인 것이어야 한다. 【답】 ④

2·56

소맥분, 전분, 기타의 가연성 분진이 존재하는 곳의 저압 옥내 배선으로 적합하지 않은 곳의 공사 방법은?

① 합성 수지관 공사 ② 가요 전선관 공사
③ 금속관 공사 ④ 케이블 공사

해설 한국전기설비규정 242.2.2 가연성 분진 위험장소

가연성 분진(소맥분 · 전분 · 유황 기타 가연성의 먼지로 공중에 떠다니는 상태에서 착화하였을 때에 폭발할 우려가 있는 것을 말하며 폭연성 분진을 제외한다. 이하 같다)에 전기설비가 발화원이 되어 폭발할 우려가 있는 곳에 시설하는 저압 옥내 전기설비 저압 옥내배선 등은 <u>합성수지관공사(두께 2 mm 미만의 합성수지 전선관 및 난연성이 없는 콤바인 덕트관을 사용하는 것을 제외한다) · 금속관공사 또는 케이블공사에 의할 것</u> 【답】 ②

2·57

건조한 곳에 시설하고 또한 내부를 건조한 상태로 사용하는 진열장 안의 사용전압이 400[V] 이하인 저압 옥내배선의 전선은?

① 단면적이 0.75 [mm^2] 이상인 절연전선 또는 캡타이어케이블
② 단면적이 1.25 [mm^2] 이상인 코드 또는 절연전선
③ 단면적이 0.75 [mm^2] 이상인 코드 또는 캡타이어케이블
④ 단면적이 1.25 [mm^2] 이상인 코드 또는 다심형 전선

해설 한국전기설비규정 234.8 진열장 또는 이와 유사한 것의 내부 배선

1. 건조한 장소에 시설하고 또한 내부를 건조한 상태로 사용하는 진열장 또는 이와 유사한 것의 내부에 사용전압이 400 V 이하의 배선을 외부에서 잘 보이는 장소에 한하여 코드

또는 캡타이어케이블로 직접 조영재에 밀착하여 배선할 수 있다.
2. 제1의 배선은 단면적 0.75 mm^2 이상의 코드 또는 캡타이어케이블일 것
3. 제1에서 규정한 배선 또는 이것에 접속하는 이동전선과 다른 사용전압이 400 V 이하인 배선과의 접속은 꽂음 플러그 접속기 기타 이와 유사한 기구를 사용하여 시공하여야 한다.

【답】 ③

2·58

과전류차단기로 저압전로에 사용하는 80[A] 퓨즈는 수평으로 붙일 경우 정격전류의 1.6배 전류를 통한 경우에 몇 분 안에 용단되어야 하는가?

① 30 ② 60 ③ 120 ④ 180

해설 한국전기설비규정 212.3.4 보호장치의 특성
전류차단기로 저압전로에 사용하는 범용의 퓨즈(「전기용품 및 생활용품 안전관리법」에서 규정하는 것을 제외한다)는 표 212.3-1에 적합한 것이어야 한다.

표 212.6-1 퓨즈(gG)의 용단특성

정격전류의 구분	시 간	정격전류의 배수	
		불용단전류	용단전류
4 A 이하	60분	1.5배	2.1배
4 A 초과 16 A 미만	60분	1.5배	1.9배
16 A 이상 63 A 이하	60분	1.25배	1.6배
63A 초과 160 A 이하	120분	1.25배	1.6배
160 A 초과 400 A 이하	180분	1.25배	1.6배
400 A 초과	240분	1.25배	1.6배

【답】 ③

2·59

380 [V], 30 [A] 배선용 차단기는 정격 전류의 몇 배 전류까지는 자동적으로 동작하지 않고, 정격 전류의 몇 배 전류에서는 60분 안에 자동적으로 동작하여야 하는가?

① 1.13, 1.45 ② 1.1, 1.4 ③ 1.2, 1.6 ④ 1.3, 2

해설 한국전기설비규정 212.3.4 보호장치의 특성
과전류트립 동작시간 및 특성(주택용 배선차단기)

정격전류의 구분	시 간	정격전류의 배수(모든 극에 통전)	
		부동작 전류	동작 전류
63 A 이하	60분	1.13배	1.45배
63 A 초과	120분	1.13배	1.45배

【답】 ①

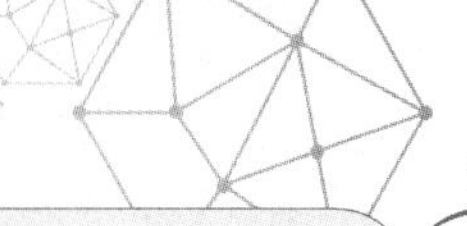

2·60

정격 전류 100 [A]인 주택용 배선용 차단기에 정격 전류의 1.45배 전류가 흘렀을 경우, 몇 분 안에 동작하여야 하는가?

① 30 ② 60 ③ 120 ④ 180

해설 한국전기설비규정 212.3.4 보호장치의 특성

과전류트립 동작시간 및 특성(주택용 배선차단기)

정격전류의 구분	시 간	정격전류의 배수(모든 극에 통전)	
		부동작 전류	동작 전류
63 A 이하	60분	1.13배	1.45배
63 A 초과	120분	1.13배	1.45배

【답】 ③

2·61

금속제 외함을 가진 저압의 기계 기구로서 사람이 쉽게 접촉할 우려가 있는 곳에 시설하는 경우, 전로에 접지가 생길 때 자동적으로 사용 전압이 최소 몇 [V]를 넘는 전로를 차단하는 장치를 시설하여야 하는가?

① 30 ② 50 ③ 150 ④ 300

해설 한국전기설비규정 211.2.4 누전차단기의 시설

금속제 외함을 가지는 사용전압이 50 V를 초과하는 저압의 기계 기구로서 사람이 쉽게 접촉할 우려가 있는 곳에 시설하는 것에 전기를 공급하는 전로. 다만, 다음의 어느 하나에 해당하는 경우에는 적용하지 않는다. 【답】 ②

2·62

과전류 차단기로 저압 전로에 사용하는 퓨즈의 동작 특성으로 옳은 것은? 단, 정격 전류는 30 [A]라고 한다.

① 정격 전류의 1.25배의 전류에 견딜 것
② 정격 전류의 1.6배로 60분 이상 견딜 것
③ 정격 전류의 1.8배로 120분 이내에 용단될 것
④ 정격 전류의 2배의 전류로 10분 안에 용단될 것

해설 한국전기설비규정 212.3.4 보호장치의 특성

과전류차단기로 저압전로에 사용하는 범용의 퓨즈(「전기용품 및 생활용품 안전관리법」에서 규정하는 것을 제외한다)는 표 212.3-1에 적합한 것이어야 한다.

표 212.6-1 퓨즈(gG)의 용단특성

정격전류의 구분	시 간	정격전류의 배수	
		불용단전류	용단전류
4 A 이하	60분	1.5배	2.1배
4 A 초과 16 A 미만	60분	1.5배	1.9배
16 A 이상 63 A 이하	60분	1.25배	1.6배
63A 초과 160 A 이하	120분	1.25배	1.6배
160 A 초과 400 A 이하	180분	1.25배	1.6배
400 A 초과	240분	1.25배	1.6배

【답】 ①

2·63

과전류 차단기로 저압 전로에 사용하는 배선용 차단기의 정격 전류가 30 [A]인 경우 정격 전류의 1.1배의 전류를 통한 경우 자동 동작되어야 할 시간의 한계는?

① 2초 ② 30초 ③ 1분 ④ 불용단

해설 한국전기설비규정 212.3.4 보호장치의 특성

과전류트립 동작시간 및 특성(주택용 배선차단기)

정격전류의 구분	시 간	정격전류의 배수(모든 극에 통전)	
		부동작 전류	동작 전류
63 A 이하	60분	1.13배	1.45배
63 A 초과	120분	1.13배	1.45배

【답】 ④

2·64

시가지에서 400 [V] 이하의 저압 가공 전선로의 나경동선의 경우 최소 굵기 [mm]는?

① 1.6 ② 2.8 ③ 2.6 ④ 3.2

해설 한국전기설비규정 222.5 저압 가공전선의 굵기 및 종류

전압	조건	전선의 굵기 및 인장강도
400 [V] 이하	절연전선	인장강도 2.3 [kN] 이상의 것 또는 지름 2.6 [mm] 이상
	절연전선 이외	인장강도 3.43 [kN] 이상의 것 또는 지름 3.2 [mm] 이상
400 [V] 초과 저압	시가지에 시설	인장강도 8.01 [kN] 이상의 것 또는 지름 5 [mm] 이상
	시가지 외에 시설	인장강도 5.26 [kN] 이상의 것 또는 지름 4 [mm] 이상
특고압	인장강도 8.71 [kN] 이상의 연선 또는 단면적이 22 [mm^2] 이상의 경동연선	

【답】 ④

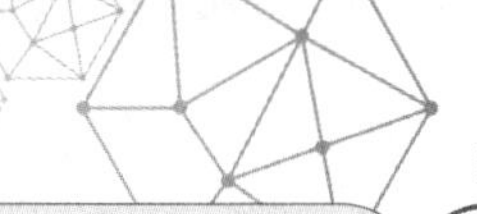

2·65

옥외용 비닐 절연 전선을 사용한 저압 가공 전선이 횡단 보도교에 시설하는 경우에 그 전선의 노면 상 높이는 몇 [m] 이상이어야 하는가?

① 2.5 ② 3 ③ 3.5 ④ 4

해설 한국전기설비규정 222.7 저압 가공전선의 높이

① 도로를 횡단하는 경우에는 지표상 6 m 이상
② 철도 또는 궤도를 횡단하는 경우에는 레일면상 6.5 m 이상
③ 횡단보도교의 위에 시설하는 경우에는 저압 가공전선은 그 노면상 3.5 m[전선이 저압 절연전선(인입용 비닐절연전선 · 450/750 V 비닐절연전선 · 450/750 V 고무 절연전선 · 옥외용 비닐절연전선을 말한다. 이하 같다) · 다심형 전선 또는 케이블인 경우에는 3 m] 이상
④ "①"부터 "③"까지 이외의 경우에는 지표상 5 m 이상. 다만, 저압 가공전선을 도로 이외의 곳에 시설하는 경우 또는 절연전선이나 케이블을 사용한 저압 가공전선으로서 옥외 조명용에 공급하는 것으로 교통에 지장이 없도록 시설하는 경우에는 지표상 4 m까지로 감할 수 있다.
⑤ 다리의 하부 기타 이와 유사한 장소에 시설하는 저압의 전기철도용 급전선은 "④"의 규정에도 불구하고 지표상 3.5 m까지로 감할 수 있다.

【답】 ②

2·66

110 [V] 가공 전선이 철도를 횡단할 때 레일면 상의 최저 높이[m]는?

① 5 ② 5.5 ③ 6 ④ 6.5

해설 한국전기설비규정 222.7 저압 가공전선의 높이

① 도로를 횡단하는 경우에는 지표상 6 m 이상
② 철도 또는 궤도를 횡단하는 경우에는 레일면상 6.5 m 이상
③ 횡단보도교의 위에 시설하는 경우에는 저압 가공전선은 그 노면상 3.5 m[전선이 저압 절연전선(인입용 비닐절연전선 · 450/750 V 비닐절연전선 · 450/750 V 고무 절연전선 · 옥외용 비닐절연전선을 말한다. 이하 같다) · 다심형 전선 또는 케이블인 경우에는 3 m] 이상
④ "①"부터 "③"까지 이외의 경우에는 지표상 5 m 이상. 다만, 저압 가공전선을 도로 이외의 곳에 시설하는 경우 또는 절연전선이나 케이블을 사용한 저압 가공전선으로서 옥외 조명용에 공급하는 것으로 교통에 지장이 없도록 시설하는 경우에는 지표상 4 m까지로 감할 수 있다.
⑤ 다리의 하부 기타 이와 유사한 장소에 시설하는 저압의 전기철도용 급전선은 "④"의 규정에도 불구하고 지표상 3.5 m까지로 감할 수 있다.

【답】 ④

2·67

저압 가공 전선이 도로를 횡단할 때의 지표상의 높이의 최저값은 얼마인가?

① 4 [m] ② 5 [m] ③ 6 [m] ④ 7 [m]

해설 한국전기설비규정 222.7 저압 가공전선의 높이

① 도로를 횡단하는 경우에는 지표상 6 m 이상
② 철도 또는 궤도를 횡단하는 경우에는 레일면상 6.5 m 이상
③ 횡단보도교의 위에 시설하는 경우에는 저압 가공전선은 그 노면상 3.5 m[전선이 저압 절연전선(인입용 비닐절연전선 · 450/750 V 비닐절연전선 · 450/750 V 고무 절연전선 · 옥외용 비닐절연전선을 말한다. 이하 같다) · 다심형 전선 또는 케이블인 경우에는 3 m] 이상
④ "①"부터 "③"까지 이외의 경우에는 지표상 5 m 이상. 다만, 저압 가공전선을 도로 이외의 곳에 시설하는 경우 또는 절연전선이나 케이블을 사용한 저압 가공전선으로서 옥외 조명용에 공급하는 것으로 교통에 지장이 없도록 시설하는 경우에는 지표상 4 m까지로 감할 수 있다.
⑤ 다리의 하부 기타 이와 유사한 장소에 시설하는 저압의 전기철도용 급전선은 "④"의 규정에도 불구하고 지표상 3.5 m까지로 감할 수 있다. 【답】 ③

2·68

저압 보안 공사에 사용되는 목주의 굵기는 말구의 지름이 몇 [cm] 이상이어야 하는가?

① 8 ② 10 ③ 12 ④ 14

해설 한국전기설비규정 222.10 저압 보안공사

목주는 다음에 의할 것
(1) 풍압하중에 대한 안전율은 1.5 이상일 것
(2) 목주의 굵기는 말구(末口)의 지름 0.12 m 이상일 것 【답】 ③

2·69

저압 보안 공사에 있어서 A종 철근 콘크리트주의 최대 경간[m]은?

① 50 ② 75 ③ 100 ④ 150

해설 한국전기설비규정 222.10 저압 보안공사

지지물 종류	표준 경간	저 · 고압 보안 공사	1종 특고 보안 공사	2 · 3종 특고 보안 공사	특고 시가지
목주 A종	150	100	불가	100	목주불가/75
B종	250	150	150	200	150
철탑	600	400	400	400	400

고압 보안공사

(1) 전선은 케이블인 경우 이외에는 인장강도 8.01 kN 이상의 것 또는 지름 5 mm 이상의 경동선일 것

(2) 목주의 풍압 하중에 대한 안전율은 1.5 이상일 것

【답】 ③

2·70

고압 보안 공사시 목주의 풍압 하중에 대한 안전율은 얼마 이상이어야 하는가?

① 1.1 ② 1.25 ③ 1.5 ④ 2.0

해설 한국전기설비규정 332.10 고압 보안공사

(1) 전선은 케이블인 경우 이외에는 인장강도 8.01 kN 이상의 것 또는 지름 5 mm 이상의 경동선일 것.

(2) 목주의 풍압하중에 대한 안전율은 1.5 이상일 것.

【답】 ③

2·71

저압 가공 전선과 식물과의 이격 거리는 저압 가공 전선에 있어서는 몇 [cm] 이상이어야 하는가?

① 20 ② 30

③ 60 ④ 상시불고 있는 바람에 접촉하지 않도록

해설 한국전기설비규정 222.19 저압 가공전선과 식물의 이격거리

저압 가공전선은 상시 부는 바람 등에 의하여 식물에 접촉하지 않도록 시설하여야 한다. 다만, 저압 가공절연전선을 방호구에 넣어 시설하거나 절연내력 및 내마모성이 있는 케이블을 시설하는 경우는 그러하지 아니하다. 【답】 ④

2·72

저압 옥상 전선로에 시설하는 전선은 지름 몇 [mm]의 경동선 또는 이와 동등 이상의 세기 및 굵기의 것이어야 하는가?

① 1.6 ② 2.0 ③ 2.6 ④ 3.2

해설 한국전기설비규정 221.3 옥상전선로(저압)

저압 옥상전선로는 전개된 장소에 다음에 따르고 또한 위험의 우려가 없도록 시설하여야 한다.

가. 전선은 인장강도 2.30 kN 이상의 것 또는 지름 2.6 mm 이상의 경동선을 사용할 것

나. 전선은 절연전선(OW전선을 포함한다.) 또는 이와 동등 이상의 절연효력이 있는 것을 사용할 것

다. 전선은 조영재에 견고하게 붙인 지지주 또는 지지대에 절연성 · 난연성 및 내수성이 있

는 애자를 사용하여 지지하고 또한 그 지지점 간의 거리는 15 m 이하일 것

라. 전선과 그 저압 옥상 전선로를 시설하는 조영재와의 이격거리는 2 m(전선이 고압절연 전선, 특고압 절연전선 또는 케이블인 경우에는 1 m) 이상일 것 【답】 ③

2·73

저압 옥상 전선로의 시설에 대한 설명이다. 옳지 못한 시설 방법은?

① 전선은 절연 전선을 사용하였다.
② 전선은 지름 2.6 [mm]의 경동선을 사용하였다.
③ 전선은 지지점간의 거리를 20 [m]로 하였다.
④ 전선과 식물과의 이격 거리를 상시 부는 바람 등에 의하여 식물에 접촉하지 아니하도록 시설하였다.

해설 한국전기설비규정 221.3 옥상전선로(저압)

저압 옥상전선로는 전개된 장소에 다음에 따르고 또한 위험의 우려가 없도록 시설하여야 한다.

가. 전선은 인장강도 2.30 kN 이상의 것 또는 지름 2.6 mm 이상의 경동선을 사용할 것
나. 전선은 절연전선(OW전선을 포함한다.) 또는 이와 동등 이상의 절연효력이 있는 것을 사용할 것
다. 전선은 조영재에 견고하게 붙인 지지주 또는 지지대에 절연성 · 난연성 및 내수성이 있는 애자를 사용하여 지지하고 또한 그 지지점 간의 거리는 15 m 이하일 것
라. 전선과 그 저압 옥상 전선로를 시설하는 조영재와의 이격거리는 2 m(전선이 고압절연전선, 특고압 절연전선 또는 케이블인 경우에는 1 m) 이상일 것 【답】 ③

2·74

저압 인입선의 시설에서 도로 횡단시 지표상 높이는 몇 [m] 이상이어야 하는가?

① 6 ② 5 ③ 4 ④ 3

해설 한국전기설비규정 221.1.1 저압 인입선의 시설

전선의 높이는 다음에 의할 것

(1) 도로(차도와 보도의 구별이 있는 도로인 경우에는 차도)를 횡단하는 경우에는 노면상 5 m(기술상 부득이한 경우에 교통에 지장이 없을 때에는 3 m) 이상
(2) 철도 또는 궤도를 횡단하는 경우에는 레일면상 6.5 m 이상
(3) 횡단보도교의 위에 시설하는 경우에는 노면상 3 m 이상
(4) (1)에서 (3)까지 이외의 경우에는 지표상 4 m(기술상 부득이한 경우에 교통에 지장이 없을 때에는 2.5 m) 이상 【답】 ②

2·75

저압 가공 인입선의 시설에 대한 설명으로 틀린 것은?

① 전선은 절연 전선, 케이블일 것
② 전선은 지름 1.6 [mm]의 경동선 또는 이와 동등 이상의 세기 및 굵기일 것
③ 철도 또는 궤도를 횡단하는 경우에는 레일면상 6.5 m 이상
④ 전선의 높이는 횡단 보도교의 위에 시설하는 경우에는 노면상 3 [m] 이상일 것

해설 한국전기설비규정 221.1.1 저압 인입선의 시설

가. 전선은 절연전선 또는 케이블일 것
나. 전선이 케이블인 경우 이외에는 인장강도 2.30 kN 이상의 것 또는 지름 2.6 mm 이상의 인입용 비닐절연전선일 것. 다만, 경간이 15 m 이하인 경우는 인장강도 1.25 kN 이상의 것 또는 지름 2 mm 이상의 인입용 비닐절연전선일 것
다. 철도 또는 궤도를 횡단하는 경우에는 레일면상 6.5 m 이상
라. 횡단보도교의 위에 시설하는 경우에는 노면상 3 m 이상

【답】 ②

2·76

사용전압이 400 V 초과인 저압 가공전선은 케이블인 경우 이외에는 시가지 외에 시설하는 지름 몇 [mm]이상의 경동선이어야 하는가?

① 2.6 [mm]
② 3.2 [mm]
③ 4.0 [mm]
④ 5.0 [mm]

해설 한국전기설비규정 222.5 저압 가공전선의 굵기 및 종류

전압	조건	전선의 굵기 및 인장강도
400 [V] 이하	절연전선	인장강도 2.3 [kN] 이상의 것 또는 지름 2.6 [mm] 이상
	절연전선 이외	인장강도 3.43 [kN] 이상의 것 또는 지름 3.2 [mm] 이상
400 [V] 초과 저압	시가지에 시설	인장강도 8.01 [kN] 이상의 것 또는 지름 5 [mm] 이상
	시가지 외에 시설	인장강도 5.26 [kN] 이상의 것 또는 지름 4 [mm] 이상
특고압	인장강도 8.71 [kN] 이상의 연선 또는 단면적이 22 [mm^2] 이상의 경동연선	

【답】 ③

2·77

일반적으로 저압 가공 전선으로 사용할 수 없는 것은?

① 케이블
② 절연 전선
③ 다심형 전선
④ 나동복강선

해설 한국전기설비규정 222.5 저압 가공전선의 굵기 및 종류

저압 가공전선은 나전선(중성선 또는 다중접지된 접지측 전선으로 사용하는 전선에 한한다), 절연전선, 다심형 전선 또는 케이블을 사용하여야 한다.

【답】 ④

2·78

저압 가공 전선이 다른 저압 가공 전선과 접근 교차 상태로 시설할 때 저압 가공 전선 상호의 최소 이격 거리[m]는?

① 0.6 ② 1.0 ③ 1.2 ④ 2.0

해설 한국전기설비규정 222.16 저압 가공전선 상호 간의 접근 또는 교차

저압 가공전선이 다른 저압 가공전선과 접근상태로 시설되거나 교차하여 시설되는 경우에는 저압 가공전선 상호 간의 이격거리는 0.6 m(어느 한 쪽의 전선이 고압 절연전선, 특고압 절연전선 또는 케이블인 경우에는 0.3 m) 이상, 하나의 저압 가공전선과 다른 저압 가공전선로의 지지물 사이의 이격거리는 0.3 m 이상이어야 한다. 【답】 ①

2·79

저압 옥측 전선로에 인접하는 가공 전선의 굵기[mm]는?

① 2.6 ② 3.2 ③ 4.0 ④ 5.0

해설 한국전기설비규정 222.20 저압 옥측전선로 등에 인접하는 가공전선의 시설

저압 옥측 전선로 또는 335.9의 2의 규정에 의하여 시설하는 저압 전선로에 인접하는 1경간의 가공전선은 저압 인입선의 시설의 규정에 준하여 시설하여야 한다.

저압 인입선의 시설

가. 전선은 절연전선 또는 케이블일 것

나. 전선이 케이블인 경우 이외에는 인장강도 2.30 kN 이상의 것 또는 지름 2.6 mm 이상의 인입용 비닐절연전선일 것. 다만, 경간이 15 m 이하인 경우는 인장강도 1.25 kN 이상의 것 또는 지름 2 mm 이상의 인입용 비닐절연전선일 것 【답】 ①

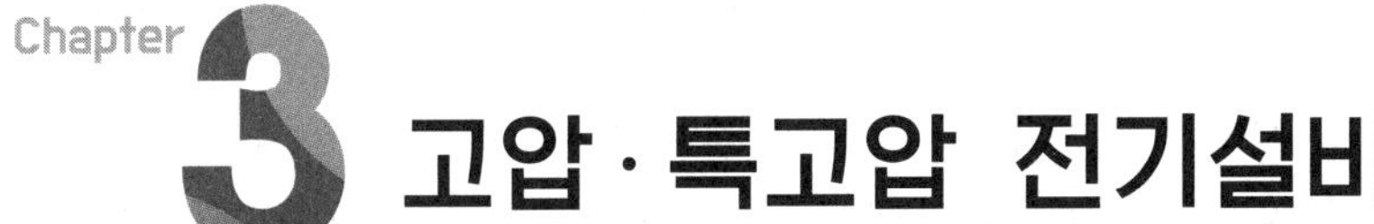

Chapter 3 고압·특고압 전기설비

300 통칙

301 적용범위

교류 1 kV 초과 또는 직류 1.5 kV를 초과하는 고압 및 특고압 전기를 공급하거나 사용하는 전기설비에 적용한다. 고압·특고압 전기설비에서 적용하는 전압의 구분은 111.1의 2에 따른다.

310 안전을 위한 보호

311 안전보호

311.1 절연수준의 선정

절연수준은 기기최고전압 또는 충격내전압을 고려하여 결정하여야 한다.

311.7 절연유 누설에 대한 보호

1. 환경보호를 위하여 절연유를 함유한 기기의 누설에 대한 대책이 있어야 한다.
2. 옥내기기의 절연유 유출방지설비
   가. 옥내기기가 위치한 구역의 주위에 누설되는 절연유가 스며들지 않는 바닥에 유출방지 턱을 시설하거나 건축물 안에 지정된 보존구역으로 집유한다.
   나. 유출방지 턱의 높이나 보존구역의 용량을 선정할 때 기기의 절연유량뿐만 아니라 화재보호시스템의 용수량을 고려하여야 한다.
3. 옥외설비의 절연유 유출방지설비
   가. 절연유 유출 방지설비의 선정은 기기에 들어 있는 절연유의 양, 우수 및 화재보호시스템의 용수량, 근접 수로 및 토양조건을 고려하여야 한다.
   나. 집유조 및 집수탱크가 시설되는 경우 집수탱크는 최대 용량 변압기의 유량에 대한 집유능력이 있어야 한다.
   다. 벽, 집유조 및 집수탱크에 관련된 배관은 액체가 침투하지 않는 것이어야 한다.

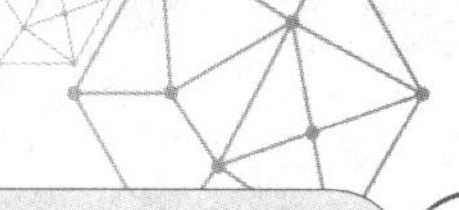

라. 절연유 및 냉각액에 대한 집유조 및 집수탱크의 용량은 물의 유입으로 지나치게 감소되지 않아야 하며, 자연배수 및 강제배수가 가능하여야 한다.

마. 추가적인 방법으로 수로 및 지하수를 보호하여야 한다.

311.8 SF_6의 누설에 대한 보호

1. 환경보호를 위하여 SF_6가 함유된 기기의 누설에 대한 대책이 있어야 한다.
2. SF_6 가스 누설로 인한 위험성이 있는 구역은 환기가 되어야 한다.

예제문제 01

옥외 변전소에서 환경보호를 위하여 절연유를 함유한 기기가 반드시 하여야 할 설비는?

① 절연유 유출 방지설비　　② 소음 방지설비

③ 주파수 조정설비　　④ 절연저항 측정설비

해설

한국전기설비규정 311.7 절연유 누설에 대한 보호

가. 절연유 유출 방지설비의 선정은 기기에 들어 있는 절연유의 양, 우수 및 화재보호시스템의 용수량, 근접 수로 및 토양조건을 고려하여야 한다.

나. 집유조 및 집수탱크가 시설되는 경우 집수탱크는 최대 용량 변압기의 유량에 대한 집유능력이 있어야 한다.

다. 벽, 집유조 및 집수탱크에 관련된 배관은 액체가 침투하지 않는 것이어야 한다.

라. 절연유 및 냉각액에 대한 집유조 및 집수탱크의 용량은 물의 유입으로 지나치게 감소되지 않아야 하며, 자연배수 및 강제배수가 가능하여야 한다.

답 : ①

320 접지설비

321 고압 · 특고압 접지계통

321.1 일반사항

모든 케이블의 금속시스(sheath) 부분은 접지를 시행하여야 한다.

322 혼촉에 의한 위험방지시설

322.1 고압 또는 특고압과 저압의 혼촉에 의한 위험방지 시설

1. 고압전로 또는 특고압전로와 저압전로를 결합하는 변압기의 저압측의 중성점에는 접지공사(사용전압이 35 kV 이하의 특고압전로로서 전로에 지락이 생겼을 때에 1초 이내에 자동적으로 이를 차단하는 장치가 되어 있는 것 및 특고압 가공전선로

의 전로 이외의 특고압전로와 저압전로를 결합하는 경우에 계산된 접지저항 값이 10 Ω 을 넘을 때에는 접지저항 값이 10 Ω 이하인 것에 한한다)를 하여야 한다. 다만, 저압전로의 사용전압이 300 V 이하인 경우에 그 접지공사를 변압기의 중성점에 하기 어려울 때에는 저압측의 1단자에 시행할 수 있다.

2. 제1의 접지공사는 변압기의 시설장소마다 시행하여야 한다. 다만, 토지의 상황에 의하여 변압기의 시설장소에서 접지저항 값을 얻기 어려운 경우, 인장강도 5.26 kN 이상 또는 지름 4 mm 이상의 가공 접지도체를 저압가공전선에 관한 규정에 준하여 시설할 때에는 변압기의 시설장소로부터 200 m까지 떼어놓을 수 있다.

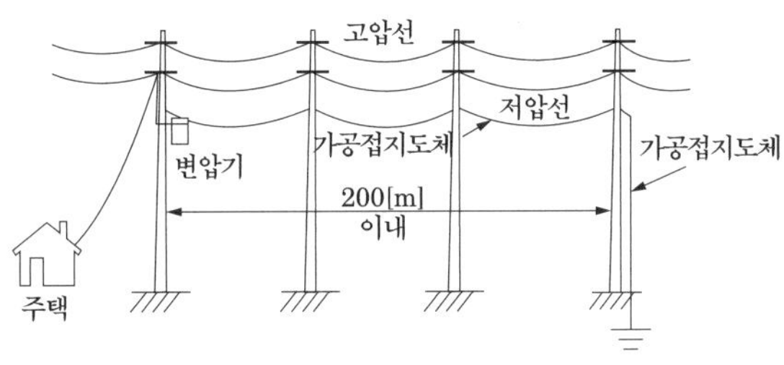

3. 제1의 접지공사를 하는 경우에 토지의 상황에 의하여 제2의 규정에 의하기 어려울 때에는 다음에 따라 가공공동지선(架空共同地線)을 설치하여 2 이상의 시설장소에 접지공사를 할 수 있다.
   가. 가공공동지선은 인장강도 5.26 kN 이상 또는 지름 4 mm 이상의 경동선을 사용하여 저압가공전선에 관한 규정에 준하여 시설할 것.
   나. 접지공사는 각 변압기를 중심으로 하는 지름 400 m 이내의 지역으로서 그 변압기에 접속되는 전선로 바로 아래의 부분에서 각 변압기의 양쪽에 있도록 할 것. 다만, 그 시설장소에서 접지공사를 한 변압기에 대하여는 그러하지 아니하다.
   다. 가공공동지선과 대지 사이의 합성 전기저항 값은 1 km를 지름으로 하는 지역 안마다 145.2의 규정에 의해 접지저항 값을 가지는 것으로 하고 또한 각 접지도체를 가공공동지선으로부터 분리하였을 경우의 각 접지도체와 대지 사이의 전기저항 값은 300 Ω 이하로 할 것.

322.2 혼촉방지판이 있는 변압기에 접속하는 저압 옥외전선의 시설 등

고압전로 또는 특고압전로와 비접지식의 저압전로를 결합하는 변압기로서 그 고압권선 또는 특고압권선과 저압권선 간에 금속제의 혼촉방지판(混觸防止板)이 있고 또한 그 혼촉방지판에 접지공사를 한 것에 접속하는 저압전선을 옥외에 시설할 때에는 다음에 따라 시설하여야 한다.

1. 저압전선은 1구내에만 시설할 것.
2. 저압 가공전선로 또는 저압 옥상전선로의 전선은 케이블일 것.

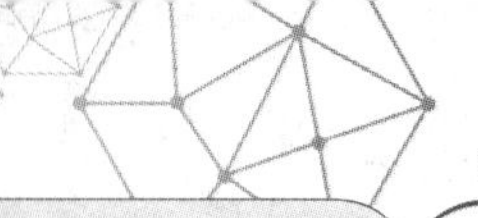

3. 저압 가공전선과 고압 또는 특고압의 가공전선을 동일 지지물에 시설하지 아니할 것. 다만, 고압 가공전선로 또는 특고압 가공전선로의 전선이 케이블인 경우에는 그러하지 아니하다.

322.3 특고압과 고압의 혼촉 등에 의한 위험방지 시설

1. 변압기에 의하여 특고압전로에 결합되는 고압전로에는 사용전압의 3배 이하인 전압이 가하여진 경우에 방전하는 장치를 그 변압기의 단자에 가까운 1극에 설치하여야 한다. 다만, 사용전압의 3배 이하인 전압이 가하여진 경우에 방전하는 피뢰기를 고압전로의 모선의 각상에 시설하거나 특고압권선과 고압권선 간에 혼촉방지판을 시설하여 접지저항 값이 10 Ω 이하 접지공사를 한 경우에는 그러하지 아니하다.

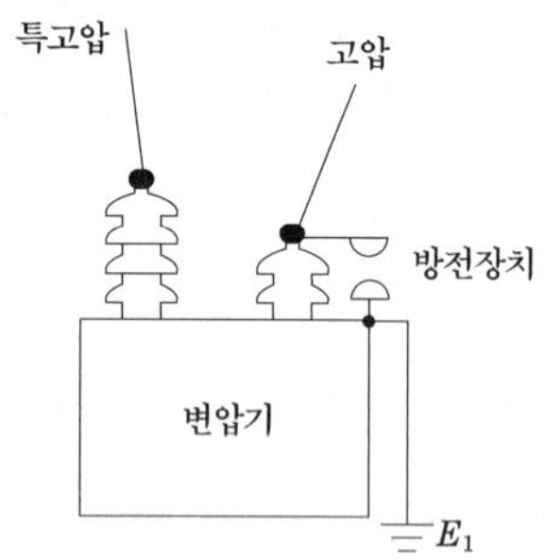

322.5 전로의 중성점의 접지

1. 전로의 보호장치의 확실한 동작의 확보, 이상 전압의 억제 및 대지전압의 저하를 위하여 특히 필요한 경우에 전로의 중성점에 접지공사를 할 경우에는 접지도체는 공칭단면적 16 mm^2 이상의 연동선 또는 이와 동등 이상의 세기 및 굵기의 쉽게 부식하지 아니하는 금속선(저압 전로의 중성점에 시설하는 것은 공칭단면적 6 mm^2 이상의 연동선 또는 이와 동등 이상의 세기 및 굵기의 쉽게 부식하지 않는 금속선)으로서 고장 시 흐르는 전류가 안전하게 통할 수 있는 것을 사용하고 또한 손상을 받을 우려가 없도록 시설할 것.
2. 제1에 규정하는 경우 이외의 경우로서 저압전로에 시설하는 보호장치의 확실한 동작을 확보하기 위하여 특히 필요한 경우에 전로의 중성점에 접지공사를 할 경우(저압전로의 사용전압이 300 V 이하의 경우에 전로의 중성점에 접지공사를 하기 어려울 때에 전로의 1단자에 접지공사를 시행할 경우를 포함한다) 접지도체는 공칭단면적 6 mm^2 이상의 연동선 또는 이와 동등 이상의 세기 및 굵기의 쉽게 부식하지 않는 금속선으로서 고장 시 흐르는 전류가 안전하게 통할 수 있는 것을 시설하여야 한다.
3. 변압기의 안정권선(安定卷線)이나 유휴권선(遊休卷線) 또는 전압조정기의 내장권선(內藏卷線)을 이상전압으로부터 보호하기 위하여 특히 필요할 경우에 그 권선에 접지공사를 할 때에는 140의 규정에 의하여 접지공사를 하여야 한다.

예제문제 02

고압 또는 특고압과 저압의 혼촉에 의한 위험방지 시설의 접지 공사를 가공 접지선을 써서 변압기의 시설 장소로부터 몇 [m]까지 떼어놓을 수 있는가?

① 50 [m]　　② 57 [m]　　③ 100 [m]　　④ 200 [m]

해설

한국전기설비규정 322.1 고압 또는 특고압과 저압의 혼촉에 의한 위험방지 시설

제1의 접지공사는 변압기의 시설장소마다 시행하여야 한다. 다만, 토지의 상황에 의하여 변압기의 시설 장소에서 142.5의 규정에 의한 접지저항 값을 얻기 어려운 경우, 인장강도 5.26 kN 이상 또는 지름 4 mm 이상의 가공 접지도체를 332.4의 2, 332.5, 332.6, 332.8, 332.11부터 332.15까지 및 222.18의 저압가공전선에 관한 규정에 준하여 시설할 때에는 변압기의 시설장소로부터 200 m까지 떼어놓을 수 있다.

답 : ④

예제문제 03

특고압 전로와 비접지식 저압 전로를 결합하는 변압기로서 그 특고압 권선과 저압 권선 간에 혼촉 방지판이 있는 변압기에 접속하는 저압 옥상 전선로의 전선으로 사용할 수 있는 것은?

① 절연 전선　　② 케이블　　③ 경동 연선　　④ 강심 알루미늄선

해설

한국전기설비규정 322.2 혼촉방지판이 있는 변압기에 접속하는 저압 옥외전선의 시설 등

고압전로 또는 특고압전로와 비접지식의 저압전로를 결합하는 변압기(철도 또는 궤도의 신호용변압기를 제외한다)로서 그 고압권선 또는 특고압권선과 저압권선 간에 금속제의 혼촉방지판(混觸防止板)이 있고 또한 그 혼촉방지판에 142.5의 규정에 의하여 접지공사(사용전압이 35 kV 이하의 특고압전로로서 전로에 지락이 생겼을 때 1초 이내에 자동적으로 이것을 차단하는 장치를 한 것과 333.32의 1 및 4에 규정하는 특고압 가공전선로의 전로 이외의 특고압전로와 저압전로를 결합하는 경우에 계산된 접지저항 값이 10 Ω을 넘을 때에는 접지저항 값이 10 Ω 이하인 것에 한한다)를 한 것에 접속하는 저압전선을 옥외에 시설할 때에는 다음에 따라 시설하여야 한다.

가. 저압전선은 1구내에만 시설할 것

나. 저압 가공전선로 또는 저압 옥상전선로의 전선은 케이블일 것

다. 저압 가공전선과 고압 또는 특고압의 가공전선을 동일 지지물에 시설하지 아니할 것. 다만, 고압 가공전선로 또는 특고압 가공전선로의 전선이 케이블인 경우에는 그러하지 아니하다.

답 : ②

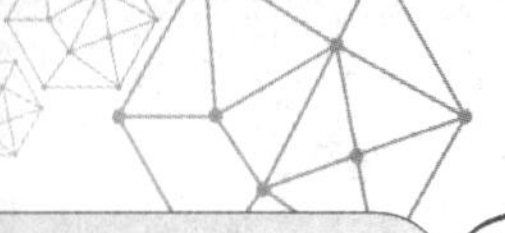

예제문제 04

전로의 중성점을 접지하는 목적에 해당되지 않는 것은 어느 것인가?

① 보호장치의 확실한 동작의 확보
② 부하 전류의 일부를 대지로 흐르게 함으로써 전선을 절약
③ 이상 전압의 억제
④ 대지 전압의 저하

해설
한국전기설비규정 322.5 전로의 중성점의 접지
전로의 보호장치의 확실한 동작의 확보, 이상 전압의 억제 및 대지전압의 저하를 위하여 특히 필요한 경우에 전로의 중성점에 접지공사를 한다.

답 : ②

330 전선로

331 전선로 일반 및 구내 · 옥측 · 옥상전선로

331.4 가공전선로 지지물의 철탑오름 및 전주오름 방지

가공전선로의 지지물에 취급자가 오르고 내리는데 사용하는 발판 볼트 등을 지표상 1.8 m 미만에 시설하여서는 아니 된다. 사람이 쉽게 접근할 우려가 없는 곳에 시설하는 경우

331.6 풍압하중의 종별과 적용

1. 갑종 풍압 하중 : 구성재의 수직 투영 면적 1 [m^2]에 대한 풍압을 기초로 하여 계산한 것
2. 을종 풍압 하중 : 전선 기타의 가섭선(架涉線) 주위에 두께 6 mm, 비중 0.9의 빙설이 부착된 상태에서 수직 투영면적 372 Pa(다도체를 구성하는 전선은 333 Pa), 그 이외의 것은 "갑종" 풍압의 2분의 1을 기초로 하여 계산한 것.
3. 병종 풍압 하중 : "갑종" 풍압의 2분의 1을 기초로 하여 계산한 것.

표 331.6-1 구성재의 수직 투영면적 1m²에 대한 풍압

<table>
<tr><th colspan="4">풍압을 받는 구분</th><th>구성재의 수직 투영면적
1m²에 대한 풍압</th></tr>
<tr><td colspan="4">목주</td><td>588 Pa</td></tr>
<tr><td rowspan="11">지지물</td><td rowspan="4">철주</td><td colspan="2">원형의 것</td><td>588 Pa</td></tr>
<tr><td colspan="2">삼각형 또는 마름모형의 것</td><td>1,412 Pa</td></tr>
<tr><td colspan="2">강관에 의하여 구성되는 4각형의 것</td><td>1,117 Pa</td></tr>
<tr><td colspan="2">기타의 것</td><td>복재(腹材)가 전 · 후면에 겹치는 경우에는 1627 Pa, 기타의 경우에는 1784 Pa</td></tr>
<tr><td rowspan="2">철근 콘크리트주</td><td colspan="2">원형의 것</td><td>588 Pa</td></tr>
<tr><td colspan="2">기타의 것</td><td>882 Pa</td></tr>
<tr><td rowspan="5">철탑</td><td rowspan="2">단주(완철류는 제외함)</td><td>원형의 것</td><td>588 Pa</td></tr>
<tr><td>기타의 것</td><td>1,117 Pa</td></tr>
<tr><td colspan="2">강관으로 구성되는 것(단주는 제외함)</td><td>1,255 Pa</td></tr>
<tr><td colspan="2">기타의 것</td><td>2,157 Pa</td></tr>
<tr><td rowspan="2">전선 기타 가섭선</td><td colspan="3">다도체(구성하는 전선이 2가닥마다 수평으로 배열되고 또한 그 전선 상호 간의 거리가 전선의 바깥지름의 20배 이하인 것에 한한다. 이하 같다)를 구성하는 전선</td><td>666 Pa</td></tr>
<tr><td colspan="3">기타의 것</td><td>745 Pa</td></tr>
<tr><td colspan="4">애자장치(특고압 전선용의 것에 한한다)</td><td>1,039 Pa</td></tr>
<tr><td colspan="4">목주 · 철주(원형의 것에 한한다) 및 철근 콘크리트주의 완금류(특고압 전선로용의 것에 한한다)</td><td>단일재로서 사용하는 경우에는 1,196 Pa, 기타의 경우에는 1,627 Pa</td></tr>
</table>

<table>
<tr><th colspan="2">지역</th><th>고온 계절</th><th>저온 계절</th></tr>
<tr><td colspan="2">빙설이 많은 지방 이외의 지방</td><td>갑종</td><td>병종</td></tr>
<tr><td rowspan="2">빙설이 많은 지방</td><td>일반지역</td><td>갑종</td><td>을종</td></tr>
<tr><td>해안지방,
기타 저온계절에 최대풍압이 생기는 지방</td><td>갑종</td><td>갑종과 을종 중 큰 것</td></tr>
<tr><td colspan="2">인가가 많이 연접되어 있는 장소</td><td colspan="2">병종</td></tr>
</table>

인가가 많이 연접되어 있는 장소에 시설하는 가공전선로의 구성재 중 다음의 풍압하중에 대하여는 제3의 규정에 불구하고 갑종 풍압하중 또는 을종 풍압하중 대신에 병종 풍압하중을 적용할 수 있다.

가. 저압 또는 고압 가공전선로의 지지물 또는 가섭선

나. 사용전압이 35 kV 이하의 전선에 특고압 절연전선 또는 케이블을 사용하는 특고압 가공전선로의 지지물, 가섭선 및 특고압 가공전선을 지지하는 애자장치 및 완금류

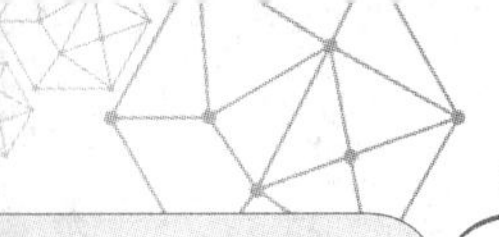

331.7 가공전선로 지지물의 기초의 안전율

가공전선로의 지지물에 하중이 가하여지는 경우에 그 하중을 받는 지지물의 기초의 안전율은 2(333.14의 1에 규정하는 이상 시 상정하중이 가하여지는 철탑의 기초에 대하여는 1.33) 이상이어야 한다.

설계하중 / 전장	6.8 [kN] 이하	6.8 [kN] 초과 9.8 [kN] 이하	9.8 [kN] 초과 14.72 [kN] 이하
15 [m] 이하	전장 × 1/6 [m] 이상	전장 × 1/6 + 0.3 [m] 이상	–
15 [m] 초과	2.5 [m] 이상	2.8 [m] 이상	–
16 [m] 초과 20 [m] 이하	2.8 [m] 이상	–	–
15 [m] 초과 18 [m] 이하	–	–	3 [m] 이상
18 [m] 초과	–	–	3.2 [m] 이상

331.11 지선의 시설

가공전선로의 지지물로 사용하는 철주 또는 철근 콘크리트주는 지선을 사용하지 않는 상태에서 2분의 1 이상의 풍압하중에 견디는 강도를 가지는 경우 이외에는 지선을 사용하여 그 강도를 분담시켜서는 안 된다.

1. 안전율 2.5 이상
2. 최저 인장 하중 4.31 [kN]
3. 소선(素線) 3가닥 이상의 연선
4. 소선의 지름이 2.6 mm 이상의 금속선을 사용
5. 소선의 지름이 2 mm 이상인 아연도강연선(亞鉛鍍鋼撚線)으로서 소선의 인장강도가 0.68 kN/mm² 이상인 것을 사용
6. 지중부분 및 지표상 0.3 m까지의 부분에는 내식성이 있는 것 또는 아연도금을 한 철봉을 사용
7. 도로를 횡단하여 시설하는 지선의 높이는 지표상 5 m 이상으로 하여야 한다. 다만, 기술상 부득이한 경우로서 교통에 지장을 초래할 우려가 없는 경우에는 지표상 4.5 m 이상, 보도의 경우에는 2.5 m 이상으로 할 수 있다.
8. 가공전선로의 지지물로 사용하는 철탑은 지선을 사용하여 그 강도를 분담시켜서는 안 된다.

331.12 구내인입선

331.12.1 고압 가공인입선의 시설

1. 고압 가공인입선은 인장강도 8.01 kN 이상의 고압 절연전선, 특고압 절연전선 또는 지름 5 mm 이상의 경동선의 고압 절연전선, 특고압 절연전선 인하용 절연전선을 애자공사에 의하여 시설하거나 케이블을 시설하여야 한다.

2. 고압 가공인입선의 높이는 지표상 3.5 m 까지로 감할 수 있다. 이 경우에 그 고압 가공인입선이 케이블 이외의 것인 때에는 그 전선의 아래쪽에 위험 표시를 하여야 한다.
3. 고압 연접인입선은 시설하여서는 아니 된다.

331.12.2 특고압 가공인입선의 시설

1. 변전소 또는 개폐소에 준하는 곳 이외의 곳에 인입하는 특고압 가공 인입선은 사용전압이 100 kV 이하이다. 또한 전선에 케이블을 사용한다.
2. 특고압 연접 인입선은 시설하여서는 아니 된다.

특고압 가공인입선의 시설(높이)

전압의 범위	일반장소	도로횡단	철도 또는 궤도횡단	횡단보도교
35 [kV] 이하	5 [m]	6 [m]	6.5 [m]	4 [m] (특고압 절연전선 또는 케이블 사용)
35 [kV] 초과 160 [kV] 이하	6 [m]	6 [m]	6.5 [m]	5 [m] (케이블 사용)
	산지 등에서 사람이 쉽게 들어갈 수 없는 장소 : 5 [m] 이상			
160 [kV] 초과	일반장소	가공전선의 높이 = 6 + 단수 × 0.12 [m]		
	철도 또는 궤도횡단	가공전선의 높이 = 6.5 + 단수 × 0.12 [m]		
	산지	가공전선의 높이 = 5 + 단수 × 0.12 [m]		

331.13 옥측전선로

331.13.1 고압 옥측전선로의 시설

1. 고압 옥측 전선로는 다음의 어느 하나에 해당하는 경우에 한하여 시설할 수 있다.
   가. 전선은 케이블일 것.
   나. 케이블은 견고한 관 또는 트라프에 넣거나 사람이 접촉할 우려가 없도록 시설할 것.
   다. 케이블을 조영재의 옆면 또는 아랫면에 따라 붙일 경우에는 케이블의 지지점 간의 거리를 2 m (수직으로 붙일 경우에는 6 m)이하로 하고 또한 피복을 손상하지 아니하도록 붙일 것.
2. 고압 옥측전선로의 전선이 그 고압 옥측전선로를 시설하는 조영물에 시설하는 특고압 옥측전선·저압 옥측전선·관등회로의 배선·약전류 전선 등이나 수관·가스관 또는 이와 유사한 것과 접근하거나 교차하는 경우에는 고압 옥측전선로의 전선과 이들 사이의 이격거리는 0.15 m 이상이어야 한다.

331.13.2 특고압 옥측전선로의 시설

특고압 옥측전선로(특고압 인입선의 옥측부분을 제외한다. 이하 같다)는 시설하여서는 아니 된다.

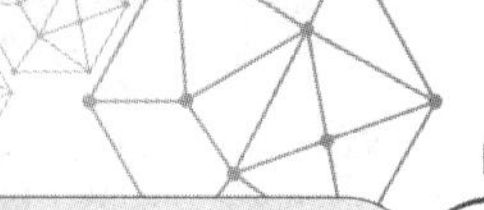

예제문제 05

가공 전선로의 지지물에 취급자가 오르고 내리는 데 사용하는 발판 볼트 등은 일반적으로 지표상 몇 [m] 미만에 시설하여서는 아니되는가?

① 1.2　　② 1.5　　③ 1.8　　④ 2.0

해설

한국전기설비규정 331.4 가공전선로 지지물의 철탑오름 및 전주오름 방지

가공전선로의 지지물에 취급자가 오르고 내리는데 사용하는 발판 볼트 등을 지표상 1.8 m 미만에 시설하여서는 아니 된다. 다만, 다음의 어느 하나에 해당되는 경우에는 그러하지 아니하다.

가. 발판 볼트 등을 내부에 넣을 수 있는 구조로 되어 있는 지지물에 시설하는 경우

나. 지지물에 철탑오름 및 전주오름 방지장치를 시설하는 경우

다. 지지물 주위에 취급자 이외의 사람이 출입할 수 없도록 울타리·담 등의 시설을 하는 경우

라. 지지물이 산간(山間) 등에 있으며 사람이 쉽게 접근할 우려가 없는 곳에 시설하는 경우

답 : ③

예제문제 06

가공 전선로에 사용하는 지지물의 강도 계산에 적용하는 풍압 하중 중 병종 풍압 하중은 갑종 풍압 하중에 대한 얼마를 기초로 하여 계산한 것인가?

① $\frac{1}{2}$　　② $\frac{1}{3}$　　③ $\frac{2}{3}$　　④ $\frac{1}{4}$

해설

한국전기설비규정 331.6 풍압하중의 종별과 적용

① 갑종 풍압 하중 : 구성재의 수직 투영 면적 1 [m^2]에 대한 풍압을 기초로 하여 계산한 것

② 을종 풍압 하중 : 전선 기타의 가섭선(架涉線) 주위에 두께 6 mm, 비중 0.9의 빙설이 부착된 상태에서 수직 투영면적 372 Pa(다도체를 구성하는 전선은 333 Pa), 그 이외의 것은 "갑종" 풍압의 2분의 1을 기초로 하여 계산한 것

③ 병종 풍압 하중 : "갑종" 풍압의 2분의 1을 기초로 하여 계산한 것

답 : ①

예제문제 07

가공 전선로의 지지물을 구성재가 강관으로 구성되는 철탑으로 할 경우의 병종 풍압 하중은 몇 [Pa]를 기초로 하여 계산한 것인가?

① 588　　② 627　　③ 558　　④ 1,078

해설

한국전기설비규정 331.6 풍압하중의 종별과 적용

철탑			
철탑	단주(완철류는 제외함)	원형의 것	588 Pa
		기타의 것	1,117 Pa
	강관으로 구성되는 것(단주는 제외함)		1,255 Pa
	기타의 것		2,157 Pa

병종 풍압하중은 갑종 풍압하중의 2분의 1을 기초로 계산한다.

∴ 병종 풍압하중 : $1,255 \times \frac{1}{2} = 627$ [Pa]

답 : ②

예제문제 08

설계 하중 8.82[kN]인 철근 콘크리트주의 길이가 16[m]라 한다. 이 지지물을 지반이 연약한 곳 이외에 시설하는 경우, 땅에 묻히는 깊이는 몇 [m] 이상으로 하여야 하는가?

① 2.0 ② 2.3 ③ 2.5 ④ 2.8

해설
한국전기설비규정 331.7 가공전선로 지지물의 기초의 안전율

설계하중 / 전장	6.8[kN] 이하	6.8[kN] 초과 ~9.8[kN] 이하	9.8[kN] 초과 ~14.72[kN] 이하
15[m] 이하	전장×1/6[m] 이상	전장×1/6+0.3[m] 이상	–
15[m] 초과	2.5[m] 이상	2.8[m] 이상	–
16[m] 초과 ~20[m] 이하	2.8[m] 이상	–	–
15[m] 초과 ~18[m] 이하	–	–	3[m] 이상
18[m] 초과	–	–	3.2[m] 이상

답 : ④

예제문제 09

이상시 상정 하중에 대한 철탑의 기초에 대한 안전율은?

① 1.33 ② 1.5 ③ 2 ④ 2.5

해설
한국전기설비규정 331.7 가공전선로 지지물의 기초의 안전율
가공전선로의 지지물에 하중이 가하여지는 경우에 그 하중을 받는 지지물의 기초의 안전율은 2(333.14의 1에 규정하는 이상 시 상정하중이 가하여지는 경우의 그 이상 시 상정하중에 대한 철탑의 기초에 대하여는 1.33) 이상이어야 한다.

답 : ①

예제문제 10

가공 전선로의 지지물이 아닌 것은?

① 목주 ② 지선 ③ 철탑 ④ 철근 콘크리트주

해설
한국전기설비기준 331.11 지선의 시설
① 안전율 = 2.5 이상
② 최저 인장 하중 = 4.31[kN]
③ 소선(素線) 3가닥 이상의 연선
④ 소선의 지름이 2.6 mm 이상의 금속선을 사용
⑤ 소선의 지름이 2 mm 이상인 아연도강연선(亞鉛鍍鋼撚線)으로서 소선의 인장강도가 0.68 kN/mm^2 이상인 것을 사용
⑥ 지중부분 및 지표상 0.3 m까지의 부분에는 내식성이 있는 것 또는 아연도금을 한 철봉을 사용
⑦ 도로를 횡단하여 시설하는 지선의 높이는 지표상 5 m 이상으로 하여야 한다. 다만, 기술상 부득이한 경우로서 교통에 지장을 초래할 우려가 없는 경우에는 지표상 4.5 m 이상, 보도의 경우에는 2.5 m 이상으로 할 수 있다.
⑧ 가공전선로의 지지물로 사용하는 철탑은 지선을 사용하여 그 강도를 분담시켜서는 안 된다.

답 : ②

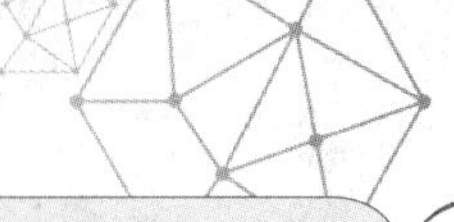

예제문제 11

지선으로 보강하여서는 안 되는 지지물은?

① 목주 ② 판자 마스트
③ 철근 콘크리트주 ④ 철탑

해설

한국전기설비기준 331.11 지선의 시설
① 안전율 = 2.5 이상
② 최저 인장 하중 = 4.31 [kN]
③ 소선(素線) 3가닥 이상의 연선
④ 소선의 지름이 2.6 mm 이상의 금속선을 사용
⑤ 소선의 지름이 2 mm 이상인 아연도강연선(亞鉛鍍鋼撚線)으로서 소선의 인장강도가 0.68 kN/mm^2 이상인 것을 사용
⑥ 지중부분 및 지표상 0.3 m까지의 부분에는 내식성이 있는 것 또는 아연도금을 한 철봉을 사용
⑦ 도로를 횡단하여 시설하는 지선의 높이는 지표상 5 m 이상으로 하여야 한다. 다만, 기술상 부득이한 경우로서 교통에 지장을 초래할 우려가 없는 경우에는 지표상 4.5 m 이상, 보도의 경우에는 2.5 m 이상으로 할 수 있다.
⑧ 가공전선로의 지지물로 사용하는 철탑은 지선을 사용하여 그 강도를 분담시켜서는 안 된다.

답 : ④

예제문제 12

가공 전선로의 지지물에 시설하는 지선의 안전율은 2.5 이상이어야 한다. 이 경우에 허용 인장 하중의 최저는 몇 [kN]으로 하여야 하는가?

① 3.33 ② 3.61 ③ 3.92 ④ 4.31

해설

한국전기설비기준 331.11 지선의 시설
① 안전율 = 2.5 이상
② 최저 인장 하중 = 4.31 [kN]
③ 소선(素線) 3가닥 이상의 연선
④ 소선의 지름이 2.6 mm 이상의 금속선을 사용
⑤ 소선의 지름이 2 mm 이상인 아연도강연선(亞鉛鍍鋼撚線)으로서 소선의 인장강도가 0.68 kN/mm^2 이상인 것을 사용
⑥ 지중부분 및 지표상 0.3 m까지의 부분에는 내식성이 있는 것 또는 아연도금을 한 철봉을 사용
⑦ 도로를 횡단하여 시설하는 지선의 높이는 지표상 5 m 이상으로 하여야 한다. 다만, 기술상 부득이한 경우로서 교통에 지장을 초래할 우려가 없는 경우에는 지표상 4.5 m 이상, 보도의 경우에는 2.5 m 이상으로 할 수 있다.
⑧ 가공전선로의 지지물로 사용하는 철탑은 지선을 사용하여 그 강도를 분담시켜서는 안 된다.

답 : ④

예제문제 13

고압 가공 인입선의 전선으로는 지름 몇 [mm]의 경동선을 사용하는가?

① 1.6 ② 2.6 ③ 3.5 ④ 5.0

해설

한국전기설비규정 331.12.1 고압 가공인입선의 시설

1. 고압 가공인입선의 전선에는 인장강도 8.01 kN 이상의 고압 절연전선, 특고압 절연전선 또는 지름 5 mm 이상의 경동선의 고압 절연전선, 특고압 절연전선 또는 341.9의 1의 "나"에 규정하는 인하용 절연전선을 애자공사에 의하여 시설하거나 케이블을 332.2의 준하여 시설하여야 한다.
2. 고압 가공인입선의 높이는 지표상 3.5 m까지로 감할 수 있다. 이 경우에 그 고압 가공인입선이 케이블 이외의 것인 때에는 그 전선의 아래쪽에 위험 표시를 하여야 한다.
3. 고압 연접인입선은 시설하여서는 아니 된다.

답 : ④

예제문제 14

고압 옥측전선로의 전선으로 사용할 수 있는 것은?

① 케이블 ② 절연전선 ③ 다심형 전선 ④ 나경동선

해설

한국전기설비규정 331.13.1 고압 옥측전선로의 시설

고압 옥측전선로는 전개된 장소에는 다음에 따라 시설하여야 한다.

가. 전선은 케이블일 것

나. 케이블은 견고한 관 또는 트라프에 넣거나 사람이 접촉할 우려가 없도록 시설할 것.

다. 케이블을 조영재의 옆면 또는 아랫면에 따라 붙일 경우에는 케이블의 지지점 간의 거리를 2 m (수직으로 붙일 경우에는 6 m) 이하로 하고 또한 피복을 손상하지 아니하도록 붙일 것.

라. 케이블을 조가용선에 조가하여 시설하는 경우에 332.2(3을 제외한다)의 규정에 준하여 시설하고 또한 전선이 고압 옥측 전선로를 시설하는 조영재에 접촉하지 아니하도록 시설할 것.

마. 관 기타의 케이블을 넣는 방호장치의 금속제 부분·금속제의 전선 접속함 및 케이블의 피복에 사용하는 금속제에는 이들의 방식조치를 한 부분 및 대지와의 사이의 전기저항 값이 10 Ω 이하인 부분을 제외하고 140의 규정에 준하여 접지공사를 할 것.

답 : ①

예제문제 15

시·도지사의 인가를 받아 특고압 옥상 전선로를 시설할 수 있는 전압의 한계값[V]은?

① 할 수 없다. ② 22,900 미만 ③ 66,000 미만 ④ 170,000 미만

해설

한국전기설비규정 331.14.2 특고압 옥상전선로의 시설

특고압 옥상전선로(특고압의 인입선의 옥상부분을 제외한다)는 시설하여서는 아니된다.

답 : ①

332 가공전선로

332.1 가공약전류전선로의 유도장해 방지

1. 저압 가공전선로(전기철도용 급전선로는 제외한다.) 또는 고압 가공전선로(전기철도용 급전선로는 제외한다)와 기설 가공약전류전선로가 병행하는 경우에는 유도작용에 의하여 통신상의 장해가 생기지 않도록 전선과 기설 약전류전선간의 이격거리는 2 m 이상이어야 한다.
2. 제1에 따라 시설하더라도 기설 가공약전류전선로에 장해를 줄 우려가 있는 경우에는 다음 중 한 가지 또는 두 가지 이상을 기준으로 하여 시설하여야 한다.
   가. 가공전선과 가공약전류전선간의 이격거리를 증가시킬 것.
   나. 교류식 가공전선로의 경우에는 가공전선을 적당한 거리에서 연가할 것.
   다. 가공전선과 가공약전류전선 사이에 인장강도 5.26 kN 이상의 것 또는 지름 4 mm 이상인 경동선의 금속선 2가닥 이상을 시설하고 140의 규정에 준하여 접지공사를 할 것.

332.2 가공케이블의 시설

1. 저압 가공전선에 케이블을 사용하는 경우에는 다음에 따라 시설하여야 한다.
   가. 케이블은 조가용선에 행거로 시설할 것. 이 경우에는 사용전압이 고압인 때에는 행거의 간격은 0.5 m 이하로 하는 것이 좋다.
   나. 조가용선은 인장강도 5.93 kN 이상의 것 또는 단면적 22 mm² 이상인 아연도강연선일 것.
   다. 조가용선의 케이블에 접촉시켜 그 위에 쉽게 부식하지 아니하는 금속 테이프 등을 0.2 m 이하의 간격을 유지하며 나선상으로 감는다.

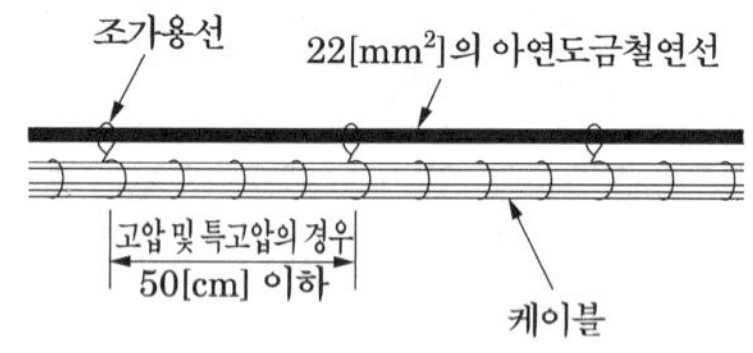

332.3 고압 가공전선의 굵기 및 종류

전압	조건	전선의 굵기 및 인장강도
400 [V] 이하	절연전선	인장강도 2.3 [kN] 이상의 것 또는 지름 2.6 [mm] 이상
	절연전선 이외	인장강도 3.43 [kN] 이상의 것 또는 지름 3.2 [mm] 이상
400 [V] 초과 저압	시가지에 시설	인장강도 8.01 [kN] 이상의 것 또는 지름 5 [mm] 이상
	시가지 외에 시설	인장강도 5.26 [kN]이상의 것 또는 지름 4 [mm] 이상
고압	인장강도 8.01 kN 이상의 고압 절연전선 또는 지름 5 mm 이상의 경동선의 고압 절연전선	
특고압	인장강도 8.71 [kN] 이상의 연선 또는 단면적이 22 [mm²] 이상의 경동연선	

332.4 고압 가공전선의 안전율

고압 가공전선은 케이블인 경우 이외에는 다음에 규정하는 경우에 그 안전율이 경동선 또는 내열 동합금선은 2.2 이상, 그 밖의 전선은 2.5 이상이 되는 이도(弛度)로 시설하여야 한다.

332.5 고압 가공전선의 높이

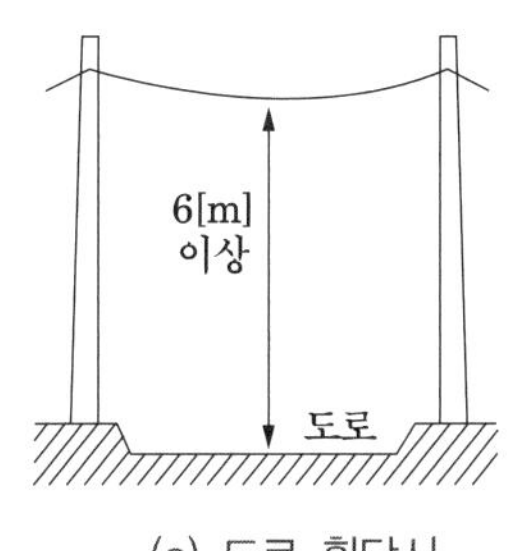

(a) 도로 횡단시

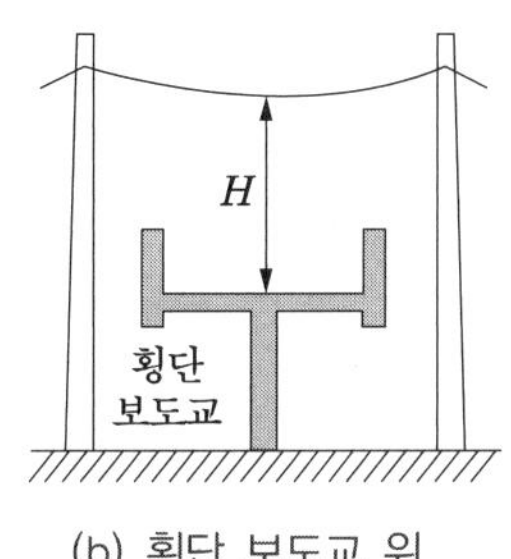

(b) 횡단 보도교 위

저고압 가공전선의 높이

설치장소		저 · 고압 가공전선의 높이
도로횡단		지표상 6 [m] 이상
철도 또는 궤도 횡단		레일면상 6.5 [m] 이상
횡단보도교 위	저압	노면상 3.5 [m] 이상, 단, 절연전선의 경우 3 [m] 이상
	고압	노면상 3.5 [m] 이상
일반장소		지표상 5 [m] 이상. 단, 절연전선 또는 케이블을 사용하여 교통에 지장이 없도록 하여 옥외조명용에 공급하는 경우 4 [m]까지 감할 수 있다.

332.6 고압 가공전선로의 가공지선

고압 가공전선로에 사용하는 가공지선은 인장강도 5.26 kN 이상의 것 또는 지름 4 mm 이상의 나경동선을 사용하고 또한 이를 332.4의 규정에 준하여 시설하여야 한다.

332.7 고압 가공전선로의 지지물의 강도

1. 고압 가공전선로의 지지물로서 사용하는 목주는 다음에 따라 시설하여야 한다.
   가. 풍압하중에 대한 안전율은 1.3 이상일 것.
   나. 굵기는 말구(末口) 지름 0.12 m 이상일 것.

332.8 고압 가공전선 등의 병행설치

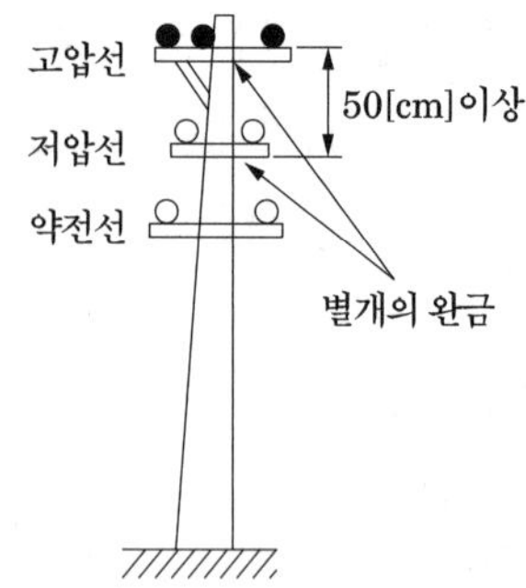

전력선의 종류	고압과 저압	특별고압(35 kV 이하)과 저·고압	22.9[kV]과 저·고압
이격 거리	50[cm], 케이블 사용시 30[cm]	1.2[m], 케이블 사용시 50[cm]	1[m], 케이블 사용시 50[cm]

저 · 고압 및 특고압 병행설치 이격거리

전압	표준	고압에 케이블사용	특고압에 케이블 사용 및 저·고압에 절연전선 또는 케이블 사용
저·고압 병가	0.5 [m] 이상	0.3 [m] 이상	–
22.9 [kV]	1 [m] 이상		0.5 [m] 이상
35 [kV] 이하	1.2 [m] 이상	–	0.5 [m] 이상
35 [kV] 초과 60 [kV] 이하	2 [m] 이상	–	1 [m] 이상
60 [kV] 초과	이격거리 = 2 + 단수 × 0.12 단수 = $\frac{(\text{전압 [kV]}-60)}{10}$	–	이격거리 = 1 + 단수 × 0.12 단수 = $\frac{(\text{전압 [kV]}-60)}{10}$ 단수 계산에서 소수점 이하는 절상

332.9 고압 가공전선로 경간의 제한

1. 고압 가공전선로의 경간은 표 332.1-1에서 정한 값 이하이어야 한다.

표 332.9-1 고압 가공전선로 경간 제한

지지물의 종류	경간
목주 · A종 철주 또는 A종 철근 콘크리트주	150 m
B종 철주 또는 B종 철근 콘크리트주	250 m
철탑	600 m

2. 고압 가공전선로의 전선에 인장강도 8.71 kN 이상의 것 또는 단면적 22 mm² 이상의 경동연선의 것을 다음에 따라 지지물을 시설하는 때에는 제1의 규정에 의하지 아니할 수 있다. 이 경우에 그 전선로의 경간은 그 지지물에 목주·A종 철주 또는 A종 철근 콘크리트주를 사용하는 경우에는 300 m 이하, B종 철주 또는 B종 철근 콘크리트 주를 사용하는 경우에는 500 m 이하이어야 한다.

지지물의 종류	경간	
	고압	지름 5 [mm] 이상
	특고압	단면적 22 [mm^2] 이상
목주·A종 철주 또는 A종 철근 콘크리트주	150 [m] 이하	300 [m] 이하
B종 철주 또는 B종 철근 콘크리트주	250 [m] 이하	500 [m] 이하
철탑	600 [m] 이하	600 [m] 이하

332.10 고압 보안공사

가공 전선로가 건조물, 도로, 약전류 전선, 다른 가공 전선 기타의 시설물과 접근 또는 교차하는 경우에는 일반 장소의 시설 기준보다 강화하는 것을 보안 공사라 하고 고압 보안공사는 다음에 따라야 한다.

가. 전선은 케이블인 경우 이외에는 인장강도 8.01 kN 이상의 것 또는 지름 5 mm 이상의 경동선일 것.

나. 목주의 풍압하중에 대한 안전율은 1.5 이상일 것.

다. 경간은 표 332.10-1에서 정한 값 이하일 것.

표 332.10-1 고압 보안공사 경간 제한

지지물의 종류	경간
목주 · A종 철주 또는 A종 철근 콘크리트주	100 m
B종 철주 또는 B종 철근 콘크리트주	150 m
철탑	400 m

한국전기설비규정 보안공사 경간 제한, 특고 시가지 경간 제한

지지물 종류	표준 경간	저 · 고압 보안 공사	1종 특고 보안 공사	2 · 3종 특고 보안 공사	특고 시가지
목주 A종	150	100	불가	100	목주불가 / 75
B종	250	150	150	200	150
철탑	600	400	400	400	400

332.11 고압 가공전선과 건조물의 접근

사용 전압 부분 공작물의 종류			저압[m]	고압[m]
건조물	상부 조영재 [지붕 · 챙(차양:遮陽) · 옷 말리는 곳 기타 사람이 올라갈 우려가 있는 조영재를 말한다]	일반적인 경우	2	2
		전선이 고압절연전선	1	2
		전선이 케이블인 경우	1	1
	기타 조영재 또는 상부조영재의 옆쪽 또는 아래쪽	일반적인 경우	1.2	1.2
		전선이 고압절연전선	0.4	1.2
		전선이 케이블인 경우	0.4	0.4
		사람이 쉽게 접근할 수 없도록 시설한 경우	0.8	0.8
	건조물 아래쪽	일반적인 경우	0.6	0.8
		고압 절연전선, 특고압 절연전선	0.3	–
		케이블	0.3	0.4
식물		상시 부는 바람 등에 의하여 식물에 접촉하지 않도록 시설하여야 한다.		
안테나		일반적인 경우	0.6	0.8
		전선이 고압절연전선	0.3	0.8
		전선이 케이블인 경우	0.3	0.4

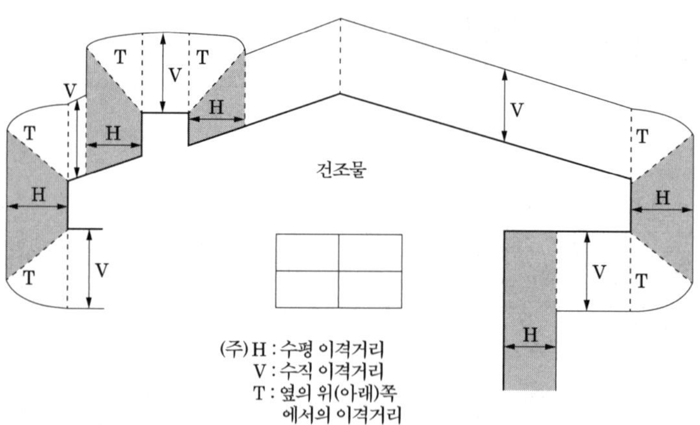

그림 332.11-1 이격거리의 적용범위

332.12 고압 가공전선과 도로 등의 접근 또는 교차

고압 가공전선로는 고압 보안공사에 의할 것.

표 332.12-1~2 고압 가공전선과 도로 등의 이격거리

사용 전압 부분 공작물의 종류		저압 [m]	고압 [m]
도로 · 횡단보도교 · 철도 또는 궤도	일반적인 경우	3	3
삭도나 그 지주 또는 저압 전차선	일반적인 경우	0.6	0.8
	고압 절연전선, 특고압 절연전선	0.3	-
	케이블	0.3	0.4
저압 전차선로의 지지물	일반적인 경우	0.3	0.6
	가공전선이 케이블인 경우	-	0.3

332.15 고압 가공전선과 교류전차선 등의 접근 또는 교차

저압 가공전선 또는 고압 가공전선이 교류 전차선 등과 교차하는 경우에 저압 가공전선 또는 고압 가공전선이 교류 전차선 등의 위에 시설되는 때에는 다음에 따라야 한다.

1. 저압 가공전선에는 케이블을 사용하고 또한 이를 단면적 35 mm² 이상인 아연도강연선으로서 인장강도 19.61 kN 이상인 것(교류 전차선 등과 교차하는 부분을 포함하는 경간에 접속점이 없는 것에 한한다)으로 조가하여 시설할 것.
2. 고압 가공전선은 케이블인 경우 이외에는 인장강도 14.51 kN 이상의 것 또는 단면적 38 mm² 이상의 경동연선(교류 전차선 등과 교차하는 부분을 포함하는 경간에 접속점이 없는 것에 한한다)일 것.
3. 고압 가공전선이 케이블인 경우에는 이를 단면적 38 mm² 이상인 아연도강연선으로서 인장강도 19.61 kN 이상인 것(교류 전차선 등과 교차하는 부분을 포함하는 경간에 접속점이 없는 것에 한한다)으로 조가하여 시설할 것.
4. 가공전선로의 경간은 지지물로 목주·A종 철주 또는 A종 철근 콘크리트주를 사용하는 경우에는 60 m 이하, B종 철주 또는 B종 철근 콘크리트주를 사용하는 경우에는 120 m 이하일 것.
5. 가공전선로의 전선·완금류·지지물·지선 또는 지주와 교류 전차선 등 사이의 이격거리는 2 m 이상일 것.

332.16 고압 가공전선 등과 저압 가공전선 등의 접근 또는 교차

고압 가공전선이 저압 가공전선 또는 고압 전차선(이하 "저압 가공전선 등" 이라 한다)과 접근상태로 시설되거나 고압 가공전선이 저압 가공전선 등과 교차하는 경우에 고압 가공전선 등의 위에 시설되는 때에는 다음에 따라야 한다.

1. 고압 가공전선로는 고압 보안공사에 의할 것.
2. 고압 가공전선과 저압 가공전선 등 또는 그 지지물 사이의 이격거리

표 332.16-1 고압 가공전선과 저압 가공전선 등 또는 그 지지물 사이의 이격거리

저압 가공전선 등 또는 그 지지물의 구분	이격거리
저압 가공전선 등	0.8 m (고압 가공전선이 케이블인 경우에는 0.4 m)
저압 가공전선 등의 지지물	0.6 m(고압 가공전선이 케이블인 경우에는 0.3 m)

332.17 고압 가공전선 상호 간의 접근 또는 교차

고압 가공전선이 다른 고압 가공 전선과 접근상태로 시설되거나 교차하여 시설되는 경우 위쪽 또는 옆쪽에 시설되는 고압 가공전선로는 고압 보안공사에 의할 것.

한국전기설비규정 저압 또는 고압 및 상호간의 접근 또는 교차

구분	저압 가공전선		고압 가공전선	
	일반	고압 절연전선 또는 케이블	일반	케이블
저압가공전선	0.6	0.3	0.8	0.4
저압가공전선로의 지지물	0.3	–	0.6	0.3
고압가공전선	–	–	0.8	0.4
고압가공전선로의 지지물	–	–	0.6	0.3
약전류전선 일반	0.6	0.3	0.8	0.4
약전류전선이 절연전선 케이블	0.3	0.15	–	–
지중약전류전선	0.3	–	0.3	–
안테나	0.6	0.3	0.8	0.4 (절연전선0.8)
도로·횡단보도교·철도 또는 궤도	3	–	3	–
삭도나 그 지주 또는 저압 전차선	0.6	0.3	0.8	0.4
전차선로 지지물	0.3	–	0.6	0.3
식물	상시 부는 바람 접촉하지 않는다.		상시 부는 바람 접촉하지 않는다.	
특고압 60 kV 이하	2 m (특고압 상호간격 적용, 특고압 가공전선과 식물의 이격거리 적용)			
특고압 60 kV 초과	2 m에 사용전압이 60 kV를 초과하는 10 kV 또는 그 단수마다 0.12 m 을 더한 값 (특고압 상호간 동일하게 적용, 특고압 가공전선과 식물의 이격거리 적용)			

332.19 고압 가공전선과 식물의 이격거리

고압 가공전선은 상시 부는 바람 등에 의하여 식물에 접촉하지 않도록 시설하여야 한다. 다만, 고압 가공절연전선을 방호구에 넣어 시설하거나 절연내력 및 내마모성이 있는 케이블을 시설하는 경우는 그러하지 아니하다.

332.21 고압 가공전선과 가공약전류전선 등의 공용설치

저압 가공전선 또는 고압 가공전선과 가공약전류전선 등(전력보안 통신용의 가공약전류 전선은 제외한다. 이하 같다)을 동일 지지물에 시설하는 경우에는 다음에 따라 시설하여야 한다.

1. 전선로의 지지물로서 사용하는 목주의 풍압하중에 대한 안전율은 1.5 이상일 것.
2. 이격거리

전선의 종류	저압과 약전류전선	고압과 약전류전선	특별고압과 약전류전선
이격 거리	75[cm], 케이블 사용시 30[cm]	1.5[m], 케이블 사용시 50[cm]	2[m], 케이블 사용시 50[cm]

예제문제 16

저압 또는 고압 가공 전선로(궤전 선로를 제외)와 기설 가공 약전류 전선로(다선식 전화선로 제외)가 병행할 때 유도 작용에 의한 통신상의 장해가 생기지 아니하도록 하려면 양자의 이격 거리는 최소 몇 [m] 이상으로 하여야 하는가?

① 2 ② 4 ③ 6 ④ 8

해설

한국전기설비규정 332.1 가공약전류전선로의 유도장해 방지

저압 가공전선로(전기철도용 급전선로는 제외한다.) 또는 고압 가공전선로(전기철도용 급전선로는 제외한다)와 기설 가공약전류전선로가 병행하는 경우에는 유도작용에 의하여 통신상의 장해가 생기지 않도록 전선과 기설 약전류전선간의 이격거리는 2 m 이상이어야 한다.

답 : ①

예제문제 17

특고압 가공 전선로를 가공 케이블로 시설하는 경우 잘못된 것은?

① 조가용선에 행거의 간격은 1 [m]로 시설하였다.
② 조가용선을 케이블의 외장에 견고하게 붙여 시설하였다.
③ 조가용선은 단면적 22 [mm^2]의 아연도 강연선을 사용하였다
④ 조가용선에 접촉시켜 금속 테이프를 간격 20 [cm] 이하의 간격을 유지시켜 나선형으로 감아 붙였다.

해설

한국전기설비규정 332.2 가공케이블의 시설

1. 저압 가공전선에 케이블을 사용하는 경우에는 다음에 따라 시설하여야 한다.
   가. 케이블은 조가용선에 행거로 시설할 것. 이 경우에는 사용전압이 고압인 때에는 행거의 간격은 0.5 m 이하로 하는 것이 좋다.
   나. 조가용선은 인장강도 5.93 kN 이상의 것 또는 단면적 22 mm^2 이상인 아연도강연선일 것

2. 조가용선의 케이블에 접촉시켜 그 위에 쉽게 부식하지 아니하는 금속 테이프 등을 0.2 m 이하의 간격을 유지하며 나선상으로 감는 경우, 조가용선을 케이블의 외장에 견고하게 붙이는 경우 또는 조가용선과 케이블을 꼬아 합쳐 조가하는 경우에 그 조가용선이 인장강도 5.93 kN 이상의 금속선의 것 또는 단면적 22 mm^2 이상인 아연도강연선의 경우에는 제1의 "가" 및 "나"의 규정에 의하지 아니할 수 있다.

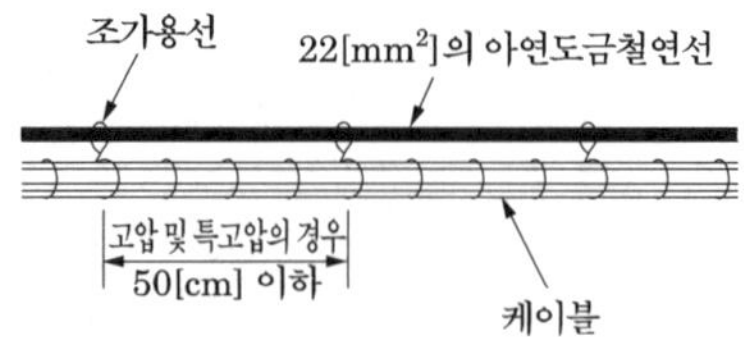

답 : ①

예제문제 18

154/3.3 [kV]의 변압기를 시설할 때 고압측에 방전기를 시설하고자 한다. 몇 [V] 이하에서 방전하는 것이며 기술 기준에 적합한가?

① 4,125 [V] ② 4,950 [V] ③ 6,600 [V] ④ 9,900 [V]

해설

한국전기설비규정 322.3 특고압과 고압의 혼촉 등에 의한 위험방지 시설
변압기(322.1의 5에 규정하는 변압기를 제외한다)에 의하여 특고압전로(333.32의 1에 규정하는 특고압 가공전선로의 전로를 제외한다)에 결합되는 고압전로에는 사용전압의 3배 이하인 전압이 가하여진 경우에 방전하는 장치를 그 변압기의 단자에 가까운 1극에 설치하여야 한다. 다만, 사용전압의 3배 이하인 전압이 가하여진 경우에 방전하는 피뢰기를 고압전로의 모선의 각상에 시설하거나 특고압권선과 고압권선 간에 혼촉방지판을 시설하여 접지저항 값이 10 Ω 이하 또는 142.5의 규정에 따른 접지공사를 한 경우에는 그러하지 아니하다.
∴ 사용전압이 3,300[V]이므로 3배하면 9,900[V] 이하에서 방전하는 것이 기술기준에 적합하다.

답 : ④

예제문제 19

고압 가공 전선에 경알루미늄선을 사용하는 경우 안전율의 최소값은 얼마인가?

① 2.0 ② 2.2 ③ 2.5 ④ 4.0

해설

한국전기설비규정 332.4 고압 가공전선의 안전율
고압 가공전선은 케이블인 경우 이외에는 그 안전율이 경동선 또는 내열 동합금선은 2.2 이상, 그 밖의 전선은 2.5 이상이 되는 이도(弛度)로 시설하여야 한다.

답 : ③

예제문제 20

전로의 중성점 접지의 목적으로 볼 수 없는 것은?

① 대지 전압의 저하　　② 이상 전압의 억제
③ 손실 전력의 감소　　④ 보호장치의 확실한 동작의 확보

해설
한국전기설비규정 322.5 전로의 중성점의 접지
전로의 보호장치의 확실한 동작의 확보, 이상 전압의 억제 및 대지전압의 저하를 위하여 특히 필요한 경우에 전로의 중성점에 접지공사를 한다.

답 : ③

예제문제 21

고압 가공 전선로에 사용하는 가공 지선으로 나경동선을 사용할 경우 그 굵기는 몇 [mm] 이상이어야 하는가?

① 3.2　　② 3.5　　③ 4.0　　④ 5.0

해설
한국전기설비규정 332.6 고압 가공전선로의 가공지선
고압 가공전선로에 사용하는 가공지선은 인장강도 5.26 kN 이상의 것 또는 지름 4 mm 이상의 나경동선을 사용하고 또한 이를 332.4의 규정에 준하여 시설하여야 한다.

답 : ③

예제문제 22

고압 가공 전선로의 지지물로서 사용하는 목주의 풍압 하중에 대한 안전율은?

① 1.1 이상　　② 1.2 이상　　③ 1.3 이상　　④ 1.5 이상

해설
한국전기설비규정 332.7 고압 가공전선로의 지지물의 강도
고압 가공전선로의 지지물로서 사용하는 목주는 다음에 따라 시설하여야 한다.
가. 풍압하중에 대한 안전율은 1.3 이상일 것
나. 굵기는 말구(末口) 지름 0.12 m 이상일 것

답 : ③

예제문제 23

동일 목주에 고저압을 병행설치 할 때 전선간의 이격 거리는 몇 [cm] 이상이어야 하는가?

① 50 ② 60 ③ 80 ④ 100

해설

한국전기설비규정 332.8 고압 가공전선 등의 병행설치

저압 가공전선(다중접지된 중성선은 제외한다. 이하 같다)과 고압 가공전선을 동일 지지물에 시설하는 경우에는 다음에 따라야 한다.

가. 저압 가공전선을 고압 가공전선의 아래로 하고 별개의 완금류에 시설할 것

나. 저압 가공전선과 고압 가공전선 사이의 이격거리는 0.5 m 이상일 것. 다만, 각도주(角度柱) · 분기주(分岐柱) 등에서 혼촉(混觸)의 우려가 없도록 시설하는 경우에는 그러하지 아니하다.

답 : ①

예제문제 24

고압 가공 전선로의 지지물로서 B종 철주 또는 B종 철근 콘크리트주를 시설하는 경우의 최대 경간[m]은?

① 150 ② 200 ③ 250 ④ 300

해설

한국전기설비규정 332.9 고압 가공전선로 경간의 제한

지지물의 종류	경 간
목주 · A종 철주 또는 A종 철근 콘크리트주	150 m
B종 철주 또는 B종 철근 콘크리트주	250 m
철 탑	600 m

답 : ③

예제문제 25

고압 보안 공사에 있어서 지지물에 B종 철근 콘크리트주를 사용하면 그 경간[m]의 최대는?

① 100 ② 150 ③ 200 ④ 250

해설

한국전기설비규정 332.10 고압 보안공사

지지물 종류	표준 경간	저 · 고압 보안 공사	1종 특고 보안 공사	2 · 3종 특고 보안 공사	특고 시가지
목주 A종	150	100	불가	100	목주불가/75
B종	250	150	150	200	150
철탑	600	400	400	400	400

답 : ②

예제문제 26

고압 가공 전선이 인가 옆쪽의 조영재에 접근할 때 전선과 조영재와의 최소 이격 거리[m]는?

① 2.5 ② 2.0 ③ 1.6 ④ 1.2

해설

한국전기설비규정 332.11 고압 가공전선과 건조물의 접근

사용 전압 부분 공작물의 종류			저압[m]	고압[m]
건조물	기타 조영재 또는 상부조영재의 옆쪽 또는 아래쪽	일반적인 경우	1.2	1.2
		전선이 고압절연전선	0.4	1.2
		전선이 케이블인 경우	0.4	0.4
		사람이 쉽게 접근 할 수 없도록 시설한 경우	0.8	0.8

답 : ④

예제문제 27

고압 절연 전선을 사용한 고압 가공 전선이 가공 약전류 접선과 접근하는 경우의 고압 가공 전선과 가공 약전류 전선과의 이격 거리[cm]의 최소값은?

① 60 ② 80 ③ 1 ④ 1.2

해설

한국전기설비규정 332.13 고압 가공전선과 가공약전류전선 등의 접근 또는 교차

가공전선 약전류 전선	저압 가공전선		고압 가공전선	
	저압 절연전선	고압 절연전선 또는 케이블	절연전선	케이블
일반	0.6 [m]	0.3 [m]	0.8 [m]	0.4 [m]
절연전선 또는 통신용 케이블인 경우	0.3 [m]	0.15 [m]	-	-

가공전선과 약전류전선로 등의 지지물 사이의 이격거리는 저압은 0.3 m 이상, 고압은 0.6 m(전선이 케이블인 경우에는 0.3 m) 이상일 것

답 : ②

예제문제 28

고압 절연 전선을 사용한 6,600 [V] 배전선이 안테나와 접근 상태로 시설되는 경우, 그 이격 거리[cm]는?

① 60 이상 ② 80 이상 ③ 100 이상 ④ 120 이상

해설

한국전기설비규정 332.14 고압 가공전선과 안테나의 접근 또는 교차

사용 전압 부분 공작물의 종류		저압	고압
안테나	일반적인 경우	0.6 [m]	0.8 [m]
	전선이 고압 절연 전선 특고압 절연전선	0.3 [m]	0.8 [m]
	전선이 케이블인 경우	0.3 [m]	0.4 [m]

고압 가공전선로는 고압 보안공사에 의할 것

답 : ②

예제문제 29

6600 [V]의 가공 배전 선로와 식물과의 최소 이격 거리[m]는?

① 0.3
② 0.6
③ 1.0
④ 상시 불고있는 바람 등에 의하여 식물에 접촉하지 않도록 시설

해설
한국전기설비규정 332.19 고압 가공전선과 식물의 이격거리
고압 가공전선은 상시 부는 바람 등에 의하여 식물에 접촉하지 않도록 시설하여야 한다. 다만, 고압 가공절연전선을 방호구에 넣어 시설하거나 절연내력 및 내마모성이 있는 케이블을 시설하는 경우는 그러하지 아니하다.

답 : ④

예제문제 30

고압 가공 전선과 가공 약전류 전선이 공가할 경우 최소 이격 거리[m]는?

① 50 ② 75 ③ 1.5 ④ 2.0

해설
한국전기설비규정 332.21 고압 가공전선과 가공약전류전선 등의 공용설치
가공전선과 가공약전류전선 등 사이의 이격거리는 가공전선에 유선 텔레비전용 급전겸용 동축케이블을 사용한 전선으로서 그 가공전선로의 관리자와 가공약전류전선로 등의 관리자가 같을 경우 이외에는 저압(다중 접지된 중성선을 제외한다)은 0.75 m 이상, 고압은 1.5 m 이상일 것

답 : ③

333 특고압 가공전선로

333.1 시가지 등에서 특고압 가공전선로의 시설

1. 사용전압이 170 kV 이하인 전선로를 다음에 의하여 시설하는 경우
   가. 50% 충격섬락전압 값이 그 전선의 근접한 다른 부분을 지지하는 애자장치 값의 110%(사용전압이 130 kV를 초과하는 경우는 105%) 이상인 것.
   나. 아크 혼을 붙인 현수애자·장간애자(長幹碍子) 또는 라인포스트애자를 사용하는 것.
   다. 2련 이상의 현수애자 또는 장간애자를 사용하는 것.
   라. 2개 이상의 핀애자 또는 라인포스트애자를 사용하는 것.
   마. 지지물에는 철주·철근 콘크리트주 또는 철탑을 사용할 것.
   바. 지지물에는 위험 표시를 보기 쉬운 곳에 시설할 것. 다만, 사용전압이 35 kV 이하의 특고압 가공전선로의 전선에 특고압 절연전선을 사용하는 경우는 그러하지 아니하다.

사. 사용전압이 100 kV를 초과하는 특고압 가공전선에 지락 또는 단락이 생겼을 때에는 1초 이내에 자동적으로 이를 전로로부터 차단하는 장치를 시설할 것.

표 333.1-1 시가지 등에서 170 kV 이하 특고압 가공전선로의 경간 제한

지지물의 종류	경간
A종 철주 또는 A종 철근 콘크리트주	75 m
B종 철주 또는 B종 철근 콘크리트주	150 m
철탑	400 m (단주인 경우에는 300 m) 다만, 전선이 수평으로 2이상 있는 경우에 전선 상호 간의 간격이 4 m 미만인 때에는 250 m)

표 333.1-2 시가지 등에서 170 kV 이하 특고압 가공전선로 전선의 단면적

사용전압의 구분	전선의 단면적
100 kV 미만	인장강도 21.67 kN 이상의 연선 또는 단면적 55 mm^2 이상의 경동연선 또는 동등이상의 인장강도를 갖는 알루미늄 전선이나 절연전선
100 kV 이상	인장강도 58.84 kN 이상의 연선 또는 단면적 150 mm^2 이상의 경동연선 또는 동등이상의 인장강도를 갖는 알루미늄 전선이나 절연전선

표 333.1-3 시가지 등에서 170 kV 이하 특고압 가공전선로 높이

사용전압의 구분	지표상의 높이
35 kV 이하	10 m (전선이 특고압 절연전선인 경우에는 8 m)
35 kV 초과	10 m에 35 kV를 초과하는 10 kV 또는 그 단수마다 0.12 m 를 더한 값

2. 사용전압이 170 kV 초과하는 전선로를 다음에 의하여 시설하는 경우

가. 전선로는 회선수 2 이상 또는 그 전선로의 손괴에 의하여 현저한 공급지장이 발생하지 않도록 시설할 것.

나. 전선을 지지하는 애자(碍子)장치에는 아크 혼을 부착한 현수애자 또는 장간(長幹)애자를 사용할 것.

다. 전선을 인류(引留)하는 경우에는 압축형 클램프, 쐐기형 클램프 또는 이와 동등 이상의 성능을 가지는 클램프를 사용할 것.

라. 현수애자 장치에 의하여 전선을 지지하는 부분에는 아머로드를 사용할 것.

마. 경간 거리는 600 m 이하일 것.

바. 지지물은 철탑을 사용할 것.

사. 전선은 단면적 240 mm^2 이상의 강심알루미늄선 또는 이와 동등 이상의 인장강도 및 내(耐)아크 성능을 가지는 연선(撚線)을 사용할 것.

아. 전선은 압축접속에 의하는 경우 이외에는 경간 도중에 접속점을 시설하지 아니할 것.

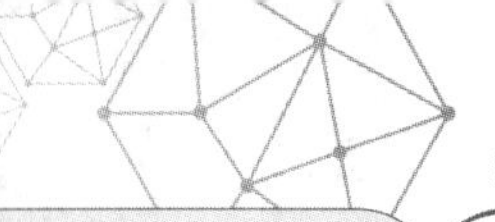

자. 전선로에 지락 또는 단락이 생겼을 때에는 1초 이내에 그리고 전선이 아크전류에 의하여 용단될 우려가 없도록 자동적으로 전로에서 차단하는 장치를 시설할 것.

지지물 종류	표준 경간	저·고압 보안 공사	1종 특고 보안 공사	2·3종 특고 보안 공사	특고 시가지
목주 A종	150	100	불가	100	목주불가 / 75
B종	250	150	150	200	150
철탑	600	400	400	400	400

333.2 유도장해의 방지

1. 특고압 가공 전선로는 다음 "가", "나"에 따르고 또한 기설 가공 전화선로에 대하여 상시정전유도작용(常時靜電誘導作用)에 의한 통신상의 장해가 없도록 시설하여야 한다.
   가. 사용전압이 60 kV 이하인 경우에는 전화선로의 길이 12 km 마다 유도전류가 2 ㎂ 를 넘지 아니하도록 할 것.
   나. 사용전압이 60 kV를 초과하는 경우에는 전화선로의 길이 40 km 마다 유도전류가 3 ㎂ 을 넘지 아니하도록 할 것.

333.3 특고압 가공케이블의 시설

특고압 가공전선로는 그 전선에 케이블을 사용하는 경우에는 다음에 따라 시설하여야 한다.

1. 케이블은 다음의 어느 하나에 의하여 시설할 것.
   가. 조가용선에 행거에 의하여 시설할 것. 이 경우에 행거의 간격은 0.5 m 이하로 하여 시설하여야 한다.
   나. 조가용선에 접촉시키고 그 위에 쉽게 부식되지 아니하는 금속 테이프 등을 0.2 m 이하의 간격을 유지시켜 나선형으로 감아 붙일 것.
2. 조가용선은 인장강도 13.93 kN 이상의 연선 또는 단면적 22 mm^2 이상의 아연도 강연선일 것.

333.4 특고압 가공전선의 굵기 및 종류

1. 특고압 가공전선은 케이블 사용
2. 케이블 이외에는 인장강도 8.71 kN 이상의 연선 또는 단면적이 22 mm^2 이상의 경동연선 또는 동등이상의 인장강도를 갖는 알루미늄 전선이나 절연전선 사용

333.5 특고압 가공전선과 지지물 등의 이격거리

특고압 가공전선과 그 지지물·완금류·지주 또는 지선 사이의 이격거리

표 333.5-1 특고압 가공전선과 지지물 등의 이격거리

사 용 전 압	이격거리(m)
15 kV 미만	0.15
15 kV 이상 25 kV 미만	0.2
25 kV 이상 35 kV 미만	0.25
35 kV 이상 50 kV 미만	0.3
50 kV 이상 60 kV 미만	0.35
60 kV 이상 70 kV 미만	0.4
70 kV 이상 80 kV 미만	0.45
80 kV 이상 130 kV 미만	0.65
130 kV 이상 160 kV 미만	0.9
160 kV 이상 200 kV 미만	1.1
200 kV 이상 230 kV 미만	1.3
230 kV 이상	1.6

기술상 부득이한 경우에 위험의 우려가 없도록 시설한 때에는 표 334.1-6에서 정한 값의 0.8배까지 감할 수 있다.

333.7 특고압 가공전선의 높이

특고압 가공전선의 높이

<table>
<tr><th>전압의 범위</th><th>일반장소</th><th>도로횡단</th><th>철도 또는 궤도횡단</th><th>횡단보도교</th></tr>
<tr><td>35 [kV] 이하</td><td>5 [m]</td><td>6 [m]</td><td>6.5 [m]</td><td>4 [m]
(특고압 절연전선 또는 케이블 사용)</td></tr>
<tr><td rowspan="2">35 [kV] 초과
160 [kV] 이하</td><td>6 [m]</td><td>6 [m]</td><td>6.5 [m]</td><td>5 [m] (케이블 사용)</td></tr>
<tr><td colspan="4">산지(山地) 등에서 사람이 쉽게 들어갈 수 없는 장소 : 5 [m] 이상</td></tr>
<tr><td rowspan="3">160 [kV] 초과</td><td colspan="2">일반장소</td><td colspan="2">가공전선의 높이 = 6 + 단수 × 0.12 [m]</td></tr>
<tr><td colspan="2">철도 또는 궤도횡단</td><td colspan="2">가공전선의 높이 = 6.5 + 단수 × 0.12 [m]</td></tr>
<tr><td colspan="2">산지</td><td colspan="2">가공전선의 높이 = 5 + 단수 × 0.12 [m]</td></tr>
</table>

※ 단수 $= \dfrac{(\text{전압 [kV]} - 160)}{10}$ = 단수 계산에서 소수점 이하는 절상한다.

333.8 특고압 가공전선로의 가공지선

특고압 가공전선로에 사용하는 가공지선(架空地線)은 다음에 따라 시설하여야 한다.

1. 가공지선에는 인장강도 8.01 kN 이상의 나선 또는 지름 5 mm 이상의 나경동선, 22 mm^2 이상의 나경동연선, 아연도강연선 22 mm^2, 또는 OPGW 전선을 사용하고 또한 이를 332.4의 규정에 준하여 시설할 것.

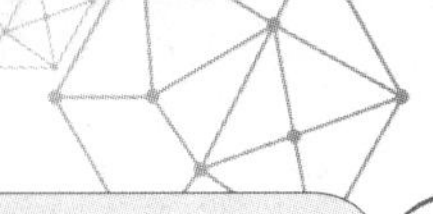

2. 지지점 이외의 곳에서 특고압 가공전선과 가공지선 사이의 간격은 지지점에서의 간격보다 적게 하지 아니할 것.
3. 가공지선 상호를 접속하는 경우에는 접속관 기타의 기구를 사용할 것.

333.10 특고압 가공전선로의 목주 시설

특고압 가공전선로의 지지물로 사용하는 목주는 다음에 따르고 또한 견고하게 시설하여야 한다.

1. 풍압하중에 대한 안전율은 1.5 이상일 것.
2. 굵기는 말구 지름 0.12 m 이상일 것.

333.11 특고압 가공전선로의 철주·철근 콘크리트주 또는 철탑의 종류

특고압 가공전선로의 지지물로 사용하는 B종 철근·B종 콘크리트주 또는 철탑의 종류는 다음과 같다.

1. 직선형 : 전선로의 직선부분(3° 이하인 수평각도를 이루는 곳을 포함한다. 이하 같다)에 사용하는 것. 다만, 내장형 및 보강형에 속하는 것을 제외한다.
2. 각도형 : 전선로중 3°를 초과하는 수평각도를 이루는 곳에 사용하는 것.
3. 인류형 : 전가섭선을 인류하는 곳에 사용하는 것.
4. 내장형 : 전선로의 지지물 양쪽의 경간의 차가 큰 곳에 사용하는 것.
5. 보강형 : 전선로의 직선부분에 그 보강을 위하여 사용하는 것.

333.13 상시 상정하중

인류형·내장형 또는 보강형·직선형·각도형의 철주·철근 콘크리트주 또는 철탑의 경우에는 제1항의 하중에 다음에 따라 가섭선 불평균 장력에 의한 수평 종하중을 가산한다.

1. 인류형의 경우에는 전가섭선에 관하여 각 가섭선의 상정 최대장력과 같은 불평균 장력의 수평 종분력에 의한 하중
2. 내장형·보강형의 경우에는 전가섭선에 관하여 각 가섭선의 상정 최대장력의 33% 와 같은 불평균 장력의 수평 종분력에 의한 하중
3. 직선형의 경우에는 전가섭선에 관하여 각 가섭선의 상정 최대장력의 3% 와 같은 불평균 장력의 수평 종분력에 의한 하중.(단 내장형은 제외한다)
4. 각도형의 경우에는 전가섭선에 관하여 각 가섭선의 상정 최대장력의 10%와 같은 불평균 장력의 수평 종분력에 의한 하중.

333.14 이상 시 상정하중

철탑의 강도계산에 사용하는 이상 시 상정하중은 풍압이 전선로에 직각방향으로 가하여지는 경우의 하중과 전선로의 방향으로 가하여지는 경우의 하중을 각각 다음에 따라 계산하여 각 부재에 대한 이들의 하중 중 그 부재에 큰 응력이 생기는 쪽의 하중을 채택한다.

1. 수직하중

   가섭선·애자장치·지지물 부재(철근 콘크리트주에 대하여는 완금류를 포함한다) 등의 중량에 의한 하중. 다만, 전선로에 현저한 수직각도가 있는 경우에는 이에 의한 수직하중을, 철주 또는 철근 콘크리트주로 지선을 사용하는 경우에는 지선의 장력에 의하여 생기는 수직분력에 의한 하중을, 풍압하중으로서 을종 풍압하중을 채택하는 경우는 가섭선의 피빙(두께 6 mm, 비중 0.9의 것으로 한다)의 중량에 의한 하중을 각각 가산한다.

2. 수평 횡하중

   전선로에 수평각도가 있는 경우의 가섭선의 상정 최대장력에 의하여 생기는 수평 횡분력에 의한 하중 및 가섭선의 절단에 의하여 생기는 비틀림 힘에 의한 하중

3. 수평 종하중

   가섭선의 절단에 의하여 생기는 불평균 장력의 수평 종분력(水平從分力)에 의한 하중 및 비틀림 힘에 의한 하중

333.16 특고압 가공전선로의 내장형 등의 지지물 시설

1. 특고압 가공전선로 중 지지물로서 B종 철주 또는 B종 철근 콘크리트주를 연속하여 10기 이상 사용하는 부분에는 10기 이하마다 장력에 견디는 형태의 철주 또는 철근 콘크리트주 1기를 시설하거나 5기 이하마다 보강형의 철주 또는 철근 콘크리트주 1기를 시설하여야 한다.
2. 특고압 가공전선로 중 지지물로서 직선형의 철탑을 연속하여 10기 이상 사용하는 부분에는 10기 이하마다 장력에 견디는 애자장치가 되어 있는 철탑 또는 이와 동등 이상의 강도를 가지는 철탑 1기를 시설하여야 한다.

333.17 특고압 가공전선과 저고압 가공전선 등의 병행설치

1. 사용전압이 35 kV 이하인 특고압 가공전선과 저압 또는 고압의 가공전선을 동일 지지물에 시설하는 경우

   가. 특고압 가공전선은 저압 또는 고압 가공전선의 위에 시설하고 별개의 완금류에 시설할 것. 다만, 특고압 가공전선이 케이블인 경우로서 저압 또는 고압 가공전선이 절연전선 또는 케이블인 경우에는 그러하지 아니하다.

   나. 특고압 가공전선은 연선일 것.

다. 저압 또는 고압 가공전선은 인장강도 8.31 kN 이상의 것 또는 케이블인 경우 이외에는 다음에 해당하는 것.

(1) 가공전선로의 경간이 50 m 이하인 경우에는 인장강도 5.26 kN 이상의 것 또는 지름 4 mm 이상의 경동선

(2) 가공전선로의 경간이 50 m 을 초과하는 경우에는 인장강도 8.01 kN 이상의 것 또는 지름 5 mm 이상의 경동선

라. 특고압 가공전선과 저압 또는 고압 가공전선사이의 이격거리는 1.2 m 이상일 것. 다만, 특고압 가공전선이 케이블로서 저압 가공전선이 절연전선이거나 케이블인 때 또는 고압 가공전선이 고압 절연전선, 특고압 절연전선 또는 케이블인 때는 0.5 m까지로 감할 수 있다.

2. 사용전압이 35 kV 을 초과하고 100 kV 미만인 특고압 가공전선과 저압 또는 고압 가공전선을 동일 지지물에 시설하는 경우

가. 특고압 가공전선로는 제2종 특고압 보안공사에 의할 것.

나. 특고압 가공전선과 저압 또는 고압 가공전선 사이의 이격거리는 2 m 이상일 것. 다만, 특고압 가공전선이 케이블인 경우에 저압 가공전선이 절연전선 혹은 케이블인 때 또는 고압 가공전선이 절연전선 혹은 케이블인 때에는 1 m 까지 감할 수 있다.

다. 특고압 가공전선은 케이블인 경우를 제외하고는 인장강도 21.67 kN 이상의 연선 또는 단면적이 50 mm^2 이상인 경동연선일 것.

라. 특고압 가공전선로의 지지물은 철주·철근 콘크리트주 또는 철탑일 것.

3. 사용전압이 100 kV 이상인 특고압 가공전선과 저압 또는 고압 가공전선은 동일 지지물에 시설하여서는 아니 된다.

4. 특고압 가공전선과 특고압 가공전선로의 지지물에 시설하는 저압의 전기기계기구에 접속하는 저압 가공전선을 동일 지지물에 시설하는 경우에는 제1의 "가"부터 "다"까지의 규정에 준하여 시설하는 이외에 특고압 가공전선과 저압 가공전선 사이의 이격거리는 표 333.17-1에서 정한 값 이상이어야 한다.

표 333.17-1 특고압 가공전선과 저고압 가공전선의 병가 시 이격거리

사용전압의 구분	이격 거리
35 kV 이하	1.2 m (특고압 가공전선이 케이블인 경우에는 0.5 m)
35 kV 초과 60 kV 이하	2 m (특고압 가공전선이 케이블인 경우에는 1 m)
60 kV 초과	2 m (특고압 가공전선이 케이블인 경우에는 1 m)에 60 kV을 초과하는 10 kV 또는 그 단수마다 0.12 m를 더한 값

한국전기설비규정 333.32 25 kV 이하인 특고압 가공전선로의 시설, 병가

특고압 가공전선과 저압 또는 고압의 가공전선을 동일 지지물에 병가하여 시설하는 경우로서 다음에 따라 시설하는 경우에는 333.17의 1의 규정에 의하지 아니할 수 있다. 다만, 특고압 가공전선의 다중접지한 중성선은 저압전선의 접지측 전선이나 중성선과 공용할 수 있다.

가. 특고압 가공전선과 저압 또는 고압의 가공전선 사이의 이격거리는 1 m 이상일 것. 다만. 특고압 가공전선이 케이블이고 저압 가공전선이 저압 절연전선이거나 케이블인 때 또는 고압 가공전선이 고압 절연전선이거나 케이블인 때에는 0.5 m까지 감할 수 있다.

나. 각도주, 분기주 등에서 혼촉의 우려가 없도록 시설하는 경우에는 "가"의 규정에 의하지 아니할 수 있다.

다. 특고압 가공전선은 저압 또는 고압의 가공전선 위로하고 별개의 완금류로 시설할 것

333.18 특고압 가공전선과 저고압 전차선의 병가

특고압 가공전선과 저압 또는 고압의 전차선을 동일 지지물에 시설하는 경우에는 333.17의 1부터 3까지를 준용한다.

한국전기설비규정 333.17 특고압 가공전선과 저고압 가공전선 등의 병행설치

1. 사용전압이 35 kV 이하인 특고압 가공전선과 저압 또는 고압의 가공전선을 동일 지지물에 시설하는 특고압 가공전선과 저압 또는 고압 가공전선사이의 이격거리는 1.2 m 이상일 것. 다만, 특고압 가공전선이 케이블로서 저압 가공전선이 절연전선이거나 케이블인 때 또는 고압 가공전선이 고압 절연전선, 특고압 절연전선 또는 케이블인 때는 0.5 m까지로 감할 수 있다.
2. 사용전압이 35 kV 을 초과하고 100 kV 미만인 특고압 가공전선과 저압 또는 고압 가공전선을 동일 지지물에 시설하는 경우에는 제4 이외에는 제1의 "다" 및 "마"의 규정에 준하여 시설하고 또한 다음에 따라 시설하여야 한다.
   가. 특고압 가공전선로는 제2종 특고압 보안공사에 의할 것.
   나. 특고압 가공전선과 저압 또는 고압 가공전선 사이의 이격거리는 2 m 이상일 것. 다만, 특고압 가공전선이 케이블인 경우에 저압 가공전선이 절연전선 혹은 케이블인 때 또는 고압 가공전선이 절연전선 혹은 케이블인 때에는 1 m 까지 감할 수 있다.
   라. 특고압 가공전선로의 지지물은 철주·철근 콘크리트주 또는 철탑일 것.

3. 사용전압이 100 kV 이상인 특고압 가공전선과 저압 또는 고압 가공전선은 제4의 경우 이외에는 동일 지지물에 시설하여서는 아니 된다.

사용전압의 구분	이격 거리
35 kV 이하	1.2 m (특고압 가공전선이 케이블인 경우에는 0.5 m)
35 kV 초과 60 kV 이하	2 m (특고압 가공전선이 케이블인 경우에는 1 m)
60 kV 초과	2 m (특고압 가공전선이 케이블인 경우에는 1 m)에 60 kV을 초과하는 10 kV 또는 그 단수마다 0.12 m를 더한 값

333.19 특고압 가공전선과 가공약전류전선 등의 공용설치

1. 사용전압이 35 kV 이하인 특고압 가공전선과 가공약전류전선 등을 동일 지지물에 시설하는 경우
   가. 특고압 가공전선로는 제2종 특고압 보안공사에 의할 것.
   나. 특고압 가공전선은 가공약전류전선 등의 위로하고 별개의 완금류에 시설할 것.
   다. 특고압 가공전선은 케이블인 경우 이외에는 인장강도 21.67 kN 이상의 연선 또는 단면적이 50 mm^2 이상인 경동연선일 것.
   라. 특고압 가공전선과 가공약전류전선 등 사이의 이격거리는 2 m 이상으로 할 것. 다만, 특고압 가공전선이 케이블인 경우에는 0.5 m 까지로 감할 수 있다.

전선의 종류	저압과 약전류전선	고압과 약전류전선	특별고압과 약전류전선
이격 거리	75[cm], 케이블 사용시 30[cm]	1.5[m], 케이블 사용시 50[cm]	2[m], 케이블 사용시 50[cm]

   마. 특고압 가공전선로의 수직배선은 가공약전류전선 등의 시설자가 지지물에 시설한 것의 2 m 위에서부터 전선로의 수직배선의 맨 아래까지의 사이는 케이블을 사용할 것.
   바. 특고압 가공전선로의 접지도체에는 절연전선 또는 케이블을 사용하고 또한 특고압 가공전선로의 접지도체 및 접지극과 가공약전류전선로 등의 접지도체 및 접지극은 각각 별개로 시설할 것.
2. 사용전압이 35 kV를 초과하는 특고압 가공전선과 가공약전류전선 등은 동일 지지물에 시설하여서는 아니 된다.

333.21 특고압 가공전선로의 경간 제한

1. 특고압 가공전선로의 경간

표 333.21-1 특고압 가공전선로의 경간 제한

지지물의 종류	경간
목주 · A종 철주 또는 A종 철근 콘크리트주	150 m
B종 철주 또는 B종 철근 콘크리트주	250 m
철탑	600 m(단주인 경우에는 400 m)

2. 특고압 가공전선로의 전선에 인장강도 21.67 kN 이상의 것 또는 단면적이 50 mm^2 이상인 경동연선을 사용하는 경우로서 그 지지물을 다음에 따라 시설할 때에는 제1의 규정에 의하지 아니할 수 있다. 이 경우에 그 전선로의 경간은 그 지지물에 목주 · A종 철주 또는 A종 철근 콘크리트주를 사용하는 경우에는 300 m 이하, B종 철주 또는 B종 철근 콘크리트주를 사용하는 경우에는 500 m 이하이어야 한다.

333.22 특고압 보안공사

1. 제1종 특고압 보안공사

표 333.22-1 제1종 특고압 보안공사 시 전선의 단면적

사용전압	전선
100 kV 미만	인장강도 21.67 kN 이상의 연선 또는 단면적 55 mm^2 이상의 경동연선 또는 동등이상의 인장강도를 갖는 알루미늄 전선이나 절연전선
100 kV 이상 300 kV 미만	인장강도 58.84 kN 이상의 연선 또는 단면적 150 mm^2 이상의 경동연선 또는 동등이상의 인장강도를 갖는 알루미늄 전선이나 절연전선
300 kV 이상	인장강도 77.47 kN 이상의 연선 또는 단면적 200 mm^2 이상의 경동연선 또는 동등이상의 인장강도를 갖는 알루미늄 전선이나 절연전선

가. 전선로의 지지물에는 B종 철주 · B종 철근 콘크리트주 또는 철탑을 사용할 것.

표 333.22-2 제1종 특고압 보안공사 시 경간 제한

지지물의 종류	경간
B종 철주 또는 B종 철근 콘크리트주	150 m
철탑	400 m (단주인 경우에는 300 m)

나. 전선이 다른 시설물과 접근하거나 교차하는 경우에는 그 전선을 지지하는 애자장치는 다음의 어느 하나에 의할 것.

(1) 현수애자 또는 장간애자를 사용하는 경우, 50% 충격섬락전압(衝擊閃絡電壓) 값이 그 전선의 근접하는 다른 부분을 지지하는 애자장치의 값의 110%(사용전압이 130 kV를 초과하는 경우는 105%) 이상인 것.

(2) 아크혼을 붙인 현수애자 · 장간애자 또는 라인포스트애자를 사용한 것

(3) 2련 이상의 현수애자 또는 장간애자를 사용한 것.

다. 특고압 가공전선에 지락 또는 단락이 생겼을 경우에 3초(사용전압이 100 kV 이상인 경우에는 2초) 이내에 자동적으로 이것을 전로로부터 차단하는 장치를 시설할 것.

2. 제2종 특고압 보안공사

가. 특고압 가공전선은 연선일 것.

나. 지지물로 사용하는 목주의 풍압하중에 대한 안전율은 2 이상일 것.

표 333.22-3 제2종 특고압 보안공사 시 경간 제한

지지물의 종류	경간
목주 · A종 철주 또는 A종 철근 콘크리트주	100 m
B종 철주 또는 B종 철근 콘크리트주	200 m
철탑	400 m (단주인 경우에는 300 m)

다. 전선이 다른 시설물과 접근하거나 교차하는 경우에는 그 특고압 가공전선을 지지하는 애자장치는 다음의 어느 하나에 의할 것.

(1) 50% 충격섬락전압 값이 그 전선의 근접하는 다른 부분을 지지하는 애자장치의 값의 110%(사용전압이 130 kV를 초과하는 경우에는 105%) 이상인 것.

(2) 아크혼을 붙인 현수애자 · 장간애자 또는 라인포스트애자를 사용한 것.

(3) 2련 이상의 현수애자 또는 장간애자를 사용한 것.

(4) 2개 이상의 핀애자 또는 라인포스트애자를 사용한 것.

3. 제3종 특고압 보안공사

특고압 가공전선은 연선일 것.

표 333.22-4 제3종 특고압 보안공사 시 경간 제한

지지물 종류	경간
목주 · A종 철주 또는 A종 철근 콘크리트주	100 m (전선의 인장강도 14.51 kN 이상의 연선 또는 단면적이 38 mm^2 이상인 경동연선을 사용하는 경우에는 150 m)
B종 철주 또는 B종 철근 콘크리트주	200 m (전선의 인장강도 21.67 kN 이상의 연선 또는 단면적이 55 mm^2 이상인 경동연선을 사용하는 경우에는 250 m)
철탑	400 m (전선의 인장강도 21.67 kN 이상의 연선 또는 단면적이 55 mm^2 이상인 경동연선을 사용하는 경우에는 600 m) 다만, 단주의 경우에는 300 m (전선의 인장강도 21.67 kN 이상의 연선 또는 단면적이 55 mm^2 이상인 경동연선을 사용하는 경우에는 400 m)

보안공사 경간정리

지지물 종류	표준 경간	저·고압 보안 공사	1종 특고 보안 공사	2·3종 특고 보안 공사	특고 시가지
목주 A종	150	100	불가	100	목주불가 / 75
B종	250	150	150	200	150
철탑	600	400	400	400	400

333.23 특고압 가공전선과 건조물의 접근

한국전기설비규정 333.23 특고압 가공전선과 건조물의 접근
제1차 접근 상태 : 제3종 특고 보안 공사
제2차 접근 상태 (35 [kV] 이하) : 제2종 특고 보안 공사
제2차 접근 상태 (35 [kV] 초과 400 [kV] 미만) : 제1종 특고 보안 공사

1. 특고압 가공전선이 건조물과 제1차 접근상태로 시설되는 경우
   가. 특고압 가공전선로는 제3종 특고압 보안공사에 의할 것.
   나. 사용전압이 35 kV 이하인 특고압 가공전선과 건조물의 조영재 이격거리

표 333.23-1 특고압 가공전선과 건조물의 이격거리(제1차 접근상태)

건조물과 조영재의 구분	전선종류	접근형태	이격거리
상부 조영재	특고압 절연전선	위쪽	2.5 m
		옆쪽 또는 아래쪽	1.5 m (전선에 사람이 쉽게 접촉할 우려가 없도록 시설한 경우는 1 m)
	케이블	위쪽	1.2 m
		옆쪽 또는 아래쪽	0.5 m
	기타전선		3 m
기타 조영재	특고압 절연전선		1.5 m (전선에 사람이 쉽게 접촉할 우려가 없도록 시설한 경우는 1 m)
	케이블		0.5 m
	기타 전선		3 m

   다. 사용전압이 35 kV를 초과하는 특고압 가공전선과 건조물과의 이격거리는 건조물의 조영재 구분 및 전선종류에 따라 각각 "나"의 규정 값에 35 kV 을 초과하는 10 kV 또는 그 단수마다 15 cm을 더한 값 이상일 것.
2. 사용전압이 400 kV 이상의 특고압 가공전선이 건조물과 제2차 접근상태로 있는 경우

가. 전선높이가 최저상태일 때 가공전선과 건조물 상부[지붕·챙(차양: 遮陽)·옷 말리는 곳 기타 사람이 올라갈 우려가 있는 개소를 말한다]와의 수직거리가 28 m 이상일 것.

나. 건조물 최상부에서 전계(3.5 kV/m) 및 자계(83.3 μT)를 초과하지 아니할 것.

다. 독립된 주거생활을 할 수 있는 단독주택, 공동주택 및 학교, 병원 등 불특정 다수가 이용하는 다중 이용 시설의 건조물이 아닐 것.

라. 건조물은 「건축물의 피난·방화구조 등의 기준에 관한 규칙」 제3조(내화구조)에 적합할 것.

333.24 특고압 가공전선과 도로 등의 접근 또는 교차

1. 특고압 가공전선이 도로·횡단보도교·철도 또는 궤도와 제1차 접근 상태로 시설되는 경우에

가. 특고압 가공전선로는 제3종 특고압 보안공사에 의할 것.

나. 특고압 가공전선과 도로 등 사이의 이격거리는 표 333.24-1에서 정한 값 이상일 것. 다만, 특고압 절연전선을 사용하는 사용전압이 35 kV 이하의 특고압 가공전선과 도로 등 사이의 수평 이격거리가 1.2 m 이상인 경우에는 그러하지 아니하다.

표 333.24-1 특고압 가공전선과 도로 등과 접근 또는 교차 시 이격거리

사용전압의 구분	이격 거리
35 kV 이하	3 m
35 kV 초과	3 m에 사용전압이 35 kV를 초과하는 10 kV 또는 그 단수마다 0.15 m 을 더한 값

3. 특고압 가공전선로는 제2종 특고압 보안공사에 의할 것. 다만, 특고압 가공전선과 도로 등 사이에 다음에 의하여 보호망을 시설하는 경우에는 제2종 특고압 보안공사(애자장치에 관계되는 부분에 한한다)에 의하지 아니할 수 있다.

가. 보호망은 140의 규정에 준하여 접지공사를 한 금속제의 망상장치로 하고 견고하게 지지할 것.

나. 보호망을 구성하는 금속선은 그 외주(外周) 및 특고압 가공전선의 직하에 시설하는 금속선에는 인장강도 8.01 kN 이상의 것 또는 지름 5 mm 이상의 경동선을 사용하고 그 밖의 부분에 시설하는 금속선에는 인장강도 5.26 kN 이상의 것 또는 지름 4 mm 이상의 경동선을 사용할 것.

다. 보호망을 구성하는 금속선 상호의 간격은 가로, 세로 각 1.5 m 이하일 것.

라. 보호망이 특고압 가공전선의 외부에 뻗은 폭은 특고압 가공전선과 보호망과의 수직거리의 2분의 1 이상일 것. 다만, 6 m를 넘지 아니하여도 된다.

마. 보호망을 운전이 빈번한 철도선로의 위에 시설하는 경우에는 경동선 그 밖에 쉽게 부식되지 아니하는 금속선을 사용할 것.

333.25 특고압 가공전선과 삭도의 접근 또는 교차

1. 특고압 가공전선이 삭도와 제1차 접근상태로 시설되는 경우
   가. 특고압 가공전선로는 제3종 특고압 보안공사에 의할 것.
   나. 특고압 가공전선과 삭도 또는 삭도용 지주 사이의 이격거리

표 333.25-1 특고압 가공전선과 삭도의 접근 또는 교차 시 이격거리(제1차 접근상태)

사용전압의 구분	이격거리
35 kV 이하	2 m (전선이 특고압 절연전선인 경우는 1 m, 케이블인 경우는 0.5 m)
35 kV 초과 60 kV 이하	2 m
60 kV 초과	2 m에 사용전압이 60 kV를 초과하는 10 kV 또는 그 단수마다 0.12 m 더한 값

2. 특고압 가공전선이 삭도와 제2차 접근상태로 시설되는 경우
   가. 특고압 가공전선로는 제2종 특고압 보안공사에 의할 것.
   나. 특고압 가공전선과 삭도 또는 그 지주 사이의 이격거리는 제1의 "나"의 규정에 준할 것.
   다. 특고압 가공전선 중 삭도에서 수평거리로 3 m 미만으로 시설되는 부분의 길이가 연속하여 50 m 이하이고 또한 1경간 안에서의 그 부분의 길이의 합계가 50 m 이하일 것. 다만, 사용전압이 35 kV 이하인 특고압 가공전선로를 시설하는 경우 또는 사용전압이 35 kV를 초과하는 특고압 가공전선로를 제1종 특고압 보안공사에 의하여 시설하는 경우에는 그러하지 아니하다.

333.26 특고압 가공전선과 저고압 가공전선 등의 접근 또는 교차

1. 특고압 가공전선이 가공약전류전선 등 저압 또는 고압의 가공전선이나 저압 또는 고압의 전차선과 제1차 접근상태로 시설되는 경우
   가. 특고압 가공전선로는 제3종 특고압 보안공사에 의할 것.
   나. 특고압 가공전선과 저고압 가공 전선 등 또는 이들의 지지물이나 지주 사이의 이격거리

표 333.26-1 특고압 가공전선과 저고압 가공전선 등의 접근 또는 교차 시 이격거리(제1차 접근상태)

사용전압의 구분	이격 거리
60 kV 이하	2 m
60 kV 초과	2 m에 사용전압이 60 kV를 초과하는 10 kV 또는 그 단수마다 0.12 m 을 더한 값

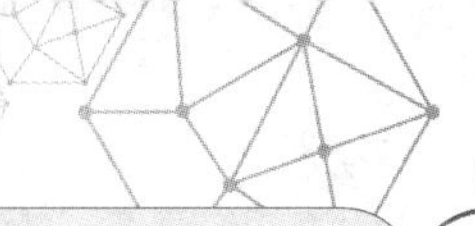

333.27 특고압 가공전선 상호 간의 접근 또는 교차

1. 특고압 가공전선이 다른 특고압 가공전선과 접근상태로 시설되거나 교차하여 시설되는 경우에는 제3의 경우 이외에는 다음에 따라야 한다.
   가. 위쪽 또는 옆쪽에 시설되는 특고압 가공전선로는 제3종 특고압 보안공사에 의할 것.
   나. 위쪽 또는 옆쪽에 시설되는 특고압 가공전선로의 지지물로 사용하는 목주·철주 또는 철근 콘크리트주에는 다음에 의하여 지선을 시설할 것.
   다. 특고압 가공전선과 다른 특고압 가공전선 사이의 이격거리는 333.26의 1의 "나"의 규정에 준할 것. 다만, 각 특고압 가공전선의 사용전압이 35 kV 이하로서 다음의 어느 하나에 해당하는 경우는 그러하지 아니하다.
      (1) 특고압 가공전선에 케이블을 사용하고 다른 특고압 가공전선에 특고압 절연전선 또는 케이블을 사용하는 경우로 상호 간의 이격거리가 0.5 m 이상인 경우
      (2) 각각의 특고압 가공전선에 특고압 절연전선을 사용하는 경우로 상호 간의 이격거리가 1 m 이상인 경우

한국전기설비규정 333.26 특고압 가공전선과 저고압 가공전선 등의 접근 또는 교차 1항

나. 특고압 가공전선과 저고압 가공 전선 등 또는 이들의 지지물이나 지주 사이의 이격거리는 표 333.26-1에서 정한 값 이상일 것.

표 333.26-1 특고압 가공전선과 저고압 가공전선 등의 접근 또는 교차 시 이격거리(제1차 접근상태)

사용전압의 구분	이격 거리
60 kV 이하	2 m
60 kV 초과	2 m에 사용전압이 60 kV를 초과하는 10 kV 또는 그 단수마다 0.12 m 을 더한 값

   라. 특고압 가공전선과 다른 특고압 가공전선로의 지지물 사이의 이격거리는 333.25의 1의 "나"의 규정에 준할 것.

333.25 특고압 가공전선과 삭도의 접근 또는 교차 1항

나. 특고압 가공전선과 삭도 또는 삭도용 지주 사이의 이격거리는 표 333.25-1에서 정한 값 이상일 것.

표 333.25-1 특고압 가공전선과 삭도의 접근 또는 교차 시 이격거리(제1차 접근상태)

사용전압의 구분	이격거리
35 kV 이하	2 m (전선이 특고압 절연전선인 경우는 1 m, 케이블인 경우는 0.5 m)
35 kV 초과 60 kV 이하	2 m
60 kV 초과	2 m에 사용전압이 60 kV를 초과하는 10 kV 또는 그 단수마다 0.12 m 더한 값

333.28 특고압 가공전선과 다른 시설물의 접근 또는 교차

1. 특고압 절연전선 또는 케이블을 사용하는 사용전압이 35 kV 이하의 특고압 가공전선과 다른 시설물 사이의 이격거리

표 333.28-1 35 kV 이하 특고압 가공전선(절연전선 및 케이블 사용한 경우)과 다른 시설물 사이의 이격거리

다른 시설물의 구분	접근형태	이격거리
조영물의 상부조영재	위쪽	2 m (전선이 케이블인 경우는 1.2 m)
	옆쪽 또는 아래쪽	1 m (전선이 케이블인 경우는 0.5 m)
조영물의 상부조영재 이외의 부분 또는 조영물 이외의 시설물		1 m (전선이 케이블인 경우는 0.5 m)

333.30 특고압 가공전선과 식물의 이격거리

특고압 가공전선과 식물 사이의 이격거리에 대하여는 333.26의 1의 "나"의 규정을 준용한다. 다만, 사용전압이 35 kV 이하인 특고압 가공전선을 다음의 어느 하나에 따라 시설하는 경우에는 그러하지 아니하다.

1. 고압 절연전선을 사용하는 특고압 가공전선과 식물 사이의 이격거리가 0.5 m 이상인 경우
2. 특고압 절연전선 또는 케이블을 사용하는 특고압 가공전선과 식물이 접촉하지 않도록 시설하는 경우 또는 특고압 수밀형 케이블을 사용하는 특고압 가공전선과 식물의 접촉에 관계없이 시설하는 경우

333.26 특고압 가공전선과 저고압 가공전선 등의 접근 또는 교차. 1항

나. 특고압 가공전선과 저고압 가공 전선 등 또는 이들의 지지물이나 지주 사이의 이격거리는 표 333.26-1에서 정한 값 이상일 것.

표 333.26-1 특고압 가공전선과 저고압 가공전선 등의 접근 또는 교차 시 이격거리(제1차 접근상태)

사용전압의 구분	이격 거리
60 kV 이하	2 m
60 kV 초과	2 m에 사용전압이 60 kV를 초과하는 10 kV 또는 그 단수마다 0.12 m 을 더한 값

333.31 특고압 옥측전선로 등에 인접하는 가공전선의 시설

특고압 옥측 전선로 또는 335.9의 2에 의하여 시설하는 특고압 전선로에 인접하는 1경간의 가공전선은 331.12.2(1은 제외한다)의 규정에 준하여 시설하여야 한다.

> 한국전기설비규정 331.12.2 특고압 가공인입선의 시설
> ① 변전소 또는 개폐소에 준하는 곳 이외의 곳에 인입하는 특고압 가공 인입선은 사용전압이 100 kV 이하이며 또한 전선에 케이블을 사용하는 경우 이외에 333.7, 333.23부터 333.28까지 및 333.30의 규정에 준하여 시설하여야 한다.
> ② 사용전압이 35 kV 이하이고 또한 전선에 케이블을 사용하는 경우에 특고압 가공 인입선의 높이는 그 특고압 가공 인입선이 도로 · 횡단보도교 · 철도 및 궤도를 횡단하는 이외의 경우에 한하여 제1 및 제2에서 준용하는 333.7의 1의 규정에 불구하고 지표상 4 m 까지로 감할 수 있다.
> ③ 특고압 인입선의 옥측부분 또는 옥상부분은 사용전압이 100 kV 이하이며 또한 331.13.1의 2부터 5까지의 규정에 준하여 시설하여야 한다. 이 경우에 331.13.1의 2의 "라" 조문 중 "332.2(3은 제외한다)"은 333.3으로 본다.

333.32 25 kV 이하인 특고압 가공전선로의 시설

1. 사용전압이 15 kV 이하인 특고압 가공전선로(중성선 다중접지식의 것으로서 전로에 지락이 생겼을 때 2초 이내에 자동적으로 이를 전로로부터 차단하는 장치가 되어 있는 것에 한한다.)
2. 사용전압이 15 kV 이하인 특고압 가공전선로의 중성선의 다중접지 및 중성선의 시설은 다음에 의할 것.
   가. 접지공사는 140의 규정에 준하고 또한 접지한 곳 상호 간의 거리는 전선로에 따라 300 m 이하일 것.
   나. 각 접지도체를 중성선으로부터 분리하였을 경우의 각 접지점의 대지 전기저항값과 1 km 마다의 중성선과 대지사이의 합성 전기저항 값

표 333.32-1 15 kV 이하인 특고압 가공전선로의 전기저항 값

각 접지점의 대지 전기저항 값	1 km마다의 합성 전기저항 값
300 Ω	30 Ω

   다. 특고압 가공전선로의 다중접지를 한 중성선은 저압 가공전선의 규정에 준하여 시설할 것.

한국전기설비규정 332.5 고압 가공전선의 높이

1. 고압 가공전선의 높이는 다음에 따라야 한다.
   가. 도로[농로 기타 교통이 번잡하지 않은 도로 및 횡단보도교(도로·철도·궤도 등의 위를 횡단하여 시설하는 다리모양의 시설물로서 보행용으로만 사용되는 것을 말한다. 이하 같다.)를 제외한다. 이하 같다.]를 횡단하는 경우에는 지표상 6 m 이상
   나. 철도 또는 궤도를 횡단하는 경우에는 레일면상 6.5 m 이상
   다. 횡단보도교의 위에 시설하는 경우에는 그 노면상 3.5 m 이상
   라. "가"부터 "다"까지 이외의 경우에는 지표상 5 m 이상

마. 다중접지한 중성선은 저압전로의 접지측 전선이나 중성선과 공용할 수 있다.

3. 사용전압이 15 kV를 초과하고 25 kV 이하인 특고압 가공전선로(중성선 다중접지식의 것으로서 전로에 지락이 생겼을 때에 2초 이내에 자동적으로 이를 전로로부터 차단하는 장치가 되어 있는 것에 한한다.)

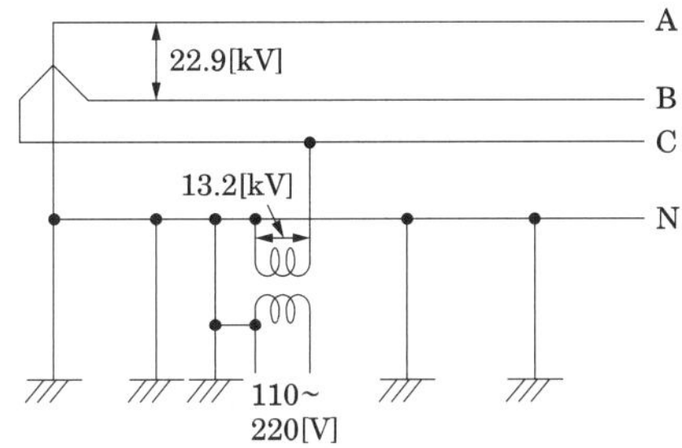

표 333.32-2 15 kV 초과 25 kV 이하인 특고압 가공전선로 경간 제한

지지물의 종류	경간
목주 · A종 철주 또는 A종 철근 콘크리트주	100 m
B종 철주 또는 B종 철근 콘크리트주	150 m
철탑	400 m

나. 특고압 가공전선(다중접지를 한 중성선을 제외한다. 이하 같다) 이 건조물과 접근하는 경우에 특고압 가공전선과 건조물의 조영재 사이의 이격거리

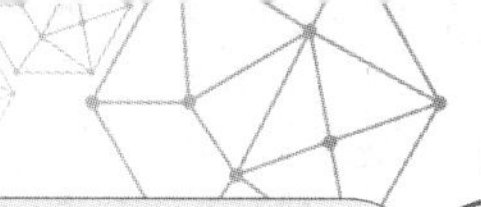

표 333.32-3 15 kV 초과 25 kV 이하 특고압 가공전선로 이격거리(1)

건조물의 조영재	접근형태	전선의 종류	이격거리
상부 조영재	위쪽	나전선	3.0 m
		특고압 절연전선	2.5 m
		케이블	1.2 m
	옆쪽 또는 아래쪽	나전선	1.5 m
		특고압 절연전선	1.0 m
		케이블	0.5 m
기타의 조영재		나전선	1.5 m
		특고압 절연전선	1.0 m
		케이블	0.5 m

다. 특고압 가공전선이 도로, 횡단보도교, 철도, 궤도(이하 "도로 등"이라 한다)와 접근하는 경우

(1) 특고압 가공전선이 도로 등의 아래쪽에서 접근하여 시설될 때에는 상호 간의 이격거리

표 333.32-4 15 kV 초과 25 kV 이하 특고압 가공전선로 이격거리(2)

전선의 종류	이격거리
나전선	1.5 m
특고압 절연전선	1.0 m
케이블	0.5 m

라. 특고압 가공전선이 삭도와 접근 또는 교차하는 경우

(1) 특고압 가공전선이 삭도와 접근상태로 시설되는 경우에 삭도 또는 그 지주 사이의 이격거리

표 333.32-5 15 kV 초과 25 kV 이하 특고압 가공전선로 이격거리(3)

전선의 종류	이격거리
나전선	2.0 m
특고압 절연전선	1.0 m
케이블	0.5 m

마. 특고압 가공전선이 가공약전류전선 등 · 저압 또는 고압의 가공전선·안테나(가섭선에 의하여 시설하는 것을 포함한다. 이하 이 호에서 같다) 저압 또는 고압의 전차선(이하 "저고압 가공전선 등"이라 한다)과 접근 또는 교차하는 경우

(1) 특고압 가공전선이 저고압 가공전선 등과 접근상태로 시설되는 경우에 이의 이격거리(가공약전류전선 등과 가섭선에 의하여 시설하는 안테나는 수평 이격거리)는 표 333.32-7에서 정한 값 이상일 것. 다만, 가공약전류전선 등이 다음의 어느 하나에 해당하는 경우에는 그러하지 아니하다.

(가) 특고압 가공전선과 가공약전류전선 등의 수직 이격거리가 6 m 이상인 때
(나) 가공약전류전선로 등의 관리자의 승낙을 얻은 경우에 특고압 가공전선과 가공약전류전선 등과의 이격거리가 2.0 m 이상인 때

표 333.32-7 15 kV 초과 25 kV 이하 특고압 가공전선로 이격거리(5)

구분	가공전선의 종류	이격(수평이격)거리
가공약전류전선 등·저압 또는 고압의 가공전선·저압 또는 고압의 전차선·안테나	나전선	2.0 m
	특고압 절연전선	1.5 m
	케이블	0.5 m
가공약전류전선로 등·저압 또는 고압의 가공전선로·저압 또는 고압의 전차선로의 지지물	나전선	1.0 m
	특고압 절연전선	0.75 m
	케이블	0.5 m

바. 특고압 가공전선로가 상호 간 접근 또는 교차하는 경우
(1) 특고압 가공전선이 다른 특고압 가공전선과 접근 또는 교차하는 경우의 이격거리

표 333.32-9 15 kV 초과 25 kV 이하 특고압 가공전선로 이격거리(6)

사용전선의 종류	이격거리
어느 한쪽 또는 양쪽이 나전선인 경우	1.5 m
양쪽이 특고압 절연전선인 경우	1.0 m
한쪽이 케이블이고 다른 한쪽이 케이블이거나 특고압 절연전선인 경우	0.5 m

(2) 특고압 가공전선과 다른 특고압 가공전선로의 지지물 사이의 이격거리는 1 m (사용전선이 케이블인 경우에는 0.6 m) 이상일 것.

자. 특고압 가공전선과 식물 사이의 이격거리는 1.5 m 이상일 것. 다만, 특고압 가공전선이 특고압 절연전선이거나 케이블인 경우로서 특고압 가공전선을 식물에 접촉하지 아니하도록 시설하는 경우에는 그러하지 아니하다.

차. 특고압 가공전선로의 중성선의 다중 접지는 다음에 의할 것.
(1) 접지도체는 공칭단면적 6 mm^2 이상의 연동선 또는 이와 동등 이상의 세기 및 굵기의 쉽게 부식하지 않는 금속선으로서 고장 시에 흐르는 전류가 안전하게 통할 수 있는 것일 것.
(2) 접지공사는 140의 규정에 준하고 또한 각각 접지한 곳 상호 간의 거리는 전선로에 따라 150 m 이하일 것.
(3) 각 접지도체를 중성선으로부터 분리하였을 경우의 각 접지점의 대지 전기저항 값과 1 km마다 중성선과 대지 사이의 합성전기저항 값

표 333.32-11 15 kV 초과 25 kV 이하 특고압 가공전선로의 전기저항 값

각 접지점의 대지 전기저항 값	1 km 마다의 합성 전기저항 값
300 Ω	15 Ω

예제문제 31

시가지에 시설하는 특고압 가공 전선로용 지지물로 사용해서는 안 되는 것은?

① 철주 ② 철탑 ③ 목주 ④ 철근 콘크리트주

해설
한국전기설비규정 333.1 시가지 등에서 특고압 가공전선로의 시설
지지물에는 철주 · 철근 콘크리트주 또는 철탑을 사용할 것

답 : ③

예제문제 32

사용 전압 60,000 [V] 이하의 특고압 가공 전선로에서 전화 선로의 길이 12 [km]마다의 유도 전류는 몇 [μA]로 제한하였는가?

① 1 ② 1.5 ③ 2 ④ 3

해설
한국전기설비규정 333.2 유도장해의 방지
특고압 가공 전선로는 다음 "가", "나"에 따르고 또한 기설 가공 전화선로에 대하여 상시정전유도작용(常時靜電誘導作用)에 의한 통신상의 장해가 없도록 시설하여야 한다. 다만, 가공 전화선이 통신용 케이블인 때 가공 전화선로의 관리자로부터 승낙을 얻은 경우에는 그러하지 아니하다.

가. 사용전압이 60 kV 이하인 경우에는 전화선로의 길이 12 km마다 유도전류가 2 μA를 넘지 아니하도록 할 것
나. 사용전압이 60 kV를 초과하는 경우에는 전화선로의 길이 40 km마다 유도전류가 3 μA을 넘지 아니하도록 할 것

답 : ③

예제문제 33

최대 사용 전압 22.9 [kV]인 가공 전선과 지지물과의 이격 거리는 일반적으로 몇 [cm] 이상이어야 하는가?

① 5 ② 10 ③ 15 ④ 20

해설
한국전기설비규정 333.5 특고압 가공전선과 지지물 등의 이격거리

사용전압	이격거리(m)
15 kV 미만	0.15
15 kV 이상 25 kV 미만	0.2
25 kV 이상 35 kV 미만	0.25
35 kV 이상 50 kV 미만	0.3
50 kV 이상 60 kV 미만	0.35
60 kV 이상 70 kV 미만	0.4
70 kV 이상 80 kV 미만	0.45
80 kV 이상 130 kV 미만	0.65
130 kV 이상 160 kV 미만	0.9
160 kV 이상 200 kV 미만	1.1
200 kV 이상 230 kV 미만	1.3
230 kV 이상	1.6

답 : ④

예제문제 34

345 [kV] 특고압 송전선을 사람이 용이하게 들어가지 않는 산지에 시설할 때 전선의 최소 높이는 지표상 얼마인가?

① 7.28 [m]　② 7.85 [m]　③ 8.28 [m]　④ 9.28 [m]

해설

한국전기설비규정 333.7 특고압 가공전선의 높이

<table>
<tr><th>전압의 범위</th><th>일반장소</th><th>도로횡단</th><th>철도 또는 궤도횡단</th><th colspan="2">횡단보도교</th></tr>
<tr><td>35 [kV] 이하</td><td>5 [m]</td><td>6 [m]</td><td>6.5 [m]</td><td colspan="2">4 [m]
(특고압 절연전선 또는 케이블 사용)</td></tr>
<tr><td rowspan="2">35 [kV] 초과
160 [kV] 이하</td><td>6 [m]</td><td>6 [m]</td><td>6.5 [m]</td><td colspan="2">5 [m] (케이블 사용)</td></tr>
<tr><td colspan="5">산지(山地) 등에서 사람이 쉽게 들어갈 수 없는 장소 : 5 [m] 이상</td></tr>
<tr><td rowspan="3">160 [kV] 초과</td><td colspan="2">일반장소</td><td colspan="3">가공전선의 높이 = 6 + 단수 × 0.12 [m]</td></tr>
<tr><td colspan="2">철도 또는 궤도횡단</td><td colspan="3">가공전선의 높이 = 6.5 + 단수 × 0.12 [m]</td></tr>
<tr><td colspan="2">산지</td><td colspan="3">가공전선의 높이 = 5 + 단수 × 0.12 [m]</td></tr>
</table>

∴ 단수 $= \dfrac{345-160}{10} = 18.4 \rightarrow 19$단

∴ 산지 등에서 시설하는 경우 지표상 높이 $= 5 + 19 \times 0.12 = 7.28$ [m]

답 : ①

예제문제 35

특고압 가공 전선로에 사용하는 가공 지선에는 지름 몇 [mm]의 나경동선 또는 이와 동등 이상의 세기 및 굵기의 나선을 사용하여야 하는가?

① 2.6　② 3.5　③ 4　④ 5

해설

한국전기설비규정 333.8 특고압 가공전선로의 가공지선

가공지선에는 인장강도 8.01 kN 이상의 나선 또는 지름 5 mm 이상의 나경동선, 22 mm^2 이상의 나경동연선, 아연도강연선 22 mm^2, 또는 OPGW 전선을 사용하고 또한 이를 332.4의 규정에 준하여 시설할 것

답 : ④

예제문제 36

특고압 가공전선로의 지지물로 사용하는 목주의 풍압 하중에 대한 안전율은 얼마 이상이어야 하는가?

① 1.2 이상　② 1.5 이상

③ 2.0 이상　④ 2.5 이상

해설

한국전기설비규정 333.10 특고압 가공전선로의 목주 시설

특고압 가공전선로의 지지물로 사용하는 목주는 다음에 따르고 또한 견고하게 시설하여야 한다.

가. 풍압하중에 대한 안전율은 1.5 이상일 것

나. 굵기는 말구 지름 0.12 m 이상일 것

답 : ②

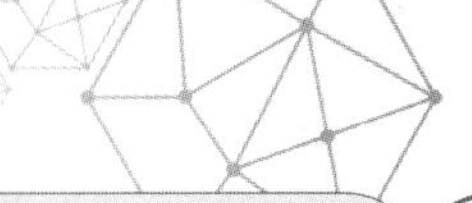

예제문제 37

특고압 가공 전선로의 B종 철주 중 각도형은 전선로 중 몇 [°]를 넘는 수평 각도를 이루는 곳에 사용되는가?

① 1°　② 2°　③ 3°　④ 5°

해설

한국전기설비규정 333.11 특고압 가공전선로의 철주 · 철근 콘크리트주 또는 철탑의 종류
각도형 : 전선로 중 3°를 초과하는 수평각도를 이루는 곳에 사용하는 것

답 : ③

예제문제 38

내장형 · 보강형 철탑은 전가섭선에 관하여 각가섭선의 상정 최대 장력의 얼마와 같은 불평균 장력의 수평 종분력에 의한 하중을 가산하여야 하는가?

① 3%　② 10%　③ 22%　④ 33%

해설

한국전기설비규정 333.13 상시 상정하중

① 인류형의 경우에는 전가섭선에 관하여 각 가섭선의 상정 최대장력과 같은 불평균 장력의 수평 종분력에 의한 하중
② 내장형 · 보강형의 경우에는 전가섭선에 관하여 각 가섭선의 상정 최대장력의 33%와 같은 불평균 장력의 수평 종분력에 의한 하중
③ 직선형의 경우에는 전가섭선에 관하여 각 가섭선의 상정 최대장력의 3%와 같은 불평균 장력의 수평 종분력에 의한 하중(단 내장형은 제외한다)
④ 각도형의 경우에는 전가섭선에 관하여 각 가섭선의 상정 최대장력의 10%와 같은 불평균 장력의 수평 종분력에 의한 하중

답 : ④

예제문제 39

특고압 가공 전선로 중 지지물로 하여 직선형의 철탑을 계속하여 10기 이상 사용하는 부분에는 10기 이하마다 내장 애자 장치를 가지는 철탑 또는 이와 동등 이상의 강도를 가지는 철탑 몇 기를 시설하여야 하는가?

① 1기　② 3기　③ 6기　④ 8기

해설

한국전기설비규정 333.16 특고압 가공전선로의 내장형 등의 지지물 시설
특고압 가공전선로 중 지지물로서 직선형의 철탑을 연속하여 10기 이상 사용하는 부분에는 10기 이하마다 장력에 견디는 애자장치가 되어 있는 철탑 또는 이와 동등 이상의 강도를 가지는 철탑 1기를 시설하여야 한다.

답 : ①

예제문제 40

사용 전압이 22 [kV]의 특고압 가공 전선과 고압 가공 전선을 동일 지지물에 병가하는 경우의 이격 거리는 최소 몇 [m]인가?

① 1.0 ② 1.2 ③ 1.5 ④ 2.0

해설

한국전기설비규정 333.17 특고압 가공전선과 저고압 가공전선 등의 병행설치

사용전압의 구분	이격거리
35 kV 이하	1.2 m(특고압 가공전선이 케이블인 경우에는 0.5 m)
35 kV 초과 60 kV 이하	2 m(특고압 가공전선이 케이블인 경우에는 1 m)
60 kV 초과	2 m(특고압 가공전선이 케이블인 경우에는 1 m)에 60 kV을 초과하는 10 kV 또는 그 단수마다 0.12 m를 더한 값

답 : ②

예제문제 41

사용 전압 66,000 [V]인 특고압 가공 전선로에 고압 가공 전선을 병가하는 경우 특고압 가공 전선로는 어느 종류의 보안 공사를 하여야 하는가?

① 고압 보안 공사 ② 제1종 특고압 보안 공사
③ 제2종 특고압 보안 공사 ④ 제3종 특고압 보안 공사

해설

한국전기설비규정 333.19 특고압 가공전선과 가공약전류전선 등의 공용설치

1. 사용전압이 35 kV 이하인 특고압 가공전선과 가공약전류전선 등(전력보안 통신선 및 전기철도의 전용부지 안에 시설하는 전기철도용 통신선을 제외한다. 이하 같다)을 동일 지지물에 시설하는 경우
   가. 특고압 가공전선로는 제2종 특고압 보안공사에 의할 것
   나. 특고압 가공전선은 가공약전류전선 등의 위로하고 별개의 완금류에 시설할 것
   다. 특고압 가공전선은 케이블인 경우 이외에는 인장강도 21.67 kN 이상의 연선 또는 단면적이 50 mm^2 이상인 경동연선일 것
   라. 특고압 가공전선과 가공약전류전선 등 사이의 이격거리는 2 m 이상으로 할 것. 다만, 특고압 가공전선이 케이블인 경우에는 0.5 m까지로 감할 수 있다.

답 : ③

예제문제 42

특고압 가공 전선로의 철탑의 경간은 얼마 이하로 하여야 하는가?

① 400 [m] ② 500 [m] ③ 600 [m] ④ 800 [m]

해설

한국전기설비규정 333.21 특고압 가공전선로의 경간 제한

지지물의 종류	경간
목주 · A종 철주 또는 A종 철근 콘크리트주	150 m
B종 철주 또는 B종 철근 콘크리트주	250 m
철탑	600 m(단주인 경우에는 400 m)

답 : ③

예제문제 43

사용 전압이 35,000 [V] 이하인 특고압 가공 전선이 건조물과 제2차 접근 상태에 시설되는 경우에 특고압 가공 전선로는 어떤 보안 공사를 하여야 하는가?

① 제4종 특고압 보안 공사 ② 제3종 특고압 보안 공사

③ 제2종 특고압 보안 공사 ④ 제1종 특고압 보안 공사

해설

한국전기설비규정 333.23 특고압 가공전선과 건조물의 접근

제1차 접근 상태 : 제3종 특고 보안 공사

제2차 접근 상태 (35 [kV] 이하) : 제2종 특고 보안 공사

제2차 접근 상태 (35 [kV] 초과 400 [kV] 미만) : 제1종 특고 보안 공사

답 : ③

예제문제 44

22.9 [kV] 전선로를 제1종 특고압 보안 공사로 시설한 경우 전선으로 경동연선을 사용한다면 그 단면적은 [mm²] 이상의 것을 사용하여야 하는가?

① 38 ② 55 ③ 80 ④ 100

해설

한국전기설비규정 333.22 특고압 보안공사

제1종 특고압 보안공사 시 전선의 단면적

사용전압	전선
100 kV 미만	인장강도 21.67 kN 이상의 연선 또는 단면적 55 mm² 이상의 경동연선 또는 동등이상의 인장강도를 갖는 알루미늄 전선이나 절연전선
100 kV 이상 300 kV 미만	인장강도 58.84 kN 이상의 연선 또는 단면적 150 mm² 이상의 경동연선 또는 동등이상의 인장강도를 갖는 알루미늄 전선이나 절연전선
300 kV 이상	인장강도 77.47 kN 이상의 연선 또는 단면적 200 mm² 이상의 경동연선 또는 동등이상의 인장강도를 갖는 알루미늄 전선이나 절연전선

답 : ②

예제문제 45

특고압 가공 전선과 약전류 전선 사이에 사용하는 보호망에 있어서 보호망을 구성하는 금속선의 상호의 간격[m]은 얼마 이하로 시설하여야 하는가?

① 60 ② 75 ③ 1.2 ④ 1.5

해설

한국전기설비규정 333.24 특고압 가공전선과 도로 등의 접근 또는 교차

① 보호망을 구성하는 금속선은 그 외주(外周) 및 특고압 가공전선의 직하에 시설하는 금속선에는 인장강도 8.01 kN 이상의 것 또는 지름 5 mm 이상의 경동선을 사용하고 그 밖의 부분에 시설하는 금속선에는 인장강도 5.26 kN 이상의 것 또는 지름 4 mm 이상의 경동선을 사용할 것

② 보호망을 구성하는 금속선 상호의 간격은 가로, 세로 각 1.5 m 이하일 것

답 : ④

예제문제 46

나전선을 사용한 69,000 [V] 가공 전선이 삭도와 제1차 접근 상태에 시설되는 경우 전선과 삭도와의 최소 이격 거리는?

① 2.12 [m] ② 2.24 [m] ③ 2.36 [m] ④ 2.48 [m]

해설

한국전기설비규정 333.25 특고압 가공전선과 삭도의 접근 또는 교차

특고압 가공전선이 삭도와 제1차 접근상태로 시설되는 경우에는 다음에 따라야 한다.

가. 특고압 가공전선로는 제3종 특고압 보안공사에 의할 것.

나. 특고압 가공전선과 삭도의 접근 또는 교차 시 이격거리(제1차 접근상태)

사용전압의 구분	이격거리
35 kV 이하	2 m(전선이 특고압 절연전선인 경우는 1 m, 케이블인 경우는 0.5 m)
35 kV 초과 60 kV 이하	2 m
60 kV 초과	2 m에 사용전압이 60 kV를 초과하는 10 kV 또는 그 단수마다 0.12 m 더한 값

•단수 $= \frac{69-60}{10} = 0.9 \rightarrow$ 1단 $\therefore$ 이격 거리 $= 2 + 1 \times 0.12 = 2.12$ [m]

답 : ①

예제문제 47

특고압 가공 전선과 가공 약전류 전선이 교차하는 경우에 특고압 가공 전선의 양쪽 최외측에 배치되는 전선의 직하부에 한국전기설비규정 140의 규정에 준하여 접지 공사를 한 지름 몇 [mm]의 경동선을 가공 약전류 전선과 이격시켜 시설하여야 하는가?

① 3.2　　② 3.5　　③ 4.0　　④ 5.0

해설

한국전기설비규정 333.26 특고압 가공전선과 저고압 가공전선 등의 접근 또는 교차
특고압 가공전선이 가공약전류전선(통신용 케이블을 사용하는 것은 제외한다)이나 저압 또는 고압 가공전선과 교차하는 경우에는 특고압 가공전선의 양쪽 최외측에 배치되는 전선이 바로 아래에 140의 규정에 준하여 접지공사를 한 인장강도 8.01 kN 이상 또는 지름 5 mm 이상의 경동선을 약전류 전선이나 저압 또는 고압의 가공전선과 0.6 m 이상의 이격거리를 유지하여 시설할 것

답 : ④

예제문제 48

154 [kV] 가공 송전선이 66 [kV] 가공 송전선의 상방에 교차되어 시설되는 경우, 154 [kV] 가공 송전 선로는 제 몇 종 특고압 보안 공사에 의하여야 하는가?

① 1　　② 2　　③ 3　　④ 4

해설

한국전기설비규정 333.27 특고압 가공전선 상호 간의 접근 또는 교차
위쪽 또는 옆쪽에 시설되는 특고압 가공전선로는 제3종 특고압 보안공사에 의할 것

답 : ③

예제문제 49

60 [kV]의 송전 선로의 송전선과 수목과의 최소 이격 거리는 몇 [m]인가?

① 2.0　　② 2.2　　③ 2.12　　④ 3.45

해설

한국전기설비규정 333.30 특고압 가공전선과 식물의 이격거리

사용전압의 구분	이격거리
60 kV 이하	2 m
60 kV 초과	2 m에 사용전압이 60 kV를 초과하는 10 kV 또는 그 단수마다 0.12 m을 더한 값

답 : ①

예제문제 50

특고압 옥측 전선로의 사용 제한 전압[V]은?

① 10,000　　② 17,000　　③ 100,000　　④ 170,000

해설
한국전기설비규정 333.31 특고압 옥측전선로 등에 인접하는 가공전선의 시설
특고압 옥측 전선로는 331.12.2의 규정에 준하여 시설하여야 한다.
한국전기설비규정 331.12.2 특고압 가공인입선의 시설
① 변전소 또는 개폐소에 준하는 곳 이외의 곳에 인입하는 특고압 가공 인입선은 사용전압이 100 kV 이하이며 또한 전선에 케이블을 사용하는 경우 이외에 333.7, 333.23부터 333.28까지 및 333.30의 규정에 준하여 시설하여야 한다.
② 사용전압이 35 kV 이하이고 또한 전선에 케이블을 사용하는 경우에 특고압 가공 인입선의 높이는 그 특고압 가공 인입선이 도로·횡단보도교·철도 및 궤도를 횡단하는 이외의 경우에 한하여 제1 및 제2에서 준용하는 333.7의 1의 규정에 불구하고 지표상 4 m까지로 감할 수 있다.
③ 특고압 인입선의 옥측부분 또는 옥상부분은 사용전압이 100 kV 이하이며 또한 331.13.1의 2부터 5까지의 규정에 준하여 시설하여야 한다. 이 경우에 331.13.1의 2의 "라" 조문 중 "332.2(3은 제외한다)"은 333.3으로 본다.

답 : ③

예제문제 51

22.9 [kV] 배전 선로 중성선 다중 접지 계통에서 1 [km]마다 중성선과 대지간 합성 전기의 최대 저항값[Ω]은?

① 5　　② 10　　③ 15　　④ 30

해설
한국전기설비규정 333.32 25 kV 이하인 특고압 가공전선로의 시설
특고압 가공전선로의 중성선의 다중 접지는 다음에 의할 것.
① 접지도체는 공칭단면적 6 mm^2 이상의 연동선 또는 이와 동등 이상의 세기 및 굵기의 쉽게 부식하지 않는 금속선으로서 고장 시에 흐르는 전류가 안전하게 통할 수 있는 것일 것
② 접지공사는 140의 규정에 준하고 또한 각각 접지한 곳 상호 간의 거리는 전선로에 따라 150 m 이하일 것
③ 각 접지도체를 중성선으로부터 분리하였을 경우의 각 접지점의 대지 전기저항 값과 1 km마다 중성선과 대지 사이의 합성전기저항 값(15 kV 초과 25 kV 이하 특고압 가공전선로의 전기저항 값)

각 접지점의 대지 전기저항 값	1 km 마다의 합성 전기저항 값
300 Ω	15 Ω

답 : ③

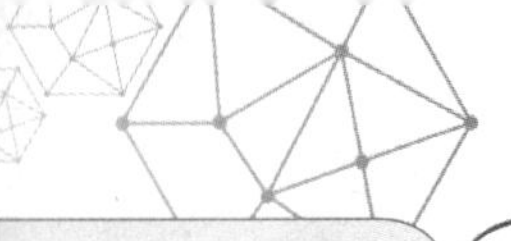

334 지중전선로

334.1 지중전선로의 시설

1. 지중 전선로는 전선에 케이블을 사용하고 또한 관로식 · 암거식(暗渠式) 또는 직접 매설식에 의하여 시설하여야 한다.
2. 지중 전선로를 관로식 또는 암거식에 의하여 시설하는 경우
   가. 관로식에 의하여 시설하는 경우에는 매설 깊이를 1.0 m 이상으로 하되, 매설 깊이가 충분하지 못한 장소에는 견고하고 차량 기타 중량물의 압력에 견디는 것을 사용할 것. 다만 중량물의 압력을 받을 우려가 없는 곳은 0.6 m 이상으로 한다.
   나. 암거식에 의하여 시설하는 경우에는 견고하고 차량 기타 중량물의 압력에 견디는 것을 사용할 것.
3. 지중 전선로를 직접 매설식에 의하여 시설하는 경우에는 매설 깊이를 차량 기타 중량물의 압력을 받을 우려가 있는 장소에는 1.0 m 이상, 기타 장소에는 0.6 m 이상으로 하고 또한 지중 전선을 견고한 트라프 기타 방호물에 넣어 시설하여야 한다. 다만, 다음의 어느 하나에 해당하는 경우에는 지중전선을 견고한 트라프 기타 방호물에 넣지 아니하여도 된다.

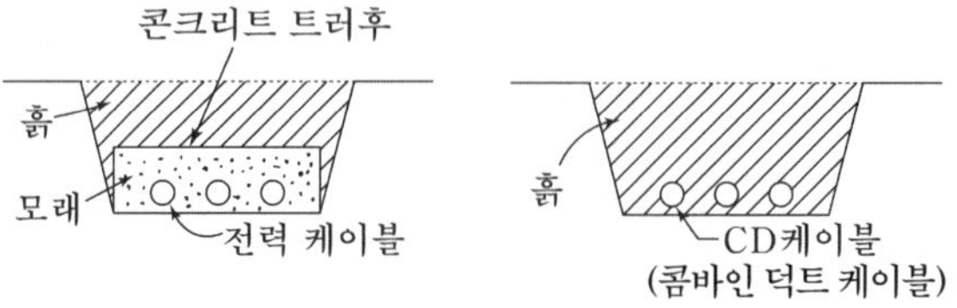

   가. 저압 또는 고압의 지중전선을 차량 기타 중량물의 압력을 받을 우려가 없는 경우에 그 위를 견고한 판 또는 몰드로 덮어 시설하는 경우
   나. 저압 또는 고압의 지중전선에 콤바인덕트 케이블 또는 개장(鎧裝)한 케이블을 사용하여 시설하는 경우
   다. 특고압 지중전선은 "나"에서 규정하는 개장한 케이블을 사용하고 또한 견고한 판 또는 몰드로 지중 전선의 위와 옆을 덮어 시설하는 경우
   라. 지중 전선에 파이프형 압력케이블을 사용하거나 최대사용전압이 60 kV를 초과하는 연피케이블, 알루미늄피케이블 그 밖의 금속피복을 한 특고압 케이블을 사용하고 또한 지중 전선의 위를 견고한 판 또는 몰드 등으로 덮어 시설하는 경우

334.2 지중함의 시설

지중전선로에 사용하는 지중함은 다음에 따라 시설하여야 한다.

1. 지중함은 견고하고 차량 기타 중량물의 압력에 견디는 구조일 것.

2. 지중함은 그 안의 고인 물을 제거할 수 있는 구조로 되어 있을 것.
3. 폭발성 또는 연소성의 가스가 침입할 우려가 있는 것에 시설하는 지중함으로서 그 크기가 1 m^3 이상인 것에는 통풍장치 기타 가스를 방산시키기 위한 적당한 장치를 시설할 것.
4. 지중함의 뚜껑은 시설자이외의 자가 쉽게 열 수 없도록 시설할 것.

334.3 케이블 가압장치의 시설

압축 가스 또는 압유(壓油)를 통하는 관(이하 "압력관"이라 한다), 압축 가스탱크 또는 압유탱크(이하 "압력탱크"라 한다) 및 압축기는 각각의 최고 사용압력의 1.5배의 유압 또는 수압(유압 또는 수압으로 시험하기 곤란한 경우에는 최고 사용압력의 1.25배의 기압)을 연속하여 10분간 가하여 시험을 하였을 때 이에 견디고 또한 누설되지 아니하는 것일 것.

334.5 지중약전류전선의 유도장해 방지(誘導障害防止)

지중전선로는 기설 지중약전류전선로에 대하여 누설전류 또는 유도작용에 의하여 통신상의 장해를 주지 않도록 기설 약전류전선로로부터 충분히 이격시키거나 기타 적당한 방법으로 시설하여야 하다.

334.6 지중전선과 지중약전류전선 등 또는 관과의 접근 또는 교차

1. 지중전선이 지중약전류 전선 등과 접근하거나 교차하는 경우에 상호 간의 이격거리가 저압 또는 고압의 지중전선은 0.3 m 이하, 특고압 지중전선은 0.6 m 이하인 때에는 지중전선과 지중약전류 전선 등 사이에 견고한 내화성의 격벽(隔壁)을 설치하는 경우 이외에는 지중전선을 견고한 불연성(不燃性) 또는 난연성(難燃性)의 관에 넣어 그 관이 지중약전류전선 등과 직접 접촉하지 아니하도록 하여야 한다.
2. 특고압 지중전선이 가연성이나 유독성의 유체(流體)를 내포하는 관과 접근하거나 교차하는 경우에 상호 간의 이격거리가 1 m 이하(단, 사용전압이 25 kV 이하인 다중접지방식 지중전선로인 경우에는 0.5m 이하)인 때에는 지중전선과 관 사이에 견고한 내화성의 격벽을 시설하는 경우 이외에는 지중전선을 견고한 불연성 또는 난연성의 관에 넣어 그 관이 가연성이나 유독성의 유체를 내포하는 관과 직접 접촉하지 아니하도록 시설하여야 한다.

조건	전압	이격 거리
지중 약전류 전선과 접근 또는 교차하는 경우	저압 또는 고압	0.3 [m]
	특고압	0.6 [m]
유독성의 유체를 내포하는 관과 접근 또는 교차	특고압	1 [m]
	25 [kV] 이하 다중접지방식	0.5 [m]

334.7 지중전선 상호 간의 접근 또는 교차

지중전선이 다른 지중전선과 접근하거나 교차하는 경우에 지중함 내 이외의 곳에서 상호 간의 거리가 저압 지중전선과 고압 지중전선에 있어서는 0.5 m 이하, 저압이나 고압의 지중전선과 특고압 지중전선에 있어서는 0.3 m 이하인 때에는 다음의 어느 하나에 해당하는 경우에 한하여 시설할 수 있다.

1. 어느 한쪽의 지중전선에 불연성의 피복으로 되어 있는 것을 사용하는 경우
2. 어느 한쪽의 지중전선을 견고한 불연성의 관에 넣어 시설하는 경우
3. 지중전선 상호 간에 견고한 내화성의 격벽을 설치할 경우
4. 사용전압이 25 kV 이하인 다중접지방식 지중전선로를 관에 넣어 0.1 m 이상 이격하여 시설하는 경우

335 특수 장소의 전선로

335.1 터널 안 전선로의 시설

1. 저압 전선
   가. 인장강도 2.30 kN 이상의 절연전선 또는 지름 2.6 mm 이상의 경동선의 절연전선을 사용
   나. 애자사용공사에 의하여 시설
   다. 레일면상 또는 노면상 2.5 m 이상의 높이로 유지
   라. 케이블공사에 의하여 시설할 것.
2. 고압 전선
   가. 전선은 케이블일 것.
   나. 케이블은 견고한 관 또는 트라프에 넣거나 사람이 접촉할 우려가 없도록 시설할 것.
   다. 케이블을 조영재의 옆면 또는 아랫면에 따라 붙일 경우에는 케이블의 지지점 간의 거리를 2 m (수직으로 붙일 경우에는 6 m)이하로 하고 또한 피복을 손상하지 아니하도록 붙일 것.
   라. 관 기타의 케이블을 넣는 방호장치의 금속제 부분·금속제의 전선 접속함 및 케이블의 피복에 사용하는 금속제에는 이들의 방식조치를 한 부분 및 대지와의 사이의 전기저항 값이 10 Ω 이하인 부분을 제외하고 140의 규정에 준하여 접지공사를 할 것.
   마. 인장강도 5.26 kN 이상의 것 또는 지름 4 mm 이상의 경동선의 고압 절연전선 또는 특고압 절연전선을 사용하여 애자사용공사에 의하여 시설하고 또한 이를 레일면상 또는 노면상 3 m 이상의 높이로 유지하여 시설하는 경우에는 그러하지 아니하다.

335.2 터널 안 전선로의 전선과 약전류전선 등 또는 관 사이의 이격거리

1. 터널 안의 전선로의 저압전선이 그 터널 안의 다른 저압전선(관등회로의 배선은 제외한다. 이하 335.2에서 같다)·약전류전선 등 또는 수관·가스관이나 이와 유사한 것과 접근하거나 교차하는 경우에는 232.3.7의 규정에 준하여 시설하여야 한다.

> 232.3.7 배선설비와 다른 공급설비와의 접근
> 저압 옥내배선이 약전류전선 등 또는 수관·가스관이나 이와 유사한 것과 접근하거나 교차하는 경우에 저압 옥내배선을 애자공사에 의하여 시설하는 때에는 저압 옥내배선과 약전류전선 등 또는 수관·가스관이나 이와 유사한 것과의 이격거리는 0.1 m (전선이 나전선인 경우에 0.3 m) 이상이어야 한다. 다만, 저압 옥내배선의 사용전압이 400 V 이하인 경우에 저압 옥내배선과 약전류전선 등 또는 수관·가스관이나 이와 유사한 것과의 사이에 절연성의 격벽을 견고하게 시설하거나 저압 옥내배선을 충분한 길이의 난연성 및 내수성이 있는 견고한 절연관에 넣어 시설하는 때에는 그러하지 아니하다.

2. 터널 안의 전선로의 고압 전선 또는 특고압 전선이 그 터널 안의 저압 전선·고압 전선(관등회로의 배선은 제외한다)·약전류전선 등 또는 수관·가스관이나 이와 유사한 것과 접근하거나 교차하는 경우에는 331.13.1의 3 및 5의 규정에 준하여 시설하여야 한다.

> 331.13.1 고압 옥측전선로의 시설
> 고압 옥측전선로의 전선이 그 고압 옥측전선로를 시설하는 조영물에 시설하는 특고압 옥측전선·저압 옥측전선·관등회로의 배선·약전류 전선 등이나 수관·가스관 또는 이와 유사한 것과 접근하거나 교차하는 경우에는 고압 옥측전선로의 전선과 이들 사이의 이격거리는 0.15 m 이상이어야 한다.

335.3 수상전선로의 시설

1. <u>전선은 전선로의 사용전압이 저압인 경우에는 클로로프렌 캡타이어케이블이어야 하며, 고압인 경우에는 캡타이어케이블일 것.</u>
2. 수상전선로의 전선을 가공전선로의 전선과 접속하는 경우에는 그 부분의 전선은 접속점으로부터 전선의 절연 피복 안에 물이 스며들지 아니하도록 시설하고 또한 전선의 접속점은 다음의 높이로 지지물에 견고하게 붙일 것.
   가. 접속점이 육상에 있는 경우에는 지표상 5 m 이상. 다만, 수상전선로의 사용전압이 저압인 경우에 도로상 이외의 곳에 있을 때에는 지표상 4 m 까지로 감할 수 있다.

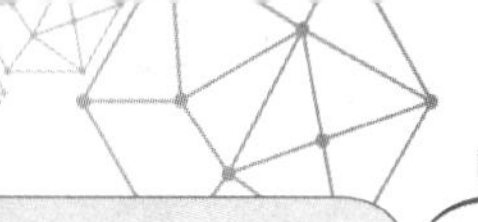

나. 접속점이 수면상에 있는 경우에는 수상전선로의 사용전압이 저압인 경우에는 수면상 4 m 이상, 고압인 경우에는 수면상 5 m 이상

3. 수상전선로에 사용하는 부대(浮臺)는 쇠사슬 등으로 견고하게 연결한 것일 것.
4. 수상전선로의 전선은 부대의 위에 지지하여 시설하고 또한 그 절연피복을 손상하지 아니하도록 시설할 것.
5. 수상전선로의 사용전압이 고압인 경우에는 전로에 지락이 생겼을 때에 자동적으로 전로를 차단하기 위한 장치를 시설하여야 한다.

335.6 교량에 시설하는 전선로

1. 교량에 시설하는 저압전선로

가. 교량의 윗면에 시설하는 것은 다음에 의하는 이외에 전선의 높이를 교량의 노면상 5 m 이상으로 하여 시설할 것.

(1) 전선은 케이블인 경우 이외에는 인장강도 2.30 kN 이상의 것 또는 지름 2.6 mm 이상의 경동선의 절연전선일 것.

(2) 전선과 조영재 사이의 이격거리는 전선이 케이블인 경우 이외에는 0.3 m 이상일 것.

(3) 전선은 케이블인 경우 이외에는 조영재에 견고하게 붙인 완금류에 절연성·난연성 및 내수성의 애자로 지지할 것.

(4) 전선이 케이블인 경우에는 전선과 조영재 사이의 이격거리를 0.15 m 이상으로 하여 시설할 것.

2. 교량에 시설하는 고압전선로

가. 교량의 윗면에 시설하는 것은 다음에 의하는 이외에 전선의 높이를 교량의 노면상 5 m 이상으로 할 것.

(1) 전선은 케이블일 것. 다만, 철도 또는 궤도 전용의 교량에는 인장강도 5.26 kN 이상의 것 또는 지름 4 mm 이상의 경동선을 사용하고 또한 이를 332.4의 규정에 준하여 시설하는 경우에는 그러하지 아니하다.

(2) 전선이 케이블인 경우에는 전선과 조영재 사이의 이격거리는 0.3 m 이상일 것.

(3) 전선이 케이블 이외의 경우에는 이를 조영재에 견고하게 붙인 완금류에 절연성·난연성 및 내수성의 애자로 지지하고 또한 전선과 조영재 사이의 이격거리는 0.6 m 이상일 것.

<table>
<tr><th>구분</th><th>항목</th><th>저압 전선로</th><th>고압 전선로</th></tr>
<tr><td rowspan="3">교량의
윗면에 시설</td><td>전선의 높이</td><td>노면상 5 m 이상</td><td>노면상 5 m 이상</td></tr>
<tr><td>전선의 종류</td><td>케이블 또는 2.6 mm 이상의
경동선의 절연전선</td><td>케이블
철도 또는 궤도 전용의 교량에는
인장강도 5.26 kN 이상의 것 또는
지름 4 mm 이상의 경동선</td></tr>
<tr><td>전선과 조영재의
이격거리</td><td>0.3 m 이상
케이블인 경우 0.15 m 이상</td><td>0.6 m 이상
케이블인 경우 0.3 m 이상</td></tr>
<tr><td colspan="2">교량의 아랫면에
시설할 경우의 공사방법</td><td>합성수지관공사
금속관공사
가요전선관공사
케이블공사</td><td>-</td></tr>
</table>

335.8 급경사지에 시설하는 전선로의 시설

1. 급경사지에 시설하는 저압 또는 고압의 전선로
   - 가. 전선의 지지점 간의 거리는 15 m 이하일 것.
   - 나. 전선은 케이블인 경우 이외에는 벼랑에 견고하게 붙인 금속제 완금류에 절연성·난연성 및 내수성의 애자로 지지할 것.
   - 다. 전선에 사람이 접촉할 우려가 있는 곳 또는 손상을 받을 우려가 있는 곳에 시설하는 경우에는 적당한 방호장치를 시설할 것.
   - 라. 저압 전선로와 고압 전선로를 같은 벼랑에 시설하는 경우에는 고압 전선로를 저압 전선로의 위로하고 또한 고압전선과 저압전선 사이의 이격거리는 0.5 m 이상일 것.

335.10 임시 전선로의 시설

표 335.10-1 임시 전선로 시설(저압 방호구)의 이격거리

<table>
<tr><th colspan="2">조영물 조영재의 구분</th><th>접근형태</th><th>이격거리</th></tr>
<tr><td rowspan="3">건조물</td><td rowspan="2">상부 조영재</td><td>위쪽</td><td>1 m</td></tr>
<tr><td>옆쪽 또는 아래쪽</td><td>0.4 m</td></tr>
<tr><td>상부이외의 조영재</td><td></td><td>0.4 m</td></tr>
<tr><td rowspan="3">건조물
이외의
조영물</td><td rowspan="2">상부 조영재</td><td>위쪽</td><td>1 m</td></tr>
<tr><td>옆쪽 또는 아래쪽</td><td>0.4 m
(저압 가공전선은 0.3 m)</td></tr>
<tr><td>상부 조영재
이외의 조영재</td><td></td><td>0.4 m
(저압 가공전선은 0.3 m)</td></tr>
</table>

예제문제 52

고압 지중 케이블로서 직접 매설식에 의하여 견고한 트라프 기타 방호물에 넣지 않고 시설할 수 있는 케이블은? (단, "보기"항의 케이블은 개장(改裝)하지 않은 것임)

① 미네럴인슈레이션케이블 ② 콤바인덕트케이블
③ 클로로프렌외장케이블 ④ 고무외장케이블

해설

한국전기설비규정 334.1 지중전선로의 시설

다음의 어느 하나에 해당하는 경우에는 지중전선을 견고한 트라프 기타 방호물에 넣지 아니하여도 된다.

가. 저압 또는 고압의 지중전선을 차량 기타 중량물의 압력을 받을 우려가 없는 경우에 그 위를 견고한 판 또는 몰드로 덮어 시설하는 경우

나. 저압 또는 고압의 지중전선에 콤바인덕트 케이블 또는 개장(鎧裝)한 케이블을 사용하여 시설하는 경우

다. 특고압 지중전선은 "나"에서 규정하는 개장한 케이블을 사용하고 또한 견고한 판 또는 몰드로 지중 전선의 위와 옆을 덮어 시설하는 경우

라. 지중 전선에 파이프형 압력케이블을 사용하거나 최대사용전압이 60 kV를 초과하는 연피케이블, 알루미늄피케이블 그 밖의 금속피복을 한 특고압 케이블을 사용하고 또한 지중 전선의 위를 견고한 판 또는 몰드 등으로 덮어 시설하는 경우

답 : ②

예제문제 53

압축 가스를 사용하여 케이블에 압력을 가할 때 압축 가스 탱크는 최고 사용 압력의 몇 배의 유압을 몇 분간 가하는가?

① 1.1, 10 ② 1.25, 10 ③ 1.5, 10 ④ 2.0, 10

해설

한국전기설비규정 334.3 케이블 가압장치의 시설

압축 가스 또는 압유(壓油)를 통하는 관(이하 "압력관"이라 한다), 압축 가스탱크 또는 압유탱크(이하 "압력탱크"라 한다) 및 압축기는 각각의 최고 사용압력의 1.5배의 유압 또는 수압(유압 또는 수압으로 시험하기 곤란한 경우에는 최고 사용압력의 1.25배의 기압)을 연속하여 10분간 가하여 시험을 하였을 때 이에 견디고 또한 누설되지 아니하는 것일 것

답 : ③

예제문제 54

지중전선로에 사용하는 지중함의 시설기준으로 옳지 않은 것은?

① 견고하고 차량 기타중량물의 압력에 견딜 수 있을 것
② 그 안의 고인물을 제거할 수 있는 구조일 것
③ 뚜껑은 시설자 이외의 자가 쉽게 열수 없도록 할 것
④ 조명 및 세척이 가능한 장치를 하도록 할 것

해설

한국전기설비규정 334.2 지중함의 시설
지중전선로에 사용하는 지중함은 다음에 따라 시설하여야 한다.
가. 지중함은 견고하고 차량 기타 중량물의 압력에 견디는 구조일 것
나. 지중함은 그 안의 고인 물을 제거할 수 있는 구조로 되어 있을 것
다. 폭발성 또는 연소성의 가스가 침입할 우려가 있는 것에 시설하는 지중함으로서 그 크기가 $1\,m^3$ 이상인 것에는 통풍장치 기타 가스를 방산시키기 위한 적당한 장치를 시설할 것
라. 지중함의 뚜껑은 시설자이외의 자가 쉽게 열 수 없도록 시설할 것
마. 지중함의 뚜껑은 KS D 4040에 적합하여야 하며, 저압지중함의 경우에는 절연성능이 있는 고무판을 주철(강)재의 뚜껑 아래에 설치할 것
바. 차도 이외의 장소에 설치하는 저압 지중함은 절연성능이 있는 재질의 뚜껑을 사용할 수 있다.

답 : ④

예제문제 55

"지중 전선로는 기설 지중 약전류 전선로에 대하여 (①) 또는 (②)에 대하여 통신상의 장해를 주지 않도록 기설 약전류 전선로로부터 충분히 이격시키거나 적당한 방법으로 시설하여야 한다." ①, ②에 알맞은 말은?

① ① 정전용량 ② 표피작용 ② ① 정전용량 ② 유도작용
③ ① 누설전류 ② 표피작용 ④ ① 누설전류 ② 유도작용

해설

한국전기설비규정 334.5 지중약전류전선의 유도장해 방지(誘導障害防止)
지중전선로는 기설 지중약전류전선로에 대하여 누설전류 또는 유도작용에 의하여 통신상의 장해를 주지 않도록 기설 약전류전선로로부터 충분히 이격시키거나 기타 적당한 방법으로 시설하여야 하다.

답 : ④

예제문제 56

지중전선과 지중 약전류 전선이 접근 또는 교차되는 경우에 고·저압에서의 이격 거리[cm]는?

① 30 ② 40 ③ 50 ④ 60

해설

한국전기설비규정 334.6 지중전선과 지중약전류전선 등 또는 관과의 접근 또는 교차
지중전선이 지중약전류 전선 등과 접근하거나 교차하는 경우에 상호 간의 이격거리가 저압 또는 고압의 지중전선은 0.3 m 이하, 특고압 지중전선은 0.6 m 이하인 때에는 지중전선과 지중약전류 전선

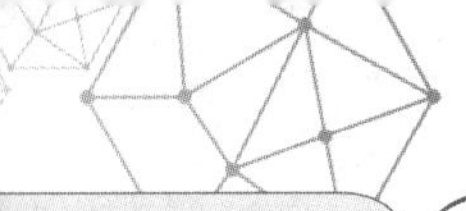

등 사이에 견고한 내화성(콘크리트 등의 불연재료로 만들어진 것으로 케이블의 허용온도 이상으로 가열시킨 상태에서도 변형 또는 파괴되지 않는 재료를 말한다)의 격벽(隔壁)을 설치하는 경우 이외에는 지중전선을 견고한 불연성(不燃性) 또는 난연성(難燃性)의 관에 넣어 그 관이 지중약전류전선 등과 직접 접촉하지 아니하도록 하여야 한다.

답 : ①

340 기계 · 기구 시설 및 옥내배선

341 기계 및 기구

341.1 특고압용 변압기의 시설 장소

특고압용 변압기는 발전소·변전소·개폐소 또는 이에 준하는 곳에 시설하여야 한다. 다만, 다음의 변압기는 각각의 규정에 따라 필요한 장소에 시설할 수 있다.

1. 전용 변압기
2. 다중접지 방식 특고압 가공전선로에 접속하는 변압기
3. 교류식 전기철도용 신호회로 등에 전기를 공급하기 위한 변압기

341.2 특고압 배전용 변압기의 시설

특고압 전선로에 접속하는 배전용 변압기(발전소·변전소·개폐소 또는 이에 준하는 곳에 시설하는 것을 제외한다. 이하 같다)를 시설하는 경우에는 특고압 전선에 특고압 절연전선 또는 케이블을 사용하고 또한 다음에 따라야 한다.

1. 변압기의 1차 전압은 35 kV 이하, 2차 전압은 저압 또는 고압일 것.
2. 변압기의 특고압측에 개폐기 및 과전류차단기를 시설할 것.
3. 변압기의 2차 전압이 고압인 경우에는 고압측에 개폐기를 시설하고 또한 쉽게 개폐할 수 있도록 할 것.

341.3 특고압을 직접 저압으로 변성하는 변압기의 시설

특고압을 직접 저압으로 변성하는 변압기는 다음의 것 이외에는 시설하여서는 아니된다.

1. 전기로 등 전류가 큰 전기를 소비하기 위한 변압기
2. 발전소·변전소·개폐소 또는 이에 준하는 곳의 소내용 변압기
3. 특고압 전선로에 접속하는 변압기
4. 사용전압이 35 kV 이하인 변압기로서 그 특고압측 권선과 저압측 권선이 혼촉한 경우에 자동적으로 변압기를 전로로부터 차단하기 위한 장치를 설치한 것.

5. 사용전압이 100 kV 이하인 변압기로서 그 특고압측 권선과 저압측 권선 사이에 142.5의 규정에 의하여 접지공사(접지저항 값이 10 Ω 이하인 것에 한한다)를 한 금속제의 혼촉방지판이 있는 것.
6. 교류식 전기철도용 신호회로에 전기를 공급하기 위한 변압기

341.4 특고압용 기계기구의 시설

1. 특고압용 기계기구
1. 기계기구의 주위에 울타리·담 등을 시설하는 경우
2. 기계기구를 지표상 5 m 이상의 높이에 시설하고 충전부분의 지표상의 높이를 표 341.4-1에서 정한 값 이상으로 하고 또한 사람이 접촉할 우려가 없도록 시설하는 경우

표 341.4-1 특고압용 기계기구 충전부분의 지표상 높이

사용전압의 구분	울타리의 높이와 울타리로부터 충전부분까지의 거리의 합계 또는 지표상의 높이
35 kV 이하	5 m
35 kV 초과 160 kV 이하	6 m
160 kV 초과	6 m 에 160 kV를 초과하는 10 kV 또는 그 단수마다 0.12 m를 더한 값

341.5 고주파 이용 전기설비의 장해방지

고주파 이용 전기설비에서 다른 고주파 이용 전기설비에 누설되는 고주파 전류의 허용 한도는 그림 341.5-1의 측정 장치 또는 이에 준하는 측정 장치로 2회 이상 연속하여 10분간 측정하였을 때에 각각 측정값의 최대값에 대한 평균값이 -30 dB(1 mW를 0 dB로 한다)일 것

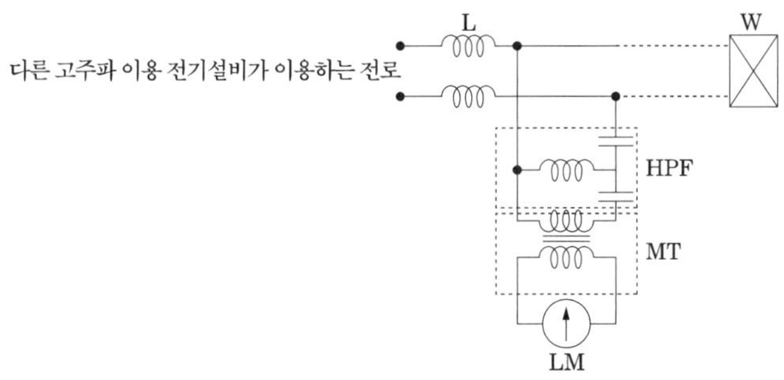

그림 341.5-1 고주파 이용 전기설비의 장해 판정을 위한 측정장치

LM: 선택 레벨계

MT: 정합변성기

L: 고주파대역의 하이임피던스장치(고주파 이용 전기설비가 이용하는 전로와 다른 고주파 이용 전기설비가 이용하는 전로와의 경계점에 시설할 것)

HPF: 고역여파기

W: 고주파 이용 전기설비

341.7 아크를 발생하는 기구의 시설

고압용 또는 특고압용의 개폐기·차단기·피뢰기 기타 이와 유사한 기구(이하 이 조에서 "기구 등"이라 한다)로서 동작 시에 아크가 생기는 것은 목재의 벽 또는 천장 기타의 가연성 물체로부터 표 341.8-1에서 정한 값 이상 이격하여 시설하여야 한다.

표 341.8-1 아크를 발생하는 기구 시설 시 이격거리

기구 등의 구분	이격거리
고압용의 것	1 m 이상
특고압용의 것	2 m 이상(사용전압이 35 kV 이하의 특고압용의 기구 등으로서 동작할 때에 생기는 아크의 방향과 길이를 화재가 발생할 우려가 없도록 제한하는 경우에는 1 m 이상)

341.8 고압용 기계기구의 시설

1. 고압용 기계기구(이에 부속하는 고압의 전기로 충전하는 전선으로서 케이블 이외의 것을 포함한다. 이하 같다)는 다음의 어느 하나에 해당하는 경우와 발전소·변전소·개폐소 또는 이에 준하는 곳에 시설하는 경우 이외에는 시설하여서는 아니 된다.
2. 공장 등의 구내에서 기계기구의 주위에 사람이 쉽게 접촉할 우려가 없도록 적당한 울타리를 설치하는 경우
3. 옥내에 설치한 기계기구를 취급자 이외의 사람이 출입할 수 없도록 설치한 곳에 시설하는 경우
4. 기계기구(이에 부속하는 전선에 케이블 또는 고압 인하용 절연전선을 사용하는 것에 한한다)를 지표상 4.5 m(시가지 외에는 4 m) 이상의 높이에 시설하고 또한 사람이 쉽게 접촉할 우려가 없도록 시설하는 경우

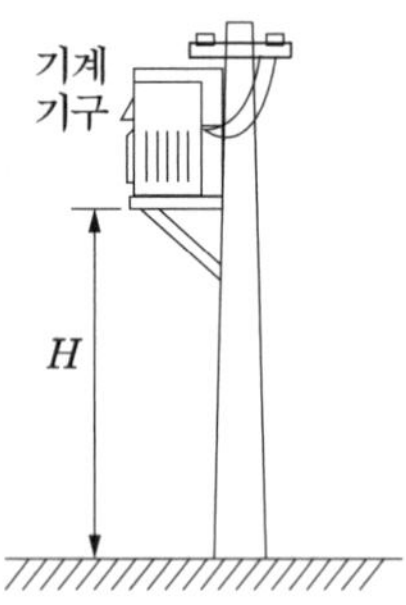

341.9 개폐기의 시설

1. 전로 중에 개폐기를 시설하는 경우(이 기준에서 개폐기를 시설하도록 정하는 경우에 한한다)에는 그곳의 각 극에 설치하여야 한다.
2. 고압용 또는 특고압용의 개폐기는 그 작동에 따라 그 개폐상태를 표시하는 장치가 되어 있는 것이어야 한다. 다만, 그 개폐상태를 쉽게 확인할 수 있는 것은 그러하지 아니하다.

3. 고압용 또는 특고압용의 개폐기로서 중력 등에 의하여 자연히 작동할 우려가 있는 것은 자물쇠장치 기타 이를 방지하는 장치를 시설하여야 한다.
4. 고압용 또는 특고압용의 개폐기로서 부하전류를 차단하기 위한 것이 아닌 개폐기는 부하전류가 통하고 있을 경우에는 개로할 수 없도록 시설하여야 한다. 다만, 개폐기를 조작하는 곳의 보기 쉬운 위치에 부하전류의 유무를 표시한 장치 또는 전화기 기타의 지령 장치를 시설하거나 터블렛 등을 사용함으로서 부하전류가 통하고 있을 때에 개로조작을 방지하기 위한 조치를 하는 경우는 그러하지 아니하다.
5. 전로에 이상이 생겼을 때 자동적으로 전로를 개폐하는 장치를 시설하는 경우에는 그 개폐기의 자동 개폐 기능에 장해가 생기지 않도록 시설하여야 한다.

341.10 고압 및 특고압 전로 중의 과전류차단기의 시설

1. 과전류차단기로 시설하는 퓨즈 중 고압전로에 사용하는 포장 퓨즈(퓨즈 이외의 과전류 차단기와 조합하여 하나의 과전류 차단기로 사용하는 것을 제외한다)는 정격전류의 1.3배의 전류에 견디고 또한 2배의 전류로 120분 안에 용단되는 것 또는 다음에 적합한 고압전류제한퓨즈이어야 한다.
2. 과전류차단기로 시설하는 퓨즈 중 고압전로에 사용하는 비포장 퓨즈는 정격전류의 1.25배의 전류에 견디고 또한 2배의 전류로 2분 안에 용단되는 것이어야 한다.
3. 고압 또는 특고압의 전로에 단락이 생긴 경우에 동작하는 과전류차단기는 이것을 시설하는 곳을 통과하는 단락전류를 차단하는 능력을 가지는 것이어야 한다.
4. 고압 또는 특고압의 과전류차단기는 그 동작에 따라 그 개폐상태를 표시하는 장치가 되어있는 것이어야 한다. 다만, 그 개폐상태가 쉽게 확인될 수 있는 것은 적용하지 않는다.

341.11 과전류차단기의 시설 제한

접지공사의 접지도체, 다선식 전로의 중성선 및 전로의 일부에 접지공사를 한 저압 가공전선로의 접지측 전선에는 과전류차단기를 시설하여서는 안 된다.

1. 접지 공사의 접지도체
2. 다선식 전로의 중성선
3. 접지 공사를 한 저압 가공 전선로의 접지측 전선

341.12 지락차단장치 등의 시설

1. 특고압전로 또는 고압전로에 변압기에 의하여 결합되는 사용전압 400 V 초과의 저압전로 또는 발전기에서 공급하는 사용전압 400 V 초과의 저압전로에는 전로에 지락이 생겼을 때에 자동적으로 전로를 차단하는 장치를 시설하여야 한다.

2. 고압 및 특고압 전로 중 다음에 열거하는 곳 또는 이에 근접한 곳에는 전로에 지락(전기철도용 급전선에 있어서는 과전류)이 생겼을 때에 자동적으로 전로를 차단하는 장치를 시설하여야 한다.
   가. 발전소·변전소 또는 이에 준하는 곳의 인출구
   나. 다른 전기사업자로부터 공급받는 수전점
   다. 배전용변압기(단권변압기를 제외한다)의 시설 장소

341.13 피뢰기의 시설

1. 고압 및 특고압의 전로 중 다음에 열거하는 곳 또는 이에 근접한 곳에는 피뢰기를 시설하여야 한다.
   가. 발전소·변전소 또는 이에 준하는 장소의 가공전선 인입구 및 인출구
   나. 특고압 가공전선로에 접속하는 341.2의 배전용 변압기의 고압측 및 특고압측
   다. 고압 및 특고압 가공전선로로부터 공급을 받는 수용장소의 인입구
   라. 가공전선로와 지중전선로가 접속되는 곳

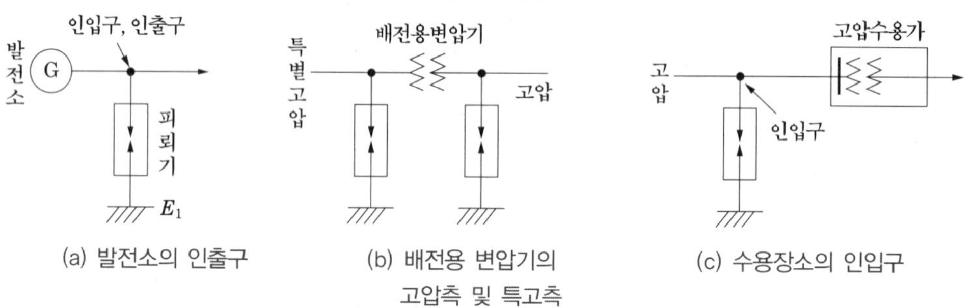

(a) 발전소의 인출구 (b) 배전용 변압기의 고압측 및 특고측 (c) 수용장소의 인입구

341.14 피뢰기의 접지

고압 및 특고압의 전로에 시설하는 피뢰기 접지저항 값은 10 Ω 이하로 하여야 한다. 다만, 고압가공전선로에 시설하는 피뢰기를 접지공사를 한 변압기에 근접하여 시설하는 경우로서, 다음의 어느 하나에 해당할 때 또는 고압가공전선로에 시설하는 피뢰기의 접지도체가 그 접지공사 전용의 것인 경우에 그 접지공사의 접지저항 값이 30 Ω 이하인 때에는 그 피뢰기의 접지저항 값이 10 Ω 이하가 아니어도 된다.

1. 피뢰기의 접지공사의 접지극을 변압기 중성점 접지용 접지극으로부터 1 m 이상 이격하여 시설하는 경우에 그 접지공사의 접지저항 값이 30 Ω 이하인 때
2. 피뢰기 접지공사의 접지도체와 변압기의 중성점 접지용 접지도체를 변압기에 근접한 곳에서 접속하여 다음에 의하여 시설하는 경우에 그 접지공사의 접지저항 값이 75 Ω 이하인 때 또는 그 접지공사의 접지저항 값이 65 Ω 이하인 때

341.15 압축공기계통

발전소·변전소·개폐소 또는 이에 준하는 곳에서 개폐기 또는 차단기에 사용하는 압축공기장치

1. 공기압축기는 최고 사용압력의 1.5배의 수압(수압을 연속하여 10분간 가하여 시험을 하기 어려울 때에는 최고 사용압력의 1.25배의 기압)을 연속하여 10분간 가하여 시험을 하였을 때에 이에 견디고 또한 새지 아니할 것.
2. 사용 압력에서 공기의 보급이 없는 상태로 개폐기 또는 차단기의 투입 및 차단을 연속하여 1회 이상 할 수 있는 용량을 가지는 것일 것.
3. 주 공기탱크 또는 이에 근접한 곳에는 사용압력의 1.5배 이상 3배 이하의 최고 눈금이 있는 압력계를 시설할 것.

341.16 절연가스 취급설비

발전소·변전소·개폐소 또는 이에 준하는 곳에 시설하는 가스 절연기기는 최고사용압력의 1.5배의 수압(수압을 연속하여 10분간 가하여 시험을 하기 어려울 때에는 최고사용압력의 1.25배의 기압)을 연속하여 10분간 가하여 시험하였을 때에 이에 견디고 또한 새지 아니하는 것일 것. 다만, 가스 압축기에 접속하여 사용하지 아니하는 가스절연기기는 최고사용압력의 1.25배의 수압을 연속하여 10분간 가하였을 때 이에 견디고 또한 누설이 없는 경우에는 그러하지 아니하다.

예제문제 57

특고압, 배전용 변압기의 특고압측에 시설하는 기기는 다음 중 어느 것인가?

① 개폐기 및 과전류 차단기　　② 방전기를 설치하고 접지 공사
③ 계기용 변류기　　④ 계기용 변압기

해설

한국전기설비규정 341.2 특고압 배전용 변압기의 시설

특고압 전선로 333.32의 1과 4에서 규정하는 특고압 가공전선로를 제외한다)에 접속하는 배전용 변압기(발전소 · 변전소 · 개폐소 또는 이에 준하는 곳에 시설하는 것을 제외한다. 이하 같다)를 시설하는 경우에는 특고압 전선에 특고압 절연전선 또는 케이블을 사용하고 또한 다음에 따라야 한다.

가. 변압기의 1차 전압은 35 kV 이하, 2차 전압은 저압 또는 고압일 것.

나. 변압기의 특고압측에 개폐기 및 과전류차단기를 시설할 것. 다만, 변압기를 다음에 따라 시설하는 경우는 특고압측의 과전류차단기를 시설하지 아니할 수 있다.

답 : ①

예제문제 58

다음의 변압기는 특고압을 직접 저압으로 변성하는 변압기이다. 이들 중 시설할 수 없는 것은 어느 것인가?

① 교류식 전기철도용 신호회로에 전기를 공급하기 위한 변압기
② 1차 전압이 22,900 [V]이고, 1차측과 2차측 권선이 혼촉한 경우에 자동적으로 전로로부터 차단되는 차단기가 설치된 변압기
③ 1차 전압이 66,000 [V]의 변압기로서 특고압측 권선과 저압측 권선사이에 142.5의 규정에 의하여 접지공사(접지저항 값이 10 Ω 이하인 것에 한한다)를 한 금속제의 혼촉방지판이 있는 것
④ 1차 전압이 22,000 [V]이고 델타(△) 결선된 비접지 변압기로서 2차측 부하 설비가 항상 일정하게 유지되도록 된 변압기

해설
한국전기설비규정 341.3 특고압을 직접 저압으로 변성하는 변압기의 시설
특고압을 직접 저압으로 변성하는 변압기는 다음의 것 이외에는 시설하여서는 아니 된다.
가. 전기로 등 전류가 큰 전기를 소비하기 위한 변압기
나. 발전소 · 변전소 · 개폐소 또는 이에 준하는 곳의 소내용 변압기
다. 333.32의 1과 4에서 규정하는 특고압 전선로에 접속하는 변압기
라. 사용전압이 35 kV 이하인 변압기로서 그 특고압측 권선과 저압측 권선이 혼촉한 경우에 자동적으로 변압기를 전로로부터 차단하기 위한 장치를 설치한 것
마. 사용전압이 100 kV 이하인 변압기로서 그 특고압측 권선과 저압측 권선사이에 142.5의 규정에 의하여 접지공사(접지저항 값이 10 Ω 이하인 것에 한한다)를 한 금속제의 혼촉방지판이 있는 것
바. 교류식 전기철도용 신호회로에 전기를 공급하기 위한 변압기

답 : ④

예제문제 59

고주파 이용 설비에 누설되는 고주파 전류의 허용값[dB]은?

① 20　　② −20
③ −30　　④ 30

해설
한국전기설비규정 341.5 고주파 이용 전기설비의 장해방지
고주파 이용 전기설비에서 다른 고주파 이용 전기설비에 누설되는 고주파 전류의 허용한도는 그림 341.5-1의 측정 장치 또는 이에 준하는 측정 장치로 2회 이상 연속하여 10분간 측정하였을 때에 각각 측정값의 최대값에 대한 평균값이 −30 dB(1 mW를 0 dB로 한다)일 것

답 : ③

예제문제 60

고압용 또는 특고압용의 개폐기, 차단기, 피뢰기, 기타 이와 유사한 기구는 목재의 벽 또는 천장, 기타 가연성 물질로부터 고압용의 것과 특고압용의 것은 각각 몇 [m] 이상 이격하여야 하는가?

① 0.75, 1
② 0.75, 1.5
③ 1, 1.5
④ 1, 2

해설

한국전기설비규정 341.7 아크를 발생하는 기구의 시설

고압용 또는 특고압용의 개폐기 · 차단기 · 피뢰기 기타 이와 유사한 기구(이하 이 조에서 "기구 등"이라 한다)로서 동작 시에 아크가 생기는 것은 목재의 벽 또는 천장 기타의 가연성 물체로부터 표 341.8-1에서 정한 값 이상 이격하여 시설하여야 한다.

표 341.8-1 아크를 발생하는 기구 시설 시 이격거리

기구 등의 구분	이격거리
고압용의 것	1 m 이상
특고압용의 것	2 m 이상 (사용전압이 35 kV 이하의 특고압용의 기구 등으로서 동작할 때에 생기는 아크의 방향과 길이를 화재가 발생할 우려가 없도록 제한하는 경우에는 1 m 이상)

답 : ④

예제문제 61

고압용 또는 특고압용의 개폐기로서 중력 등에 의하여 자연히 작동할 우려가 있는 것은 다음 중 어떤 장치를 시설하여야 하는가?

① 차단 장치
② 제어 장치
③ 단락 장치
④ 자물쇠 장치

해설

한국전기설비규정 341.9 개폐기의 시설

① 전로 중에 개폐기를 시설하는 경우(이 기준에서 개폐기를 시설하도록 정하는 경우에 한한다)에는 그곳의 각 극에 설치하여야 한다.
② 고압용 또는 특고압용의 개폐기는 그 작동에 따라 그 개폐상태를 표시하는 장치가 되어 있는 것이어야 한다. 다만, 그 개폐상태를 쉽게 확인할 수 있는 것은 그러하지 아니하다.
③ 고압용 또는 특고압용의 개폐기로서 중력 등에 의하여 자연히 작동할 우려가 있는 것은 자물쇠장치 기타 이를 방지하는 장치를 시설하여야 한다.
④ 고압용 또는 특고압용의 개폐기로서 부하전류를 차단하기 위한 것이 아닌 개폐기는 부하전류가 통하고 있을 경우에는 개로할 수 없도록 시설하여야 한다. 다만, 개폐기를 조작하는 곳의 보기 쉬운 위치에 부하전류의 유무를 표시한 장치 또는 전화기 기타의 지령 장치를 시설하거나 터블렛 등을 사용함으로서 부하전류가 통하고 있을 때에 개로조작을 방지하기 위한 조치를 하는 경우는 그러하지 아니하다.

답 : ④

예제문제 62

고압 가공 전선로에 접속하는 변압기를 시가지에서 전주 위에 설치하는 경우 지표상 높이의 최소값[m]은?

① 4.0 ② 4.5 ③ 5.0 ④ 5.5

해설

한국전기설비규정 341.8 고압용 기계기구의 시설

기계기구(이에 부속하는 전선에 케이블 또는 고압 인하용 절연전선을 사용하는 것에 한한다)를 지표상 4.5 m(시가지 외에는 4 m) 이상의 높이에 시설하고 또한 사람이 쉽게 접촉할 우려가 없도록 시설하는 경우

답 : ②

예제문제 63

고압 전로에 사용하는 포장 퓨즈는 정격 전류의 몇 배에 견디어야 하는가?

① 1.1 ② 1.25 ③ 1.3 ④ 2

해설

한국전기설비규정 341.10 고압 및 특고압 전로 중의 과전류차단기의 시설

과전류차단기로 시설하는 퓨즈 중 고압전로에 사용하는 포장 퓨즈(퓨즈 이외의 과전류 차단기와 조합하여 하나의 과전류 차단기로 사용하는 것을 제외한다)는 정격전류의 1.3배의 전류에 견디고 또한 2배의 전류로 120분 안에 용단되는 것 또는 다음에 적합한 고압전류제한퓨즈이어야 한다.

답 : ③

예제문제 64

전로 중에 있어서 기계 기구 및 전선을 보호하기 위하여 필요한 곳에는 과전류 차단기를 시설하나 과전류 차단기의 시설을 금한 곳도 있다. 다음 중에서 과전류 차단기의 시설 제한을 받지 않는 곳은?

① 접지 공사의 접지선

② 다선식 전로의 중성선

③ 고압 전로의 방전 장치를 시설한 전선

④ 저압 가공 전선로의 접지측 전선

해설

한국전기설비규정 341.11 과전류차단기의 시설 제한

① 접지공사의 접지도체

② 다선식 전로의 중성선

③ 322.1의 1부터 3까지의 규정에 의하여 전로의 일부에 접지공사를 한 저압 가공전선로의 접지측 전선에는 과전류차단기를 시설하여서는 안 된다.

답 : ③

예제문제 65

다음 중 피뢰기를 시설하지 아니하여도 되는 것은?

① 습뢰 빈도가 적은 지역으로서 방출 보호통을 장치한 곳
② 발전소, 변전소 또는 이에 준하는 장소의 가공 전선 인입구
③ 특고압 가공 전선로로부터 공급받는 수용 장소의 인입구
④ 특고압 배전용 변압기의 특고압측 및 고압측

해설
한국전기설비규정 341.13 피뢰기의 시설
고압 및 특고압의 전로 중 다음에 열거하는 곳 또는 이에 근접한 곳에는 피뢰기를 시설하여야 한다.
가. 발전소 · 변전소 또는 이에 준하는 장소의 가공전선 인입구 및 인출구
나. 특고압 가공전선로에 접속하는 341.2의 배전용 변압기의 고압측 및 특고압측
다. 고압 및 특고압 가공전선로로부터 공급을 받는 수용장소의 인입구
라. 가공전선로와 지중전선로가 접속되는 곳

답 : ①

예제문제 66

고압 가공 전선로로부터 수전하는 수용가의 인입구에 시설하는 피뢰기의 접지 공사에 있어서 접지선이 피뢰기 접지 공사 전용의 것이면 접지 저항[Ω]은 얼마까지 허용되는가?

① 5 ② 10 ③ 30 ④ 75

해설
한국전기설비규정 341.14 피뢰기의 접지
고압 및 특고압의 전로에 시설하는 피뢰기 접지저항 값은 10Ω 이하로 하여야 한다. 다만, 고압가공전선로에 시설하는 피뢰기(341.13의 1의 규정에 의하여 시설하는 것을 제외한다. 이하 같다)를 322.1의 2 및 3의 규정에 의하여 접지공사를 한 변압기에 근접하여 시설하는 경우로서, 다음의 어느 하나에 해당할 때 또는 고압가공전선로에 시설하는 피뢰기(322.1의 1부터 3까지의 규정에 의하여 접지공사를 한 변압기에 근접하여 시설하는 것을 제외한다)의 접지도체가 그 접지공사 전용의 것인 경우에 그 접지공사의 접지저항 값이 30Ω 이하인 때에는 그 피뢰기의 접지저항 값이 10Ω 이하가 아니어도 된다.

답 : ③

예제문제 67

발전소의 개폐기 또는 차단기에 사용하는 압축 공기 장치의 주공기 탱크에는 어떠한 최대 눈금이 있는 압력계를 시설해야 하는가?

① 사용 압력의 1배 이상 1.5배 이하
② 사용 압력의 1.25배 이상 2배 이하
③ 사용 압력의 1.5배 이상 3배 이하
④ 사용 압력의 2배 이상 3배 이하

해설

한국전기설비규정 341.15 압축공기계통

발전소 · 변전소 · 개폐소 또는 이에 준하는 곳에서 개폐기 또는 차단기에 사용하는 압축공기장치

① 공기압축기는 최고 사용압력의 1.5배의 수압(수압을 연속하여 10분간 가하여 시험을 하기 어려울 때에는 최고 사용압력의 1.25배의 기압)을 연속하여 10분간 가하여 시험을 하였을 때에 이에 견디고 또한 새지 아니할 것

② 사용 압력에서 공기의 보급이 없는 상태로 개폐기 또는 차단기의 투입 및 차단을 연속하여 1회 이상 할 수 있는 용량을 가지는 것일 것

③ 주 공기탱크 또는 이에 근접한 곳에는 사용압력의 1.5배 이상 3배 이하의 최고 눈금이 있는 압력계를 시설할 것

답 : ③

예제문제 68

발전소, 변전소 등에 시설하는 가스압축기에 접속하여 사용하는 가스 절연기기는 1 [kg/cm²]를 넘는 절연가스의 압력을 받는 부분으로 외기에 접하는 부분은 최고 사용 압력의 몇 배의 수압을 연속하여 10분간 가하였을 때에 이에 견디고 새지 아니하여야 하는가?

① 1.1 ② 1.3 ③ 1.5 ④ 2

해설

한국전기설비규정 341.16 절연가스 취급설비

발전소 · 변전소 · 개폐소 또는 이에 준하는 곳에 시설하는 가스 절연기기는 최고사용압력의 1.5배의 수압(수압을 연속하여 10분간 가하여 시험을 하기 어려울 때에는 최고사용압력의 1.25배의 기압)을 연속하여 10분간 가하여 시험하였을 때에 이에 견디고 또한 새지 아니하는 것일 것. 다만, 가스 압축기에 접속하여 사용하지 아니하는 가스절연기기는 최고사용압력의 1.25배의 수압을 연속하여 10분간 가하였을 때 이에 견디고 또한 누설이 없는 경우에는 그러하지 아니하다.

답 : ③

342 고압 · 특고압 옥내 설비의 시설

342.1 고압 옥내배선 등의 시설

1. 고압 옥내배선은 다음에 따라 시설하여야 한다.

가. 고압 옥내배선은 다음 중 하나에 의하여 시설할 것.

(1) 애자공사(건조한 장소로서 전개된 장소에 한한다)

(2) 케이블공사

(3) 케이블트레이공사

나. 애자공사

전선은 공칭단면적 6 mm² 이상의 연동선 또는 이와 동등 이상의 세기 및 굵기의 고압 절연전선이나 특고압 절연전선 또는 341.9의 2에 규정하는 인하용 고압 절연전선일 것.

전압	전선과 조영재와의 이격 거리	전선 상호 간격	전선 지지점간의 거리	
			조영재의 면을 따라 붙이는 경우	조영재의 면을 따라 붙이지 않는 경우
고압	0.05m 이상	0.08m 이상	2m 이하	6 m 이하

2. 고압 옥내배선이 다른 고압 옥내배선·저압 옥내전선·관등회로의 배선·약전류 전선 등 또는 수관·가스관이나 이와 유사한 것과 접근하거나 교차하는 경우에는 고압 옥내배선과 다른 고압 옥내배선·저압 옥내전선·관등회로의 배선·약전류 전선 등 또는 수관·가스관이나 이와 유사한 것 사이의 이격거리는 0.15 m (애자공사에 의하여 시설하는 저압 옥내전선이 나전선인 경우에는 0.3 m, 가스계량기 및 가스관의 이음부와 전력량계 및 개폐기와는 0.6 m) 이상이어야 한다.

342.2 옥내 고압용 이동전선의 시설

1. 전선은 고압용의 캡타이어케이블일 것.
2. 이동전선과 전기사용기계기구와는 볼트 조임 기타의 방법에 의하여 견고하게 접속할 것.
3. 이동전선에 전기를 공급하는 전로(유도 전동기의 2차측 전로를 제외한다)에는 전용 개폐기 및 과전류 차단기를 각극(과전류 차단기는 다선식 전로의 중성극을 제외한다)에 시설하고, 또한 전로에 지락이 생겼을 때에 자동적으로 전로를 차단하는 장치를 시설할 것.

342.4 특고압 옥내 전기설비의 시설

특고압 옥내배선은 다음에 따르고 또한 위험의 우려가 없도록 시설하여야 한다.

가. 사용전압은 100 kV 이하일 것. 다만, 케이블트레이공사에 의하여 시설하는 경우에는 35 kV 이하일 것.

나. 전선은 케이블일 것.

다. 케이블은 철재 또는 철근 콘크리트제의 관·덕트 기타의 견고한 방호장치에 넣어 시설할 것.

라. 관 그 밖에 케이블을 넣는 방호장치의 금속제 부분·금속제의 전선 접속함 및 케이블의 피복에 사용하는 금속체에는 140의 규정에 의한 접지공사를 하여야 한다.

2. 특고압 옥내배선이 저압 옥내전선·관등회로의 배선·고압 옥내전선·약전류 전선 등 또는 수관·가스관이나 이와 유사한 것과 접근하거나 교차하는 경우에는 다음에 따라야 한다.

가. 특고압 옥내배선과 저압 옥내전선·관등회로의 배선 또는 고압 옥내전선 사이의 이격거리는 0.6 m 이상일 것. 다만, 상호 간에 견고한 내화성의 격벽을 시설할 경우에는 그러하지 아니하다.

나. 특고압 옥내배선과 약전류 전선 등 또는 수관·가스관이나 이와 유사한 것과 접촉하지 아니하도록 시설할 것.

예제문제 69

건조한 전개 장소에 시설할 수 있는 사용 전압이 3,300 [V]인 옥내 배선 공사는?

① 금속관 공사 ② 플로어 덕트 공사 ③ 케이블 공사 ④ 합성 수지관 공사

해설

한국전기설비규정 342.1 고압 옥내배선 등의 시설

고압 옥내배선은 다음 중 하나에 의하여 시설할 것

(1) 애자공사(건조한 장소로서 전개된 장소에 한한다)

(2) 케이블공사 (3) 케이블트레이공사

답 : ③

예제문제 70

옥내에 시설하는 고압 이동 전선용 전선은?

① 0.6/1 [kV] EP 고무 절연 클로로프렌 캡타이어케이블

② 450/750 [V] 일반용 단심 비닐절연전선

③ 고압용 캡타이어케이블

④ 고압용 클로로프렌 캡타이어케이블

해설

한국전기설비규정 342.2 옥내 고압용 이동전선의 시설

① 전선은 고압용의 캡타이어케이블일 것

② 이동전선과 전기사용기계기구와는 볼트 조임 기타의 방법에 의하여 견고하게 접속할 것

③ 이동전선에 전기를 공급하는 전로(유도 전동기의 2차측 전로를 제외한다)에는 전용 개폐기 및 과전류 차단기를 각극(과전류 차단기는 다선식 전로의 중성극을 제외한다)에 시설하고, 또한 전로에 지락이 생겼을 때에 자동적으로 전로를 차단하는 장치를 시설할 것

답 : ③

예제문제 71

특고압선을 옥내에 시설하는 경우 그 사용 전압의 최대 한도는?

① 100,000 [V] ② 170,000 [V] ③ 220,000 [V] ④ 350,000 [V]

해설

한국전기설비규정 342.4 특고압 옥내 전기설비의 시설

1. 특고압 옥내배선은 241.9의 규정에 의하여 시설하는 경우 이외에는 다음에 따르고 또한 위험의 우려가 없도록 시설하여야 한다.
   가. 사용전압은 100 kV 이하일 것. 다만, 케이블트레이공사에 의하여 시설하는 경우에는 35 kV 이하일 것
   나. 전선은 케이블일 것
   다. 케이블은 철재 또는 철근 콘크리트제의 관·덕트 기타의 견고한 방호장치에 넣어 시설할 것. 다만, "가" 단서의 케이블트레이공사에 의하는 경우에는 342.1의 1의 "라"에 준하여 시설할 것
   라. 관 그 밖에 케이블을 넣는 방호장치의 금속제 부분·금속제의 전선 접속함 및 케이블의 피복에 사용하는 금속체에는 140의 규정에 의한 접지공사를 하여야 한다.

답 : ①

350 발전소, 변전소, 개폐소 등의 전기설비

351 발전소, 변전소, 개폐소 등의 전기설비

351.1 발전소 등의 울타리·담 등의 시설

울타리·담 등은 다음에 따라 시설하여야 한다.

1. 울타리·담 등의 높이는 2 m 이상으로 하고 지표면과 울타리·담 등의 하단 사이의 간격은 0.15 m 이하로 할 것.
2. 울타리·담 등과 고압 및 특고압의 충전 부분이 접근하는 경우에는 울타리·담 등의 높이와 울타리·담 등으로부터 충전부분까지 거리의 합계는 표 351.1-1에서 정한 값 이상으로 할 것.

표 351.1-1 발전소 등의 울타리·담 등의 시설 시 이격거리

사용전압의 구분	울타리·담 등의 높이와 울타리·담 등으로부터 충전부분까지의 거리의 합계
35 kV 이하	5 m
35 kV 초과 160 kV 이하	6 m
160 kV 초과	6 m에 160 kV를 초과하는 10 kV 또는 그 단수마다 0.12 m를 더한 값

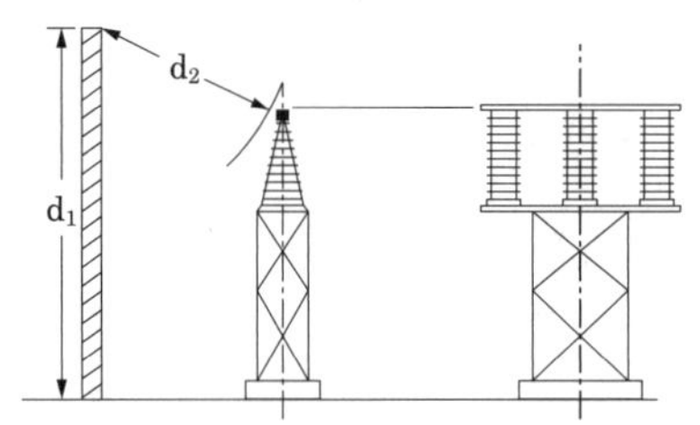

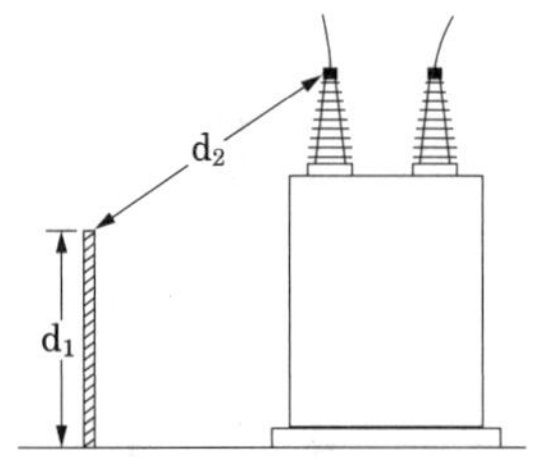

d_1 : 울타리 · 담 등의 높이
d_2 : 울타리 · 담 등으로부터 충전부분까지 거리

고압 또는 특고압 가공전선(전선에 케이블을 사용하는 경우는 제외함)과 금속제의 울타리·담 등이 교차하는 경우에 금속제의 울타리·담 등에는 교차점과 좌, 우로 45 m 이내의 개소에 접지공사를 하여야 한다. 다만, 토지의 상황에 의하여 접지저항 값을 얻기 어려울 경우에는 100 Ω 이하로 하고 또한 고압 가공전선로는 고압보안공사, 특고압 가공전선로는 제2종 특고압 보안공사에 의하여 시설할 수 있다.

351.2 특고압전로의 상 및 접속 상태의 표시

1. 발전소·변전소 또는 이에 준하는 곳의 특고압전로에는 그의 보기 쉬운 곳에 상별(相別) 표시를 하여야 한다.
2. 발전소·변전소 또는 이에 준하는 곳의 특고압전로에 대하여는 그 접속 상태를 모의모선(模擬母線)의 사용 기타의 방법에 의하여 표시하여야 한다. 다만, 이러한 전로에 접속하는 특고압전선로의 회선수가 2 이하이고 또한 특고압의 모선이 단일모선인 경우에는 그러하지 아니하다.

351.3 발전기 등의 보호장치

발전기에는 다음의 경우에 자동적으로 이를 전로로부터 차단하는 장치를 시설하여야 한다.

1. 발전기에 과전류나 과전압이 생긴 경우
2. 용량이 500 kVA 이상의 발전기를 구동하는 수차의 압유 장치의 유압 또는 전동식 가이드밴 제어장치, 전동식 니이들 제어장치 또는 전동식 디플렉터 제어장치의 전원전압이 현저히 저하한 경우
3. 용량이 100 kVA 이상의 발전기를 구동하는 풍차(風車)의 압유장치의 유압, 압축공기장치의 공기압 또는 전동식 브레이드 제어장치의 전원전압이 현저히 저하한 경우
4. 용량이 2,000 kVA 이상인 수차 발전기의 스러스트 베어링의 온도가 현저히 상승한 경우
5. 용량이 10,000 kVA 이상인 발전기의 내부에 고장이 생긴 경우

6. 정격출력이 10,000 kW를 초과하는 증기터빈은 그 스러스트 베어링이 현저하게 마모되거나 그의 온도가 현저히 상승한 경우

351.4 특고압용 변압기의 보호장치

특고압용의 변압기에는 그 내부에 고장이 생겼을 경우에 보호하는 장치를 표 351.4-1와 같이 시설하여야 한다.

표 351.4-1 특고압용 변압기의 보호장치

뱅크용량의 구분	동작조건	장치의 종류
5,000 kVA 이상 10,000 kVA 미만	변압기내부고장	자동차단장치 또는 경보장치
10,000 kVA 이상	변압기내부고장	자동차단장치
타냉식변압기(변압기의 권선 및 철심을 직접 냉각시키기 위하여 봉입한 냉매를 강제 순환시키는 냉각 방식을 말한다)	냉각장치에 고장이 생긴 경우 또는 변압기의 온도가 현저히 상승한 경우	경보장치

351.5 무효전력 보상장치의 보호장치

무효전력 보상장치에는 그 내부에 고장이 생긴 경우에 보호하는 장치를 표 351.5-1과 같이 시설하여야 한다.

표 351.5-1 조상설비의 보호장치

설비종별	뱅크용량의 구분	자동적으로 전로로부터 차단하는 장치
전력용 커패시터 및 분로리액터	500 kVA 초과 15,000 kVA 미만	내부에 고장이 생긴 경우에 동작하는 장치 또는 과전류가 생긴 경우에 동작하는 장치
	15,000 kVA 이상	내부에 고장이 생긴 경우에 동작하는 장치 및 과전류가 생긴 경우에 동작하는 장치 또는 과전압이 생긴 경우에 동작하는 장치
조상기(調相機)	15,000 kVA 이상	내부에 고장이 생긴 경우에 동작하는 장치

351.6 계측장치

1. 발전소에서는 다음의 사항을 계측하는 장치를 시설하여야 한다. 다만, 태양전지 발전소는 연계하는 전력계통에 그 발전소 이외의 전원이 없는 것에 대하여는 그러하지 아니하다.
   가. 발전기·연료전지 또는 태양전지 모듈(복수의 태양전지 모듈을 설치하는 경우에는 그 집합체)의 전압 및 전류 또는 전력
   나. 발전기의 베어링(수중 메탈을 제외한다) 및 고정자(固定子)의 2
   다. 정격출력이 10,000 kW를 초과하는 증기터빈에 접속하는 발전기의 진동의 진폭(정격출력이 400,000 kW 이상의 증기터빈에 접속하는 발전기는 이를 자동적으로 기록하는 것에 한한다)

라. 주요 변압기의 전압 및 전류 또는 전력
마. 특고압용 변압기의 온도

2. 동기발전기(同期發電機)를 시설하는 경우에는 동기검정장치를 시설하여야 한다.
3. 변전소 또는 이에 준하는 곳에는 다음의 사항을 계측하는 장치를 시설하여야 한다.
   가. 주요 변압기의 전압 및 전류 또는 전력
   나. 특고압용 변압기의 온도
4. 동기조상기를 시설하는 경우에는 다음의 사항을 계측하는 장치 및 동기검정장치를 시설하여야 한다. 다만, 동기조상기의 용량이 전력계통의 용량과 비교하여 현저히 적은 경우에는 동기검정장치를 시설하지 아니할 수 있다.
   가. 동기조상기의 전압 및 전류 또는 전력
   나. 동기조상기의 베어링 및 고정자의 온도

351.7 배전반의 시설

1. 발전소·변전소·개폐소 또는 이에 준하는 곳에 시설하는 배전반에 붙이는 기구 및 전선(관에 넣은 전선 및 334.1의 4의 "나"에 규정하는 개장한 케이블을 제외한다)은 점검할 수 있도록 시설하여야 한다.
2. 제1의 배전반에 고압용 또는 특고압용의 기구 또는 전선을 시설하는 경우에는 취급자에게 위험이 미치지 아니하도록 적당한 방호장치 또는 통로를 시설하여야 하며, 기기조작에 필요한 공간을 확보하여야 한다.

351.8 상주 감시를 하지 아니하는 발전소의 시설

다음과 같은 경우에는 발전기를 전로에서 자동적으로 차단하고 또한 수차 또는 풍차를 자동적으로 정지하는 장치 또는 내연기관에 연료 유입을 자동적으로 차단하는 장치를 시설할 것.

1. 원동기 제어용의 압유장치의 유압, 압축 공기장치의 공기압 또는 전동 제어 장치의 전원 전압이 현저히 저하한 경우
2. 원동기의 회전속도가 현저히 상승한 경우
3. 발전기에 과전류가 생긴 경우
4. 정격 출력이 500 kW 이상의 원동기(풍차를 시가지 그 밖에 인가가 밀집된 지역에 시설하는 경우에는 100 kW 이상) 또는 그 발전기의 베어링의 온도가 현저히 상승한 경우
5. 용량이 2,000 kVA 이상의 발전기의 내부에 고장이 생긴 경우
6. 내연기관의 냉각수 온도가 현저히 상승한 경우 또는 냉각수의 공급이 정지된 경우
7. 내연기관의 윤활유 압력이 현저히 저하한 경우
8. 내연력 발전소의 제어회로 전압이 현저히 저하한 경우

9. 시가지 그 밖에 인가 밀집지역에 시설하는 것으로서 정격 출력이 10 kW 이상의 풍차의 중요한 베어링 또는 그 부근의 축에서 회전중에 발생하는 진동의 진폭이 현저히 증대된 경우

351.9 상주 감시를 하지 아니하는 변전소의 시설

다음의 경우에는 변전제어소 또는 기술원이 상주하는 장소에 경보장치를 시설할 것.

1. 운전조작에 필요한 차단기가 자동적으로 차단한 경우(차단기가 재폐로한 경우를 제외한다)
2. 주요 변압기의 전원측 전로가 무전압으로 된 경우
3. 제어 회로의 전압이 현저히 저하한 경우
4. 옥내변전소에 화재가 발생한 경우
5. 출력 3,000 kVA를 초과하는 특고압용변압기는 그 온도가 현저히 상승한 경우
6. 특고압용 타냉식변압기는 그 냉각장치가 고장난 경우
7. 조상기는 내부에 고장이 생긴 경우
8. 수소냉각식조상기는 그 조상기 안의 수소의 순도가 90% 이하로 저하한 경우, 수소의 압력이 현저히 변동한 경우 또는 수소의 온도가 현저히 상승한 경우
9. 가스절연기기(압력의 저하에 의하여 절연파괴 등이 생길 우려가 없는 경우를 제외한다)의 절연가스의 압력이 현저히 저하한 경우

351.10 수소냉각식 발전기 등의 시설

수소냉각식의 발전기·조상기 또는 이에 부속하는 수소 냉각 장치는 다음 각 호에 따라 시설하여야 한다.

1. 발전기 또는 조상기는 기밀구조(氣密構造)의 것이고 또한 수소가 대기압에서 폭발하는 경우에 생기는 압력에 견디는 강도를 가지는 것일 것.
2. 발전기축의 밀봉부에는 질소 가스를 봉입할 수 있는 장치 또는 발전기 축의 밀봉부로부터 누설된 수소 가스를 안전하게 외부에 방출할 수 있는 장치를 시설할 것.
3. 발전기 내부 또는 조상기 내부의 수소의 순도가 85 % 이하로 저하한 경우에 이를 경보하는 장치를 시설할 것.
4. 발전기 내부 또는 조상기 내부의 수소의 압력을 계측하는 장치 및 그 압력이 현저히 변동한 경우에 이를 경보하는 장치를 시설할 것.
5. 발전기 내부 또는 조상기 내부의 수소의 온도를 계측하는 장치를 시설할 것.

예제문제 72

"고압 또는 특고압의 기계 기구, 모선 등을 옥외에 시설하는 발전소, 변전소, 개폐소 또는 이에 준하는 곳에 시설하는 울타리, 담 등의 높이는 (①) [m] 이상으로 하고, 지표면과 울타리, 담 등의 하단 사이의 간격은 (②) [cm] 이하로 하여야 한다"에서 ①, ②에 알맞은 것은?

① ① 3　② 15　　② ① 2　② 15
③ ① 3　② 25　　④ ① 2　② 25

해설
한국전기설비규정 351.1 발전소 등의 울타리 · 담 등의 시설
울타리 · 담 등의 높이는 2 m 이상으로 하고 지표면과 울타리 · 담 등의 하단사이의 간격은 0.15 m 이하로 할 것

답 : ②

예제문제 73

345 [kV]의 옥외 변전소에 있어서 울타리의 높이와 울타리에서 충전 부분까지 거리[m]의 합계는?

① 6.48　　② 8.16
③ 8.40　　④ 8.28

해설
한국전기설비규정 351.1 발전소 등의 울타리 · 담 등의 시설
울타리 · 담 등은 다음에 따라 시설하여야 한다.
가. 울타리 · 담 등의 높이는 2 m 이상으로 하고 지표면과 울타리 · 담 등의 하단사이의 간격은 0.15 m 이하로 할 것
나. 울타리 · 담 등과 고압 및 특고압의 충전 부분이 접근하는 경우에는 울타리 · 담 등의 높이와 울타리 · 담 등으로부터 충전부분까지 거리의 합계는 표 351.1-1에서 정한 값 이상으로 할 것

표 351.1-1 발전소 등의 울타리 · 담 등의 시설 시 이격거리

사용전압의 구분	울타리 · 담 등의 높이와 울타리 · 담 등으로부터 충전부분까지의 거리의 합계
35 kV 이하	5 m
35 kV 초과 160 kV 이하	6 m
160 kV 초과	6 m에 160 kV를 초과하는 10 kV 또는 그 단수마다 0.12 m를 더한 값

∴ 거리=6+(34.5−16)×0.12=6+(19×0.12)=8.28 [m]

답 : ④

예제문제 74

발 · 변전소의 특고압 전로에 대해서는 그의 접속 상태를 모의 모선 등으로 표시하여야 한다. 그러나 어느 규모 이하의 것은 그러한 의무가 없다. 다음 중 모의 모선을 요하지 않는 것은?

① 1회선의 복모선　　② 2회선의 단모선
③ 3회선의 단모선　　④ 3회선의 복모선

해설
한국전기설비규정 351.2 특고압전로의 상 및 접속 상태의 표시
발전소·변전소 또는 이에 준하는 곳의 특고압전로에 대하여는 그 접속 상태를 모의모선(模擬母線)의 사용 기타의 방법에 의하여 표시하여야 한다. 다만, 이러한 전로에 접속하는 특고압전선로의 회선수가 2 이하이고 또한 특고압의 모선이 단일모선인 경우에는 그러하지 아니하다.

답 : ②

예제문제 75

발전기의 보호장치에 있어서 그 발전기를 구동하는 수차의 압유 장치의 유압이 현저히 저하한 경우 자동 차단시켜야 하는 발전기 용량은 얼마 이상으로 되어 있는가?

① 500 [kVA]　② 1,000 [kVA]
③ 5,000 [kVA]　④ 10,000 [kVA]

해설
한국전기설비규정 351.3 발전기 등의 보호장치
발전기에는 다음의 경우에 자동적으로 이를 전로로부터 차단하는 장치를 시설하여야 한다.
가. 발전기에 과전류나 과전압이 생긴 경우
나. 용량이 500 kVA 이상의 발전기를 구동하는 수차의 압유 장치의 유압 또는 전동식 가이드밴 제어장치, 전동식 니이들 제어장치 또는 전동식 디플렉터 제어장치의 전원전압이 현저히 저하한 경우
다. 용량이 100 kVA 이상의 발전기를 구동하는 풍차(風車)의 압유장치의 유압, 압축 공기장치의 공기압 또는 전동식 브레이드 제어장치의 전원전압이 현저히 저하한 경우
라. 용량이 2,000 kVA 이상인 수차 발전기의 스러스트 베어링의 온도가 현저히 상승한 경우
마. 용량이 10,000 kVA 이상인 발전기의 내부에 고장이 생긴 경우
바. 정격출력이 10,000 kW를 초과하는 증기터빈은 그 스러스트 베어링이 현저하게 마모되거나 그의 온도가 현저히 상승한 경우

답 : ①

예제문제 76

송유 풍냉식 특고압용 변압기의 송풍기가 고장이 생길 경우에는 어느 보호장치가 필요한가?

① 경보 장치　② 자동 차단 장치
③ 전압 계전기　④ 속도 조정 장치

해설
한국전기설비규정 351.4 특고압용 변압기의 보호장치

뱅크용량의 구분	동작조건	장치의 종류
5,000 kVA 이상 10,000 kVA 미만	변압기내부고장	자동차단장치 또는 경보장치
10,000 kVA 이상	변압기내부고장	자동차단장치
타냉식변압기(변압기의 권선 및 철심을 직접 냉각시키기 위하여 봉입한 냉매를 강제 순환시키는 냉각 방식을 말한다)	냉각장치에 고장이 생긴 경우 또는 변압기의 온도가 현저히 상승한 경우	경보장치

답 : ①

예제문제 77

과전압이 생긴 경우 자동적으로 전로로부터 차단하는 장치를 하여야 하는 전력용 콘덴서의 최소 뱅크 용량[kVA]은?

① 500 ② 5,000 ③ 10,000 ④ 15,000

해설

한국전기설비규정 351.5 조상설비의 보호장치

설비종별	뱅크용량의 구분	자동적으로 전로로부터 차단하는 장치
전력용 커패시터 및 분로리액터	500 kVA 초과 15,000 kVA 미만	내부에 고장이 생긴 경우에 동작하는 장치 또는 과전류가 생긴 경우에 동작하는 장치
	15,000 kVA 이상	내부에 고장이 생긴 경우에 동작하는 장치 및 과전류가 생긴 경우에 동작하는 장치 또는 과전압이 생긴 경우에 동작하는 장치
조상기(調相機)	15,000 kVA 이상	내부에 고장이 생긴 경우에 동작하는 장치

답 : ④

예제문제 78

발전소에 시설하지 않아도 되는 계측 장치는?

① 발전기의 고정자 온도 ② 주요 변압기의 역률
③ 주요 변압기의 전압 및 전류 또는 전력 ④ 특고압용 변압기의 온도

해설

한국전기설비규정 351.6 계측장치
발전소에서는 다음의 사항을 계측하는 장치를 시설하여야 한다.

가. 발전기·연료전지 또는 태양전지 모듈(복수의 태양전지 모듈을 설치하는 경우에는 그 집합체)의 전압 및 전류 또는 전력
나. 발전기의 베어링(수중 메탈을 제외한다) 및 고정자(固定子)의 온도
다. 정격출력이 10,000 kW를 초과하는 증기터빈에 접속하는 발전기의 진동의 진폭(정격출력이 400,000 kW 이상의 증기터빈에 접속하는 발전기는 이를 자동적으로 기록하는 것에 한한다)
라. 주요 변압기의 전압 및 전류 또는 전력
마. 특고압용 변압기의 온도

답 : ②

예제문제 79

상주 감시를 요하지 아니하는 발전소에서 발전기 안에 고장이 발생한 경우 발전기를 전로에서 자동적으로 차단하는 장치가 필요한 경우는?

① 1,000 [kVA] 넘는 것 ② 2,000 [kVA] 넘는 것
③ 3,000 [kVA] 넘는 것 ④ 5,000 [kVA] 넘는 것

해설

한국전기설비규정 351.8 상주 감시를 하지 아니하는 발전소의 시설
용량이 2,000 kVA 이상의 발전기의 내부에 고장이 생긴 경우

답 : ②

예제문제 80

구외로부터 전송된 전압이 몇 [V] 이상의 전기를 변성하기 위한 변압기, 기타 전기 설비의 통합체를 변전소라 하는가?

① 30,000 ② 38,000 ③ 50,000 ④ 55,000

해설
한국전기설비규정 351.9 상주 감시를 하지 아니하는 변전소의 시설
변전소(이에 준하는 곳으로서 50 kV를 초과하는 특고압의 전기를 변성하기 위한 것을 포함한다)

답 : ③

360 전력보안통신설비

362 전력보안통신설비의 시설

362.1 전력보안통신설비의 시설 요구사항

1. 전력보안통신설비의 시설 장소는 다음에 따른다.
   가. 송전선로
      (1) 66 kV, 154 kV, 345 kV, 765 kV계통 송전선로 구간(가공, 지중, 해저) 및 안전상 특히 필요한 경우에 전선로의 적당한 곳
      (2) 고압 및 특고압 지중전선로가 시설되어 있는 전력구내에서 안전상 특히 필요한 경우의 적당한 곳
      (3) 직류 계통 송전선로 구간 및 안전상 특히 필요한 경우의 적당한 곳
      (4) 송변전자동화 등 지능형전력망 구현을 위해 필요한 구간
   나. 발전소, 변전소 및 변환소
      (1) 원격감시제어가 되지 아니하는 발전소·원격 감시제어가 되지 아니하는 변전소(이에 준하는 곳으로서 특고압의 전기를 변성하기 위한 곳을 포함한다)·개폐소, 전선로 및 이를 운용하는 급전소 및 급전분소 간
      (2) 2개 이상의 급전소(분소) 상호 간과 이들을 통합 운용하는 급전소(분소) 간
      (3) 수력설비 중 필요한 곳, 수력설비의 안전상 필요한 양수소(量水所) 및 강수량 관측소와 수력발전소 간
      (4) 동일 수계에 속하고 안전상 긴급 연락의 필요가 있는 수력발전소 상호 간
      (5) 동일 전력계통에 속하고 또한 안전상 긴급연락의 필요가 있는 발전소·변전소(이에 준하는 곳으로서 특고압의 전기를 변성하기 위한 곳을 포함한다) 및 개폐소 상호 간
      (6) 발전소·변전소 및 개폐소와 기술원 주재소 간. 다만, 다음 어느 항목에 적합하고 또한 휴대용이거나 이동형 전력보안통신설비에 의하여 연락이 확보된 경우에는 그러하지 아니하다.

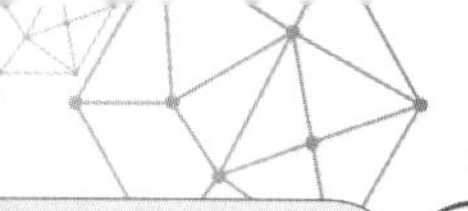

① 발전소로서 전기의 공급에 지장을 미치지 않는 곳.

② 상주감시를 하지 않는 변전소(사용전압이 35 kV 이하의 것에 한한다.)로서 그 변전소에 접속되는 전선로가 동일 기술원 주재소에 의하여 운용되는 곳.

(7) 발전소·변전소(이에 준하는 곳으로서 특고압의 전기를 변성하기 위한 곳을 포함한다.) ·개폐소·급전소 및 기술원 주재소와 전기설비의 안전상 긴급 연락의 필요가 있는 기상대·측후소·소방서 및 방사선 감시계측 시설물 등의 사이

362.2 전력보안통신선의 시설 높이와 이격거리

1. 전력 보안 가공통신선(이하 "가공통신선"이라 한다)의 높이는 제2에서 규정하는 경우 이외에는 다음을 따른다.

가. 도로(차도와 인도의 구별이 있는 도로는 차도) 위에 시설하는 경우에는 지표상 5m 이상. 다만, 교통에 지장을 줄 우려가 없는 경우에는 지표상 4.5 m 까지로 감할 수 있다.

나. 철도 또는 궤도를 횡단하는 경우에는 레일면상 6.5 m 이상

다. 횡단보도교 위에 시설하는 경우에는 그 노면상 3 m 이상

라. "가"부터 "다"까지 이외의 경우에는 지표상 3.5 m 이상

구분	지상고	비고
도로(인도와 구별없는 도로)	5.0 m 이상	교통지장 없을 경우 4.5m
철도 궤도 횡단 시	6.5 m 이상	레일면상
횡단보도교 위	3.0 m 이상	그 노면상
기타	3.5 m 이상	

2. 특고압 가공전선로의 지지물에 시설하는 통신선 또는 이에 직접 접속하는 통신선이 도로·횡단보도교·철도의 레일·삭도·가공전선·다른 가공약전류 전선 등 또는 교류 전차선 등과 교차하는 경우에는 다음에 따라 시설하여야 한다.

가. 통신선이 도로·횡단보도교·철도의 레일 또는 삭도와 교차하는 경우에는 통신선은 연선의 경우 단면적 16 mm^2(단선의 경우 지름 4 mm)의 절연전선과 동등 이상의 절연 효력이 있는 것, 인장강도 8.01 kN 이상의 것 또는 연선의 경우 단면적 25mm^2(단선의 경우 지름 5 mm)의 경동선일 것.

나. 통신선과 삭도 또는 다른 가공약전류 전선 등 사이의 이격거리는 0.8 m(통신선이 케이블 또는 광섬유 케이블일 때는 0.4 m) 이상으로 할 것.

3. 특고압 가공전선로의 지지물에 시설하는 통신선에 직접 접속하는 통신선이 건조물·도로·횡단보도교·철도의 레일·삭도·저압이나 고압의 전차선·다른 가공약전류 선·교류 전차선 등 또는 저압가공전선과 접근하는 경우에는 고압 가공전선로의 규

정에 준하여 시설하여야 한다. 이 경우에 "케이블"이라고 한 것은 "케이블 또는 광섬유 케이블"로 본다.

362.3 조가선 시설기준

1. 조가선 시설기준은 다음에 따른다.
   가. 조가선은 단면적 38 mm² 이상의 아연도강연선을 사용할 것.
   나. 조가선의 시설높이, 시설방향 및 시설기준
      ① 조가선의 시설높이

구분	지상고	비고
도로(인도와 구별없는 도로)	5.0 m 이상	교통지장 없을 경우 4.5m
철도 궤도 횡단 시	6.5 m 이상	레일면상
횡단보도교 위	3.0 m 이상	그 노면상
기타	3.5 m 이상	

      ② 조가선 시설방향은 다음과 같다.
      • 특고압주: 특고압 중성도체와 같은 방향
      • 저압주: 저압선과 같은 방향
   다. 조가선 간의 이격거리는 조가선 2개가 시설될 경우에 이격거리는 0.3 m 를 유지하여야 한다.
   라. 조가선은 다음에 따라 접지할 것.
      ① 접지극은 지표면에서 0.75 m 이상의 깊이에 타 접지극과 1 m 이상 이격하여 시설하여야 하며, 접지극 시설, 접지저항값 유지 등 조가선 및 공가설비의 접지에 관한 사항은 140에 따를 것.

362.4 전력유도의 방지

전력보안통신설비는 가공전선로로부터의 정전유도작용 또는 전자유도작용에 의하여 사람에게 위험을 줄 우려가 없도록 시설하여야 한다. 다음의 제한값을 초과하거나 초과할 우려가 있는 경우에는 이에 대한 방지조치를 하여야 한다.

362.5 특고압 가공전선로 첨가설치 통신선의 시가지 인입 제한

1. 특고압 가공전선로의 지지물에 첨가설치하는 통신선 또는 이에 직접 접속하는 통신선은 시가지에 시설하는 통신선(특고압 가공전선로의 지지물에 첨가 설치하는 통신선은 제외한다. 이하 "시가지의 통신선"이라 한다)에 접속하여서는 아니 된다. 다만, 다음에 해당하는 경우에는 그러하지 아니하다.

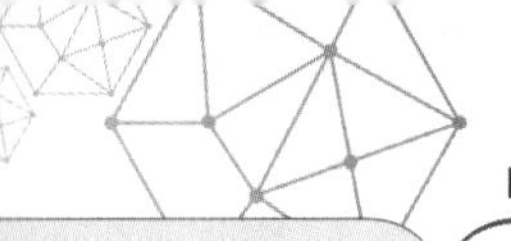

가. 특고압 가공전선로의 지지물에 첨가설치하는 통신선 또는 이에 직접 접속하는 통신선과 시가지의 통신선과의 접속점에 제3의 "다"에서 정하는 표준에 적합한 특고압용 제1종 보안장치, 특고압용 제2종 보안장치 또는 이에 준하는 보안장치를 시설하고 또한 그 중계선륜(中繼線輪) 또는 배류 중계선륜(排流中繼線輪)의 2차측에 시가지의 통신선을 접속하는 경우

나. 시가지의 통신선이 절연전선과 동등 이상의 절연효력이 있는 것.

2. 시가지에 시설하는 통신선은 특고압 가공전선로의 지지물에 시설하여서는 아니 된다. 다만, 통신선이 절연전선과 동등 이상의 절연효력이 있고 인장강도 5.26 kN 이상의 것. 또는 연선의 경우 단면적 16 mm^2(단선의 경우 지름 4 mm) 이상의 절연전선 또는 광섬유 케이블인 경우에는 그러하지 아니하다.

3. 보안장치의 표준은 다음과 같다.

가. "나"부터 "라"까지에 열거하는 통신선 이외의 통신선인 경우에는 다음의 급전전용통신선용 보안장치일 것.

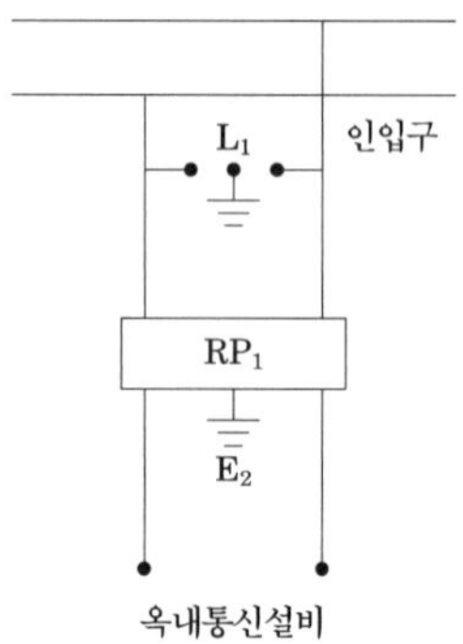

그림 362.5-1 급전전용통신선용 보안장치

RP_1 : 교류 300 V 이하에서 동작하고, 최소 감도 전류가 3 A 이하로서 최소 감도전류 때의 응동시간이 1사이클 이하이고 또한 전류 용량이 50 A, 20초 이상인 자복성(自復性)이 있는 릴레이 보안기

L_1 : 교류 1 kV 이하에서 동작하는 피뢰기

E_1 및 E_2 : 접지

362.6 25 kV 이하인 특고압 가공전선로 첨가 통신선의 시설에 관한 특례

통신선은 광섬유 케이블일 것. 다만, 통신선은 광섬유 케이블 이외의 경우에 이를 362.5의 3에서 정하는 표준에 적합한 특고압용 제2종 보안장치 또는 이에 준하는 보안장치를 시설할 때에는 그러하지 아니하다.

362.7 특고압 가공전선로 첨가설치 통신선에 직접 접속하는 옥내 통신선의 시설

특고압 가공전선로의 지지물에 시설하는 통신선(광섬유 케이블을 제외한다) 또는 이에 직접 접속하는 통신선 중 옥내에 시설하는 부분은 400 V 초과의 저압옥내 배선시설에 준하여 시설하여야 한다.

362.10 전력보안통신설비의 보안장치

1. 통신선(광섬유 케이블을 제외한다)에 직접 접속하는 옥내통신 설비를 시설하는 곳에는 통신선의 구별에 따라 표준에 적합한 보안장치 또는 이에 준하는 보안장치를 시설하여야 한다.
2. 특고압 가공전선로의 지지물에 시설하는 통신선 또는 이에 직접 접속하는 통신선에 접속하는 휴대전화기를 접속하는 곳 및 옥외전화기를 시설하는 곳에는 표준에 적합한 특고압용 제1종 보안장치, 특고압용 제2종 보안장치 또는 이에 준하는 보안장치를 시설하여야 한다.

362.11 전력선 반송 통신용 결합장치의 보안장치

전력선 반송통신용 결합 커패시터(고장점 표점장치 기타 이와 유사한 보호장치에 병용하는 것을 제외한다)에 접속하는 회로에는 그림 362.10-1의 보안장치 또는 이에 준하는 보안장치를 시설하여야 한다.

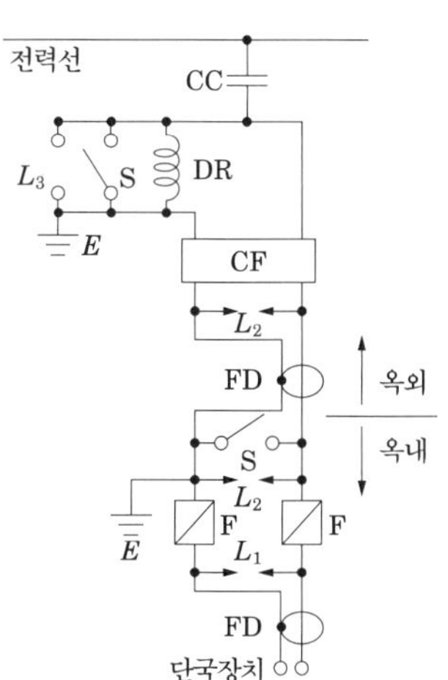

FD : 동축케이블
F : 정격전류 10 A 이하의 포장 퓨즈
DR : 전류 용량 2 A 이상의 배류 선륜
L_1 : 교류 300 V 이하에서 동작하는 피뢰기
L_2 : 동작 전압이 교류 1,300 V를 초과하고 1,600 V 이하로 조정된 방전갭
L_3 : 동작 전압이 교류 2 kV를 초과하고 3 kV 이하로 조정된 구상 방전갭
S : 접지용 개폐기
CF : 결합 필터
CC : 결합 커패시터(결합 안테나를 포함한다)
E : 접지

그림 362.10-1 전력선 반송 통신용 결합장치의 보안장치

362.12 가공통신 인입선 시설

1. 가공통신선(제2에 규정하는 것을 제외한다)의 지지물에서의 지지점 및 분기점 이외의 가공통신 인입선 부분의 높이는 교통에 지장을 줄 우려가 없을 때에 한하여 차량이 통행하는 노면상의 높이는 4.5 m 이상, 조영물의 붙임점에서의 지표상의 높이는 2.5 m 이상으로 하여야 한다.
2. 특고압 가공전선로의 지지물에 시설하는 통신선 또는 이에 직접 접속하는 가공 통신선의 지지물에서의 지지점 및 분기점 이외의 가공 통신 인입선 부분의 높이 및 다른 가공약전류 전선 등 사이의 이격거리는 교통에 지장이 없고 또한 위험의 우려가 없을 때에 한하여 노면상의 높이는 5 m 이상, 조영물의 붙임점에서의 지표상의 높이는 3.5 m 이상, 다른 가공약전류 전선 등 사이의 이격거리는 0.6m 이상으로 하여야 한다.

예제문제 81

다음 중 보안 통신용 전화 설비를 시설하여야 하는 곳은?

① 원격 감시 제어가 되는 변전소　　② 2 이상의 발전소 상호간
③ 원격 감시 제어가 되는 발전소　　④ 2 이상의 급전소 상호간

해설

한국전기설비규정 362.1 전력보안통신설비의 시설 요구사항
발전소, 변전소 및 변환소

(1) 원격감시제어가 되지 아니하는 발전소 · 원격 감시제어가 되지 아니하는 변전소(이에 준하는 곳으로서 특고압의 전기를 변성하기 위한 곳을 포함한다) · 개폐소, 전선로 및 이를 운용하는 급전소 및 급전분소 간
(2) 2개 이상의 급전소(분소) 상호 간과 이들을 통합 운용하는 급전소(분소) 간
(3) 수력설비 중 필요한 곳, 수력설비의 안전상 필요한 양수소(量水所) 및 강수량 관측소와 수력발전소 간
(4) 동일 수계에 속하고 안전상 긴급 연락의 필요가 있는 수력발전소 상호 간
(5) 동일 전력계통에 속하고 또한 안전상 긴급연락의 필요가 있는 발전소 · 변전소(이에 준하는 곳으로서 특고압의 전기를 변성하기 위한 곳을 포함한다) 및 개폐소 상호 간

답 : ④

예제문제 82

특고압 가공 전선로의 지지물에 시설하는 통신선 또는 이에 직접 접속하는 통신선이 도로, 횡단 보도교, 철도, 궤도, 삭도 또는 교류 전차선 등과 교차하는 경우에 통신선과 삭도 또는 다른 가공 약전류 전선 등 사이의 이격 거리는 몇 [cm] 이상으로 하여야 하는가? (단, 통신선은 광섬유 케이블이라고 한다.)

① 30 ② 40 ③ 50 ④ 60

해설

한국전기설비규정 362.2 전력보안통신케이블의 지상고와 배전설비와의 이격거리
통신선과 삭도 또는 다른 가공약전류 전선 등 사이의 이격거리는 0.8 m(통신선이 케이블 또는 광섬유 케이블일 때는 0.4 m) 이상으로 할 것

답 : ②

예제문제 83

그림은 전력선 반송 통신용 결합 장치의 보안 장치이다. 여기에서 CC는 어떤 콘덴서인가?

① 전력용 콘덴서
② 정류용 콘덴서
③ 결합용 콘덴서
④ 축전용 콘덴서

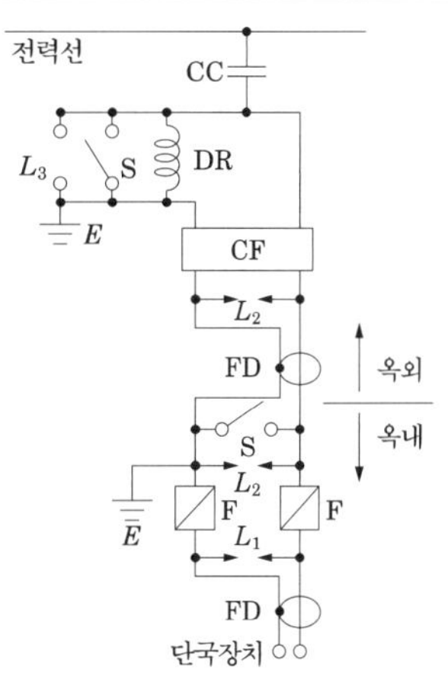

해설

한국전기설비규정 362.11 전력선 반송 통신용 결합장치의 보안장치
FD는 동축 케이블
F는 정격 전류 10 [A] 이하의 포장 퓨즈
DR는 전류 용량 2 [A] 이상의 배류 선륜
L_1 : 교류 300 [V] 이하에서 동작하는 피뢰기
L_2 : 는 동작 전압이 교류 1,300 [V]를 넘고 1,600 [V] 이하로 조정된 방전갭
L_3 : 동작 전압이 교류 2,000 [V]를 넘고 3,000 [V] 이하로 조성된 구상 방전갭
S : 접지용 개폐기
CF : 결합 필터
CC : 결합 콘덴서(결합 안테나를 포함한다)
E : 접지

답 : ③

예제문제 84

통신선에 직접 접속하는 옥내 통신 설비를 시설하는 곳에 반드시 하여야 하는 것은? 단, 통신선은 광섬유 케이블을 제외하며, 뇌 또는 전선과의 혼촉에 의하여 사람에게 위험의 우려는 있다고 한다.

① 유도 조절 장치
② 전류 제한 장치
③ 전력 절감 장치
④ 보안 장치

해설

한국전기설비규정 362.10 전력보안통신설비의 보안장치
통신선(광섬유 케이블을 제외한다)에 직접 접속하는 옥내통신 설비를 시설하는 곳에는 통신선의 구별에 따라 362.5의 3에서 정하는 표준에 적합한 보안장치 또는 이에 준하는 보안장치를 시설하여야 한다.

답 : ④

364 무선용 안테나

364.1 무선용 안테나 등을 지지하는 철탑 등의 시설

전력보안통신설비인 무선통신용 안테나 또는 반사판 (이하 "무선용 안테나 등"이라 한다)을 지지하는 목주·철주·철근 콘크리트주 또는 철탑은 다음에 따라 시설하여야 한다. 다만, 무선용 안테나 등이 전선로의 주위상태를 감시할 목적으로 시설되는 것일 경우에는 그러하지 아니하다.

1. 목주는 풍압하중에 대한 안전율은 1.5 이상이어야 한다.
2. 철주·철근 콘크리트주 또는 철탑의 기초 안전율은 1.5 이상이어야 한다.
3. 철주(강관주 제외)·철근콘크리트주 또는 철탑은 다음의 하중의 3분의 2배의 하중에 견디는 강도를 가져야 한다.

364.2 무선용 안테나 등의 시설 제한

무선용 안테나 등은 전선로의 주위 상태를 감시하거나 배전자동화, 원격검침 등 지능형전력망을 목적으로 시설하는 것 이외에는 가공전선로의 지지물에 시설하여서는 아니 된다.

예제문제 85

전력 보안 통신 설비로 무선용 안테나 등의 시설에 관한 설명으로 옳은 것은?

① 항상 가공 전선로의 지지물에 시설한다.
② 접지와 공용으로 사용할 수 있도록 시설한다.
③ 전선로의 주위 상태를 감시할 목적으로 시설한다.
④ 피뢰침 설비가 불가능한 개소에 시설한다.

해설

한국전기설비규정 364.1 무선용 안테나 등을 지지하는 철탑 등의 시설

전력보안통신설비인 무선통신용 안테나 또는 반사판 (이하 "무선용 안테나 등"이라 한다)을 지지하는 목주 · 철주 · 철근 콘크리트주 또는 철탑은 다음에 따라 시설하여야 한다. 다만, 무선용 안테나 등이 전선로의 주위상태를 감시할 목적으로 시설되는 것일 경우에는 그러하지 아니하다.

가. 목주는 331.7, 331.10 및 332.7의 1의 "나"의 규정에 준하여 시설하는 외에 풍압하중에 대한 안전율은 1.5 이상이어야 한다.

나. 철주 · 철근 콘크리트주 또는 철탑의 기초 안전율은 1.5 이상이어야 한다.

다. 철주(강관주 제외) · 철근콘크리트주 또는 철탑은 다음의 하중의 3분의 2배의 하중에 견디는 강도를 가져야 한다.

답 : ③

핵심과년도문제

3·1

가공 전선로의 지지물에 시설하는 지선은 소선이 최소 몇 가닥 이상의 연선이어야 하는가?

① 3　　② 5　　③ 7　　④ 9

해설 한국전기설비기준 331.11 지선의 시설

① 안전율=2.5 이상
② 최저 인장 하중=4.31 [kN]
③ 소선(素線) 3가닥 이상의 연선
④ 소선의 지름이 2.6 mm 이상의 금속선을 사용
⑤ 소선의 지름이 2 mm 이상인 아연도강연선(亞鉛鍍鋼撚線)으로서 소선의 인장강도가 0.68 kN/mm^2 이상인 것을 사용
⑥ 지중부분 및 지표상 0.3 m까지의 부분에는 내식성이 있는 것 또는 아연도금을 한 철봉을 사용
⑦ 도로를 횡단하여 시설하는 지선의 높이는 지표상 5 m 이상으로 하여야 한다. 다만, 기술상 부득이한 경우로서 교통에 지장을 초래할 우려가 없는 경우에는 지표상 4.5 m 이상, 보도의 경우에는 2.5 m 이상으로 할 수 있다.
⑧ 가공전선로의 지지물로 사용하는 철탑은 지선을 사용하여 그 강도를 분담시켜서는 안 된다.

【답】 ①

3·2

가공 전선로의 지지물에 시설하는 지선의 설치 기준으로 옳은 것은?

① 지선의 안전율은 1.2 이상일 것
② 소선은 3조 이상을 꼬아서 합친 것일 것
③ 소선은 지름 1.2 [mm] 이상인 금속선을 사용한 것일 것
④ 허용 인장 하중의 최저는 2.15 [kN]으로 할 것

해설 한국전기설비기준 331.11 지선의 시설

① 안전율=2.5 이상
② 최저 인장 하중=4.31 [kN]
③ 소선(素線) 3가닥 이상의 연선
④ 소선의 지름이 2.6 mm 이상의 금속선을 사용
⑤ 소선의 지름이 2 mm 이상인 아연도강연선(亞鉛鍍鋼撚線)으로서 소선의 인장강도가 0.68 kN/mm^2 이상인 것을 사용

⑥ 지중부분 및 지표상 0.3 m까지의 부분에는 내식성이 있는 것 또는 아연도금을 한 철봉을 사용

⑦ 도로를 횡단하여 시설하는 지선의 높이는 지표상 5 m 이상으로 하여야 한다. 다만, 기술상 부득이한 경우로서 교통에 지장을 초래할 우려가 없는 경우에는 지표상 4.5 m 이상, 보도의 경우에는 2.5 m 이상으로 할 수 있다.

⑧ 가공전선로의 지지물로 사용하는 철탑은 지선을 사용하여 그 강도를 분담시켜서는 안 된다.

【답】 ②

3·3

23[kV] 변압기의 충전부와 울타리 높이를 가산한 충전부까지 거리의 최소값은 몇 [m]인가? 단, 위험하다는 내용의 표시를 할 경우임.

① 4 ② 5 ③ 6 ④ 7

해설 한국전기설비규정 351.1 발전소 등의 울타리·담 등의 시설

울타리·담 등은 다음에 따라 시설하여야 한다.

가. 울타리·담 등의 높이는 2 m 이상으로 하고 지표면과 울타리·담 등의 하단사이의 간격은 0.15 m 이하로 할 것.

나. 울타리·담 등과 고압 및 특고압의 충전 부분이 접근하는 경우에는 울타리·담 등의 높이와 울타리·담 등으로부터 충전부분까지 거리의 합계는 표 351.1-1에서 정한 값 이상으로 할 것.

표 351.1-1 발전소 등의 울타리·담 등의 시설 시 이격거리

사용전압의 구분	울타리·담 등의 높이와 울타리·담 등으로부터 충전부분까지의 거리의 합계
35 kV 이하	5 m
35 kV 초과 160 kV 이하	6 m
160 kV 초과	6 m에 160 kV를 초과하는 10 kV 또는 그 단수마다 0.12 m를 더한 값

【답】 ②

3·4

345 [kV] 변전소의 충전 부분에서 5.78 [m] 거리에 울타리를 설치하고자 한다. 울타리의 최소 높이는 얼마인가?

① 2 [m] ② 2.25 [m]
③ 2.5 [m] ④ 3 [m]

해설 한국전기설비규정 351.1 발전소 등의 울타리·담 등의 시설

울타리·담 등은 다음에 따라 시설하여야 한다.

가. 울타리·담 등의 높이는 2 m 이상으로 하고 지표면과 울타리·담 등의 하단사이의 간격은 0.15 m 이하로 할 것

나. 울타리·담 등과 고압 및 특고압의 충전 부분이 접근하는 경우에는 울타리·담 등의 높이와 울타리·담 등으로부터 충전부분까지 거리의 합계는 표 351.1-1에서 정한 값 이상으로 할 것

표 351.1-1 발전소 등의 울타리·담 등의 시설 시 이격거리

사용전압의 구분	울타리·담 등의 높이와 울타리·담 등으로부터 충전부분까지의 거리의 합계
35 kV 이하	5 m
35 kV 초과 160 kV 이하	6 m
160 kV 초과	6 m에 160 kV를 초과하는 10 kV 또는 그 단수마다 0.12 m를 더한 값

345 − 160 = 185 [kV] → 19단

∴ 거리=6+(19×0.12) = 8.28 [m]

∴ 높이=8.28 − 5.78 = 2.5 [m]

【답】 ③

3·5

발전기를 자동적으로 전로로부터 차단하는 장치를 반드시 시설하여야 하는 경우가 아닌 것은?

① 발전기에 과전류가 생긴 경우
② 용량 2,000 [kVA]인 수차 발전기의 스러스트 베어링의 온도가 현저히 상승하는 경우
③ 용량 5,000 [kVA]인 발전기의 내부에 고장이 생긴 경우
④ 용량 500 [kVA]인 발전기를 구동하는 수차의 압유 장치의 유압이 현저히 저하한 경우

해설 한국전기설비규정 351.3 발전기 등의 보호장치

발전기에는 다음의 경우에 자동적으로 이를 전로로부터 차단하는 장치를 시설하여야 한다.

가. 발전기에 과전류나 과전압이 생긴 경우

나. 용량이 500 kVA 이상의 발전기를 구동하는 수차의 압유 장치의 유압 또는 전동식 가이드밴 제어장치, 전동식 니이들 제어장치 또는 전동식 디플렉터 제어장치의 전원전압이 현저히 저하한 경우

다. 용량이 100 kVA 이상의 발전기를 구동하는 풍차(風車)의 압유장치의 유압, 압축 공기장치의 공기압 또는 전동식 브레이드 제어장치의 전원전압이 현저히 저하한 경우

라. 용량이 2,000 kVA 이상인 수차 발전기의 스러스트 베어링의 온도가 현저히 상승한 경우

마. 용량이 10,000 kVA 이상인 발전기의 내부에 고장이 생긴 경우

바. 정격출력이 10,000 kW를 초과하는 증기터빈은 그 스러스트 베어링이 현저하게 마모되거나 그의 온도가 현저히 상승한 경우

【답】 ③

3·6

발전기 내부에 고장이 생긴 경우 발전기를 자동적으로 차단하는 장치가 꼭 필요한 발전기 용량의 최소값[kVA]은?

① 500　　② 1,000
③ 5,000　　④ 10,000

해설 한국전기설비규정 351.3 발전기 등의 보호장치
발전기에는 다음의 경우에 자동적으로 이를 전로로부터 차단하는 장치를 시설하여야 한다.
가. 발전기에 과전류나 과전압이 생긴 경우
나. 용량이 500 kVA 이상의 발전기를 구동하는 수차의 압유 장치의 유압 또는 전동식 가이드밴 제어장치, 전동식 니이들 제어장치 또는 전동식 디플렉터 제어장치의 전원전압이 현저히 저하한 경우
다. 용량이 100 kVA 이상의 발전기를 구동하는 풍차(風車)의 압유장치의 유압, 압축 공기장치의 공기압 또는 전동식 브레이드 제어장치의 전원전압이 현저히 저하한 경우
라. 용량이 2,000 kVA 이상인 수차 발전기의 스러스트 베어링의 온도가 현저히 상승한 경우
마. 용량이 10,000 kVA 이상인 발전기의 내부에 고장이 생긴 경우
바. 정격출력이 10,000 kW를 초과하는 증기터빈은 그 스러스트 베어링이 현저하게 마모되거나 그의 온도가 현저히 상승한 경우
【답】 ④

3·7

수차 발전기는 스러스트 베어링의 온도가 현저히 상승하는 경우 자동적으로 이를 전로로부터 차단하는 장치를 시설하는데, 이때 수차 발전기의 최소 용량은?

① 500 [kVA] 이상　　② 1,000 [kVA] 이상
③ 1,500 [kVA] 이상　　④ 2,000 [kVA] 이상

해설 한국전기설비규정 351.3 발전기 등의 보호장치
발전기에는 다음의 경우에 자동적으로 이를 전로로부터 차단하는 장치를 시설하여야 한다.
가. 발전기에 과전류나 과전압이 생긴 경우
나. 용량이 500 kVA 이상의 발전기를 구동하는 수차의 압유 장치의 유압 또는 전동식 가이드밴 제어장치, 전동식 니이들 제어장치 또는 전동식 디플렉터 제어장치의 전원전압이 현저히 저하한 경우
다. 용량이 100 kVA 이상의 발전기를 구동하는 풍차(風車)의 압유장치의 유압, 압축 공기장치의 공기압 또는 전동식 브레이드 제어장치의 전원전압이 현저히 저하한 경우
라. 용량이 2,000 kVA 이상인 수차 발전기의 스러스트 베어링의 온도가 현저히 상승한 경우
마. 용량이 10,000 kVA 이상인 발전기의 내부에 고장이 생긴 경우
바. 정격출력이 10,000 kW를 초과하는 증기터빈은 그 스러스트 베어링이 현저하게 마모되거나 그의 온도가 현저히 상승한 경우
【답】 ④

3·8

특고압용 변압기로서 내부 고장이 발생할 경우 경보만 하여도 좋은 것은 어느 범위의 용량인가?

① 500 [kVA] 이상 1,000 [kVA] 미만
② 1,000 [kVA] 이상 5000 [kVA] 미만
③ 5000 [kVA] 이상 10,000 [kVA] 미만
④ 10,000 [kVA] 이상 15,000 [kVA] 미만

해설 한국전기설비규정 351.4 특고압용 변압기의 보호장치

뱅크용량의 구분	동작조건	장치의 종류
5,000 kVA 이상 10,000 kVA 미만	변압기내부고장	자동차단장치 또는 경보장치
10,000 kVA 이상	변압기내부고장	자동차단장치
타냉식변압기(변압기의 권선 및 철심을 직접 냉각시키기 위하여 봉입한 냉매를 강제 순환시키는 냉각 방식을 말한다)	냉각장치에 고장이 생긴 경우 또는 변압기의 온도가 현저히 상승한 경우	경보장치

【답】 ③

3·9

특고압용 변압기로서 내부 고장에 반드시 자동 차단되어야 하는 변압기의 뱅크 용량은 몇 [kVA] 이상인가?

① 5000 ② 7500 ③ 10,000 ④ 15,000

해설 한국전기설비규정 351.4 특고압용 변압기의 보호장치

뱅크용량의 구분	동작조건	장치의 종류
5,000 kVA 이상 10,000 kVA 미만	변압기내부고장	자동차단장치 또는 경보장치
10,000 kVA 이상	변압기내부고장	자동차단장치
타냉식변압기(변압기의 권선 및 철심을 직접 냉각시키기 위하여 봉입한 냉매를 강제 순환시키는 냉각 방식을 말한다)	냉각장치에 고장이 생긴 경우 또는 변압기의 온도가 현저히 상승한 경우	경보장치

【답】 ③

3·10

특고압용 변압기의 냉각 방식 중 냉각 장치에 고장이 생긴 경우 또는 변압기의 온도가 현저히 상승한 경우에 이를 경보하는 장치를 반드시 하지 않아도 되는 것은?

① 유입 자냉식 ② 수냉식 ③ 송유 타냉식 ④ 송유 풍냉식

해설 한국전기설비규정 351.4 특고압용 변압기의 보호장치

뱅크용량의 구분	동작조건	장치의 종류
5,000 kVA 이상 10,000 kVA 미만	변압기내부고장	자동차단장치 또는 경보장치
10,000 kVA 이상	변압기내부고장	자동차단장치
타냉식변압기(변압기의 권선 및 철심을 직접 냉각시키기 위하여 봉입한 냉매를 강제 순환시키는 냉각 방식을 말한다)	냉각장치에 고장이 생긴 경우 또는 변압기의 온도가 현저히 상승한 경우	경보장치

【답】 ①

3·11

전력용 콘덴서의 용량 15,000 [kVA] 이상은 자동적으로 전로로부터 자동 차단하는 장치가 필요하다. 다음 중 옳지 않은 것은?

① 내부에 고장이 생긴 경우에 동작하는 장치
② 절연유의 압력이 변화할 때 동작하는 장치
③ 과전류가 생긴 경우에 동작하는 장치
④ 과전압이 생긴 경우에 동작하는 장치

해설 한국전기설비규정 351.5 조상설비의 보호장치

설비종별	뱅크용량의 구분	자동적으로 전로로부터 차단하는 장치
전력용 커패시터 및 분로리액터	500 kVA 초과 15,000 kVA 미만	내부에 고장이 생긴 경우에 동작하는 장치 또는 과전류가 생긴 경우에 동작하는 장치
	15,000 kVA 이상	내부에 고장이 생긴 경우에 동작하는 장치 및 과전류가 생긴 경우에 동작하는 장치 또는 과전압이 생긴 경우에 동작하는 장치
조상기(調相機)	15,000 kVA 이상	내부에 고장이 생긴 경우에 동작하는 장치

【답】 ②

3·12

전력용 콘덴서의 내부에 고장이 생긴 경우 및 과전류 또는 과전압이 생긴 경우에 자동적으로 전로로부터 차단하는 장치가 필요한 뱅크 용량은 몇 [kVA] 이상인 것인가?

① 8,000 ② 10,000 ③ 12,000 ④ 15,000

해설 한국전기설비규정 351.5 조상설비의 보호장치

설비종별	뱅크용량의 구분	자동적으로 전로로부터 차단하는 장치
전력용 커패시터 및 분로리액터	500 kVA 초과 15,000 kVA 미만	내부에 고장이 생긴 경우에 동작하는 장치 또는 과전류가 생긴 경우에 동작하는 장치
	15,000 kVA 이상	내부에 고장이 생긴 경우에 동작하는 장치 및 과전류가 생긴 경우에 동작하는 장치 또는 과전압이 생긴 경우에 동작하는 장치
조상기(調相機)	15,000 kVA 이상	내부에 고장이 생긴 경우에 동작하는 장치

【답】 ④

3·13

발전소에서 계측 장치를 시설하지 않아도 되는 것은?

① 발전기의 전압 및 전류 또는 전력
② 발전기의 베어링 및 고정자의 온도
③ 특고압 모선의 전압 및 전류 또는 전력
④ 특고압용 변압기의 온도

해설 한국전기설비규정 351.6 계측장치

발전소에서는 다음의 사항을 계측하는 장치를 시설하여야 한다.

가. 발전기 · 연료전지 또는 태양전지 모듈(복수의 태양전지 모듈을 설치하는 경우에는 그 집합체)의 전압 및 전류 또는 전력

나. 발전기의 베어링(수중 메탈을 제외한다) 및 고정자(固定子)의 온도

다. 정격출력이 10,000 kW를 초과하는 증기터빈에 접속하는 발전기의 진동의 진폭(정격출력이 400,000 kW 이상의 증기터빈에 접속하는 발전기는 이를 자동적으로 기록하는 것에 한한다)

라. 주요 변압기의 전압 및 전류 또는 전력

마. 특고압용 변압기의 온도

【답】 ③

3·14

전력 계통의 용량과 비슷한 동기 조상기를 시설하는 경우에 반드시 시설되어야 할 검정 장치나 계측 장치가 아닌 것은?

① 동기 검정 장치
② 동기 조상기의 역률
③ 동기 조상기의 전압 및 전류 또는 전력
④ 동기 조상기의 베어링 및 고정자의 온도

해설 한국전기설비규정 351.6 계측장치

동기조상기를 시설하는 경우에는 다음의 사항을 계측하는 장치 및 동기검정장치를 시설하여야 한다. 다만, 동기조상기의 용량이 전력계통의 용량과 비교하여 현저히 적은 경우에는 동기검정장치를 시설하지 아니할 수 있다.

가. 동기조상기의 전압 및 전류 또는 전력

나. 동기조상기의 베어링 및 고정자의 온도

【답】 ②

3·15

수소 냉각식 조상기에서 필요 없는 장치는?

① 수소 순도의 저하를 경보하는 장치
② 수소의 압력을 계측하는 장치
③ 수소의 온도를 계측하는 장치
④ 수소의 유량을 계측하는 장치

해설 한국전기설비규정 351.9 상주 감시를 하지 아니하는 변전소의 시설
수소냉각식조상기는 그 조상기 안의 수소의 순도가 90% 이하로 저하한 경우, 수소의 압력이 현저히 변동한 경우 또는 수소의 온도가 현저히 상승한 경우 변전제어소 또는 기술원이 상주하는 장소에 경보장치를 시설할 것 【답】 ④

3·16

상주 감시를 하지 안니하는 변전소에서 수소 냉각식의 조상기는 조상기 안의 수소의 순도가 몇 [%] 이하로 저하한 경우에 이를 경보하는 장치를 시설하여야 하는가?

① 70 ② 75 ③ 80 ④ 90

해설 한국전기설비규정 351.9 상주 감시를 하지 아니하는 변전소의 시설
수소냉각식조상기는 그 조상기 안의 수소의 순도가 90% 이하로 저하한 경우, 수소의 압력이 현저히 변동한 경우 또는 수소의 온도가 현저히 상승한 경우 변전제어소 또는 기술원이 상주하는 장소에 경보장치를 시설할 것 【답】 ④

3·17

상주 감시를 요하지 아니하는 변전소에서 그 온도가 현저히 상승한 경우 기술원 주재소에 경보하는 장치를 시설하여야 할 특고압용 변압기의 출력은 얼마인가?

① 1,000 [kVA] 넘는 것 ② 2,000 [kVA] 넘는 것
③ 3,000 [kVA] 넘는 것 ④ 5,000 [kVA] 넘는 것

해설 한국전기설비규정 351.9 상주 감시를 하지 아니하는 변전소의 시설
다음의 경우에는 변전제어소 또는 기술원이 상주하는 장소에 경보장치를 시설할 것.
(1) 운전조작에 필요한 차단기가 자동적으로 차단한 경우(차단기가 재폐로한 경우를 제외한다)
(2) 주요 변압기의 전원측 전로가 무전압으로 된 경우
(3) 제어 회로의 전압이 현저히 저하한 경우
(4) 옥내변전소에 화재가 발생한 경우
(5) 출력 3,000 kVA를 초과하는 특고압용변압기는 그 온도가 현저히 상승한 경우 【답】 ③

3·18

발전기의 용량에 관계없이 자동적으로 이를 전로로부터 차단하는 장치를 시설하여야 하는 경우는?

① 베어링 과열 ② 과전류 인입
③ 유압의 과팽창 ④ 발전기 내부 고장

해설 한국전기설비규정 351.3 발전기 등의 보호장치

1. 발전기에는 다음의 경우에 자동적으로 이를 전로로부터 차단하는 장치를 시설하여야 한다.
   가. 발전기에 과전류나 과전압이 생긴 경우

   〈중략〉

   바. 정격출력이 10,000 kW를 초과하는 증기터빈은 그 스러스트 베어링이 현저하게 마모되거나 그의 온도가 현저히 상승한 경우

【답】 ②

3·19

증기 터빈의 스러스트 베어링이 현저하게 마모되거나 온도가 현저하게 상승한 경우 그 발전기를 전로로부터 자동 차단하는 장치를 시설하는 것은 정격 출력이 몇 [kW]를 넘었을 경우인가?

① 1,000　② 2,000　③ 5,000　④ 10,000

해설 한국전기설비규정 351.3 발전기 등의 보호장치

1. 발전기에는 다음의 경우에 자동적으로 이를 전로로부터 차단하는 장치를 시설하여야 한다.
   가. 발전기에 과전류나 과전압이 생긴 경우

   〈중략〉

   바. 정격출력이 10,000 kW를 초과하는 증기터빈은 그 스러스트 베어링이 현저하게 마모되거나 그의 온도가 현저히 상승한 경우

【답】 ④

3·20

뱅크 용량이 20,000 [kVA]인 전력용 콘덴서에 자동적으로 전로로부터 차단하는 보호장치를 하려고 한다. 반드시 시설하여야 할 보호장치가 아닌 것은?

① 내부에 고장이 생긴 경우에 동작하는 장치
② 절연유의 압력이 변화할 때 동작하는 장치
③ 과전류가 생긴 경우에 동작하는 장치
④ 과전압이 생긴 경우에 동작하는 장치

해설 한국전기설비규정 351.5 조상설비의 보호장치

설비종별	뱅크용량의 구분	자동적으로 전로로부터 차단하는 장치
전력용 커패시터 및 분로리액터	500 kVA 초과 15,000 kVA 미만	내부에 고장이 생긴 경우에 동작하는 장치 또는 과전류가 생긴 경우에 동작하는 장치
	15,000 kVA 이상	내부에 고장이 생긴 경우에 동작하는 장치 및 과전류가 생긴 경우에 동작하는 장치 또는 과전압이 생긴 경우에 동작하는 장치
조상기(調相機)	15,000 kVA 이상	내부에 고장이 생긴 경우에 동작하는 장치

【답】 ②

3·21

발전소나 변전소의 주요 변압기에 있어서 계측하는 장치가 꼭 필요치 않는 것은?

① 유량　② 온도
③ 전압　④ 전력

해설 한국전기설비규정 351.6 계측장치

발전소에서는 다음의 사항을 계측하는 장치를 시설하여야 한다. 다만, 태양전지 발전소는 연계하는 전력계통에 그 발전소 이외의 전원이 없는 것에 대하여는 그러하지 아니하다.

가. 발전기·연료전지 또는 태양전지 모듈(복수의 태양전지 모듈을 설치하는 경우에는 그 집합체)의 전압 및 전류 또는 전력
나. 발전기의 베어링(수중 메탈을 제외한다) 및 고정자(固定子)의 온도
다. 정격출력이 10,000 kW를 초과하는 증기터빈에 접속하는 발전기의 진동의 진폭(정격출력이 400,000 kW 이상의 증기터빈에 접속하는 발전기는 이를 자동적으로 기록하는 것에 한한다)
라. 주요 변압기의 전압 및 전류 또는 전력
마. 특고압용 변압기의 온도

【답】①

3·22

일반 변전소 또는 이에 준하는 곳의 주요 변압기에 시설하여야 하는 계측장치로 옳은 것은?

① 전류, 전력 및 주파수　② 전압, 주파수 및 역률
③ 전압 및 전류 또는 전력　④ 전력, 역률 또는 주파수

해설 한국전기설비규정 351.6 계측장치

발전소에서는 다음의 사항을 계측하는 장치를 시설하여야 한다. 다만, 태양전지 발전소는 연계하는 전력계통에 그 발전소 이외의 전원이 없는 것에 대하여는 그러하지 아니하다.

가. 발전기·연료전지 또는 태양전지 모듈(복수의 태양전지 모듈을 설치하는 경우에는 그 집합체)의 전압 및 전류 또는 전력
나. 발전기의 베어링(수중 메탈을 제외한다) 및 고정자(固定子)의 온도
다. 정격출력이 10,000 kW를 초과하는 증기터빈에 접속하는 발전기의 진동의 진폭(정격출력이 400,000 kW 이상의 증기터빈에 접속하는 발전기는 이를 자동적으로 기록하는 것에 한한다)
라. 주요 변압기의 전압 및 전류 또는 전력
마. 특고압용 변압기의 온도

【답】③

3·23

다음 동기 조상기의 각 계측 장치 중에서 동기 조상기의 용량이 전력 계통의 용량과 비교하여 현저히 작은 경우에 그 시설을 생략할 수 있는 것은?

① 전압, 전류 및 전력의 측정 장치
② 고정자의 온도 측정 장치
③ 베어링의 온도 측정 장치
④ 동기 검정 장치

해설 한국전기설비규정 351.6 계측장치

동기조상기를 시설하는 경우에는 다음의 사항을 계측하는 장치 및 동기검정장치를 시설하여야 한다. 다만, 동기조상기의 용량이 전력계통의 용량과 비교하여 현저히 적은 경우에는 동기검정장치를 시설하지 아니할 수 있다.

가. 동기조상기의 전압 및 전류 또는 전력
나. 동기조상기의 베어링 및 고정자의 온도

【답】 ④

3·24

발·변전소의 차단기에 사용하는 압축 공기 탱크는 사용 압력에서 공기의 보급 없이 차단기의 투입 및 차단을 계속 최소 몇 회 계속할 수 있는 용량을 가져야 하는가?

① 1회 ② 2회 ③ 3회 ④ 4회

해설 한국전기설비규정 341.15 압축공기계통

발전소·변전소·개폐소 또는 이에 준하는 곳에서 개폐기 또는 차단기에 사용하는 압축공기장치

① 공기압축기는 최고 사용압력의 1.5배의 수압(수압을 연속하여 10분간 가하여 시험을 하기 어려울 때에는 최고 사용압력의 1.25배의 기압)을 연속하여 10분간 가하여 시험을 하였을 때에 이에 견디고 또한 새지 아니할 것
② 사용 압력에서 공기의 보급이 없는 상태로 개폐기 또는 차단기의 투입 및 차단을 연속하여 1회 이상 할 수 있는 용량을 가지는 것일 것
③ 주 공기탱크 또는 이에 근접한 곳에는 사용압력의 1.5배 이상 3배 이하의 최고 눈금이 있는 압력계를 시설할 것

【답】 ①

3·25

가공 전선로에 사용하는 지지물의 강도 계산에 적용하는 풍압 하중의 종류는?

① 갑종, 을종, 병종 ② A종, B종, C종
③ 1종, 2종, 3종 ④ 수평, 수직, 각도

해설 한국전기설비규정 331.6 풍압하중의 종별과 적용

① 갑종 풍압 하중 : 구성재의 수직 투영 면적 1 [m^2]에 대한 풍압을 기초로 하여 계산한 것
② 을종 풍압 하중 : 전선 기타의 가섭선(架涉線) 주위에 두께 6 mm, 비중 0.9의 빙설이 부착된 상태에서 수직 투영면적 372 Pa(다도체를 구성하는 전선은 333 Pa), 그 이외의 것은 "갑종" 풍압의 2분의 1을 기초로 하여 계산한 것
③ 병종 풍압 하중 : "갑종" 풍압의 2분의 1을 기초로 하여 계산한 것 【답】 ①

3·26

지선의 전선로에서 지지물에 시설하는 지선의 안전율 최소값은?

① 1.5 ② 2.2 ③ 2.5 ④ 2.7

해설 한국전기설비기준 331.11 지선의 시설

① 안전율=2.5 이상
② 최저 인장 하중=4.31 [kN]
③ 소선(素線) 3가닥 이상의 연선
④ 소선의 지름이 2.6 mm 이상의 금속선을 사용
⑤ 소선의 지름이 2 mm 이상인 아연도강연선(亞鉛鍍鋼撚線)으로서 소선의 인장강도가 0.68 kN/mm^2 이상인 것을 사용
⑥ 지중부분 및 지표상 0.3 m까지의 부분에는 내식성이 있는 것 또는 아연도금을 한 철봉을 사용
⑦ 도로를 횡단하여 시설하는 지선의 높이는 지표상 5 m 이상으로 하여야 한다. 다만, 기술상 부득이한 경우로서 교통에 지장을 초래할 우려가 없는 경우에는 지표상 4.5 m 이상, 보도의 경우에는 2.5 m 이상으로 할 수 있다.
⑧ 가공전선로의 지지물로 사용하는 철탑은 지선을 사용하여 그 강도를 분담시켜서는 안 된다. 【답】 ③

3·27

빙설이 많은 지방의 저온 계절에는 어떤 종류의 풍압 하중을 적용하는가?

① 갑종 풍압 하중 ② 을종 풍압 하중
③ 병종 풍압 하중 ④ 갑종 풍압 하중과 을종 풍압 하중 중 큰 것

해설 한국전기설비규정 331.6 풍압하중의 종별과 적용

<table>
<tr><th colspan="2">지역</th><th>고온 계절</th><th>저온 계절</th></tr>
<tr><td colspan="2">빙설이 많은 지방 이외의 지방</td><td>갑종</td><td>병종</td></tr>
<tr><td rowspan="2">빙설이 많은 지방</td><td>일반지역</td><td>갑종</td><td>을종</td></tr>
<tr><td>해안지방
기타 저온계절에 최대풍압이 생기는 지방</td><td>갑종</td><td>갑종과 을종 중 큰 것</td></tr>
<tr><td colspan="2">인가가 많이 연접되어 있는 장소</td><td colspan="2">병종</td></tr>
</table>

【답】 ②

3·28

빙설이 적고 인가가 밀집한 도시에 시설하는 고압 가공 전선로 설계에 사용하는 풍압 하중은?

① 갑종 풍압 하중
② 을종 풍압 하중
③ 병종 풍압 하중
④ 갑종 풍압 하중과 을종 풍압 하중을 각 설비에 따라 혼용

해설 한국전기설비규정 331.6 풍압하중의 종별과 적용

<table>
<tr><th colspan="2">지역</th><th>고온 계절</th><th>저온 계절</th></tr>
<tr><td colspan="2">빙설이 많은 지방 이외의 지방</td><td>갑종</td><td>병종</td></tr>
<tr><td rowspan="2">빙설이 많은 지방</td><td>일반지역</td><td>갑종</td><td>을종</td></tr>
<tr><td>해안지방
기타 저온계절에 최대풍압이 생기는 지방</td><td>갑종</td><td>갑종과 을종 중 큰 것</td></tr>
<tr><td colspan="2">인가가 많이 연접되어 있는 장소</td><td colspan="2">병종</td></tr>
</table>

【답】 ③

3·29

원형 철근 콘크리트주의 갑종 풍압 하중[Pa]은 수직 투영 면적 1 [m^2]당 얼마인가?

① 588　② 745　③ 882　④ 1,117

해설 한국전기설비규정 331.6 풍압하중의 종별과 적용

<table>
<tr><td rowspan="2">철근콘크리트주</td><td colspan="2">원형의 것</td><td>588 Pa</td></tr>
<tr><td colspan="2">기타의 것</td><td>882 Pa</td></tr>
<tr><td rowspan="4">철탑</td><td rowspan="2">단주(완철류는 제외함)</td><td>원형의 것</td><td>588 Pa</td></tr>
<tr><td>기타의 것</td><td>1,117 Pa</td></tr>
<tr><td colspan="2">강관으로 구성되는 것(단주는 제외함)</td><td>1,255 Pa</td></tr>
<tr><td colspan="2">기타의 것</td><td>2,157 Pa</td></tr>
</table>

【답】 ①

3·30

다도체 가공 전선의 을종 풍압 하중은 수직 투영 면적 1 [m^2]당 얼마로 규정되어 있는가? 단, 전선, 기타의 가섭선 주위에 두께 6 [mm], 비중 0.9의 빙설이 부착한 상태이다.

① 333 [Pa]　② 588 [Pa]
③ 666 [Pa]　④ 882 [Pa]

해설 한국전기설비규정 331.6 풍압하중의 종별과 적용

<table>
<tr><td rowspan="2">전선
기타
가섭선</td><td>다도체(구성하는 전선이 2가닥마다 수평으로 배열되고 또한 그 전선 상호 간의 거리가 전선의 바깥지름의 20배 이하인 것에 한한다. 이하 같다)를 구성하는 전선</td><td>666 Pa</td></tr>
<tr><td>기타의 것</td><td>745 Pa</td></tr>
<tr><td colspan="2">애자장치(특고압 전선용의 것에 한한다)</td><td>1,039 Pa</td></tr>
</table>

을종 풍압하중 : 전선 기타의 가섭선(架涉線) 주위에 두께 6 mm, 비중 0.9의 빙설이 부착된 상태에서 수직 투영면적 372 Pa(다도체를 구성하는 전선은 333 Pa), 그 이외의 것은 제1호 풍압의 2분의 1을 기초로 하여 계산한 것

【답】 ①

3·31

철주가 강관에 의하여 구성되는 사각형의 것일 때 갑종 풍압 하중을 계산하려 한다. 수직 투영 면적 1 [m^2]에 대한 풍압을 몇 [Pa]으로 기초하여 계산하는가?

① 588 ② 882 ③ 1,117 ④ 1,627

해설 한국전기설비규정 331.6 풍압하중의 종별과 적용

<table>
<tr><td rowspan="4">철주</td><td>원형의 것</td><td>588 Pa</td></tr>
<tr><td>삼각형 또는 마름모형의 것</td><td>1,412 Pa</td></tr>
<tr><td>강관에 의하여 구성되는 4각형의 것</td><td>1,117 Pa</td></tr>
<tr><td>기타의 것</td><td>복재(腹材)가 전·후면에 겹치는 경우에는 1,627 Pa, 기타의 경우에는 1,784 Pa</td></tr>
</table>

【답】 ③

3·32

강관으로 구성된 철탑의 갑종 풍압 하중은 수직 투영 면적 1 [m^2]에 대한 풍압을 기초로 하여 계산한 값이 몇 [Pa]인가?

① 1255 ② 588 ③ 1,117 ④ 2,157

해설 한국전기설비규정 331.6 풍압하중의 종별과 적용

<table>
<tr><td rowspan="4">철탑</td><td rowspan="2">단주(완철류는 제외함)</td><td>원형의 것</td><td>588 Pa</td></tr>
<tr><td>기타의 것</td><td>1,117 Pa</td></tr>
<tr><td colspan="2">강관으로 구성되는 것(단주는 제외함)</td><td>1,255 Pa</td></tr>
<tr><td colspan="2">기타의 것</td><td>2,157 Pa</td></tr>
</table>

【답】 ①

3·33

가공 전선로의 지지물로 사용되는 철탑 기초 강도의 안전율은 얼마 이상인가?

① 1.5 ② 2 ③ 2.5 ④ 3

해설 한국전기설비규정 331.7 가공전선로 지지물의 기초의 안전율

가공전선로의 지지물에 하중이 가하여지는 경우에 그 하중을 받는 지지물의 기초의 안전율은 2(333.14의 1에 규정하는 이상 시 상정하중이 가하여지는 경우의 그 이상 시 상정하중에 대한 철탑의 기초에 대하여는 1.33) 이상이어야 한다.

【답】 ②

3·34

고압 가공 케이블을 설치하기 위한 조가용선은 단면적 몇 [mm^2]인 아연도 철연선 또는 이와 동등 이상의 세기 및 굵기의 연선을 사용하여야 하는가?

① 8 ② 14 ③ 22 ④ 30

해설 한국전기설비규정 332.2 가공케이블의 시설

1. 저압 가공전선에 케이블을 사용하는 경우에는 다음에 따라 시설하여야 한다.
   가. 케이블은 조가용선에 행거로 시설할 것. 이 경우에는 사용전압이 고압인 때에는 행거의 간격은 0.5 m 이하로 하는 것이 좋다.
   나. 조가용선은 인장강도 5.93 kN 이상의 것 또는 단면적 22 mm^2 이상인 아연도강연선일 것
2. 조가용선의 케이블에 접촉시켜 그 위에 쉽게 부식하지 아니하는 금속 테이프 등을 0.2 m 이하의 간격을 유지하며 나선상으로 감는 경우, 조가용선을 케이블의 외장에 견고하게 붙이는 경우 또는 조가용선과 케이블을 꼬아 합쳐 조가하는 경우에 그 조가용선이 인장강도 5.93 kN 이상의 금속선의 것 또는 단면적 22 mm^2 이상인 아연도강연선의 경우에는 제1의 "가" 및 "나"의 규정에 의하지 아니할 수 있다.

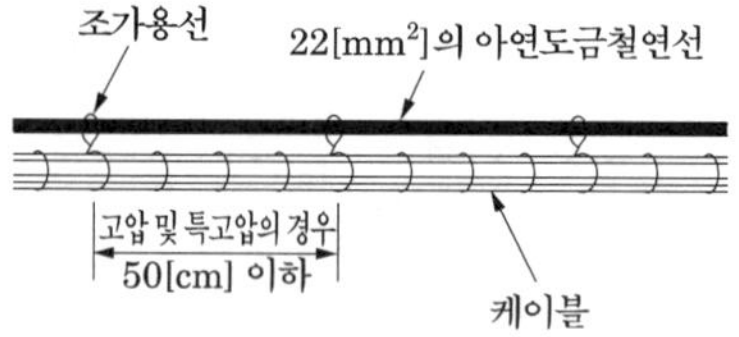

【답】 ③

3·35

특고압 가공 전선로의 전선으로 케이블을 사용하는 경우의 시설로서 틀린 것은?

① 케이블은 조가용선에 행거로서 시설한다.
② 케이블은 조가용선에 접촉시키고 비닐 테이프 등을 0.2 [m] 이상의 간격으로 감아 붙인다.
③ 조가용선은 단면적 22 [mm^2]의 아연도 강연선 이상의 세기 및 굵기의 연선을 사용한다.
④ 조가용선 및 케이블의 피복에 사용한 금속체에는 140규정에 의해 접지공사를 한다.

해설 한국전기설비규정 332.2 가공케이블의 시설

1. 저압 가공전선에 케이블을 사용하는 경우에는 다음에 따라 시설하여야 한다.
   가. 케이블은 조가용선에 행거로 시설할 것. 이 경우에는 사용전압이 고압인 때에는 행거의 간격은 0.5 m 이하로 하는 것이 좋다.
   나. 조가용선은 인장강도 5.93 kN 이상의 것 또는 단면적 22 mm^2 이상인 아연도강연선일 것
2. 조가용선의 케이블에 접촉시켜 그 위에 쉽게 부식하지 아니하는 금속 테이프 등을 0.2 m 이하의 간격을 유지하며 나선상으로 감는 경우, 조가용선을 케이블의 외장에 견고하게 붙이는 경우 또는 조가용선과 케이블을 꼬아 합쳐 조가하는 경우에 그 조가용선이 인장강도 5.93 kN 이상의 금속선의 것 또는 단면적 22 mm^2 이상인 아연도강연선의 경우에는 제1의 "가" 및 "나"의 규정에 의하지 아니할 수 있다.

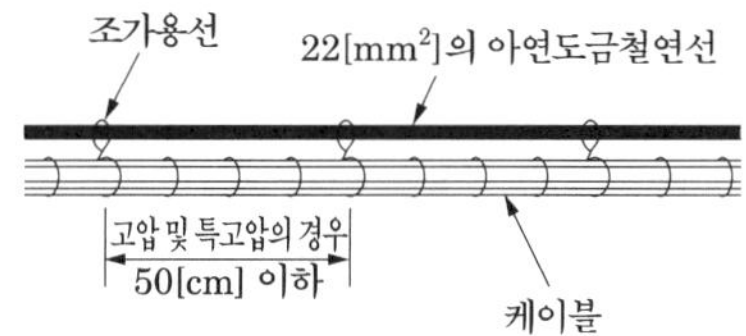

【답】 ②

3·36

시가지에 시설하는 고압 가공 전선으로 사용하는 경동선의 최소 굵기는?

① 2.6 [mm] ② 3.2 [mm] ③ 4.0 [mm] ④ 5.0 [mm]

해설 한국전기설비규정 332.3 고압 가공전선의 굵기 및 종류

전압	조건	전선의 굵기 및 인장강도
400 [V] 이하	절연전선	인장강도 2.3 [kN] 이상의 것 또는 지름 2.6 [mm] 이상
	절연전선 이외	인장강도 3.43 [kN] 이상의 것 또는 지름 3.2 [mm] 이상
400 [V] 초과 저압	시가지에 시설	인장강도 8.01 [kN] 이상의 것 또는 지름 5 [mm] 이상
	시가지 외에 시설	인장강도 5.26 [kN]이상의 것 또는 지름 4 [mm] 이상
고압	인장강도 8.01 [kN] 이상의 고압 절연전선 또는 지름 5 [mm] 이상의 경동선의 고압 절연전선	
특고압	인장강도 8.71 [kN] 이상의 연선 또는 단면적이 22 [mm^2] 이상의 경동연선	

【답】 ④

3·37

고압 가공 전선이 경동선 또는 내열 동합금선인 경우 안전율의 최소값은?

① 2.2 ② 2.5 ③ 2.8 ④ 4.0

해설 한국전기설비규정 332.4 고압 가공전선의 안전율

고압 가공전선은 케이블인 경우 이외에는 그 안전율이 경동선 또는 내열 동합금선은 2.2 이상, 그 밖의 전선은 2.5 이상이 되는 이도(弛度)로 시설하여야 한다. 【답】 ①

3·38

전로 중에서 기계기구 및 전선을 보호하기 위한 과전류 차단기의 시설 제한 사항이 아닌 것은?

① 다선식 전로의 중성선
② 저압 옥내배선의 접지측 전선
③ 전로의 일부에 접지공사를 한 저압가공 전선로의 접지측 전선
④ 접지공사의 접지선

해설 한국전기설비규정 341.12 과전류차단기의 시설 제한

① 접지공사의 접지도체 ② 다선식 전로의 중성선
③ 322.1의 1부터 3까지의 규정에 의하여 전로의 일부에 접지공사를 한 저압 가공전선로의 접지측 전선에는 과전류차단기를 시설하여서는 안 된다.

【답】②

3·39

과전류 차단기로 시설하는 퓨즈 중 고압 전로에 사용하는 포장 퓨즈는 정격 전류의 몇 배의 전류에 견디어야 하는가?

① 1.1 ② 1.3 ③ 1.5 ④ 2.0

해설 한국전기설비규정 341.10 고압 및 특고압 전로 중의 과전류차단기의 시설

과전류차단기로 시설하는 퓨즈 중 고압전로에 사용하는 포장 퓨즈(퓨즈 이외의 과전류 차단기와 조합하여 하나의 과전류 차단기로 사용하는 것을 제외한다)는 정격전류의 1.3배의 전류에 견디고 또한 2배의 전류로 120분 안에 용단되는 것 또는 다음에 적합한 고압전류제한퓨즈이어야 한다.

【답】②

3·40

피뢰기를 시설하지 않는 곳은?

① 변전소의 가공전선 인입구
② 수용 장소에서 분기되는 분기점
③ 가공 전선로와 지중 전선로가 접속되는 곳
④ 고압 및 특고압 가공 전선로로부터 공급을 받는 수용장소의 인입구

해설 한국전기설비규정 341.13 피뢰기의 시설

고압 및 특고압의 전로 중 다음에 열거하는 곳 또는 이에 근접한 곳에는 피뢰기를 시설하여야 한다.

가. 발전소·변전소 또는 이에 준하는 장소의 가공전선 인입구 및 인출구
나. 특고압 가공전선로에 접속하는 341.2의 배전용 변압기의 고압측 및 특고압측
다. 고압 및 특고압 가공전선로로부터 공급을 받는 수용장소의 인입구
라. 가공전선로와 지중전선로가 접속되는 곳

【답】②

3·41

피뢰기의 시설을 해야 되는 경우 옆의 도면에서 피뢰기 시설 장소의 수는?

① 7
② 6
③ 5
④ 4

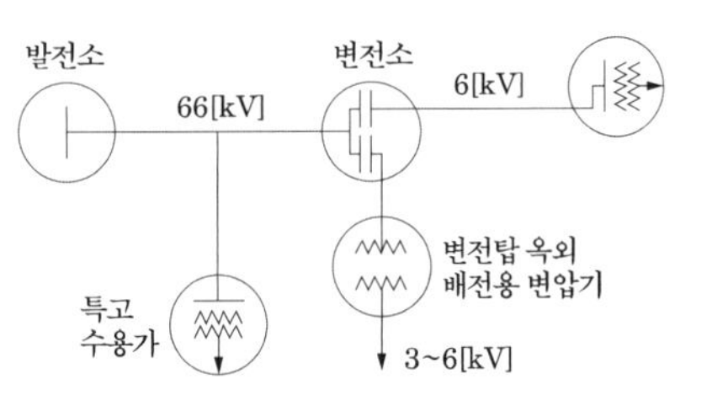

해설 한국전기설비규정 341.13 피뢰기의 시설

고압 및 특고압의 전로 중 다음에 열거하는 곳 또는 이에 근접한 곳에는 피뢰기를 시설하여야 한다.

가. 발전소 · 변전소 또는 이에 준하는 장소의 가공전선 인입구 및 인출구
나. 특고압 가공전선로에 접속하는 341.2의 배전용 변압기의 고압측 및 특고압측
다. 고압 및 특고압 가공전선로로부터 공급을 받는 수용장소의 인입구
라. 가공전선로와 지중전선로가 접속되는 곳

【답】 ①

3·42

공칭 전압 20,000 [V]의 가공 전선이 철도를 횡단하는 경우 전선의 레일면 상 최저 높이[m]는?

① 5　② 5.5　③ 6　④ 6.5

해설 한국전기설비규정 333.7 특고압 가공전선의 높이

전압의 범위	일반장소	도로횡단	철도 또는 궤도횡단	횡단보도교
35 [kV] 이하	5 [m]	6 [m]	6.5 [m]	4 [m] (특고압 절연전선 또는 케이블 사용)
35 [kV] 초과 160 [kV] 이하	6 [m]	6 [m]	6.5 [m]	5 [m] (케이블 사용)
	산지(山地) 등에서 사람이 쉽게 들어갈 수 없는 장소 : 5 [m] 이상			
160 [kV] 초과	일반장소		가공전선의 높이 = 6 + 단수 × 0.12 [m]	
	철도 또는 궤도횡단		가공전선의 높이 = 6.5 + 단수 × 0.12 [m]	
	산지		가공전선의 높이 = 5 + 단수 × 0.12 [m]	

※ 단수 $= \dfrac{(\text{전압}\,[kV]-160)}{10}$ = 단수 계산에서 소수점 이하는 절상한다.

【답】 ④

3·43

154 [kV] 가공 송전선을 산지(山地)에 건설하는 경우 지표상의 최소 높이[m]는?

① 5　　② 6　　③ 7　　④ 8

해설 한국전기설비규정 333.7 특고압 가공전선의 높이

전압의 범위	일반장소	도로횡단	철도 또는 궤도횡단	횡단보도교
35 [kV] 이하	5 [m]	6 [m]	6.5 [m]	4 [m] (특고압 절연전선 또는 케이블 사용)
35 [kV] 초과 160 [kV] 이하	6 [m]	6 [m]	6.5 [m]	5 [m] (케이블 사용)
	산지(山地) 등에서 사람이 쉽게 들어갈 수 없는 장소 : 5 [m] 이상			
160 [kV] 초과	일반장소		가공전선의 높이 = 6 + 단수 × 0.12 [m]	
	철도 또는 궤도횡단		가공전선의 높이 = 6.5 + 단수 × 0.12 [m]	
	산지		가공전선의 높이 = 5 + 단수 × 0.12 [m]	

※ 단수$=\dfrac{(\text{전압}\,[\text{kV}]-160)}{10}$=단수 계산에서 소수점 이하는 절상한다.

【답】 ①

3·44

345 [kV] 초고압 가공 송전 선로를 평야에 건설할 경우 전선의 지표상 높이는 몇 [m] 이상인가?

① 5.5　　② 6　　③ 7.5　　④ 8.28

해설 한국전기설비규정 333.7 특고압 가공전선의 높이

전압의 범위	일반장소	도로횡단	철도 또는 궤도횡단	횡단보도교
35 [kV] 이하	5 [m]	6 [m]	6.5 [m]	4 [m] (특고압 절연전선 또는 케이블 사용)
35 [kV] 초과 160 [kV] 이하	6 [m]	6 [m]	6.5 [m]	5 [m] (케이블 사용)
	산지(山地) 등에서 사람이 쉽게 들어갈 수 없는 장소 : 5 [m] 이상			
160 [kV] 초과	일반장소		가공전선의 높이 = 6 + 단수 × 0.12 [m]	
	철도 또는 궤도횡단		가공전선의 높이 = 6.5 + 단수 × 0.12 [m]	
	산지		가공전선의 높이 = 5 + 단수 × 0.12 [m]	

∴ 단수$=\dfrac{345-160}{10}=18.5 \rightarrow$ 19단(절상)

∴ 전선의 지표상 높이$=6+19\times0.12=8.28$[m]

【답】 ④

3·45

35 [kV] 특고압 가공 전선로가 도로를 횡단할 때의 지표상 최저 높이[m]는?

① 5 ② 5.5 ③ 6 ④ 6.5

해설 한국전기설비규정 333.7 특고압 가공전선의 높이

<table>
<tr><th>전압의 범위</th><th>일반장소</th><th>도로횡단</th><th>철도 또는 궤도횡단</th><th>횡단보도교</th></tr>
<tr><td>35 [kV] 이하</td><td>5 [m]</td><td>6 [m]</td><td>6.5 [m]</td><td>4 [m]
(특고압 절연전선 또는 케이블 사용)</td></tr>
<tr><td rowspan="2">35 [kV] 초과
160 [kV] 이하</td><td>6 [m]</td><td>6 [m]</td><td>6.5 [m]</td><td>5 [m] (케이블 사용)</td></tr>
<tr><td colspan="4">산지(山地) 등에서 사람이 쉽게 들어갈 수 없는 장소 : 5 [m] 이상</td></tr>
<tr><td rowspan="3">160 [kV] 초과</td><td colspan="3">일반장소</td><td>가공전선의 높이 = 6 + 단수 × 0.12 [m]</td></tr>
<tr><td colspan="3">철도 또는 궤도횡단</td><td>가공전선의 높이 = 6.5 + 단수 × 0.12 [m]</td></tr>
<tr><td colspan="3">산지</td><td>가공전선의 높이 = 5 + 단수 × 0.12 [m]</td></tr>
</table>

※ 단수= $\frac{(\text{전압}\,[kV]-160)}{10}$ =단수 계산에서 소수점 이하는 절상한다.

【답】 ③

3·46

동일 지지물에 고·저압을 병행설치 할 때 저압선의 위치는?

① 상부에 시설 ② 동일 완금에 평행되게 시설
③ 하부에 시설 ④ 옆쪽으로 평행되게 시설

해설 한국전기설비규정 332.8 고압 가공전선 등의 병행설치

저압 가공전선(다중접지된 중성선은 제외한다. 이하 같다)과 고압 가공전선을 동일 지지물에 시설하는 경우에는 다음에 따라야 한다.

가. <u>저압 가공전선을 고압 가공전선의 아래로 하고 별개의 완금류에 시설할 것</u>

나. 저압 가공전선과 고압 가공전선 사이의 이격거리는 0.5 m 이상일 것. 다만, 각도주(角度柱)·분기주(分岐柱) 등에서 혼촉(混觸)의 우려가 없도록 시설하는 경우에는 그러하지 아니하다.

【답】 ③

3·47

동일 목주에 고저압을 병행설치 할 때 전선간의 이격 거리는 몇 [cm] 이상이어야 하는가?

① 50 ② 60 ③ 80 ④ 100

해설 한국전기설비규정 332.8 고압 가공전선 등의 병행설치

저압 가공전선(다중접지된 중성선은 제외한다. 이하 같다)과 고압 가공전선을 동일 지지물에 시설하는 경우에는 다음에 따라야 한다.

가. 저압 가공전선을 고압 가공전선의 아래로 하고 별개의 완금류에 시설할 것

나. 저압 가공전선과 고압 가공전선 사이의 이격거리는 0.5 m 이상일 것. 다만, 각도주(角度柱)·분기주(分岐柱) 등에서 혼촉(混觸)의 우려가 없도록 시설하는 경우에는 그러하지 아니하다.

【답】 ①

3·48

저압 가공 전선과 고압 가공 전선을 동일 지지물에 병가하는 경우 고압 가공 전선에 케이블을 사용하면 그 케이블과 저압 가공 전선의 최소 이격 거리는 얼마인가?

① 30 [cm] ② 50 [cm]
③ 60 [cm] ④ 75 [cm]

해설 한국전기설비규정 332.8 고압 가공전선 등의 병행설치

저압 가공전선(다중접지된 중성선은 제외한다. 이하 같다)과 고압 가공전선을 동일 지지물에 시설하는 경우에는 다음에 따라야 한다.

가. 저압 가공전선을 고압 가공전선의 아래로 하고 별개의 완금류에 시설할 것

나. 저압 가공전선과 고압 가공전선 사이의 이격거리는 0.5 m 이상일 것. 다만, 각도주(角度柱)·분기주(分岐柱) 등에서 혼촉(混觸)의 우려가 없도록 시설하는 경우에는 그러하지 아니하다.

【답】 ①

3·49

66 [kV] 가공 전선과 6 [kV] 가공 전선을 동일 지지물에 병가하는 경우에 특고압 가공 전선의 굵기는 몇 [mm^2] 이상의 경동연선을 사용하여야 하는가?

① 22 ② 38
③ 50 ④ 100

해설 한국전기설비규정 333.17 특고압 가공전선과 저고압 가공전선 등의 병행설치

2. 사용전압이 35 kV 을 초과하고 100 kV 미만인 특고압 가공전선과 저압 또는 고압 가공전선을 동일 지지물에 시설하는 경우에는 제4 이외에는 제1의 "다" 및 "마"의 규정에 준하여 시설하고 또한 다음에 따라 시설하여야 한다.

가. 특고압 가공전선로는 제2종 특고압 보안공사에 의할 것.

나. 특고압 가공전선과 저압 또는 고압 가공전선 사이의 이격거리는 2 m 이상일 것. 다만, 특고압 가공전선이 케이블인 경우에 저압 가공전선이 절연전선 혹은 케이블인 때 또는 고압 가공전선이 절연전선 혹은 케이블인 때에는 1 m 까지 감할 수 있다.

다. 특고압 가공전선은 케이블인 경우를 제외하고는 인장강도 21.67 kN 이상의 연선 또는 단면적이 50 mm^2 이상인 경동연선일 것.

라. 특고압 가공전선로의 지지물은 철주·철근 콘크리트주 또는 철탑일 것.

【답】 ③

3·50

35 [kV]를 넘고 100 [kV] 미만의 특고압 가공 전선로의 지지물에 고·저압선을 병가할 수 있는 조건으로 틀린 것은?

① 특고압 가공 전선로는 제2종 특고압 보안 공사에 의한다.
② 특고압 가공 전선과 고 · 저압선과의 이격 거리는 1.2 [m] 이상으로 한다.
③ 특고압 가공 전선은 50 [mm^2] 경동연선 또는 이외 동등 이상의 세기 및 굵기의 연선을 사용한다.
④ 지지물에는 강관 조립주를 제외한 철주, 철근 콘크리트주 또는 철탑을 사용한다.

해설 한국전기설비규정 333.17 특고압 가공전선과 저고압 가공전선 등의 병행설치

2. 사용전압이 35 kV 을 초과하고 100 kV 미만인 특고압 가공전선과 저압 또는 고압 가공전선을 동일 지지물에 시설하는 경우에는 제4 이외에는 제1의 "다" 및 "마"의 규정에 준하여 시설하고 또한 다음에 따라 시설하여야 한다.
   가. 특고압 가공전선로는 제2종 특고압 보안공사에 의할 것.
   나. 특고압 가공전선과 저압 또는 고압 가공전선 사이의 이격거리는 2 m 이상일 것. 다만, 특고압 가공전선이 케이블인 경우에 저압 가공전선이 절연전선 혹은 케이블인 때 또는 고압 가공전선이 절연전선 혹은 케이블인 때에는 1 m 까지 감할 수 있다.
   다. 특고압 가공전선은 케이블인 경우를 제외하고는 인장강도 21.67 kN 이상의 연선 또는 단면적이 50 mm^2 이상인 경동연선일 것.
   라. 특고압 가공전선로의 지지물은 철주 · 철근 콘크리트주 또는 철탑일 것.

【답】 ②

3·51

목주를 사용한 고압 가공 전선로의 최대 경간은?

① 50 [m]　② 100 [m]　③ 150 [m]　④ 200 [m]

해설 한국전기설비규정 332.9 고압 가공전선로 경간의 제한

지지물의 종류	경 간
목주 · A종 철주 또는 A종 철근 콘크리트주	150 m
B종 철주 또는 B종 철근 콘크리트주	250 m
철 탑	600 m

【답】 ③

3·52

고압 가공 전선로의 경간은 지지물이 목주 또는 A종 콘크리트주일 때에는 최대 몇 [m]인가?

① 150 [m]　② 250 [m]　③ 400 [m]　④ 600 [m]

해설 한국전기설비규정 332.9 고압 가공전선로 경간의 제한

지지물의 종류	경 간
목주 · A종 철주 또는 A종 철근 콘크리트주	150 m
B종 철주 또는 B종 철근 콘크리트주	250 m
철 탑	600 m

【답】 ①

3·53

고압 가공 전선로의 지지물로 A종 철근 콘크리트주를 시설하고 전선으로는 단면적 22 [mm^2]의 경동연선을 사용하였을 경우, 경간은 몇 [m]까지로 할 수 있는가?

① 150 ② 250 ③ 300 ④ 500

해설 한국전기설비규정 332.9 고압 가공전선로 경간의 제한

고압 가공전선로의 전선에 인장강도 8.71 kN 이상의 것 또는 단면적 22 mm^2 이상의 경동연선의 것을 다음에 따라 지지물을 시설하는 때에는 제1의 규정에 의하지 아니할 수 있다. 이 경우에 그 전선로의 경간은 그 지지물에 목주 · A종 철주 또는 A종 철근 콘크리트주를 사용하는 경우에는 300 m 이하, B종 철주 또는 B종 철근 콘크리트 주를 사용하는 경우에는 500 m 이하이어야 한다.

【답】 ③

3·54

B종 철주를 사용하는 특고압 가공 전선로의 표준 경간의 최대값은 몇 [m] 이하이어야 하는가? (단, 시가지 외에 시설되는 일반 공사의 경우임)

① 250 ② 300 ③ 350 ④ 400

해설 한국전기설비규정 332.9 고압 가공전선로 경간의 제한

지지물의 종류	경 간
목주 · A종 철주 또는 A종 철근 콘크리트주	150 m
B종 철주 또는 B종 철근 콘크리트주	250 m
철 탑	600 m

【답】 ①

3·55

특고압을 직접 저압으로 변성한 변압기를 시설할 수 없는 경우는?

① 전기로용
② 광산 양수기용
③ 전기 철도 신호용
④ 발·변전소 내용

해설 한국전기설비규정 341.3 특고압을 직접 저압으로 변성하는 변압기의 시설

특고압을 직접 저압으로 변성하는 변압기는 다음의 것 이외에는 시설하여서는 아니 된다.

가. 전기로 등 전류가 큰 전기를 소비하기 위한 변압기

나. 발전소·변전소·개폐소 또는 이에 준하는 곳의 소내용 변압기

다. 333.32의 1과 4에서 규정하는 특고압 전선로에 접속하는 변압기

라. 사용전압이 35 kV 이하인 변압기로서 그 특고압측 권선과 저압측 권선이 혼촉한 경우에 자동적으로 변압기를 전로로부터 차단하기 위한 장치를 설치한 것.

마. 사용전압이 100 kV 이하인 변압기로서 그 특고압측 권선과 저압측 권선사이에 142.5의 규정에 의하여 접지공사(접지저항 값이 10Ω 이하인 것에 한한다)를 한 금속제의 혼촉 방지판이 있는 것

바. 교류식 전기철도용 신호회로에 전기를 공급하기 위한 변압기 【답】 ②

3·56

사용 전압이 100[kV] 이하로서 특고압을 직접 저압으로 변성하는 변압기를 시설할 때 특고압측 권선과 저압측 권선간에 접지 공사를 한 금속제의 혼촉 방지판이 있는 경우의 접지 저항의 최대값은 몇 [Ω]인가?

① 5 ② 10 ③ 75 ④ 150

해설 한국전기설비규정 341.3 특고압을 직접 저압으로 변성하는 변압기의 시설

사용전압이 100 kV 이하인 변압기로서 그 특고압측 권선과 저압측 권선사이에 142.5의 규정에 의하여 접지공사(접지저항 값이 10Ω 이하인 것에 한한다)를 한 금속제의 혼촉방지판이 있는 것 【답】 ②

3·57

고압용 또는 특고압용 개폐기의 시설에 있어서 법규상의 규정이 아닌 사항은?

① 그 동작에 따라 개폐 상태를 표시하는 장치를 가져야 한다.

② 중력 등에 의하여 자연히 작동할 우려가 있는 것은 자물쇠 장치 등이 있어야 한다.

③ 고압용 또는 특고압용이라는 위험 표시를 하여야 한다.

④ 부하 전로를 차단하기 위한 것이 아닌 단로기 등은 부하 전류가 통하고 있을 경우에 개로될 수 없도록 시설한다.

해설 한국전기설비규정 341.9 개폐기의 시설

① 전로 중에 개폐기를 시설하는 경우(이 기준에서 개폐기를 시설하도록 정하는 경우에 한한다)에는 그곳의 각 극에 설치하여야 한다.

② 고압용 또는 특고압용의 개폐기는 그 작동에 따라 그 개폐상태를 표시하는 장치가 되어 있는 것이어야 한다. 다만, 그 개폐상태를 쉽게 확인할 수 있는 것은 그러하지 아니하다.

③ 고압용 또는 특고압용의 개폐기로서 중력 등에 의하여 자연히 작동할 우려가 있는 것은 자물쇠장치 기타 이를 방지하는 장치를 시설하여야 한다.

④ 고압용 또는 특고압용의 개폐기로서 부하전류를 차단하기 위한 것이 아닌 개폐기는 부하전류가 통하고 있을 경우에는 개로할 수 없도록 시설하여야 한다. 다만, 개폐기를 조작하는 곳의 보기 쉬운 위치에 부하전류의 유무를 표시한 장치 또는 전화기 기타의 지령 장치를 시설하거나 터블렛 등을 사용함으로서 부하전류가 통하고 있을 때에 개로조작을 방지하기 위한 조치를 하는 경우는 그러하지 아니하다. 【답】 ③

3·58

154 [kV] 가공 송전 선로를 제1종 특고압 보안 공사에 의할 때 사용되는 경동연선의 굵기는 몇 [mm^2] 이상이어야 하는가?

① 100　② 150　③ 200　④ 250

해설 한국전기설비규정 333.22 특고압 보안공사

제1종 특고압 보안공사 시 전선의 단면적

사용전압	전선
100 kV 미만	인장강도 21.67 kN 이상의 연선 또는 단면적 55 mm^2 이상의 경동연선 또는 동등이상의 인장강도를 갖는 알루미늄 전선이나 절연전선
100 kV 이상 300 kV 미만	인장강도 58.84 kN 이상의 연선 또는 단면적 150 mm^2 이상의 경동연선 또는 동등이상의 인장강도를 갖는 알루미늄 전선이나 절연전선
300 kV 이상	인장강도 77.47 kN 이상의 연선 또는 단면적 200 mm^2 이상의 경동연선 또는 동등이상의 인장강도를 갖는 알루미늄 전선이나 절연전선

【답】 ②

3·59

제1종 특고압 보안 공사에 의해서 시설하는 전선로의 지지물로 사용할 수 없는 것은?

① 철탑　② B종 철주
③ B종 철근 콘크리트주　④ A종 철근 콘크리트주

해설 한국전기설비규정 333.22 특고압 보안공사

제1종 특고압 보안공사는 다음에 따라야 한다.
전선로의 지지물에는 B종 철주 · B종 철근 콘크리트주 또는 철탑을 사용할 것 【답】 ④

3·60

제1종 특고압 보안 공사에 의하여 시설한 154 [kV] 가공 송전 선로는 전선에 지락 또는 단락이 생긴 경우에 몇 초 안에 자동적으로 이를 전로로부터 차단하는 장치를 시설하는가?

① 0.5　② 1.0　③ 2.0　④ 3.0

해설 한국전기설비규정 333.22 특고압 보안공사
제1종 특고압 보안공사는 다음에 따라야 한다.
특고압 가공전선에 지락 또는 단락이 생겼을 경우에 3초(사용전압이 100 kV 이상인 경우에는 2초) 이내에 자동적으로 이것을 전로로부터 차단하는 장치를 시설할 것 【답】 ③

3·61

제2종 특고압 보안 공사에 있어서 B종 철근 콘크리트주를 사용하는 경우에 최대 경간은 몇 [m]인가?

① 100 [m] ② 150 [m]
③ 200 [m] ④ 400 [m]

해설 한국전기설비규정 333.22 특고압 보안공사

지지물 종류	표준 경간	저·고압 보안 공사	1종 특고 보안 공사	2·3종 특고 보안 공사	특고 시가지
목주 A종	150	100	불가	100	목주불가/75
B종	250	150	150	200	150
철탑	600	400	400	400	400

【답】 ③

3·62

제2종 특고압 보안 공사에 의한 철탑 사용 특고압 가공 전선로의 경간을 600 [m]로 하려면 전선에는 경동선으로 얼마 이상 굵기[mm^2]의 것을 사용하여야 하는가?

① 38 ② 55
③ 82 ④ 95

해설 한국전기설비규정 333.22 특고압 보안공사
제2종 특고압 보안공사는 다음에 따라야 한다.
경간은 표에서 정한 값 이하일 것. 다만, 전선에 안장강도 38.05 kN 이상의 연선 또는 단면적이 95 mm^2 이상인 경동연선을 사용하고 지지물에 B종 철주·B종 철근 콘크리트주 또는 철탑을 사용하는 경우에는 그러하지 아니하다.

지지물의 종류	경간
목주·A종 철주 또는 A종 철근 콘크리트주	100 m
B종 철주 또는 B종 철근 콘크리트주	200 m
철탑	400 m (단주인 경우에는 300 m)

【답】 ④

3·63

특고압 가공 전선이 건조물과 제1차 접근 상태에 시설되는 경우에 특고압 가공 전선로는 몇 종 특고압 보안 공사를 하여야 하는가?

① 제1종 ② 제2종 ③ 제3종 ④ 제4종

해설 한국전기설비규정 333.23 특고압 가공전선과 건조물의 접근
제1차 접근 상태 : 제3종 특고 보안 공사
제2차 접근 상태 (35 [kV] 이하) : 제2종 특고 보안 공사
제2차 접근 상태 (35 [kV] 초과 400 [kV] 미만) : 제1종 특고 보안 공사 【답】 ③

3·64

제3종 특고압 보안 공사는 다음의 어느 경우에 해당하는 것인가?

① 특고압 가공 전선이 건조물과 제1차 접근 상태로 시설되는 경우
② 35 [kV] 이하인 특고압 가공 전선이 건조물과 제2차 접근 상태로 시설되는 경우
③ 35 [kV]를 넘고 400 [kV] 미만의 특고압 가공 전선이 건조물과 제2차 접근 상태로 시설되는 경우
④ 170 [kV] 이상의 특고압 가공 전선이 건조물과 제2차 접근 상태로 시설되는 경우

해설 한국전기설비규정 333.23 특고압 가공전선과 건조물의 접근
제1차 접근 상태 : 제3종 특고 보안 공사
제2차 접근 상태 (35 [kV] 이하) : 제2종 특고 보안 공사
제2차 접근 상태 (35 [kV] 초과 400 [kV] 미만) : 제1종 특고 보안 공사 【답】 ①

3·65

지지물로 목주를 사용하는 제2종 특고압 보안 공사의 시설 기준으로 옳지 않은 것은?

① 전선은 연선일 것
② 목주의 풍압 하중에 대한 안전율은 2 이상일 것
③ 지지물의 경간은 150 [m] 이하일 것
④ 전선은 바람 또는 눈에 의한 요동에 의하여 단락될 우려가 없도록 시설할 것

해설 한국전기설비규정 333.22 특고압 보안공사
제2종 특고압 보안공사는 다음에 따라야 한다.
가. 특고압 가공전선은 연선일 것
나. 지지물로 사용하는 목주의 풍압하중에 대한 안전율은 2 이상일 것
다. 경간은 목주 · A종 철주 또는 A종 철근 콘크리트주 경우 100 m 【답】 ③

3·66

전선의 단면적이 38 [mm²]인 경동연선을 사용하고 지지물로는 철탑을 사용하는 특고압 가공 전선로를 제3종 특고압 보안 공사에 의하여 시설하는 경우의 경간의 한도는 몇 [m]인가?

① 300　　② 400
③ 500　　④ 600

해설 한국전기설비규정 333.22 특고압 보안공사

제3종 특고압 보안공사 시 경간 제한

지지물 종류	경간
목주·A종 철주 또는 A종 철근 콘크리트주	100 m (전선의 인장강도 14.51 kN 이상의 연선 또는 단면적이 38 mm² 이상인 경동연선을 사용하는 경우에는 150 m)
B종 철주 또는 B종 철근 콘크리트주	200 m (전선의 인장강도 21.67 kN 이상의 연선 또는 단면적이 55 mm² 이상인 경동연선을 사용하는 경우에는 250 m)
철탑	400 m (전선의 인장강도 21.67 kN 이상의 연선 또는 단면적이 55 mm² 이상인 경동연선을 사용하는 경우에는 600 m) 다만, 단주의 경우에는 300 m(전선의 인장강도 21.67 kN 이상의 연선 또는 단면적이 55 mm² 이상인 경동연선을 사용하는 경우에는 400 m)

【답】②

3·67

고압 가공 전선과 건조물의 상부 조영재와의 옆쪽 이격 거리는 일반적인 경우 최소 몇 [m] 이상이어야 하는가?

① 1.5　　② 1.2
③ 0.9　　④ 0.6

해설 한국전기설비규정 332.11 고압 가공전선과 건조물의 접근

사용 전압 부분 공작물의 종류			저압[m]	고압[m]
건조물	기타 조영재 또는 상부조영재의 옆쪽 또는 아래쪽	일반적인 경우	1.2	1.2
		전선이 고압절연전선	0.4	1.2
		전선이 케이블인 경우	0.4	0.4
		사람이 쉽게 접근 할 수 없도록 시설한 경우	0.8	0.8

【답】②

3·68

35 [kV] 이하의 특고압 가공 전선이 건조물과 제1차 접근 상태로 시설되는 경우의 이격 거리는 일반적인 경우 몇 [m] 이상이어야 하는가? 상부 조영재 위쪽으로 시설되는 특고압 절연전선인 경우이다.

① 2.5 ② 3.5 ③ 4 ④ 4.5

해설 한국전기설비규정 333.23 특고압 가공전선과 건조물의 접근

특고압 가공전선이 건조물과 제1차 접근상태로 시설되는 경우 특고압 가공전선로는 제3종 특고압 보안공사에 의할 것

사용전압이 35 kV 이하인 특고압 가공전선과 건조물의 조영재 이격거리

건조물과 조영재의 구분	전선종류	접근형태	이격거리
상부 조영재	특고압 절연전선	위쪽	2.5 m
		옆쪽 또는 아래쪽	1.5 m(전선에 사람이 쉽게 접촉할 우려가 없도록 시설한 경우는 1 m)
	케이블	위쪽	1.2 m
		옆쪽 또는 아래쪽	0.5 m
	기타전선	–	3 m

【답】 ①

3·69

전압 22,900 [V]의 특고압 가공 전선이 건조물과 제1차 접근 상태로 시설되는 경우 특고압 가공 전선과 건조물 사이의 이격 거리는 몇 [m] 이상이어야 하는가?

① 3 ② 6 ③ 9 ④ 12

해설 한국전기설비규정 333.23 특고압 가공전선과 건조물의 접근

특고압 가공전선이 건조물과 제1차 접근상태로 시설되는 경우 특고압 가공전선로는 제3종 특고압 보안공사에 의할 것

사용전압이 35 kV 이하인 특고압 가공전선과 건조물의 조영재 이격거리

건조물과 조영재의 구분	전선종류	접근형태	이격거리
기타 조영재	특고압 절연전선	–	1.5 m(전선에 사람이 쉽게 접촉할 우려가 없도록 시설한 경우는 1 m)
	케이블	–	0.5 m
	기타 전선	–	3 m

【답】 ①

3·70

66 [kV] 가공 송전선과 건조물이 제1차 접근 상태로 시설하는 경우 전선과 건조물간의 최소 이격 거리는?

① 3.2 ② 3.4 ③ 3.6 ④ 3.8

해설 한국전기설비규정 333.23 특고압 가공전선과 건조물의 접근

특고압 가공전선이 건조물과 제1차 접근상태로 시설되는 경우 특고압 가공전선로는 제3종 특고압 보안공사에 의할 것

사용전압이 35 kV 이하인 특고압 가공전선과 건조물의 조영재 이격거리

건조물과 조영재의 구분	전선종류	접근형태	이격거리
기타 조영재	특고압 절연전선	–	1.5 m(전선에 사람이 쉽게 접촉할 우려가 없도록 시설한 경우는 1 m)
	케이블	–	0.5 m
	기타 전선	–	3 m

사용전압이 35 kV를 초과하는 특고압 가공전선과 건조물과의 이격거리는 건조물의 조영재 구분 및 전선종류에 따라 각각 "표"의 규정 값에 35 kV을 초과하는 10 kV 또는 그 단수마다 15 cm을 더한 값 이상일 것

단수$=\dfrac{66-35}{10}=3.1 \rightarrow 4$단 $\quad\therefore$ 이격 거리$=3+4\times0.15=3.6$ [m] 【답】 ③

3·71

345 [kV] 가공 전선이 건조물과 제1차 접근 상태로 시설되는 경우 양자간의 최소 이격 거리는 얼마이어야 하는가?

① 6.75 [m] ② 7.65 [m] ③ 7.80 [m] ④ 9.48 [m]

해설 한국전기설비규정 333.23 특고압 가공전선과 건조물의 접근

특고압 가공전선이 건조물과 제1차 접근상태로 시설되는 경우 특고압 가공전선로는 제3종 특고압 보안공사에 의할 것

사용전압이 35 kV 이하인 특고압 가공전선과 건조물의 조영재 이격거리

건조물과 조영재의 구분	전선종류	접근형태	이격거리
기타 조영재	특고압 절연전선	–	1.5 m(전선에 사람이 쉽게 접촉할 우려가 없도록 시설한 경우는 1 m)
	케이블	–	0.5 m
	기타 전선	–	3 m

사용전압이 35 kV를 초과하는 특고압 가공전선과 건조물과의 이격거리는 건조물의 조영재 구분 및 전선종류에 따라 각각 "표"의 규정 값에 35 kV을 초과하는 10 kV 또는 그 단수마다 15 cm을 더한 값 이상일 것

$\therefore 3\,[\text{m}]+(34.5-3.5)\times0.15=7.65[\text{m}]$ 【답】 ②

3·72

시가지에 시설하는 154 [kV] 가공 전선로를 도로와 제1차 접근 상태에 시설하는 경우에 전선과 도로와의 이격 거리는 몇 [m] 이상이어야 하는가?

① 4.4 ② 4.8 ③ 5.2 ④ 5.6

해설 한국전기설비규정 333.23 특고압 가공전선과 건조물의 접근

특고압 가공전선이 건조물과 제1차 접근상태로 시설되는 경우 특고압 가공전선로는 제3종 특고압 보안공사에 의할 것

사용전압이 35 kV 이하인 특고압 가공전선과 건조물의 조영재 이격거리

건조물과 조영재의 구분	전선종류	접근형태	이격거리
기타 조영재	특고압 절연전선	–	1.5 m(전선에 사람이 쉽게 접촉할 우려가 없도록 시설한 경우는 1 m)
	케이블	–	0.5 m
	기타 전선	–	3 m

사용전압이 35 kV를 초과하는 특고압 가공전선과 건조물과의 이격거리는 건조물의 조영재 구분 및 전선종류에 따라 각각 "표"의 규정 값에 35 kV 을 초과하는 10 kV 또는 그 단수마다 15 cm을 더한 값 이상일 것

∴ 단수= $\frac{154-35}{10}=11.9 \rightarrow 12$단

∴ 이격 거리= $3+12\times0.15=4.8$[m]

【답】②

3·73

154 [kV] 가공 전선과 가공 약전류 전선이 교차하는 경우에 시설하는 보호망을 보호하는 금속선 중 가공 전선의 직하에 시설되는 것 이외의 다른 부분에 시설되는 금속선은 굵기 몇 [mm] 이상의 경동선이어야 하는가?

① 2.6 ② 3.2 ③ 4.0 ④ 5.0

해설 한국전기설비규정 333.24 특고압 가공전선과 도로 등의 접근 또는 교차

① 보호망을 구성하는 금속선은 그 외주(外周) 및 특고압 가공전선의 직하에 시설하는 금속선에는 인장강도 8.01 kN 이상의 것 또는 지름 5 mm 이상의 경동선을 사용하고 그 밖의 부분에 시설하는 금속선에는 인장강도 5.26 kN 이상의 것 또는 지름 4 mm 이상의 경동선을 사용할 것

② 보호망을 구성하는 금속선 상호의 간격은 가로, 세로 각 1.5 m 이하일 것

【답】③

3·74

가섭선에 의하여 시설되는 안테나가 있다. 이 안테나 주위에 고압 가공 케이블이 지나가고 있다면 수평 이격 거리는 몇 [m] 이상으로 하여야 하는가?

① 0.4 ② 0.6 ③ 0.8 ④ 1.0

해설 한국전기설비규정 332.14 고압 가공전선과 안테나의 접근 또는 교차

사용 전압 부분 공작물의 종류		저압	고압
안테나	일반적인 경우	0.6 [m]	0.8 [m]
	전선이 고압 절연 전선 특고압 절연전선	0.3 [m]	0.8 [m]
	전선이 케이블인 경우	0.3 [m]	0.4 [m]

고압 가공전선로는 고압 보안공사에 의할 것 【답】 ①

3·75

66 [kV] 모선에 접속되는 전력용 콘덴서에 울타리를 시설하는 경우에 울타리의 높이와 울타리로부터 충전부까지의 합계는 얼마 이상이 되어야 하는가?

① 5 [m] ② 6 [m] ③ 7 [m] ④ 8 [m]

해설 한국전기설비규정 351.1 발전소 등의 울타리 · 담 등의 시설

울타리 · 담 등은 다음에 따라 시설하여야 한다.

가. 울타리 · 담 등의 높이는 2 m 이상으로 하고 지표면과 울타리 · 담 등의 하단사이의 간격은 0.15 m 이하로 할 것.

나. 울타리 · 담 등과 고압 및 특고압의 충전 부분이 접근하는 경우에는 울타리 · 담 등의 높이와 울타리 · 담 등으로부터 충전부분까지 거리의 합계는 표 351.1-1에서 정한 값 이상으로 할 것.

표 351.1-1 발전소 등의 울타리 · 담 등의 시설 시 이격거리

사용전압의 구분	울타리 · 담 등의 높이와 울타리 · 담 등으로부터 충전부분까지의 거리의 합계
35 kV 이하	5 m
35 kV 초과 160 kV 이하	6 m
160 kV 초과	6 m에 160 kV를 초과하는 10 kV 또는 그 단수마다 0.12 m를 더한 값

【답】 ②

3·76

가공 전선의 지지물에 약전류 전선을 공가할 수 없는 사용 전압[V]은 얼마인가?

① 15,000 ② 25,000 ③ 35,000 ④ 50,000

해설 한국전기설비규정 333.19 특고압 가공전선과 가공약전류전선 등의 공용설치

사용전압이 35 kV를 초과하는 특고압 가공전선과 가공약전류전선 등은 동일 지지물에 시설하여서는 아니 된다. 【답】 ④

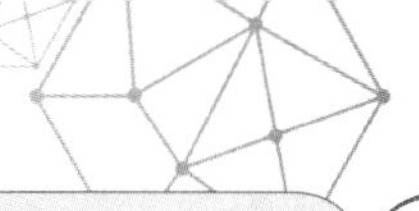

3·77

가공 약전류 전선(전력 보안 통신선 및 전기 철도의 전용 부지 안에 시설하는 전기 철도용 통신선은 제외한다)을 사용 전압이 22,900 [V]인 가공 전선과 동일 지지물에 공가하고자 할 때 가공 전선으로 경동연선을 사용한다면 다음의 전선 규격 중 사용할 수 있는 경동연선은 어느 것인가?

① 55 [mm^2]의 경동연선
② 50 [mm^2]의 경동연선
③ 38 [mm^2]의 경동연선
④ 22 [mm^2]의 경동연선

해설 한국전기설비규정 333.19 특고압 가공전선과 가공약전류전선 등의 공용설치

사용전압이 35 kV 이하인 특고압 가공전선과 가공약전류전선 등(전력보안 통신선 및 전기 철도의 전용부지 안에 시설하는 전기철도용 통신선을 제외한다. 이하 같다)을 동일 지지물에 시설하는 경우에는 다음에 따라야 한다.

가. 특고압 가공전선로는 제2종 특고압 보안공사에 의할 것.
나. 특고압 가공전선은 가공약전류전선 등의 위로하고 별개의 완금류에 시설할 것.
다. 특고압 가공전선은 케이블인 경우 이외에는 인장강도 21.67 kN 이상의 연선 또는 단면적이 50 mm^2 이상인 경동연선일 것
라. 특고압 가공전선과 가공약전류전선 등 사이의 이격거리는 2 m 이상으로 할 것. 다만, 특고압 가공전선이 케이블인 경우에는 0.5 m까지로 감할 수 있다.

【답】 ②

3·78

특고압을 가설할 수 없는 것은?

① 가공 전선로 ② 옥상 전선로 ③ 지중 전선로 ④ 수중 전선로

해설 한국전기설비규정 331.14.2 특고압 옥상전선로의 시설

특고압 옥상전선로(특고압의 인입선의 옥상부분을 제외한다)는 시설하여서는 아니 된다.

【답】 ②

3·79

고압 가공 인입선은 그 아래에 위험 표시를 하였을 경우에는 전선의 지표상 높이 [m]를 얼마까지 낮출 수 있는가?

① 5.5 ② 4.5 ③ 3.5 ④ 2.5

해설 한국전기설비규정 331.12.1 고압 가공인입선의 시설

1. 고압 가공인입선의 전선에는 인장강도 8.01 kN 이상의 고압 절연전선, 특고압 절연전선 또는 지름 5 mm 이상의 경동선의 고압 절연전선, 특고압 절연전선 또는 341.9의 1의 "나"에 규정하는 인하용 절연전선을 애자공사에 의하여 시설하거나 케이블을 332.2의 준하여 시설하여야 한다.

2. 고압 가공인입선의 높이는 지표상 3.5 m까지로 감할 수 있다. 이 경우에 그 고압 가공인입선이 케이블 이외의 것인 때에는 그 전선의 아래쪽에 위험 표시를 하여야 한다.
3. 고압 연접인입선은 시설하여서는 아니 된다.

【답】 ③

3·80

고압 인입선 등의 시설 기준에 맞지 않는 것은?

① 고압 가공 인입선 아래에 위험 표시를 하고 지표상 3.5 [m] 높이에 설치하였다.
② 전선은 5.0 [mm] 경동선과 동등한 세기의 고압 절연 전선을 사용하였다.
③ 애자 사용 공사로 시설하였다.
④ 15 [m] 떨어진 다른 수용가에 고압 연접 인입선을 시설하였다.

해설 한국전기설비규정 331.12.1 고압 가공인입선의 시설

1. 고압 가공인입선의 전선에는 인장강도 8.01 kN 이상의 고압 절연전선, 특고압 절연전선 또는 지름 5 mm 이상의 경동선의 고압 절연전선, 특고압 절연전선 또는 341.9의 1의 "나"에 규정하는 인하용 절연전선을 애자공사에 의하여 시설하거나 케이블을 332.2의 준하여 시설하여야 한다.
2. 고압 가공인입선의 높이는 지표상 3.5 m까지로 감할 수 있다. 이 경우에 그 고압 가공인입선이 케이블 이외의 것인 때에는 그 전선의 아래쪽에 위험 표시를 하여야 한다.
3. 고압 연접인입선은 시설하여서는 아니 된다.

【답】 ④

3·81

22.9 [kV-Y] 중성선 다중 접지 방식의 특고압 인입선이 도로를 횡단하는 경우 노면 상 높이는 최소 몇 [m] 이상이어야 하는가?

① 4.5 ② 5 ③ 5.5 ④ 6

해설 한국전기설비규정 331.12.2 특고압 가공인입선의 시설

<table>
<tr><th>전압의 범위</th><th>일반장소</th><th>도로횡단</th><th>철도 또는 궤도횡단</th><th>횡단보도교</th></tr>
<tr><td>35 [kV] 이하</td><td>5 [m]</td><td>6 [m]</td><td>6.5 [m]</td><td>4 [m]
(특고압 절연전선 또는 케이블 사용)</td></tr>
<tr><td rowspan="2">35 [kV] 초과
160 [kV] 이하</td><td>6 [m]</td><td>6 [m]</td><td>6.5 [m]</td><td>5 [m] (케이블 사용)</td></tr>
<tr><td colspan="4">산지 등에서 사람이 쉽게 들어갈 수 없는 장소 : 5 [m] 이상</td></tr>
<tr><td rowspan="3">160 [kV] 초과</td><td colspan="2">일반장소</td><td colspan="2">가공전선의 높이 = 6 + 단수 × 0.12 [m]</td></tr>
<tr><td colspan="2">철도 또는 궤도횡단</td><td colspan="2">가공전선의 높이 = 6.5 + 단수 × 0.12 [m]</td></tr>
<tr><td colspan="2">산지</td><td colspan="2">가공전선의 높이 = 5 + 단수 × 0.12 [m]</td></tr>
</table>

【답】 ④

3·82

154 [kV] 특고압 가공 전선로를 경동연선으로 시가지에 시설하려고 한다. 애자 장치는 50[%] 충격 섬락 전압의 값이 다른 부분의 몇 [%] 이상으로 되어야 하는가?

① 100 ② 115 ③ 110 ④ 105

해설 한국전기설비규정 333.1 시가지 등에서 특고압 가공전선로의 시설

특고압 가공전선로는 전선이 케이블인 경우 또는 전선로를 다음과 같이 시설하는 경우에는 시가지 그 밖에 인가가 밀집한 지역에 시설할 수 있다. 사용전압이 170 kV 이하인 전선로를 다음에 의하여 시설하는 경우 특고압 가공전선을 지지하는 애자장치는 다음 중 어느 하나에 의할 것

① 50% 충격섬락전압 값이 그 전선의 근접한 다른 부분을 지지하는 애자장치 값의 110% (사용전압이 130 kV를 초과하는 경우는 105%) 이상인 것
② 아크 혼을 붙인 현수애자 · 장간애자(長幹碍子) 또는 라인포스트애자를 사용하는 것
③ 2련 이상의 현수애자 또는 장간애자를 사용하는 것
④ 2개 이상의 핀애자 또는 라인포스트애자를 사용하는 것

【답】 ④

3·83

시가지에 시설하는 철탑 사용 특고압 가공 전선로의 전선이 수평 배치이고, 또한 전선 상호간의 간격이 4 [m] 미만이면 전선로의 경간[m]은 얼마 이하이어야 하는가?

① 400 ② 350 ③ 300 ④ 250

해설 한국전기설비규정 333.1 시가지 등에서 특고압 가공전선로의 시설

시가지 등에서 170 kV 이하 특고압 가공전선로의 경간 제한

지지물의 종류	경간
A종 철주 또는 A종 철근 콘크리트주	75 m
B종 철주 또는 B종 철근 콘크리트주	150 m
철탑	400 m (단주인 경우에는 300 m) 다만, 전선이 수평으로 2 이상 있는 경우에 전선 상호 간의 간격이 4 m 미만인 때에는 250 m

【답】 ④

3·84

특고압 가공 전선로를 시가지에서 A종 철주를 사용하여 시설하는 경우 경간의 최대는 몇 [m]인가?

① 50 ② 75 ③ 150 ④ 200

해설 한국전기설비규정 333.1 시가지 등에서 특고압 가공전선로의 시설
경간제한

지지물 종류	표준 경간	저 · 고압 보안 공사	1종 특고 보안 공사	2 · 3종 특고 보안 공사	특고 시가지
목주 A종	150	100	불가	100	목주불가/75
B종	250	150	150	200	150
철탑	600	400	400	400	400

【답】 ②

3·85

시가지에 시설되는 69,000 [V] 가공 송전 선로 경동연선의 최소 굵기[mm^2]는?

① 22 ② 35 ③ 55 ④ 100

해설 한국전기설비규정 333.1 시가지 등에서 특고압 가공전선로의 시설
시가지 등에서 170 kV 이하 특고압 가공전선로 전선의 단면적

사용전압의 구분	전선의 단면적
100 kV 미만	인장강도 21.67 kN 이상의 연선 또는 단면적 55 mm^2 이상의 경동연선 또는 동등이상의 인장강도를 갖는 알루미늄 전선이나 절연전선
100 kV 이상	인장강도 58.84 kN 이상의 연선 또는 단면적 150 mm^2 이상의 경동연선 또는 동등이상의 인장강도를 갖는 알루미늄 전선이나 절연전선

【답】 ③

3·86

사용 전압 154,000 [V]의 가공 전선을 시가지에 시설하는 경우에 케이블인 경우를 제외하고 전선의 지표 상의 최소 높이는 얼마인가?

① 7.44 [m] ② 7.80 [m]
③ 9.44 [m] ④ 11.44 [m]

해설 한국전기설비규정 333.1 시가지 등에서 특고압 가공전선로의 시설
시가지 등에서 170 kV 이하 특고압 가공전선로 높이

사용전압의 구분	지표상의 높이
35 kV 이하	10 m(전선이 특고압 절연전선인 경우에는 8 m)
35 kV 초과	10 m에 35 kV를 초과하는 10 kV 또는 그 단수마다 0.12 m를 더한 값

∴ 단수$=\frac{154-35}{10}=11.9 \rightarrow 12$단

∴ 지표상의 높이$=10+12\times0.12=11.44$[m] 【답】 ④

3·87

22,900 [V]의 전선로를 시가지에 시설하는 경우 그 전선의 지표상의 최소 높이 [m]는?

① 5　② 6　③ 8　④ 10

해설 한국전기설비규정 333.1 시가지 등에서 특고압 가공전선로의 시설

시가지 등에서 170 kV 이하 특고압 가공전선로 높이

사용전압의 구분	지표상의 높이
35 kV 이하	10 m(전선이 특고압 절연전선인 경우에는 8 m)
35 kV 초과	10 m에 35 kV를 초과하는 10 kV 또는 그 단수마다 0.12 m를 더한 값

【답】 ④

3·88

시가지에 시설하는 154 [kV] 가공 전선로에는 전선로에 지락 또는 단락이 생긴 경우 몇 초 안에 자동적으로 이를 전선로로부터 차단하는 장치를 시설하는가?

① 1　② 2　③ 3　④ 5

해설 한국전기설비규정 333.1 시가지 등에서 특고압 가공전선로의 시설

사용전압이 170 kV 이하인 전선로를 다음에 의하여 시설하는 경우

① 50% 충격섬락전압 값이 그 전선의 근접한 다른 부분을 지지하는 애자장치 값의 110% (사용전압이 130 kV를 초과하는 경우는 105%) 이상인 것
② 아크 혼을 붙인 현수애자 · 장간애자(長幹碍子) 또는 라인포스트애자를 사용하는 것
③ 2련 이상의 현수애자 또는 장간애자를 사용하는 것
④ 2개 이상의 핀애자 또는 라인포스트애자를 사용하는 것
⑤ 지지물에는 철주 · 철근 콘크리트주 또는 철탑을 사용할 것
⑥ 지지물에는 위험 표시를 보기 쉬운 곳에 시설할 것. 다만, 사용전압이 35 kV 이하의 특고압 가공전선로의 전선에 특고압 절연전선을 사용하는 경우는 그러하지 아니하다.
⑦ 사용전압이 100 kV를 초과하는 특고압 가공전선에 지락 또는 단락이 생겼을 때에는 1초 이내에 자동적으로 이를 전로로부터 차단하는 장치를 시설할 것

【답】 ①

3·89

철주, 철근 콘크리트주 또는 철탑을 사용한 전선로에서 지지물 양측의 경간의 차가 큰 곳에 사용하는 지지물은?

① 직선형　② 인류형　③ 내장형　④ 보강형

해설 한국전기설비규정 333.11 특고압 가공전선로의 철주 · 철근 콘크리트주 또는 철탑의 종류

내장형 : 전선로의 지지물 양쪽의 경간의 차가 큰 곳에 사용하는 것

【답】 ③

3·90

특고압 가공 전선로에 사용하는 철탑의 종류 중에서 전선로 지지물의 양측 경간의 차가 큰 곳에 사용하는 철탑은?

① 각도형 철탑　② 인류형 철탑
③ 보강형 철탑　④ 내장형 철탑

해설 한국전기설비규정 333.11 특고압 가공전선로의 철주·철근 콘크리트주 또는 철탑의 종류
내장형 : 전선로의 지지물 양쪽의 경간의 차가 큰 곳에 사용하는 것 【답】 ④

3·91

이상시 상정 하중 중 풍압 하중에 의한 수평 횡하중 및 수평 종하중 외에 전 가섭선에 대하여 각 가섭선의 상정 최대 장력의 3% 같은 불평균 장력의 수평 종분력에 의한 하중을 더 고려하여야 하는 철탑은? 단 내장형은 제외한다.

① 직선형 철탑　② 각도형 철탑
③ 내장형 철탑　④ 보강형 철탑

해설 한국전기설비규정 333.13 상시 상정하중
① 인류형의 경우에는 전가섭선에 관하여 각 가섭선의 상정 최대장력과 같은 불평균 장력의 수평 종분력에 의한 하중
② 내장형·보강형의 경우에는 전가섭선에 관하여 각 가섭선의 상정 최대장력의 33%와 같은 불평균 장력의 수평 종분력에 의한 하중
③ 직선형의 경우에는 전가섭선에 관하여 각 가섭선의 상정 최대장력의 3%와 같은 불평균 장력의 수평 종분력에 의한 하중(단 내장형은 제외한다)
④ 각도형의 경우에는 전가섭선에 관하여 각 가섭선의 상정 최대장력의 10%와 같은 불평균 장력의 수평 종분력에 의한 하중 【답】 ①

3·92

특고압 가공 전선로 중 지지물로서 직선형 철탑을 연속하여 10기 이상 사용하는 부분에서 내장 애자 장치를 갖는 철탑은 몇 기 이하마다 시설해야 하는가?

① 20　② 15　③ 10　④ 5

해설 한국전기설비규정 333.16 특고압 가공전선로의 내장형 등의 지지물 시설
특고압 가공전선로 중 지지물로서 직선형의 철탑을 연속하여 10기 이상 사용하는 부분에는 10기 이하마다 장력에 견디는 애자장치가 되어 있는 철탑 또는 이와 동등 이상의 강도를 가지는 철탑 1기를 시설하여야 한다. 【답】 ③

3·93

최대 사용 전압이 161 [kV]인 가공 전선이 삭도와 제1차 접근 상태에 시설되는 경우, 이 고압 가공 전선과 삭도 또는 삭도용 지주와의 최소 이격 거리는 얼마인가?

① 3.32 [m] ② 3.84 [m] ③ 4.28 [m] ④ 4.95 [m]

해설 한국전기설비규정 333.25 특고압 가공전선과 삭도의 접근 또는 교차

특고압 가공전선이 삭도와 제1차 접근상태로 시설되는 경우에는 다음에 따라야 한다.

가. 특고압 가공전선로는 제3종 특고압 보안공사에 의할 것

나. 특고압 가공전선과 삭도의 접근 또는 교차 시 이격거리(제1차 접근상태)

사용전압의 구분	이격거리
35 kV 이하	2 m (전선이 특고압 절연전선인 경우는 1 m, 케이블인 경우는 0.5 m)
35 kV 초과 60 kV 이하	2 m
60 kV 초과	2 m에 사용전압이 60 kV를 초과하는 10 kV 또는 그 단수마다 0.12 m 더한 값

∴ 2 [m]+(0.12×11) = 3.32 [m]

【답】 ①

3·94

154,000 [V] 가공 송전선이 66,000 [V] 가공 송전선과 교차할 경우 상호간의 최소 이격 거리 [m]는?

① 1 ② 2 ③ 3.2 ④ 4

해설 한국전기설비규정 333.27 특고압 가공전선 상호 간의 접근 또는 교차

사용전압의 구분	이격거리
60 kV 이하	2 m
60 kV 초과	2 m에 사용전압이 60 kV를 초과하는 10 kV 또는 그 단수마다 0.12 m 더한 값

∴ 2+0.12×10 = 3.2 [m]

【답】 ③

3·95

최대 사용 전압 360 [kV]의 가공 전선이 최대 사용 전압 161 [kV] 가공 전선과 교차하여 시설되는 경우 양자간의 최소 이격 거리는 몇 [m]인가?

① 5.6 ② 6.4 ③ 7.2 ④ 8.0

해설 한국전기설비규정 333.27 특고압 가공전선 상호 간의 접근 또는 교차

사용전압의 구분	이격거리
60 kV 이하	2 m
60 kV 초과	2 m에 사용전압이 60 kV를 초과하는 10 kV 또는 그 단수마다 0.12 m 더한 값

∴ $2+(36-6)\times 0.12=5.6$ [m]

【답】 ①

3·96

사용 전압 154 [kV]의 가공 송전선과 식물과의 최소 이격 거리는 몇 [m]인가?

① 3.0 [m] ② 3.12 [m] ③ 3.2 [m] ④ 3.4 [m]

해설 한국전기설비규정 333.30 특고압 가공전선과 식물의 이격거리

사용전압의 구분	이격거리
60 kV 이하	2 m
60 kV 초과	2 m에 사용전압이 60 kV를 초과하는 10 kV 또는 그 단수마다 0.12 m 더한 값

∴ 단수$=\dfrac{154-60}{10}=9.4 \rightarrow 10$단

∴ 이격 거리$=2+0.12\times 10=3.2$ [m]

【답】 ③

3·97

15,000 [V]를 넘고 25,000 [V] 이하인 중성점 다중 접지식 3상 4선식 가공 전선이 건조물의 상부 조영재의 위쪽 및 옆쪽에서 접근하는 경우의 최소 이격 거리 [m]는 각각 얼마인가? 단, 전선은 케이블을 사용하였다.

① 2.5, 1.5 ② 1.25, 0.5 ③ 3, 1.5 ④ 1.2, 0.5

해설 한국전기설비규정 333.32 25 kV 이하인 특고압 가공전선로의 시설

15 kV 초과 25 kV 이하 특고압 가공전선로 이격거리(1)

건조물의 조영재	접근형태	전선의 종류	이격거리
상부 조영재	위쪽	나전선	3.0 m
		특고압 절연전선	2.5 m
		케이블	1.2 m
	옆쪽 또는 아래쪽	나전선	1.5 m
		특고압 절연전선	1.0 m
		케이블	0.5 m
기타의 조영재		나전선	1.5 m
		특고압 절연전선	1.0 m
		케이블	0.5 m

【답】 ④

3·98

중성점을 다중 접지한 22.9 [kV] 3상 4선식 가공 전선로를 건조물의 위쪽에서 접근 상태로 시설하는 경우 가공 전선과 건조물의 최소 이격 거리[m]는?

① 1.2 ② 2.0 ③ 2.5 ④ 3.0

해설 한국전기설비규정 333.32 25 kV 이하인 특고압 가공전선로의 시설

15 kV 초과 25 kV 이하 특고압 가공전선로 이격거리(1)

건조물의 조영재	접근형태	전선의 종류	이격거리
상부 조영재	위쪽	나전선	3.0 m
		특고압 절연전선	2.5 m
		케이블	1.2 m
	옆쪽 또는 아래쪽	나전선	1.5 m
		특고압 절연전선	1.0 m
		케이블	0.5 m
기타의 조영재		나전선	1.5 m
		특고압 절연전선	1.0 m
		케이블	0.5 m

【답】 ④

3·99

22.9 [kV] 배전 선로(나전선)와 건조물에 설치된 안테나와의 최소 수평 이격 거리[m]는?

① 1 ② 1.25 ③ 1.5 ④ 2.0

해설 한국전기설비규정 333.32 25 kV 이하인 특고압 가공전선로의 시설

표 333.32-7 15 kV 초과 25 kV 이하 특고압 가공전선로 이격거리

구분	가공전선의 종류	이격(수평이격)거리
가공약전류전선 등 · 저압 또는 고압의 가공전선 · 저압 또는 고압의 전차선 · 안테나	나전선	2.0 m
	특고압 절연전선	1.5 m
	케이블	0.5 m
가공약전류전선로 등 · 저압 또는 고압의 가공전선로 · 저압 또는 고압의 전차선로의 지지물	나전선	1.0 m
	특고압 절연전선	0.75 m
	케이블	0.5 m

【답】 ④

3·100

3상 4선식 중성선 다중 접지한 22,900 [V] 특고선과 식물과의 최소 이격 거리는 얼마인가?

① 1.2 [m] ② 1.5 [m] ③ 2 [m] ④ 2.5 [m]

해설 한국전기설비규정 333.32 25 kV 이하인 특고압 가공전선로의 시설

특고압 가공전선과 식물 사이의 이격거리는 1.5 m 이상일 것. 다만, 특고압 가공전선이 특고압 절연전선이거나 케이블인 경우로서 특고압 가공전선을 식물에 접촉하지 아니하도록 시설하는 경우에는 그러하지 아니하다.

【답】 ②

3·101

25 [kV] 이하인 특고압 가공 전선로의 시설에 있어서 중성선을 다중 접지하는 경우 각 접지점 상호의 거리[m]는 얼마 이하로 되어야 하는가?

① 100 ② 150 ③ 250 ④ 300

해설 한국전기설비규정 333.32 25 kV 이하인 특고압 가공전선로의 시설

특고압 가공전선로의 중성선의 다중 접지는 다음에 의할 것.

① 접지도체는 공칭단면적 6 mm^2 이상의 연동선 또는 이와 동등 이상의 세기 및 굵기의 쉽게 부식하지 않는 금속선으로서 고장 시에 흐르는 전류가 안전하게 통할 수 있는 것일 것

② 접지공사는 140의 규정에 준하고 또한 각각 접지한 곳 상호 간의 거리는 전선로에 따라 150 m 이하일 것

③ 각 접지도체를 중성선으로부터 분리하였을 경우의 각 접지점의 대지 전기저항 값과 1 km 마다 중성선과 대지 사이의 합성전기저항 값 (15 kV 초과 25 kV 이하 특고압 가공전선로의 전기저항 값)

각 접지점의 대지 전기저항 값	1 km마다의 합성 전기저항 값
300 Ω	15 Ω

【답】 ②

3·102

중성선 다중 접지식의 것으로서 전로에 지락 또는 단락이 생긴 경우에 2초 안에 자동적으로 차단하는 장치를 가지는 22.9 [kV] 가공 전선로에서 1 [km]당 중성선과 대지간의 합성 전기 저항값은 몇 [Ω] 이하이어야 하는가?

① 10 ② 15 ③ 20 ④ 30

해설 한국전기설비규정 333.32 25 kV 이하인 특고압 가공전선로의 시설

특고압 가공전선로의 중성선의 다중 접지는 다음에 의할 것.

① 접지도체는 공칭단면적 6 mm^2 이상의 연동선 또는 이와 동등 이상의 세기 및 굵기의 쉽게 부식하지 않는 금속선으로서 고장 시에 흐르는 전류가 안전하게 통할 수 있는 것일 것

② 접지공사는 140의 규정에 준하고 또한 각각 접지한 곳 상호 간의 거리는 전선로에 따라 150 m 이하일 것

③ 각 접지도체를 중성선으로부터 분리하였을 경우의 각 접지점의 대지 전기저항 값과 1 km 마다 중성선과 대지 사이의 합성전기저항 값 (15 kV 초과 25 kV 이하 특고압 가공전선로의 전기저항 값)

각 접지점의 대지 전기저항 값	1 km마다의 합성 전기저항 값
300 Ω	15 Ω

【답】 ②

3·103

지중 전선로에 사용되는 전선은?

① 절연 전선　② 동복강선　③ 케이블　④ 나경동선

해설 한국전기설비규정 334.1 지중전선로의 시설

지중 전선로는 전선에 케이블을 사용하고 또한 관로식 · 암거식(暗渠式) 또는 직접 매설식에 의하여 시설하여야 한다.

【답】 ③

3·104

차량, 기타 중량물의 압력을 받을 우려가 없는 장소에 지중 전선을 직접 매설식에 의하여 매설하는 경우의 최소 깊이[m]는?

① 0.3　② 0.6　③ 1.0　④ 1.2

해설 한국전기설비규정 334.1 지중전선로의 시설

지중 전선로를 직접 매설식에 의하여 시설하는 경우에는 매설 깊이를 차량 기타 중량물의 압력을 받을 우려가 있는 장소에는 1.0 m 이상, 기타 장소에는 0.6 m 이상으로 하고 또한 지중 전선을 견고한 트라프 기타 방호물에 넣어 시설하여야 한다.

【답】 ②

3·105

중량물이 통과하는 장소에 비닐 외장 케이블을 직접 매설식으로 매설하고자 할 때 매설의 최소 깊이는 몇 [m]인가?

① 0.8　② 1.0　③ 1.2　④ 1.5

해설 한국전기설비규정 334.1 지중전선로의 시설

지중 전선로를 직접 매설식에 의하여 시설하는 경우에는 매설 깊이를 차량 기타 중량물의 압력을 받을 우려가 있는 장소에는 1.0 m 이상, 기타 장소에는 0.6 m 이상으로 하고 또한 지중 전선을 견고한 트라프 기타 방호물에 넣어 시설하여야 한다. 【답】 ②

3·106

지중 전선로의 시설에 관한 사항으로 옳은 것은?

① 전선은 케이블을 사용하고 관로식, 암거식 또는 직접 매설식에 의하여 시설한다.
② 전선은 절연전선을 사용하고 관로식, 암거식 또는 직접 매설식에 의하여 시설한다.
③ 전선은 케이블을 사용하고 내화성능이 있는 비닐관에 인입하여 시설한다.
④ 전선은 절연전선을 사용하고 내화성능이 있는 비닐관에 인입하여 시설한다.

해설 한국전기설비규정 334.1 지중전선로의 시설

지중 전선로는 전선에 케이블을 사용하고 또한 관로식·암거식(暗渠式) 또는 직접 매설식에 의하여 시설하여야 한다. 【답】 ①

3·107

폭발성 또는 연소성의 가스가 침입할 우려가 있는 곳에 시설하는 지중함으로서 그 크기가 몇 m^3 이상인 것에는 통풍장치 기타 가스를 방산시키기 위한 적당한 장치를 시설하여야 하는가?

① 0.5 ② 0.75 ③ 1 ④ 2

해설 한국전기설비규정 334.2 지중함의 시설

폭발성 또는 연소성의 가스가 침입할 우려가 있는 것에 시설하는 지중함으로서 그 크기가 $1\,m^3$ 이상인 것에는 통풍장치 기타 가스를 방산시키기 위한 적당한 장치를 시설할 것

【답】 ③

3·108

고압 지중 전선이 지중 약전류 전선과 접근하거나 교차되는 경우 상호간에 견고한 내화성 격벽을 설치하지 않으면 안 되는 이격 거리는 몇 [cm] 이하인가?

① 15 ② 30 ③ 60 ④ 80

해설 한국전기설비규정 334.6 지중전선과 지중약전류전선 등 또는 관과의 접근 또는 교차

조건	전압	이격거리
지중 약전류 전선과 접근 또는 교차하는 경우	저압 또는 고압	0.3 [m]
	특고압	0.6 [m]
유독성의 유체를 내포하는 관과 접근 또는 교차	특고압	1 [m]
	25 [kV] 이하, 다중접지방식	0.5 [m]

【답】 ②

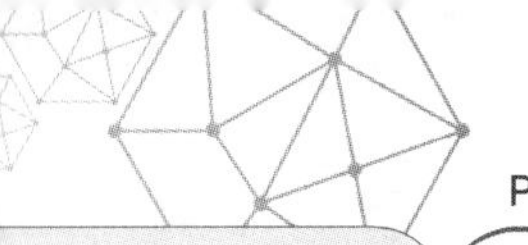

3·109

특고압 지중 전선이 유독성의 유체를 내포하는 관과 접근하거나 교차하는 경우에 상호간에 견고한 내화성 격벽을 설치하지 않으면 안 되는 최소 이격 거리는?

① 30 [cm] ② 60 [cm] ③ 80 [cm] ④ 100 [cm]

해설 한국전기설비규정 334.6 지중전선과 지중약전류전선 등 또는 관과의 접근 또는 교차

조건	전압	이격거리
지중 약전류 전선과 접근 또는 교차하는 경우	저압 또는 고압	0.3 [m]
	특고압	0.6 [m]
유독성의 유체를 내포하는 관과 접근 또는 교차	특고압	1 [m]
	25 [kV] 이하, 다중접지방식	0.5 [m]

【답】 ④

3·110

특고압 지중 전선과 고압 지중 전선이 서로 교차할 때의 최소 이격 거리[m]는?

① 0.3 ② 0.6 ③ 1.0 ④ 1.2

해설 한국전기설비규정 334.7 지중전선 상호 간의 접근 또는 교차

지중전선이 다른 지중전선과 접근하거나 교차하는 경우에 지중함 내 이외의 곳에서 상호 간의 거리가 저압 지중전선과 고압 지중전선에 있어서는 0.5 m 이하, 저압이나 고압의 지중전선과 특고압 지중전선에 있어서는 0.3 m 이하인 때에는 다음의 어느 하나에 해당하는 경우에 한하여 시설할 수 있다.〈중략〉

【답】 ①

3·111

터널 안 고압 전선로의 시설에서 경동선의 최소 굵기는 몇 [mm]인가?

① 2 ② 2.6 ③ 3.2 ④ 4.0

해설 한국전기설비규정 335.1 터널 안 전선로의 시설

고압 전선은 331.13.1의 2의 규정에 준하여 시설할 것. 다만, 인장강도 5.26 kN 이상의 것 또는 지름 4 mm 이상의 경동선의 고압 절연전선 또는 특고압 절연전선을 사용하여 342.1의 1의 "나"((1) 및 (2)는 제외한다)의 규정에 준하는 애자공사에 의하여 시설하고 또한 이를 레일면상 또는 노면상 3 m 이상의 높이로 유지하여 시설하는 경우에는 그러하지 아니하다.

【답】 ④

3·112

터널 안 전선로의 시설 방법으로 옳지 않은 것은?

① 저압 전선은 직경 2.0 [mm]의 경동선이나 동등 이상의 세기 및 굵기의 절연 전선을 사용하였다.
② 고압 전선은 케이블 공사로 하였다.
③ 저압 전선을 애자 사용 공사에 의하여 시설하고 이를 궤조면 상 또는 노면 상 2.5 [m] 이상으로 하였다.
④ 저압 전선을 애자공사에 의해 시설하였다.

해설 한국전기설비규정 335.1 터널 안 전선로의 시설
한국전기설비규정 335.1 터널 안 전선로의 시설
사람이 상시 통행하는 터널 안의 전선로 사용전압은 저압 또는 고압에 한하며, 다음에 따라 시설하여야 한다.
가. 저압 전선은 다음 중 1에 의하여 시설할 것.
(1) 인장강도 2.30 kN 이상의 절연전선 또는 지름 2.6 mm 이상의 경동선의 절연전선을 사용하여 232.56(232.56.1의 1, 4 및 5를 제외한다)의 규정에 준하는 애자사용공사에 의하여 시설하고 또한 노면상 2.5 m 이상의 높이로 유지할 것
(2) 232.11 · 232.12 · 232.13 및 232.51(232.51의 3을 제외한다)의 규정에 준하는 케이블 배선에 의하여 시설할 것.
나. 고압전선은 331.13.1의 2의 규정에 준하여 시설할 것. 【답】 ①

3·113

사람이 상시 통행하는 터널 안의 저압배선을 애자공사에 의하여 시설할 경우 노면상 몇 [m] 이상의 높이로 시설하는가?

① 2.0 ② 2.5 ③ 3.0 ④ 3.5

해설 한국전기설비규정 335.1 터널 안 전선로의 시설
사람이 상시 통행하는 터널 안의 전선로 사용전압은 저압 또는 고압에 한하며, 다음에 따라 시설하여야 한다.
가. 저압 전선은 다음 중 1에 의하여 시설할 것.
(1) 인장강도 2.30 kN 이상의 절연전선 또는 지름 2.6 mm 이상의 경동선의 절연전선을 사용하여 232.56(232.56.1의 1, 4 및 5를 제외한다)의 규정에 준하는 애자사용공사에 의하여 시설하고 또한 노면상 2.5 m 이상의 높이로 유지할 것.
(2) 232.11 · 232.12 · 232.13 및 232.51(232.51의 3을 제외한다)의 규정에 준하는 케이블 배선에 의하여 시설할 것.
나. 고압전선은 331.13.1의 2의 규정에 준하여 시설할 것. 다만, 인장강도 5.26 kN 이상의 것 또는 지름 4 mm 이상의 경동선의 고압 절연전선 또는 특고압 절연전선을 사용하여 342.1의 1의 "나"((1) 및 (2)는 제외한다)의 규정에 준하는 애자공사에 의하여 시설하고 또한 이를 레일면상 또는 노면상 3 m 이상의 높이로 유지하여 시설하는 경우에는 그러하지 아니하다. 【답】 ②

3·114

다음 중 저압 수상 전선로에 사용되는 전선은?

① 450/750 [V] 일반용 단심비닐절연전선
② 옥외용 비닐절연전선
③ 450/750 [V] 이하 고무절연전선
④ 클로로프렌 캡타이어케이블

해설 한국전기설비규정 335.3 수상전선로의 시설

① 전선은 전선로의 사용전압이 저압인 경우에는 클로로프렌 캡타이어케이블이어야 하며, 고압인 경우에는 캡타이어케이블일 것
② 수상전선로의 전선을 가공전선로의 전선과 접속하는 경우에는 그 부분의 전선은 접속점으로부터 전선의 절연 피복 안에 물이 스며들지 아니하도록 시설하고 또한 전선의 접속점은 다음의 높이로 지지물에 견고하게 붙일 것.
- 접속점이 육상에 있는 경우에는 지표상 5 m 이상. 다만, 수상전선로의 사용전압이 저압인 경우에 도로상 이외의 곳에 있을 때에는 지표상 4 m까지로 감할 수 있다.
- 접속점이 수면상에 있는 경우에는 수상전선로의 사용전압이 저압인 경우에는 수면상 4 m 이상, 고압인 경우에는 수면상 5 m 이상

③ 수상전선로에 사용하는 부대(浮臺)는 쇠사슬 등으로 견고하게 연결한 것일 것
④ 수상전선로의 전선은 부대의 위에 지지하여 시설하고 또한 그 절연피복을 손상하지 아니하도록 시설할 것
⑤ 수상전선로의 사용전압이 고압인 경우에는 전로에 지락이 생겼을 때에 자동적으로 전로를 차단하기 위한 장치를 시설하여야 한다.

【답】④

3·115

특고압 전선로에 사용되는 특고압 전선로용의 애자 장치에 대한 갑종 풍압 하중은 그 구성재의 수직 투영 면적 1 [m^2]에 대하여 몇 [Pa]을 기초로 하여 계산하여야 하는가?

① 588　② 666　③ 882　④ 1039

해설 한국전기설비규정 331.6 풍압하중의 종별과 적용

전선 기타 가섭선	다도체(구성하는 전선이 2가닥마다 수평으로 배열되고 또한 그 전선 상호 간의 거리가 전선의 바깥지름의 20배 이하인 것에 한한다. 이하 같다)를 구성하는 전선	666 Pa
	기타의 것	745 Pa
애자장치(특고압 전선용의 것에 한한다)		1,039 Pa

【답】④

3·116

고저압 가공 전선로의 지지물을 인가가 많이 연접된 장소에 시설할 때 적용하는 적합한 풍압 하중은?

① 갑종 풍압 하중값의 30 [%]　　② 을종 풍압 하중값
③ 갑종 풍압 하중값의 50 [%]　　④ 병종 풍압 하중값의 1.1배

해설 한국전기설비규정 331.6 풍압하중의 종별과 적용
인가가 많이 연접되어 있는 장소에 시설하는 가공전선로의 구성재 중 다음의 풍압하중에 대하여는 제3의 규정에 불구하고 갑종 풍압하중 또는 을종 풍압하중 대신에 병종 풍압하중을 적용할 수 있다.
병종 풍압 하중 : "갑종" 풍압의 2분의 1을 기초로 하여 계산한 것　【답】③

3·117

빙설이 많고 인가가 많이 연접된 장소에 시설하는 가공 전선로의 구성재 중 병종 풍압 하중의 적용을 할 수 있는 것은?

① 특고압 가공 전선로의 가섭선
② 사용 전압이 45,000 [V] 이상인 특고압 가공 전선로의 지지물에 시설하는 고압 가공 전선
③ 저압 가공 전선로의 가섭선
④ 사용 전압이 45,000 [V] 이상인 특고압 가공 전선로에 사용하는 케이블

해설 한국전기설비규정 331.6 풍압하중의 종별과 적용
인가가 많이 연접되어 있는 장소에 시설하는 가공전선로의 구성재 중 다음의 풍압하중에 대하여는 제3의 규정에 불구하고 갑종 풍압하중 또는 을종 풍압하중 대신에 병종 풍압하중을 적용할 수 있다.
가. 저압 또는 고압 가공전선로의 지지물 또는 가섭선
나. 사용전압이 35 kV 이하의 전선에 특고압 절연전선 또는 케이블을 사용하는 특고압 가공전선로의 지지물, 가섭선 및 특고압 가공전선을 지지하는 애자장치 및 완금류

【답】③

3·118

단도체 전선의 갑종 풍압 하중은 몇 [Pa]로 계산하는가?

① 666　　② 745　　③ 1117　　④ 1250

해설 한국전기설비규정 331.6 풍압하중의 종별과 적용

전선 기타 가섭선	다도체(구성하는 전선이 2가닥마다 수평으로 배열되고 또한 그 전선 상호 간의 거리가 전선의 바깥지름의 20배 이하인 것에 한한다. 이하 같다)를 구성하는 전선	666 Pa
	기타의 것	745 Pa
애자장치(특고압 전선용의 것에 한한다)		1,039 Pa

【답】 ②

3·119

가공 전선로의 지지물에 지선을 시설하려고 한다. 이 지선의 최저 기준으로 옳은 것은?

① 소선 굵기 : 2.0 [mm], 안전율 : 3.0, 허용 인장 하중 : 2.15 [kN]
② 소선 굵기 : 2.6 [mm], 안전율 : 2.5, 허용 인장 하중 : 4.31 [kN]
③ 소선 굵기 : 1.6 [mm], 안전율 : 2.0, 허용 인장 하중 : 4.31 [kN]
④ 소선 굵기 : 2.6 [mm], 안전율 : 1.5, 허용 인장 하중 : 3.23 [kN]

해설 한국전기설비기준 331.11 지선의 시설

① 안전율=2.5 이상
② 최저 인장 하중=4.31 [kN]
③ 소선(素線) 3가닥 이상의 연선
④ 소선의 지름이 2.6 mm 이상의 금속선을 사용
⑤ 소선의 지름이 2 mm 이상인 아연도강연선(亞鉛鍍鋼撚線)으로서 소선의 인장강도가 0.68 kN/mm^2 이상인 것을 사용
⑥ 지중부분 및 지표상 0.3 m까지의 부분에는 내식성이 있는 것 또는 아연도금을 한 철봉을 사용
⑦ 도로를 횡단하여 시설하는 지선의 높이는 지표상 5 m 이상으로 하여야 한다. 다만, 기술상 부득이한 경우로서 교통에 지장을 초래할 우려가 없는 경우에는 지표상 4.5 m 이상, 보도의 경우에는 2.5 m 이상으로 할 수 있다.
⑧ 가공전선로의 지지물로 사용하는 철탑은 지선을 사용하여 그 강도를 분담시켜서는 안 된다.

【답】 ②

3·120

10경간의 고압 가공 전선으로 케이블을 사용할 때 이용되는 조가용선에 대한 설명으로 옳은 것은?

① 조가용선은 아연도 철연선으로 14 [mm^2] 이상으로 하여야한다.
② 조가용선은 아연도 철연선으로 30 [mm^2] 이상으로 하여야한다.
③ 조가용선은 아연도 철연선으로 22 [mm^2] 이상으로 하여야한다.
④ 조가용선은 아연도 철연선으로 8 [mm^2] 이상으로 하여야한다.

해설 한국전기설비규정 332.2 가공케이블의 시설

저압 가공전선에 케이블을 사용하는 경우에는 다음에 따라 시설하여야 한다.

가. 케이블은 조가용선에 행거로 시설할 것. 이 경우에는 사용전압이 고압인 때에는 행거의 간격은 0.5 m 이하로 하는 것이 좋다.

나. 조가용선은 인장강도 5.93 kN 이상의 것 또는 단면적 22 mm^2 이상인 아연도강연선일 것

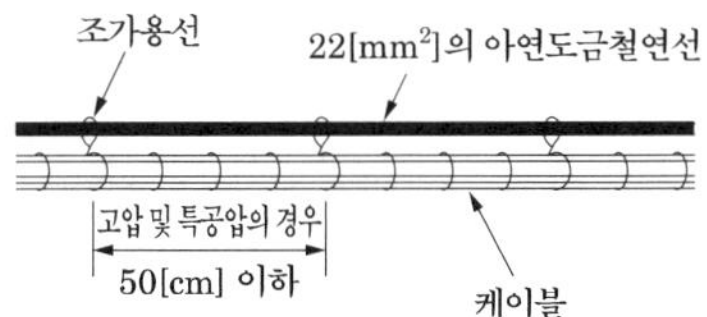

【답】 ③

3·121

교량의 윗면에 시설하는 고압 전선로는 교량의 노면상 몇 [m] 이상이어야 하는가?

① 3 ② 4 ③ 5 ④ 6

해설 한국전기설비규정 335.6 교량에 시설하는 전선로

교량에 시설하는 고압전선로는 다음에 따라 시설하여야 한다.

교량의 윗면에 시설하는 것은 다음에 의하는 이외에 전선의 높이를 교량의 노면상 5 m 이상으로 할 것

(1) 전선은 케이블일 것. 다만, 철도 또는 궤도 전용의 교량에는 인장강도 5.26 kN 이상의 것 또는 지름 4 mm 이상의 경동선을 사용하고 또한 이를 332.4의 규정에 준하여 시설하는 경우에는 그러하지 아니하다.

(2) 전선이 케이블인 경우에는 332.2의 규정에 준하는 이외에 전선과 조영재 사이의 이격거리는 0.3 m 이상일 것

(3) 전선이 케이블 이외의 경우에는 이를 조영재에 견고하게 붙인 완금류에 절연성·난연성 및 내수성의 애자로 지지하고 또한 전선과 조영재 사이의 이격거리는 0.6 m 이상일 것

【답】 ③

3·122

다음 중에서 이상시 상정 하중에 속하는 것은?

① 태풍에 의한 풍압 하중
② 단선으로 인한 불평균 장력
③ 각도주에 있어서의 수평 횡하중
④ 양측 경간의 차에 의한 불평균 장력

해설 한국전기설비규정 331.7 가공전선로 지지물의 기초의 안전율

가공전선로의 지지물에 하중이 가하여지는 경우에 그 하중을 받는 지지물의 기초의 안전율은 2(333.14의 1에 규정하는 이상 시 상정하중이 가하여지는 경우의 그 이상 시 상정하중에 대한 철탑의 기초에 대하여는 1.33) 이상이어야 한다. 【답】 ②

3·123

고압 가공 전선로의 지지물로서 사용하는 목주의 풍압 하중에 대한 안전율은?

① 1.1 이상 ② 1.2 이상 ③ 1.3 이상 ④ 1.5 이상

해설 한국전기설비규정 332.7 고압 가공전선로의 지지물의 강도

고압 가공전선로의 지지물로서 사용하는 목주는 다음에 따라 시설하여야 한다.

가. 풍압하중에 대한 안전율은 1.3 이상일 것

나. 굵기는 말구(末口) 지름 0.12 m 이상일 것 【답】 ③

3·124

고압 가공 전선로의 직선 부분이란 수평 각도 몇 [°] 이하의 장소에 사용하는 것을 말하는가? (단, 목주 등의 경우)

① 3 ② 5 ③ 10 ④ 15

해설 한국전기설비규정 331.11 지선의 시설

고압 가공전선로 또는 특고압 전선로의 지지물로 사용하는 목주·A종 철주 또는 A종 철근 콘크리트주(이하 "목주 등"이라 한다)에는 다음에 따라 지선을 시설하여야 한다.

가. 전선로의 직선 부분(5° 이하의 수평각도를 이루는 곳을 포함한다)에서 그 양쪽의 경간 차가 큰 곳에 사용하는 목주 등에는 양쪽의 경간 차에 의하여 생기는 불평형 장력에 의한 수평력에 견디는 지선을 그 전선로의 방향으로 양쪽에 시설할 것

나. 전선로 중 5°를 초과하는 수평각도를 이루는 곳에 사용하는 목주 등에는 전 가섭선(全架涉線)에 대하여 각 가섭선의 상정 최대장력에 의하여 생기는 수평횡분력(水平橫分力)에 견디는 지선을 시설할 것

다. 전선로 중 가섭선을 인류(引留)하는 곳에 사용하는 목주 등에는 전 가섭선에 대하여 각 가섭선의 상정 최대장력에 상당하는 불평균 장력에 의한 수평력에 견디는 지선을 그 전선로의 방향에 시설할 것 【답】 ②

3·125

저·고압 가공 전선을 동일 지지물에 시설하는 경우의 설명 중 맞는 것은?

① 저압 가공선을 고압 가공선의 아래로 하여야 한다(단, 이격 거리는 60 [cm] 이상이어야 한다.)
② 저압 가공선과 고압 가공 전선의 이격 거리는 30 [cm] 이상이어야 한다.
③ 저압 가공선과 고압 가공선의이격 거리는 40 [cm] 이상이어야 한다.
④ 저압 가공 전선과 고압 가공 전선의 이격 거리는 50 [cm] 이상이어야 한다.

해설 한국전기설비규정 332.8 고압 가공전선 등의 병행설치

1. 저압 가공전선(다중접지된 중성선은 제외한다. 이하 같다)과 고압 가공전선을 동일 지지물에 시설하는 경우에는 다음에 따라야 한다.
   가. 저압 가공전선을 고압 가공전선의 아래로 하고 별개의 완금류에 시설할 것
   나. 저압 가공전선과 고압 가공전선 사이의 이격거리는 0.5 m 이상일 것. 다만, 각도주(角度柱)·분기주(分岐柱) 등에서 혼촉(混觸)의 우려가 없도록 시설하는 경우에는 그러하지 아니하다.

【답】 ④

3·126

저압 가공 전선과 고압 가공 전선을 동일 지지물에 시설하는 경우 저압 가공 전선과 고압 가공 전선과의 이격거리는 몇 [cm] 이상이어야 하는가?

① 40 ② 50 ③ 60 ④ 70

해설 한국전기설비규정 332.8 고압 가공전선 등의 병행설치

1. 저압 가공전선(다중접지된 중성선은 제외한다. 이하 같다)과 고압 가공전선을 동일 지지물에 시설하는 경우에는 다음에 따라야 한다.
   가. 저압 가공전선을 고압 가공전선의 아래로 하고 별개의 완금류에 시설할 것.
   나. 저압 가공전선과 고압 가공전선 사이의 이격거리는 0.5 m 이상일 것. 다만, 각도주(角度柱)·분기주(分岐柱) 등에서 혼촉(混觸)의 우려가 없도록 시설하는 경우에는 그러하지 아니하다.

【답】 ②

3·127

중성점 접지식 22.9 [kV] 가공 전선과 직류 1500 [V] 전차선을 동일 지지물에 병가하는 경우의 상호 이격 거리는 얼마 이상인가?

① 1 [m] ② 1.2 [m] ③ 1.5 [m] ④ 2 [m]

해설 한국전기설비규정 333.18 특고압 가공전선과 저고압 전차선의 병가

사용전압이 35 kV 이하인 특고압 가공전선과 저압 또는 고압의 가공전선을 동일 지지물에 시설하는 특고압 가공전선과 저압 또는 고압 가공전선사이의 이격거리는 1.2 m 이상일 것. 다만, 특고압 가공전선이 케이블로서 저압 가공전선이 절연전선이거나 케이블인 때 또는 고압 가공전선이 고압 절연전선, 특고압 절연전선 또는 케이블인 때는 0.5 m까지로 감할 수 있다.

【답】 ②

3·128

사용 전압이 66 [kV]인 특고압 가공 전선과 고압 전차선이 병가하는 경우 상호 이격 거리는 최소 몇 [m]인가?

① 0.5 ② 1.0 ③ 2.0 ④ 2.5

해설 한국전기설비규정 333.18 특고압 가공전선과 저고압 전차선의 병가

사용전압이 35 kV을 초과하고 100 kV 미만인 특고압 가공전선과 저압 또는 고압 가공전선을 동일 지지물에 시설하는 경우 특고압 가공전선과 저압 또는 고압 가공전선 사이의 이격 거리는 2 m 이상일 것. 다만, 특고압 가공전선이 케이블인 경우에 저압 가공전선이 절연전선 혹은 케이블인 때 또는 고압 가공전선이 절연전선 혹은 케이블인 때에는 1 m까지 감할 수 있다. 【답】 ③

3·129

35,000 [V]의 특고압 가공 전선과 가공 약전류 전선을 동일 지지물에 공가하는 경우, 다음 보안 공사의 종류 중 해당되는 것은?

① 특고압 가공 선로는 제2종 특고압 보안 공사에 의하여 시설한다.
② 특고압 가공 선로는 보안 공사에 의하여 시설한다.
③ 특고압 가공 선로는 제1종 특고압 보안 공사에 의하여 시설한다.
④ 특고압 가공 선로는 제3종 특고압 보안 공사에 의하여 시설한다.

해설 한국전기설비규정 333.19 특고압 가공전선과 가공약전류전선 등의 공용설치

사용전압이 35 kV 이하인 특고압 가공전선과 가공약전류전선 등(전력보안 통신선 및 전기철도의 전용부지 안에 시설하는 전기철도용 통신선을 제외한다. 이하 같다)을 동일 지지물에 시설하는 경우에는 다음에 따라야 한다.

가. 특고압 가공전선로는 제2종 특고압 보안공사에 의할 것
나. 특고압 가공전선은 가공약전류전선 등의 위로하고 별개의 완금류에 시설할 것
다. 특고압 가공전선은 케이블인 경우 이외에는 인장강도 21.67 kN 이상의 연선 또는 단면적이 50 mm^2 이상인 경동연선일 것
라. 특고압 가공전선과 가공약전류전선 등 사이의 이격거리는 2 m 이상으로 할 것. 다만, 특고압 가공전선이 케이블인 경우에는 0.5 m까지로 감할 수 있다. 【답】 ①

3·130

보안 공사 중에서 목주, A종 철주 및 A종 철근 콘크리트주를 사용할 수 없는 것은?

① 고압 보안 공사 ② 제1종 특고압 보안 공사
③ 제2종 특고압 보안 공사 ④ 제3종 특고압 보안 공사

해설 한국전기설비규정 333.22 특고압 보안공사

제1종 특고압 보안공사는 다음에 따라야 한다.
전선로의 지지물에는 B종 철주 · B종 철근 콘크리트주 또는 철탑을 사용할 것 【답】 ②

3·131

단면적 38 [mm^2]의 경동연선을 사용한 A종 철근 콘크리트주 66 [kV] 가공 전선로의 경간의 한도는 몇 [m]인가?

① 100 ② 150 ③ 200 ④ 250

해설 한국전기설비규정 333.21 특고압 가공전선로의 경간 제한

지지물의 종류	경 간
목주 · A종 철주 또는 A종 철근 콘크리트주	150 m
B종 철주 또는 B종 철근 콘크리트주	250 m
철 탑	600 m (단주인 경우에는 400 m)

【답】 ②

3·132

고압 보안 공사에 의하여 시설하는 A종 철근 콘크리트주를 지지물로 사용하는 고압 가공 전선로의 경간의 최대 한도는?

① 100 [m] ② 150 [m] ③ 250 [m] ④ 400 [m]

해설 한국전기설비규정 332.10 고압 보안공사

가. 전선은 케이블인 경우 이외에는 인장강도 8.01 kN 이상의 것 또는 지름 5 mm 이상의 경동선일 것

나. 목주의 풍압하중에 대한 안전율은 1.5 이상일 것

고압 보안공사 경간 제한

지지물의 종류	경 간
목주 · A종 철주 또는 A종 철근 콘크리트주	100 m
B종 철주 또는 B종 철근 콘크리트주	150 m
철 탑	400 m

【답】 ①

3·133

전선의 단면적 55 [mm^2]인 경동 연선을 사용하는 B종 (내장형) 특고압 가공 전선로의 경간의 최대 한도는 얼마인가?

① 250 [m] ② 400 [m] ③ 500 [m] ④ 600 [m]

해설 한국전기설비규정 333.21 특고압 가공전선로의 경간 제한

특고압 가공전선로의 전선에 인장강도 21.67 kN 이상의 것 또는 단면적이 50 mm^2 이상인 경동연선을 사용하는 경우로서 그 지지물을 다음에 따라 시설할 때에는 제1의 규정에 의하지 아니할 수 있다. 이 경우에 그 전선로의 경간은 그 지지물에 목주 · A종 철주 또는 A종 철근 콘크리트주를 사용하는 경우에는 300 m 이하, B종 철주 또는 B종 철근 콘크리트주를 사용하는 경우에는 500 m 이하이어야 한다. 【답】 ③

3·134

지지물로서 B종 철주를 사용하는 특고압 가공 전선로의 경간을 250 [m]보다 더 넓게 하고자 하는 경우에 사용되는 경동연선의 굵기는 최소 얼마 이상의 것이어야 하는가?

① 38 [mm^2] ② 55 [mm^2] ③ 100 [mm^2] ④ 150 [mm^2]

해설 한국전기설비규정 333.21 특고압 가공전선로의 경간 제한

특고압 가공전선로의 전선에 인장강도 21.67 kN 이상의 것 또는 단면적이 50 mm^2 이상인 경동연선을 사용하는 경우로서 그 지지물을 다음에 따라 시설할 때에는 제1의 규정에 의하지 아니할 수 있다. 이 경우에 그 전선로의 경간은 그 지지물에 목주·A종 철주 또는 A종 철근 콘크리트주를 사용하는 경우에는 300 m 이하, B종 철주 또는 B종 철근 콘크리트주를 사용하는 경우에는 500 m 이하이어야 한다.

【답】 ②

3·135

최대 사용 전압이 161 [kV]인 가공 전선로를 건조물과 접근해서 시설하는 경우 가공 전선과 건조물과의 최소 이격 거리[m]는?

① 약 4.5 ② 약 4.9 ③ 약 5.3 ④ 약 5.7

해설 한국전기설비규정 333.23 특고압 가공전선과 건조물의 접근

특고압 가공전선이 건조물과 제1차 접근상태로 시설되는 경우 특고압 가공전선로는 제3종 특고압 보안공사에 의할 것

① 사용전압이 35 kV 이하인 특고압 가공전선과 건조물의 조영재 이격거리

건조물과 조영재의 구분	전선종류	접근형태	이격거리
상부 조영재	특고압 절연전선	위쪽	2.5 m
		옆쪽 또는 아래쪽	1.5 m(전선에 사람이 쉽게 접촉할 우려가 없도록 시설한 경우는 1 m)
	케이블	위쪽	1.2 m
		옆쪽 또는 아래쪽	0.5 m
	기타전선	–	3 m
기타 조영재	특고압 절연전선	–	1.5 m(전선에 사람이 쉽게 접촉할 우려가 없도록 시설한 경우는 1 m)
	케이블	–	0.5 m
	기타 전선	–	3 m

② 사용전압이 35 kV를 초과하는 특고압 가공전선과 건조물과의 이격거리는 건조물의 조영재 구분 및 전선종류에 따라 각각 "표"의 규정 값에 35 kV을 초과하는 10 kV 또는 그 단수마다 15 cm을 더한 값 이상일 것

단수 (161−35)/10=13단

∴ 이격거리=13×0.15+3=4.95 [m]

【답】 ②

3·136

최대 사용 전압 360 [kV] 가공 전선이 교량과 제1차 접근 상태로 시설되는 경우에 전선과 교량과의 최소 이격 거리는 몇 [m]인가?

① 5.96　　② 6.96　　③ 7.95　　④ 8.95

해설 한국전기설비규정 333.23 특고압 가공전선과 건조물의 접근

특고압 가공전선이 건조물과 제1차 접근상태로 시설되는 경우 특고압 가공전선로는 제3종 특고압 보안공사에 의할 것

① 사용전압이 35 kV 이하인 특고압 가공전선과 건조물의 조영재 이격거리

건조물과 조영재의 구분	전선종류	접근형태	이격거리
상부 조영재	특고압 절연전선	위쪽	2.5 m
		옆쪽 또는 아래쪽	1.5 m(전선에 사람이 쉽게 접촉할 우려가 없도록 시설한 경우는 1 m)
	케이블	위쪽	1.2 m
		옆쪽 또는 아래쪽	0.5 m
	기타전선	–	3 m
기타 조영재	특고압 절연전선	–	1.5 m(전선에 사람이 쉽게 접촉할 우려가 없도록 시설한 경우는 1 m)
	케이블	–	0.5 m
	기타 전선	–	3 m

② 사용전압이 35 kV를 초과하는 특고압 가공전선과 건조물과의 이격거리는 건조물의 조영재 구분 및 전선종류에 따라 각각 "표"의 규정 값에 35 kV을 초과하는 10 kV 또는 그 단수마다 15 cm을 더한 값 이상일 것

단수 $(360-35)/10=32.5 \fallingdotseq 33$단

$\therefore$ 이격거리 $=33\times0.15+3=7.95$ [m]

【답】 ③

3·137

고압 가공 전선과 저압 가공 전선이 교차할 때 이격 거리는 최소 몇 [m] 이상이 되는가?

① 0.6　　② 0.8　　③ 1.0　　④ 1.2

해설 한국전기설비규정 332.16 고압 가공전선 등과 저압 가공전선 등의 접근 또는 교차

고압 가공전선이 저압 가공전선 또는 고압 전차선(이하 "저압 가공전선 등"이라 한다)과 접근상태로 시설되거나 고압 가공전선이 저압 가공전선 등과 교차하는 경우에 고압 가공전선 등의 위에 시설되는 때에는 다음에 따라야 한다.

가. 고압 가공전선로는 고압 보안공사에 의할 것

나. 고압 가공전선과 저압 가공전선 등 또는 그 지지물 사이의 이격거리

저압 가공전선 등 또는 그 지지물의 구분	이격거리
저압 가공전선 등	0.8 m (고압 가공전선이 케이블인 경우에는 0.4 m)
저압 가공전선 등의 지지물	0.6 m (고압 가공전선이 케이블인 경우에는 0.3 m)

【답】 ②

3·138

33 [kV] 특고선과 11 [kV] 특고선이 케이블로 된 경우 가공 전선로에서 서로 교차할 때의 이격 거리[cm]는?

① 50　　② 60　　③ 90　　④ 120

해설 한국전기설비규정 333.27 특고압 가공전선 상호 간의 접근 또는 교차

특고압 가공전선의 사용전압이 35 kV 이하

① 특고압 가공전선에 케이블을 사용하고 다른 특고압 가공전선에 특고압 절연전선 또는 케이블을 사용하는 경우로 상호 간의 이격거리가 0.5 m 이상인 경우
② 각각의 특고압 가공전선에 특고압 절연전선을 사용하는 경우로 상호 간의 이격거리가 1 m 이상인 경우

【답】 ①

3·139

3,000 [V] 가공 전선으로 OC ACSR을 사용한 경우 안테나와의 최소 수평 이격 거리는 몇 [m]인가?

① 0.4　　② 0.8　　③ 1.0　　④ 1.2

해설 한국전기설비규정 332.14 고압 가공전선과 안테나의 접근 또는 교차

사용 전압 부분 공작물의 종류		저압	고압
안테나	일반적인 경우	0.6 [m]	0.8 [m]
	전선이 고압 절연 전선 특고압 절연전선	0.3 [m]	0.8 [m]
	전선이 케이블인 경우	0.3 [m]	0.4 [m]

고압 가공전선로는 고압 보안공사에 의할 것

【답】 ②

3·140

전선에 저압 절연 전선을 사용한 220 [V] 저압 가공 전선이 안테나와 접근 상태로 시설되는 경우의 이격 거리는 몇 [cm] 이상이어야 하는가?

① 30　　② 60　　③ 100　　④ 120

해설 한국전기설비규정 332.14 고압 가공전선과 안테나의 접근 또는 교차

사용 전압 부분 공작물의 종류		저압	고압
안테나	일반적인 경우	0.6 [m]	0.8 [m]
	전선이 고압 절연 전선 특고압 절연전선	0.3 [m]	0.8 [m]
	전선이 케이블인 경우	0.3 [m]	0.4 [m]

고압 가공전선로는 고압 보안공사에 의할 것 【답】 ②

3·141

다음 사항은 특고압 가공 전선로를 시가지, 기타 인가가 밀집된 지역에 시설한 경우의 시설 기준이다. 이 중에서 사용 전압이 100 [kV]를 넘는 것에만 해당되는 것은?

① 지지물에는 철주, 철근 콘크리트 또는 철탑을 사용한다.
② 전선로의 경간은 A종은 75 [m], B종은 150 [m], 철탑은 400 [m] 이하이다.
③ 지락 또는 단락이 생긴 경우 또는 단락한 경우에 1초 안에 자동 차단한다.
④ 지지물에는 위험 표시를 보기 쉬운 곳에 설치한다.

해설 한국전기설비규정 333.1 시가지 등에서 특고압 가공전선로의 시설
사용전압이 100 kV를 초과하는 특고압 가공전선에 지락 또는 단락이 생겼을 때에는 1초 이내에 자동적으로 이를 전로로부터 차단하는 장치를 시설할 것 【답】 ③

3·142

154 [kV] 가공 전선을 시가지에 시설할 경우의 경동연선의 최소 단면적[mm^2]은?

① 22 ② 38 ③ 55 ④ 150

해설 한국전기설비규정 333.1 시가지 등에서 특고압 가공전선로의 시설
시가지 등에서 170 kV 이하 특고압 가공전선로 전선의 단면적

사용전압의 구분	전선의 단면적
100 kV 미만	인장강도 21.67 kN 이상의 연선 또는 단면적 55 mm^2 이상의 경동연선 또는 동등이상의 인장강도를 갖는 알루미늄 전선이나 절연전선
100 kV 이상	인장강도 58.84 kN 이상의 연선 또는 단면적 150 mm^2 이상의 경동연선 또는 동등이상의 인장강도를 갖는 알루미늄 전선이나 절연전선

【답】 ④

3·143

사용 전압이 25,000 [V] 이하의 특고압 가공 선로에서 전화 선로의 유도되는 유도 전류는 전화 선로의 길이 12 [km]마다 몇 [μA] 이하의 값이어야 하는가?

① 1 ② 2 ③ 3 ④ 5

해설 한국전기설비규정 333.2 유도장해의 방지

특고압 가공 전선로는 다음 "가", "나"에 따르고 또한 기설 가공 전화선로에 대하여 상시정전유도작용(常時靜電誘導作用)에 의한 통신상의 장해가 없도록 시설하여야 한다. 다만, 가공 전화선이 통신용 케이블인 때 가공 전화선로의 관리자로부터 승낙을 얻은 경우에는 그러하지 아니하다.

가. 사용전압이 60 kV 이하인 경우에는 전화선로의 길이 12 km 마다 유도전류가 2 μA를 넘지 아니하도록 할 것

나. 사용전압이 60 kV를 초과하는 경우에는 전화선로의 길이 40 km 마다 유도전류가 3 μA을 넘지 아니하도록 할 것

【답】②

3·144

3상 4선식 22,900 [V] 중성선 다중 접지 방식의 가공 전선로에 있어서 그 중성선은 어느 전선의 규정에 준하여 시설하여야 하는가?

① 저압 가공 전선
② 고압 가공 전선
③ 15,000 [V] 이하인 특고압 가공 전선
④ 25,000 [V] 이하인 특고압 가공 전선

해설 한국전기설비규정 333.32 25 kV 이하인 특고압 가공전선로의 시설

특고압 가공전선로의 중성선의 다중 접지는 다음에 의할 것.

① 접지도체는 공칭단면적 6 mm^2 이상의 연동선 또는 이와 동등 이상의 세기 및 굵기의 쉽게 부식하지 않는 금속선으로서 고장 시에 흐르는 전류가 안전하게 통할 수 있는 것일 것
② 접지공사는 140의 규정에 준하고 또한 각각 접지한 곳 상호 간의 거리는 전선로에 따라 150 m 이하일 것
③ 각 접지도체를 중성선으로부터 분리하였을 경우의 각 접지점의 대지 전기저항 값과 1 km 마다 중성선과 대지 사이의 합성전기저항 값

각 접지점의 대지 전기저항 값	1 km마다의 합성 전기저항 값
300 Ω	15 Ω

④ 특고압 가공전선로의 다중접지를 한 중성선은 332.4 · 332.5 · 332.8 · 332.11부터 332.15까지 · 221.18 · 332.17 및 221.19의 저압 가공전선의 규정에 준하여 시설할 것

【답】①

3·145

22.9 [kV] 가공 전선로(중성점 다중 접지식)가 그림과 같이 교통이 번잡한 도로를 횡단하고 있다. 중성선(N선)의 도로면 상의 높이 H는 최소한 몇 미터 이상으로 시설하여야 하는가?

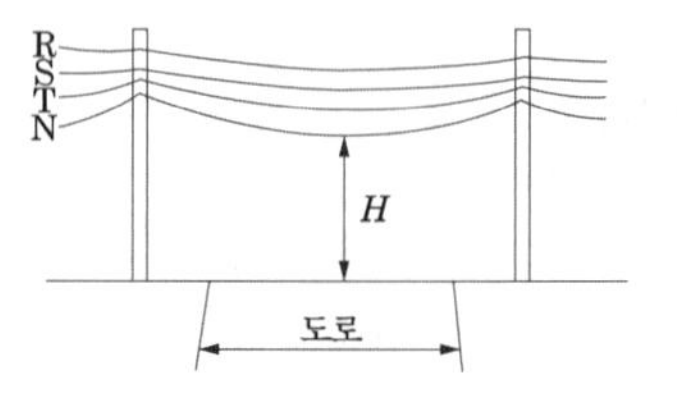

① 8 [m] 이상 ② 7 [m] 이상 ③ 6 [m] 이상 ④ 5 [m] 이상

해설 한국전기설비규정 333.32 25 kV 이하인 특고압 가공전선로의 시설
특고압 가공전선로의 다중접지를 한 중성선은 332.4 · 332.5 · 332.8 · 332.11부터 332.15까지 · 221.18 · 332.17 및 221.19의 저압 가공전선의 규정에 준하여 시설할 것
가. 도로[농로 기타 교통이 번잡하지 않은 도로 및 횡단보도교(도로 · 철도 · 궤도 등의 위를 횡단하여 시설하는 다리모양의 시설물로서 보행용으로만 사용되는 것을 말한다. 이하 같다)를 제외한다. 이하 같다]를 횡단하는 경우에는 지표상 6 m 이상
나. 철도 또는 궤도를 횡단하는 경우에는 레일면상 6.5 m 이상
다. 횡단보도교의 위에 시설하는 경우에는 그 노면상 3.5 m 이상
라. "가"부터 "다"까지 이외의 경우에는 지표상 5 m 이상 【답】 ③

3·146

22.9 [kV] 3상 4선식 중성점 다중 접지 방식의 가공 전선에 특고압 절연 전선을 사용한 경우 안테나와의 최소 이격 거리는 몇 [m]인가?

① 0.75 ② 1 ③ 1.5 ④ 2

해설 한국전기설비규정 333.32 25 kV 이하인 특고압 가공전선로의 시설

표 333.32-7 15 kV 초과 25 kV 이하 특고압 가공전선로 이격거리

구분	가공전선의 종류	이격(수평이격)거리
가공약전류전선 등 · 저압 또는 고압의 가공전선 · 저압 또는 고압의 전차선 · 안테나	나전선	2.0 m
	특고압 절연전선	1.5 m
	케이블	0.5 m
가공약전류전선로 등 · 저압 또는 고압의 가공전선로 · 저압 또는 고압의 전차선로의 지지물	나전선	1.0 m
	특고압 절연전선	0.75 m
	케이블	0.5 m

【답】 ③

3·147

중성선 다중 접지식으로서 전로에 지락 또는 단락이 생겼을 때에 2초 이내에 자동적으로 이를 전로로부터 차단하는 장치가 되어 있는 22,900 [V] 특고압 가공전선과 식물과의 이격 거리는 몇 [m] 이상이어야 하는가?

① 1.2 ② 1.5 ③ 2 ④ 2.5

해설 한국전기설비규정 333.32 25 kV 이하인 특고압 가공전선로의 시설
특고압 가공전선과 식물 사이의 이격거리는 1.5 m 이상일 것. 다만, 특고압 가공전선이 특고압 절연전선이거나 케이블인 경우로서 특고압 가공전선을 식물에 접촉하지 아니하도록 시설하는 경우에는 그러하지 아니하다. 【답】 ②

3·148

66 [kV] 가공 전선로의 전선과 그 지지물과의 최소 이격 거리는 몇 [cm]인가?

① 20 ② 30 ③ 40 ④ 65

해설 한국전기설비규정 333.5 특고압 가공전선과 지지물 등의 이격거리

사용전압	이격거리(m)
15 kV 미만	0.15
15 kV 이상 25 kV 미만	0.2
25 kV 이상 35 kV 미만	0.25
35 kV 이상 50 kV 미만	0.3
50 kV 이상 60 kV 미만	0.35
60 kV 이상 70 kV 미만	0.4
70 kV 이상 80 kV 미만	0.45
80 kV 이상 130 kV 미만	0.65
130 kV 이상 160 kV 미만	0.9
160 kV 이상 200 kV 미만	1.1
200 kV 이상 230 kV 미만	1.3
230 kV 이상	1.6

【답】 ③

3·149

최대 사용 전압 69 [kV]인 가공 전선로에서 전선과 그 지지물과의 이격 거리 [cm]는 얼마 이상인가?

① 35 ② 40 ③ 55 ④ 60

해설 한국전기설비규정 333.5 특고압 가공전선과 지지물 등의 이격거리

사용전압	이격거리(m)
15 kV 미만	0.15
15 kV 이상 25 kV 미만	0.2
25 kV 이상 35 kV 미만	0.25
35 kV 이상 50 kV 미만	0.3
50 kV 이상 60 kV 미만	0.35
60 kV 이상 70 kV 미만	0.4
70 kV 이상 80 kV 미만	0.45
80 kV 이상 130 kV 미만	0.65
130 kV 이상 160 kV 미만	0.9
160 kV 이상 200 kV 미만	1.1
200 kV 이상 230 kV 미만	1.3
230 kV 이상	1.6

【답】 ②

3·150

가공 전선로의 지지물로서 사용하는 철탑 또는 철주의 고시하는 규격에 구성 재료가 아닌 것은?

① 강관　② 형강　③ 평강　④ 난강

해설 한국전기설비규정 331.8 철주 또는 철탑의 구성 등

가공 전선로의 지지물로 사용하는 철주 또는 철탑은 다음 "가"부터 "다"까지에서 정하는 표준에 적합한 강판(鋼板) · 형강(形鋼) · 평강(平鋼) · 봉강(棒鋼)(볼트재를 포함한다. 이하 같다) · 강관(鋼管)(콘크리트 또는 몰탈을 충전한 것을 포함한다. 이하 같다) 또는 리벳재로서 구성하여야 한다. 다만, 강관주로서 "라"에서 정하는 표준에 적합한 것을 가공전선로의 지지물로 사용하는 경우에는 그러하지 아니하다. 【답】 ④

3·151

직접 매설식 특고압 지중 전선로에 쓰이는 것은?

① 비닐 외장 케이블　② 고무 외장 케이블
③ 연피 케이블　④ 클로로프렌 외장 케이블

해설 한국전기설비규정 334.1 지중전선로의 시설

지중 전선로를 직접 매설식에 의하여 시설하는 경우에는 매설 깊이를 차량 기타 중량물의 압력을 받을 우려가 있는 장소에는 1.0 m 이상, 기타 장소에는 0.6 m 이상으로 하고 또한 지중 전선을 견고한 트라프 기타 방호물에 넣어 시설하여야 한다. 다만, 다음의 어느 하나에 해당하는 경우에는 지중전선을 견고한 트라프 기타 방호물에 넣지 아니하여도 된다.

가. 저압 또는 고압의 지중전선을 차량 기타 중량물의 압력을 받을 우려가 없는 경우에 그 위를 견고한 판 또는 몰드로 덮어 시설하는 경우
나. 저압 또는 고압의 지중전선에 콤바인덕트 케이블 또는 개장(鎧裝)한 케이블을 사용하여 시설하는 경우
다. 특고압 지중전선은 "나"에서 규정하는 개장한 케이블을 사용하고 또한 견고한 판 또는 몰드로 지중 전선의 위와 옆을 덮어 시설하는 경우
라. 지중 전선에 파이프형 압력케이블을 사용하거나 최대사용전압이 60 kV를 초과하는 연피케이블, 알루미늄피케이블 그 밖의 금속피복을 한 특고압 케이블을 사용하고 또한 지중 전선의 위를 견고한 판 또는 몰드 등으로 덮어 시설하는 경우 【답】 ③

3·152

지중 전선로를 차도에 시설하는 경우 직접 매설식으로 하면 깊이 몇 [m] 이상 매설하는가?

① 1.0　② 1.2　③ 1.5　④ 2.0

해설 한국전기설비규정 334.1 지중전선로의 시설

지중 전선로를 직접 매설식에 의하여 시설하는 경우에는 매설 깊이를 차량 기타 중량물의 압력을 받을 우려가 있는 장소에는 1.0 m 이상, 기타 장소에는 0.6 m 이상으로 하고 또한 지중 전선을 견고한 트라프 기타 방호물에 넣어 시설하여야 한다. 【답】 ①

3·153

특고압 지중 전선이 지중 약전류 전선과 접근하거나 교차되는 경우 상호간에 견고한 내화성 격벽을 설치하지 않으면 안 되는 이격 거리는?

① 15 [cm] 이하 ② 30 [cm] 이하 ③ 60 [cm] 이하 ④ 80 [cm] 이하

해설 한국전기설비규정 334.6 지중전선과 지중약전류전선 등 또는 관과의 접근 또는 교차

특고압 지중전선이 가연성이나 유독성의 유체(流體)를 내포하는 관과 접근하거나 교차하는 경우에 상호 간의 이격거리가 1 m 이하(단, 사용전압이 25 kV 이하인 다중접지방식 지중전선로인 경우에는 0.5m 이하)인 때에는 지중전선과 관 사이에 견고한 내화성의 격벽을 시설하는 경우 이외에는 지중전선을 견고한 불연성 또는 난연성의 관에 넣어 그 관이 가연성이나 유독성의 유체를 내포하는 관과 직접 접촉하지 아니하도록 시설하여야 한다.

조건	전압	이격거리
지중 약전류 전선과 접근 또는 교차하는 경우	저압 또는 고압	0.3 [m]
	특고압	0.6 [m]
유독성의 유체를 내포하는 관과 접근 또는 교차	특고압	1 [m]
	25 [kV] 이하, 다중접지방식	0.5 [m]

【답】③

3·154

터널 안에 3,300 [V] 전선로를 케이블 공사 방법으로 하였다. 지지물간의 간격 [m]은?

① 1 ② 1.5 ③ 2 ④ 10

해설 한국전기설비규정 335.1 터널 안 전선로의 시설

고압 전선

① 전선은 케이블일 것.
② 케이블은 견고한 관 또는 트라프에 넣거나 사람이 접촉할 우려가 없도록 시설할 것
③ 케이블을 조영재의 옆면 또는 아랫면에 따라 붙일 경우에는 케이블의 지지점 간의 거리를 2 m(수직으로 붙일 경우에는 6 m) 이하로 하고 또한 피복을 손상하지 아니하도록 붙일 것
④ 관 기타의 케이블을 넣는 방호장치의 금속제 부분·금속제의 전선 접속함 및 케이블의 피복에 사용하는 금속제에는 이들의 방식조치를 한 부분 및 대지와의 사이의 전기저항값이 10Ω 이하인 부분을 제외하고 140의 규정에 준하여 접지공사를 할 것

【답】③

3·155

서울 남산 1호 터널 내에 교류 220 [V]의 애자 사용 공사를 시설하려 한다. 노면으로부터 몇 [m] 이상의 높이에 전선을 시설하여야 하는가?

① 2 ② 2.5 ③ 3 ④ 4

해설 한국전기설비규정 335.1 터널 안 전선로의 시설
저압 전선
① 인장강도 2.30 kN 이상의 절연전선 또는 지름 2.6 mm 이상의 경동선의 절연전선을 사용
② 애자공사에 의하여 시설
③ 레일면상 또는 노면상 2.5 m 이상의 높이로 유지
④ 케이블공사에 의하여 시설할 것 【답】 ②

3·156

다음 중 저압 수상 전선로에 사용되는 전선은?

① 450/750[V] 일반용 단심 비닐절연전선
② 옥외 비닐 케이블
③ 600 [V] 고무 절연 전선
④ 클로로프렌 캡타이어케이블

해설 한국전기설비규정 335.3 수상전선로의 시설
① 전선은 전선로의 사용전압이 저압인 경우에는 클로로프렌 캡타이어케이블이어야 하며, 고압인 경우에는 캡타이어케이블일 것
② 수상전선로의 전선을 가공전선로의 전선과 접속하는 경우에는 그 부분의 전선은 접속점으로부터 전선의 절연 피복 안에 물이 스며들지 아니하도록 시설하고 또한 전선의 접속점은 다음의 높이로 지지물에 견고하게 붙일 것
- 접속점이 육상에 있는 경우에는 지표상 5 m 이상. 다만, 수상전선로의 사용전압이 저압인 경우에 도로상 이외의 곳에 있을 때에는 지표상 4 m까지로 감할 수 있다.
- 접속점이 수면상에 있는 경우에는 수상전선로의 사용전압이 저압인 경우에는 수면상 4 m 이상, 고압인 경우에는 수면상 5 m 이상
③ 수상전선로에 사용하는 부대(浮臺)는 쇠사슬 등으로 견고하게 연결한 것일 것
④ 수상전선로의 전선은 부대의 위에 지지하여 시설하고 또한 그 절연피복을 손상하지 아니하도록 시설할 것
⑤ 수상전선로의 사용전압이 고압인 경우에는 전로에 지락이 생겼을 때에 자동적으로 전로를 차단하기 위한 장치를 시설하여야 한다. 【답】 ④

3·157

66 kV, 154 kV, 345 kV, 765 kV계통 송전선로 구간(가공, 지중, 해저) 및 안전상 특히 필요한 경우에 전선로의 적당한 곳에서 통화할 수 있도록 휴대용 또는 이동용 전력 보안 통신용 전화 설비를 어느 곳에 시설하여야 하는가?

① 5km ② 10km ③ 25km ④ 전선로의 적당한 곳

해설 한국전기설비규정 362.1 전력보안통신설비의 시설 요구사항
송전선로
(1) 66 kV, 154 kV, 345 kV, 765 kV계통 송전선로 구간(가공, 지중, 해저) 및 안전상 특히 필요한 경우에 전선로의 적당한 곳

(2) 고압 및 특고압 지중전선로가 시설되어 있는 전력구내에서 안전상 특히 필요한 경우의 적당한 곳

(3) 직류 계통 송전선로 구간 및 안전상 특히 필요한 경우의 적당한 곳 【답】 ④

3·158

사용 전압이 22.9 [kV]의 첨가 통신선과 철도가 교차하는 경우 경동선을 첨가 통신선으로 사용할 경우 그 최소 굵기[mm]는?

① 3.2 ② 4.0 ③ 4.5 ④ 5.0

해설 한국전기설비규정 362.2 전력보안통신선의 시설 높이와 이격거리

특고압 가공전선로의 지지물에 시설하는 통신선 또는 이에 직접 접속하는 통신선이 도로·횡단보도교·철도의 레일·삭도·가공전선·다른 가공약전류 전선 등 또는 교류 전차선 등과 교차하는 경우에는 다음에 따라 시설하여야 한다.

가. 통신선이 도로·횡단보도교·철도의 레일 또는 삭도와 교차하는 경우에는 통신선은 연선의 경우 단면적 16 mm^2(단선의 경우 지름 4 mm)의 절연전선과 동등 이상의 절연 효력이 있는 것, 인장강도 8.01 kN 이상의 것 또는 연선의 경우 단면적 25 mm^2(단선의 경우 지름 5 mm)의 경동선일 것.

나. 통신선과 삭도 또는 다른 가공약전류 전선 등 사이의 이격거리는 0.8 m(통신선이 케이블 또는 광섬유 케이블일 때는 0.4 m) 이상으로 할 것 【답】 ④

3·159

고압 가공전선로의 지지물에 시설하는 통신선 또는 이에 직접 접속하는 가공통신선을 횡단보도교 위에 시설할 때 그 높이는 노면상 몇 [m] 이상으로 시설하여도 되는가? 단, 통신선은 첨가통신용 제1종 케이블임

① 3 ② 3.5 ③ 4 ④ 4.5

해설 한국전기설비규정 362.2 전력보안통신선의 시설 높이와 이격거리

횡단보도교의 위에 시설하는 경우에는 그 노면상 5 m 이상 다만, 다음 중 어느 하나에 해당하는 경우에는 그러하지 아니하다.

(1) 저압 또는 고압의 가공전선로의 지지물에 시설하는 통신선 또는 이에 직접 접속하는 가공통신선을 노면상 3.5 m (통신선이 절연전선과 동등 이상의 절연성능이 있는 것인 경우에는 3 m) 이상으로 하는 경우

(2) 특고압 전선로의 지지물에 시설하는 통신선 또는 이에 직접 접속하는 가공통신선으로서 광섬유 케이블을 사용하는 것을 그 노면상 4 m 이상으로 하는 경우

【답】 ①

3·160

6,600 [V] 고압 옥내 배선에 사용하는 고압 절연 전선의 최소 굵기[mm^2]는?

① 2.5 ② 4.0 ③ 6.0 ④ 10

해설 한국전기설비규정 342.1 고압 옥내배선 등의 시설
전선은 공칭단면적 6 mm^2 이상의 연동선 또는 이와 동등 이상의 세기 및 굵기의 고압 절연전선이나 특고압 절연전선 또는 341.9의 2에 규정하는 인하용 고압 절연전선일 것

【답】 ③

3·161

절연 전선을 사용하는 고압 옥내 배선을 애자 사용 공사에 의하여 조영재 면에 따라 시설하는 경우에 전선 지지점간의 거리는 몇 [m] 이하이어야 하는가?

① 5 ② 4 ③ 3 ④ 2

해설 한국전기설비규정 342.1 고압 옥내배선 등의 시설

전압	전선과 조영재와의 이격 거리	전선 상호 간격	전선 지지점간의 거리	
			조영재의 면을 따라 붙이는 경우	조영재의 면을 따라 붙이지 않는 경우
고압	0.05 m 이상	0.08 m 이상	2 m 이하	6 m 이하

【답】 ④

3·162

고압 옥내 배선 공사 중 애자 사용 공사에 있어서 전선 지지점간의 최대 거리[m]는? 단, 전선은 조영재의 면에 따라 시설하지 않았다.

① 2 ② 4 ③ 4.5 ④ 6

해설 한국전기설비규정 342.1 고압 옥내배선 등의 시설

전압	전선과 조영재와의 이격 거리	전선 상호 간격	전선 지지점간의 거리	
			조영재의 면을 따라 붙이는 경우	조영재의 면을 따라 붙이지 않는 경우
고압	0.05 m 이상	0.08 m 이상	2 m 이하	6 m 이하

【답】 ④

3·163

고압 옥내 배선을 애자 사용 공사에 의하여 가공으로 시설하는 경우, 전선 상호의 간격은 몇 [cm] 이상인가?

① 2 ② 1.5 ③ 6 ④ 8

해설 한국전기설비규정 342.1 고압 옥내배선 등의 시설

전압	전선과 조영재와의 이격 거리	전선 상호 간격	전선 지지점간의 거리	
			조영재의 면을 따라 붙이는 경우	조영재의 면을 따라 붙이지 않는 경우
고압	0.05 m 이상	0.08 m 이상	2 m 이하	6 m 이하

【답】 ④

3·164

애자 사용 공사의 고압 옥내 배선과 수도관의 최소 이격 거리[cm]는?

① 10 ② 15 ③ 30 ④ 60

해설 한국전기설비규정 342.1 고압 옥내배선 등의 시설

고압 옥내배선이 다른 고압 옥내배선·저압 옥내전선·관등회로의 배선·약전류 전선 등 또는 수관·가스관이나 이와 유사한 것과 접근하거나 교차하는 경우에는 고압 옥내배선과 다른 고압 옥내배선·저압 옥내전선·관등회로의 배선·약전류 전선 등 또는 수관·가스관이나 이와 유사한 것 사이의 이격거리는 0.15 m(애자공사에 의하여 시설하는 저압 옥내전선이 나전선인 경우에는 0.3 m, 가스계량기 및 가스관의 이음부와 전력량계 및 개폐기와는 0.6 m) 이상이어야 한다. 다만, 고압 옥내배선을 케이블공사에 의하여 시설하는 경우에 케이블과 이들 사이에 내화성이 있는 견고한 격벽을 시설할 때, 케이블을 내화성이 있는 견고한 관에 넣어 시설할 때 또는 다른 고압 옥내배선의 전선이 케이블일 때에는 그러하지 아니하다. 【답】 ②

3·165

애자 사용 공사에 대하여 시설한 고압 옥내 배선과 전화선의 최소 이격 거리[cm]는?

① 6 ② 12 ③ 15 ④ 30

해설 한국전기설비규정 342.1 고압 옥내배선 등의 시설

고압 옥내배선이 다른 고압 옥내배선·저압 옥내전선·관등회로의 배선·약전류 전선 등 또는 수관·가스관이나 이와 유사한 것과 접근하거나 교차하는 경우에는 고압 옥내배선과 다른 고압 옥내배선·저압 옥내전선·관등회로의 배선·약전류 전선 등 또는 수관·가스관이나 이와 유사한 것 사이의 이격거리는 0.15 m(애자공사에 의하여 시설하는 저압 옥내전선이 나전선인 경우에는 0.3 m, 가스계량기 및 가스관의 이음부와 전력량계 및 개폐기와는 0.6 m) 이상이어야 한다. 다만, 고압 옥내배선을 케이블공사에 의하여 시설하는 경우에 케이블과 이들 사이에 내화성이 있는 견고한 격벽을 시설할 때, 케이블을 내화성이 있는 견고한 관에 넣어 시설할 때 또는 다른 고압 옥내배선의 전선이 케이블일 때에는 그러하지 아니하다. 【답】 ③

3·166

옥내 고압용 이동용 전선의 시설 방법으로 옳은 것은?

① 전선을 mI 케이블을 사용하였다.
② 다선식 선로의 중성선에 과전류 차단기를 시설하였다.
③ 이동 전선과 전기 사용 기계 기구와는 해체가 쉽게 되도록 느슨하게 접속하였다.
④ 전로에 지락이 생겼을 때에 자동적으로 전로를 차단하는 장치를 시설하였다.

해설 한국전기설비규정 342.2 옥내 고압용 이동전선의 시설

① 전선은 고압용의 캡타이어케이블일 것
② 이동전선과 전기사용기계기구와는 볼트 조임 기타의 방법에 의하여 견고하게 접속할 것.
③ 이동전선에 전기를 공급하는 전로(유도 전동기의 2차측 전로를 제외한다)에는 전용 개폐기 및 과전류 차단기를 각극(과전류 차단기는 다선식 전로의 중성극을 제외한다)에 시설하고, 또한 전로에 지락이 생겼을 때에 자동적으로 전로를 차단하는 장치를 시설할 것

【답】 ④

3·167

특고압 옥내 배선과 저압 옥내 전선, 관등 회로의 배선 또는 고압 옥내 전선 사이의 이격 거리는 몇 [cm] 이상이어야 하는가?

① 15　② 30　③ 45　④ 60

해설 한국전기설비규정 342.4 특고압 옥내 전기설비의 시설

특고압 옥내배선이 저압 옥내전선·관등회로의 배선·고압 옥내전선·약전류 전선 등 또는 수관·가스관이나 이와 유사한 것과 접근하거나 교차하는 경우에는 다음에 따라야 한다.

가. 특고압 옥내배선과 저압 옥내전선·관등회로의 배선 또는 고압 옥내전선 사이의 이격거리는 0.6 m 이상일 것. 다만, 상호 간에 견고한 내화성의 격벽을 시설할 경우에는 그러하지 아니하다.
나. 특고압 옥내배선과 약전류 전선 등 또는 수관·가스관이나 이와 유사한 것과 접촉하지 아니하도록 시설할 것

【답】 ④

3·168

다음 공사 방법 중 고압 옥내 배선을 할 수 있는 것은?

① 애자 사용 공사　② 금속관 공사
③ 합성 수지관 공사　④ 덕트 공사

해설 한국전기설비규정 342.1 고압 옥내배선 등의 시설

고압 옥내배선은 다음 중 하나에 의하여 시설할 것

(1) 애자공사(건조한 장소로서 전개된 장소에 한한다)
(2) 케이블공사　(3) 케이블트레이공사

【답】 ①

3·169

다음 중 고압 옥내 배선의 시설에 있어서 적당하지 않은 것은?

① 애자 사용 공사에 사용하는 애자는 난연성일 것
② 고압 옥내 배선과 저압 옥내 배선을 다르게 하기 위하여 색깔 있는 것을 사용할 것
③ 전선이 관통할 때 절연관에 넣을 것
④ 전선과 조영재와의 이격 거리는 4.5 [cm]로 할 것

해설 한국전기설비규정 342.1 고압 옥내배선 등의 시설

애자공사에 의한 고압 옥내배선은 다음에 의하고, 또한 사람이 접촉할 우려가 없도록 시설할 것

(1) 전선은 공칭단면적 6 mm^2 이상의 연동선 또는 이와 동등 이상의 세기 및 굵기의 고압 절연전선이나 특고압 절연전선 또는 341.9의 2에 규정하는 인하용 고압 절연전선일 것
(2) 애자공사에 사용하는 애자는 절연성·난연성 및 내수성의 것일 것
(3) 고압 옥내배선은 저압 옥내배선과 쉽게 식별되도록 시설할 것
(4) 전선이 조영재를 관통하는 경우에는 그 관통하는 부분의 전선을 전선마다 각각 별개의 난연성 및 내수성이 있는 견고한 절연관에 넣을 것

전압	전선과 조영재와의 이격 거리	전선 상호 간격	전선 지지점간의 거리	
			영재의 면을 따라 붙이는 경우	영재의 면을 따라 붙이지 않는 경우
고압	0.05 m 이상	0.08 m 이상	2 m 이하	6 m 이하

【답】④

3·170

옥내에 시설하는 고압의 이동 전선은?

① 2.5 [mm]
② 비닐 캡타이어케이블
③ 고압용의 캡타이어케이블
④ 450/750 [V] 일반용 단심 비닐 절연 전선

해설 한국전기설비규정 342.2 옥내 고압용 이동전선의 시설

① 전선은 고압용의 캡타이어케이블일 것
② 이동전선과 전기사용기계기구와는 볼트 조임 기타의 방법에 의하여 견고하게 접속할 것
③ 이동전선에 전기를 공급하는 전로(유도 전동기의 2차측 전로를 제외한다)에는 전용 개폐기 및 과전류 차단기를 각극(과전류 차단기는 다선식 전로의 중성극을 제외한다)에 시설하고, 또한 전로에 지락이 생겼을 때에 자동적으로 전로를 차단하는 장치를 시설할 것

【답】③

3·171

고압 가공 전선이 교류 전차선의 위쪽에서 교류 전차선과 교차하는 경우 고압 가공 전선로에 사용하는 경동 연선의 최소 굵기[mm^2]는?

① 14　② 22　③ 30　④ 38

해설 한국전기설비규정 332.15 고압 가공전선과 교류전차선 등의 접근 또는 교차

저압 가공전선 또는 고압 가공전선이 교류 전차선 등과 교차하는 경우에 저압 가공전선 또는 고압 가공전선이 교류 전차선 등의 위에 시설되는 때에는 다음에 따라야 한다.

① 저압 가공전선에는 케이블을 사용하고 또한 이를 단면적 35 mm^2 이상인 아연도강연선으로서 인장강도 19.61 kN 이상인 것(교류 전차선 등과 교차하는 부분을 포함하는 경간에 접속점이 없는 것에 한한다)으로 조가하여 시설할 것

② 고압 가공전선은 케이블인 경우 이외에는 인장강도 14.51 kN 이상의 것 또는 단면적 38 mm^2 이상의 경동연선(교류 전차선 등과 교차하는 부분을 포함하는 경간에 접속점이 없는 것에 한한다)일 것

③ 고압 가공전선이 케이블인 경우에는 이를 단면적 38 mm^2 이상인 아연도강연선으로서 인장강도 19.61 kN 이상인 것(교류 전차선 등과 교차하는 부분을 포함하는 경간에 접속점이 없는 것에 한한다)으로 조가하여 시설할 것

【답】④

3·172

B종 철주를 사용한 고압 가공 전선로를 교류 전차 선로와 교차해서 시설하는 경우 고압 가공 전선로의 최대 경간 [m]은?

① 60　② 100　③ 120　④ 150

해설 한국전기설비규정 332.15 고압 가공전선과 교류전차선 등의 접근 또는 교차

가공전선로의 경간은 지지물로 목주·A종 철주 또는 A종 철근 콘크리트주를 사용하는 경우에는 60 m 이하, B종 철주 또는 B종 철근 콘크리트주를 사용하는 경우에는 120 m 이하일 것

【답】③

3·173

가공 공동 지선에 의한 접지 공사에서 각 변압기의 양측에 있도록 시설되어야 하는 지역의 지름[m]은?

① 800　② 400　③ 200　④ 600

해설 한국전기설비규정 322.1 고압 또는 특고압과 저압의 혼촉에 의한 위험방지 시설

제1의 접지공사를 하는 경우에 토지의 상황에 의하여 제2의 규정에 의하기 어려울 때에는 다음에 따라 가공공동지선(架空共同地線)을 설치하여 2 이상의 시설장소에 142.5의 규정에 의하여 접지공사를 할 수 있다. 접지공사는 각 변압기를 중심으로 하는 지름 400 m 이내의 지역으로서 그 변압기에 접속되는 전선로 바로 아래의 부분에서 각 변압기의 양쪽에 있도록 할 것. 다만, 그 시설장소에서 접지공사를 한 변압기에 대하여는 그러하지 아니하다.

【답】②

3·174

특고압과 저압의 혼촉에 의한 위험 방지 시설로 가공 공동 지선을 설치하여 4개소에 공통의 접지 공사를 하였다. 각 접지선을 가공 공동 지선으로부터 분리한다면 각 접지선과 대지 사이의 전기 저항은 몇 [Ω] 이하이어야 하는가?

① 37.5 ② 75 ③ 120 ④ 300

해설 한국전기설비규정 322.1 고압 또는 특고압과 저압의 혼촉에 의한 위험방지 시설
가공공동지선과 대지 사이의 합성 전기저항 값은 1 km를 지름으로 하는 지역 안마다 145.2의 규정에 의해 접지저항 값을 가지는 것으로 하고 또한 각 접지도체를 가공공동지선으로부터 분리하였을 경우의 각 접지도체와 대지 사이의 전기저항 값은 300Ω 이하로 할 것

【답】 ④

3·175

가공 공동 지선에 의한 특고압과 저압의 혼촉에 의한 위험방지 접지 공사에 있어 가공 공동 지선과 대지간의 합성 전기 저항값은 몇 [m]를 지름으로 하는 지역마다 규정하는 접지 저항값을 가지는 것으로 하여야 하는가?

① 400 ② 600 ③ 800 ④ 1,000

해설 한국전기설비규정 322.1 고압 또는 특고압과 저압의 혼촉에 의한 위험방지 시설
가공공동지선과 대지 사이의 합성 전기저항 값은 1 km를 지름으로 하는 지역 안마다 145.2의 규정에 의해 접지저항 값을 가지는 것으로 하고 또한 각 접지도체를 가공공동지선으로부터 분리하였을 경우의 각 접지도체와 대지 사이의 전기저항 값은 300Ω 이하로 할 것

【답】 ④

3·176

1 [km]를 지름으로 하는 지역 내에 있어서 도면과 같이 가공 공동 지선으로 다른 접지선과 접속되어 있다. 계산된 1선 지락 전류의 값이 5 [A]일 경우 각 접지선을 가공 공동 지선으로부터 분리하였다면 각 접지선과 대지간 접지 저항의 최대값[Ω]은?

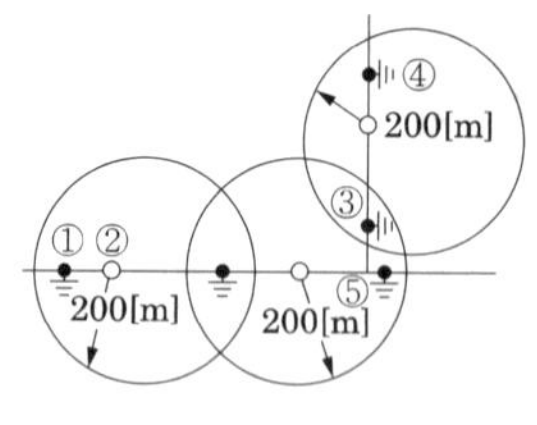

① 300 ② 150
③ 60 ④ 30

해설 한국전기설비규정 322.1 고압 또는 특고압과 저압의 혼촉에 의한 위험방지 시설
가공공동지선과 대지 사이의 합성 전기저항 값은 1 km를 지름으로 하는 지역 안마다 145.2의 규정에 의해 접지저항 값을 가지는 것으로 하고 또한 각 접지도체를 가공공동지선으로부터 분리하였을 경우의 각 접지도체와 대지 사이의 전기저항 값은 300Ω 이하로 할 것

【답】 ①

3·177

고 · 저압 혼촉 사고시에 대비하여 시설한 접지 공사로서 가공 공동 지선에 경동선을 쓰는 경우에 그 지름[mm]은 얼마 이상인가?

① 2.6　② 3.2　③ 4　④ 5

해설 한국전기설비규정 322.1 고압 또는 특고압과 저압의 혼촉에 의한 위험방지 시설
접지공사는 변압기의 시설장소마다 시행하여야 한다. 다만, 토지의 상황에 의하여 변압기의 시설장소에서 142.5의 규정에 의한 접지저항 값을 얻기 어려운 경우, 인장강도 5.26 kN 이상 또는 지름 4 mm 이상의 가공 접지도체를 332.4의 2, 332.5, 332.6, 332.8, 332.11부터 332.15까지 및 222.18의 저압가공전선에 관한 규정에 준하여 시설할 때에는 변압기의 시설장소로부터 200 m까지 떼어놓을 수 있다. 【답】 ③

3·178

고압전로 또는 특고압전로와 비접지식의 저압전로를 결합하는 변압기로서 그 고압권선 또는 특고압권선과 저압권선 간에 금속제의 혼촉방지판(混觸防止板)이 있고 또한 그 혼촉방지판에 접지공사를 한 것에 접속하는 저압전선을 옥외에 시설할 때에는 다음에 따라 시설하여야 한다. 부합되지 않는 것은?

① 저압 전선은 1구내에만 시설할 것
② 저압 가공 전선로 또는 저압 옥상 전선로의 전선은 케이블일 것
③ 저압 가공 전선과 또는 특고압의 가공 전선을 동일 지지물에 시설하지 아니할 것
④ 저압 전선의 구외에의 연장 범위는 200 [m] 이하일 것

해설 한국전기설비규정 322.2 혼촉방지판이 있는 변압기에 접속하는 저압 옥외전선의 시설 등
고압전로 또는 특고압전로와 비접지식의 저압전로를 결합하는 변압기(철도 또는 궤도의 신호용변압기를 제외한다)로서 그 고압권선 또는 특고압권선과 저압권선 간에 금속제의 혼촉방지판(混觸防止板)이 있고 또한 그 혼촉방지판에 142.5의 규정에 의하여 접지공사(사용전압이 35 kV 이하의 특고압전로로서 전로에 지락이 생겼을 때 1초 이내에 자동적으로 이것을 차단하는 장치를 한 것과 333.32의 1 및 4에 규정하는 특고압 가공전선로의 전로 이외의 특고압전로와 저압전로를 결합하는 경우에 계산된 접지저항 값이 10Ω을 넘을 때에는 접지저항 값이 10Ω 이하인 것에 한한다)를 한 것에 접속하는 저압전선을 옥외에 시설할 때에는 다음에 따라 시설하여야 한다.
가. 저압전선은 1구내에만 시설할 것
나. 저압 가공전선로 또는 저압 옥상전선로의 전선은 케이블일 것
다. 저압 가공전선과 고압 또는 특고압의 가공전선을 동일 지지물에 시설하지 아니할 것. 다만, 고압 가공전선로 또는 특고압 가공전선로의 전선이 케이블인 경우에는 그러하지 아니하다. 【답】 ④

3·179

고압과 비접지식의 저압이 결합된 변압기로 혼촉 방지판이 붙어 있고, 또한 이 혼촉 방지판이 접지 공사가 되었다. 저압 전선을 옥외에 시설할 때에 기술 기준에 위반되는 사항은?

① 저압 전선은 1구내에만 시설한다.
② 저압 가공 전선은 케이블을 사용한다.
③ 고·저압을 병가할 때는 그 어느 한쪽이 케이블로 되어야 한다.
④ 고·저압을 병가할 때는 고·저압 다 같이 케이블로 되어야 한다.

해설 한국전기설비규정 322.2 혼촉방지판이 있는 변압기에 접속하는 저압 옥외전선의 시설 등

고압전로 또는 특고압전로와 비접지식의 저압전로를 결합하는 변압기(철도 또는 궤도의 신호용변압기를 제외한다)로서 그 고압권선 또는 특고압권선과 저압권선 간에 금속제의 혼촉방지판(混觸防止板)이 있고 또한 그 혼촉방지판에 142.5의 규정에 의하여 접지공사(사용전압이 35 kV 이하의 특고압전로로서 전로에 지락이 생겼을 때 1초 이내에 자동적으로 이것을 차단하는 장치를 한 것과 333.32의 1 및 4에 규정하는 특고압 가공전선로의 전로 이외의 특고압전로와 저압전로를 결합하는 경우에 계산된 접지저항 값이 10Ω을 넘을 때에는 접지저항 값이 10Ω 이하인 것에 한한다)를 한 것에 접속하는 저압전선을 옥외에 시설할 때에는 다음에 따라 시설하여야 한다.

가. 저압전선은 1구내에만 시설할 것
나. 저압 가공전선로 또는 저압 옥상전선로의 전선은 케이블일 것
다. 저압 가공전선과 고압 또는 특고압의 가공전선을 동일 지지물에 시설하지 아니할 것. 다만, 고압 가공전선로 또는 특고압 가공전선로의 전선이 케이블인 경우에는 그러하지 아니하다.

【답】 ③

3·180

변압기로서 특고압과 결합되는 고압 전로의 혼촉에 의한 위험 방지 시설로 옳은 것은?

① 프라이머리 컷 아웃 스위치 장치
② 혼촉방지판을 시설하여 접지저항 값이 100Ω 이하 접지공사
③ 퓨즈
④ 사용 전압 3배의 전압에서 방전하는 방전 장치

해설 한국전기설비규정 322.3 특고압과 고압의 혼촉 등에 의한 위험방지 시설

변압기(322.1의 5에 규정하는 변압기를 제외한다)에 의하여 특고압전로(333.32의 1에 규정하는 특고압 가공전선로의 전로를 제외한다)에 결합되는 고압전로에는 사용전압의 3배 이하인 전압이 가하여진 경우에 방전하는 장치를 그 변압기의 단자에 가까운 1극에 설치하여야 한다. 다만, 사용전압의 3배 이하인 전압이 가하여진 경우에 방전하는 피뢰기를 고압전로의 모선의 각상에 시설하거나 특고압권선과 고압권선 간에 혼촉방지판을 시설하여 접지저항 값이 10Ω 이하 또는 142.5의 규정에 따른 접지공사를 한 경우에는 그러하지 아니하다.

【답】 ④

3·181

변압기에 의하여 특고압 전로에 결합되는 고압 전로에는 사용 전압의 몇 배 이하인 전압이 가하여진 경우에 방전하는 장치를 그 변압기의 단자에 가까운 1극에 설치하여야 하는가?

① 6 ② 5 ③ 4 ④ 3

해설 한국전기설비규정 322.3 특고압과 고압의 혼촉 등에 의한 위험방지 시설

변압기(322.1의 5에 규정하는 변압기를 제외한다)에 의하여 특고압전로(333.32의 1에 규정하는 특고압 가공전선로의 전로를 제외한다)에 결합되는 고압전로에는 사용전압의 3배 이하인 전압이 가하여진 경우에 방전하는 장치를 그 변압기의 단자에 가까운 1극에 설치하여야 한다. 【답】 ④

3·182

특고압 전선로에 접속하는 배전용 변압기의 1차 전압은 몇 [V] 이하이어야 하는가?

① 35,000 ② 30,000 ③ 25,000 ④ 20,000

해설 한국전기설비규정 341.2 특고압 배전용 변압기의 시설

특고압 전선로 333.32의 1과 4에서 규정하는 특고압 가공전선로를 제외한다)에 접속하는 배전용 변압기(발전소·변전소·개폐소 또는 이에 준하는 곳에 시설하는 것을 제외한다. 이하 같다)를 시설하는 경우에는 특고압 전선에 특고압 절연전선 또는 케이블을 사용하고 또한 다음에 따라야 한다.

가. 변압기의 1차 전압은 35 kV 이하, 2차 전압은 저압 또는 고압일 것

나. 변압기의 특고압측에 개폐기 및 과전류차단기를 시설할 것. 다만, 변압기를 다음에 따라 시설하는 경우는 특고압측의 과전류차단기를 시설하지 아니할 수 있다. 【답】 ①

3·183

다음의 곳에서 접지 공사를 생략하여도 한국전기설비규정에 저촉되지 않는 것은?

① 22,900/100 [V] 변압기의 저압측 중성점 또는 1단자

② 6,600 [V] 고압 전동기의 외함

③ 목주에 시설한 주상 변압기 외함

④ 154 [kV] 전선 밑에 있는 보호망

해설 한국전기설비규정 142.7 기계기구의 철대 및 외함의 접지

1. 전로에 시설하는 기계기구의 철대 및 금속제 외함(외함이 없는 변압기 또는 계기용변성기는 철심)에는 140에 의한 접지공사를 하여야 한다.
2. 다음의 어느 하나에 해당하는 경우에는 제1의 규정에 따르지 않을 수 있다.
   가. 사용전압이 직류 300 V 또는 교류 대지전압이 150 V 이하인 기계기구를 건조한 곳에 시설하는 경우

나. 저압용의 기계기구를 건조한 목재의 마루 기타 이와 유사한 절연성 물건 위에서 취급하도록 시설하는 경우
다. 저압용이나 고압용의 기계기구, 341.2에서 규정하는 특고압 전선로에 접속하는 배전용 변압기나 이에 접속하는 전선에 시설하는 기계기구 또는 333.32의 1과 4에서 규정하는 특고압 가공전선로의 전로에 시설하는 기계기구를 사람이 쉽게 접촉할 우려가 없도록 목주 기타 이와 유사한 것의 위에 시설하는 경우
라. 철대 또는 외함의 주위에 적당한 절연대를 설치하는 경우
마. 외함이 없는 계기용변성기가 고무·합성수지 기타의 절연물로 피복한 것일 경우
바. 「전기용품 및 생활용품 안전관리법」의 적용을 받는 2중 절연구조로 되어 있는 기계기구를 시설하는 경우
사. 저압용 기계기구에 전기를 공급하는 전로의 전원측에 절연변압기(2차 전압이 300 V 이하이며, 정격용량이 3 kVA 이하인 것에 한한다)를 시설하고 또한 그 절연변압기의 부하측 전로를 접지하지 않은 경우
아. 물기 있는 장소 이외의 장소에 시설하는 저압용의 개별 기계기구에 전기를 공급하는 전로에 「전기용품 및 생활용품 안전관리법」의 적용을 받는 인체감전보호용 누전차단기(정격감도전류가 30 mA 이하, 동작시간이 0.03초 이하의 전류동작형에 한한다)를 시설하는 경우
자. 외함을 충전하여 사용하는 기계기구에 사람이 접촉할 우려가 없도록 시설하거나 절연대를 시설하는 경우

【답】 ③

3·184

고압용의 개폐기, 차단기, 피뢰기 기타 이와 유사한 기구로서 동작시에 아크가 생기는 것은 목재의 벽 또는 천장, 기타의 가연성 물체로부터 몇 [m] 이상 떼어 놓아야 하는가?

① 1 ② 0.8 ③ 0.5 ④ 0.3

해설 한국전기설비규정 341.7 아크를 발생하는 기구의 시설

고압용 또는 특고압용의 개폐기·차단기·피뢰기 기타 이와 유사한 기구(이하 이 조에서 "기구 등"이라 한다)로서 동작 시에 아크가 생기는 것은 목재의 벽 또는 천장 기타의 가연성 물체로부터 표 341.8-1에서 정한 값 이상 이격하여 시설하여야 한다.

표 341.8-1 아크를 발생하는 기구 시설 시 이격거리

기구 등의 구분	이격거리
고압용의 것	1 m 이상
특고압용의 것	2 m 이상(사용전압이 35 kV 이하의 특고압용의 기구 등으로서 동작할 때에 생기는 아크의 방향과 길이를 화재가 발생할 우려가 없도록 제한하는 경우에는 1 m 이상)

【답】 ①

3·185

고압 또는 특고압용의 개폐기, 차단기, 피뢰기, 기타 이와 유사한 기구는 목재의 벽 또는 천장, 기타 가연성 물질로부터 고압용의 것은 몇 [m] 이상 떨어져야 하는가?

① 0.3 ② 0.5 ③ 1.0 ④ 2.0

해설 한국전기설비규정 341.7 아크를 발생하는 기구의 시설

고압용 또는 특고압용의 개폐기·차단기·피뢰기 기타 이와 유사한 기구(이하 이 조에서 "기구 등"이라 한다)로서 동작 시에 아크가 생기는 것은 목재의 벽 또는 천장 기타의 가연성 물체로부터 표 341.8-1에서 정한 값 이상 이격하여 시설하여야 한다.

표 341.8-1 아크를 발생하는 기구 시설 시 이격거리

기구 등의 구분	이격거리
고압용의 것	1 m 이상
특고압용의 것	2 m 이상(사용전압이 35 kV 이하의 특고압용의 기구 등으로서 동작할 때에 생기는 아크의 방향과 길이를 화재가 발생할 우려가 없도록 제한하는 경우에는 1 m 이상)

【답】 ③

3·186

다음에서 고압용 기계 기구를 시설하여서는 안 되는 경우는?

① 발전소, 변전소, 개폐소 또는 이에 준하는 곳에 시설하는 경우
② 시가지 외로서 지표상 3 [m]인 경우
③ 공장 등의 구내에서 기계 기구의 주위에 사람이 쉽게 접촉할 우려가 없도록 적당한 울타리를 설치하는 경우
④ 옥내에 설치한 기계 기구를 취급자 이외의 사람이 출입할 수 없도록 설치한 곳에 시설하는 경우

해설 한국전기설비규정 341.8 고압용 기계기구의 시설

기계기구(이에 부속하는 전선에 케이블 또는 고압 인하용 절연전선을 사용하는 것에 한한다)를 지표상 4.5 m(시가지 외에는 4 m) 이상의 높이에 시설하고 또한 사람이 쉽게 접촉할 우려가 없도록 시설하는 경우

【답】 ②

3·187

고압용 또는 특고압용 단로기로서 부하 전류의 차단을 방지하기 위한 조치가 아닌 것은?

① 단로기의 조작 위치에 부하 전류 유무 표시
② 단로기 설치 위치의 1차측에 방전 장치 시설
③ 단로기의 조작 위치에 전화기, 기타의 지령 장치 시설
④ 터블렛 등을 사용함으로써 부하 전류가 통하고 있을 때에 개로 조작을 방지하기 위한 조치

해설 한국전기설비규정 341.9 개폐기의 시설

① 전로 중에 개폐기를 시설하는 경우(이 기준에서 개폐기를 시설하도록 정하는 경우에 한한다)에는 그곳의 각 극에 설치하여야 한다.

② 고압용 또는 특고압용의 개폐기는 그 작동에 따라 그 개폐상태를 표시하는 장치가 되어 있는 것이어야 한다. 다만, 그 개폐상태를 쉽게 확인할 수 있는 것은 그러하지 아니하다.

③ 고압용 또는 특고압용의 개폐기로서 중력 등에 의하여 자연히 작동할 우려가 있는 것은 자물쇠장치 기타 이를 방지하는 장치를 시설하여야 한다.

④ 고압용 또는 특고압용의 개폐기로서 부하전류를 차단하기 위한 것이 아닌 개폐기는 부하전류가 통하고 있을 경우에는 개로할 수 없도록 시설하여야 한다. 다만, 개폐기를 조작하는 곳의 보기 쉬운 위치에 부하전류의 유무를 표시한 장치 또는 전화기 기타의 지령 장치를 시설하거나 터블렛 등을 사용함으로서 부하전류가 통하고 있을 때에 개로조작을 방지하기 위한 조치를 하는 경우는 그러하지 아니하다. 【답】 ②

3·188

고압 또는 특고용 개폐기로서 부하 전류의 차단 능력이 없는 것은 부하 전류가 통하고 있을 때 개로될 수 없도록 시설하는 것이 원칙이다. 그러나 부하 전류가 통하고 있을 때 개로 조작을 할 수 있는 것을 방지하면 된다. 다음에서 그 방지 조치가 한국전기설비규정에 적합하지 못한 것은?

① 터블렛 등을 사용하는 것
② 자물쇠 장치를 하는 것
③ 전화기, 기타의 지시 장치를 하는 것
④ 보기 쉬운 곳에 부하 전류의 유무를 표시하는 장치를 하는 것

해설 한국전기설비규정 341.9 개폐기의 시설

고압용 또는 특고압용의 개폐기로서 부하전류를 차단하기 위한 것이 아닌 개폐기는 부하전류가 통하고 있을 경우에는 개로할 수 없도록 시설하여야 한다. 다만, 개폐기를 조작하는 곳의 보기 쉬운 위치에 부하전류의 유무를 표시한 장치 또는 전화기 기타의 지령 장치를 시설하거나 터블렛 등을 사용함으로서 부하전류가 통하고 있을 때에 개로조작을 방지하기 위한 조치를 하는 경우는 그러하지 아니하다.

【답】 ②

3·189

고압용 비포장 퓨즈는 정격 전류 몇 배의 전류에 의하여 몇 분 이내에 용단되어야 하는가?

① 1.25, 10　② 1.45, 5　③ 2, 1　④ 2, 2

해설 한국전기설비규정 341.10 고압 및 특고압 전로 중의 과전류차단기의 시설

과전류차단기로 시설하는 퓨즈 중 고압전로에 사용하는 비포장 퓨즈는 정격전류의 1.25배의 전류에 견디고 또한 2배의 전류로 2분 안에 용단되는 것이어야 한다. 【답】 ④

3·190

과전류 차단기로 시설하는 퓨즈 중 고압 전로에 사용하는 비포장 퓨즈는 정격 전류의 몇 배의 전류에 견디고 또한 2배의 전류로 2분 안에 용단되는 것이어야 하는가?

① 1.1　② 1.25　③ 1.5　④ 1.75

해설 한국전기설비규정 341.10 고압 및 특고압 전로 중의 과전류차단기의 시설

과전류차단기로 시설하는 퓨즈 중 고압전로에 사용하는 비포장 퓨즈는 정격전류의 1.25배의 전류에 견디고 또한 2배의 전류로 2분 안에 용단되는 것이어야 한다. 【답】 ②

3·191

과전류 차단기로 시설하는 퓨즈 중 고압 전로에 사용하는 포장 퓨즈는 정격 전류의 2배의 전류를 계속 흘렸을 때에 몇 분 안에 용단되어야 하는가?

① 2　② 20　③ 60　④ 120

해설 한국전기설비규정 341.10 고압 및 특고압 전로 중의 과전류차단기의 시설

과전류차단기로 시설하는 퓨즈 중 고압전로에 사용하는 포장 퓨즈(퓨즈 이외의 과전류 차단기와 조합하여 하나의 과전류 차단기로 사용하는 것을 제외한다)는 정격전류의 1.3배의 전류에 견디고 또한 2배의 전류로 120분 안에 용단되는 것 또는 다음에 적합한 고압전류제한퓨즈이어야 한다. 【답】 ④

3·192

그림 1, 2, 3, 4의 ×는 과전류 차단기를 시설한 것이다. 이 중에서 전기 설비 기준 기준에 저촉되는 곳은?

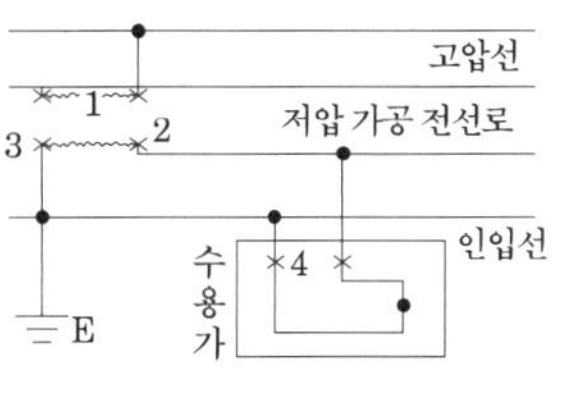

① 1　② 2
③ 3　④ 4

해설 한국전기설비규정 341.11 과전류차단기의 시설 제한

① 접지공사의 접지도체
② 다선식 전로의 중성선
③ 322.1의 1부터 3까지의 규정에 의하여 전로의 일부에 접지공사를 한 저압 가공전선로의 접지측 전선에는 과전류차단기를 시설하여서는 안 된다. 【답】 ③

3·193

과전류 차단기를 설치하지 않아야 하는 곳은?

① 직접 접지 계통에 설치한 변압기의 접지선
② 역률 조정용 고압 병렬 콘덴서 뱅크의 분기선
③ 고압 배전 선로의 인출 장소
④ 수용가의 인입선 부분

해설 한국전기설비규정 341.11 과전류차단기의 시설 제한

① 접지공사의 접지도체
② 다선식 전로의 중성선
③ 322.1의 1부터 3까지의 규정에 의하여 전로의 일부에 접지공사를 한 저압 가공전선로의 접지측 전선에는 과전류차단기를 시설하여서는 안 된다.

【답】 ①

3·194

피뢰기를 설치하지 않아도 되는 곳은?

① 발·변전소의 가공 전선 인입구 및 인출구
② 가공 전선로의 말구 부분
③ 가공 전선로에 접속한 1차측 전압이 35 [kV] 이하인 배전용 변압기의 고압측 및 특고압측
④ 특고압 가공 전선로로부터 공급을 받는 수용 장소의 인입구

해설 한국전기설비규정 341.13 피뢰기의 시설

고압 및 특고압의 전로 중 다음에 열거하는 곳 또는 이에 근접한 곳에는 피뢰기를 시설하여야 한다.

가. 발전소·변전소 또는 이에 준하는 장소의 가공전선 인입구 및 인출구
나. 특고압 가공전선로에 접속하는 341.2의 배전용 변압기의 고압측 및 특고압측
다. 고압 및 특고압 가공전선로로부터 공급을 받는 수용장소의 인입구
라. 가공전선로와 지중전선로가 접속되는 곳

【답】 ②

3·195

가공 전선로와 지중 전선로가 접속되는 곳에 시설하여야 하는 것은?

① 조상기　② 분로 리액터　③ 피뢰기　④ 정류기

해설 한국전기설비규정 341.13 피뢰기의 시설

고압 및 특고압의 전로 중 다음에 열거하는 곳 또는 이에 근접한 곳에는 피뢰기를 시설하여야 한다.

가. 발전소·변전소 또는 이에 준하는 장소의 가공전선 인입구 및 인출구
나. 특고압 가공전선로에 접속하는 341.2의 배전용 변압기의 고압측 및 특고압측

다. 고압 및 특고압 가공전선로로부터 공급을 받는 수용장소의 인입구
라. 가공전선로와 지중전선로가 접속되는 곳 【답】 ③

3·196

저압용 기계 기구에서 전기를 공급하는 전로에 누전 차단기를 시설하면 외함의 접지를 생략할 수 있다. 이 경우의 누전 차단기의 정격이 기술 기준에 적합한 것은?

① 정격 감도 전류 15 [mA] 이하, 동작 시간 0.1초 이하의 전류 동작형
② 정격 감도 전류 15 [mA] 이하, 동작 시간 0.2초 이하의 전압 동작형
③ 정격 감도 전류 30 [mA] 이하, 동작 시간 0.1초 이하의 전류 동작형
④ 정격 감도 전류 30 [mA] 이하, 동작 시간 0.03초 이하의 전류 동작형

해설 한국전기설비규정 142.7 기계기구의 철대 및 외함의 접지
물기 있는 장소 이외의 장소에 시설하는 저압용의 개별 기계기구에 전기를 공급하는 전로에 「전기용품 및 생활용품 안전관리법」의 적용을 받는 인체감전보호용 누전차단기(정격감도전류가 30 mA 이하, 동작시간이 0.03초 이하의 전류동작형에 한한다)를 시설하는 경우 외함 접지를 생략할 수 있다. 【답】 ④

3·197

22.9 [kV] 3상 4선식 중성선 다중 접지식 가공 전선로에서 각 접지선을 중성선으로부터 분리하였을 경우 매 1 [km]마다의 중성선과 대지 사이의 합성 전기 저항값은 몇 [Ω] 이하이어야 하는가?

① 15　② 20　③ 25　④ 30

해설 한국전기설비규정 333.32 25 kV 이하인 특고압 가공전선로의 시설
특고압 가공전선로의 중성선의 다중 접지는 다음에 의할 것
① 접지도체는 공칭단면적 6 mm^2 이상의 연동선 또는 이와 동등 이상의 세기 및 굵기의 쉽게 부식하지 않는 금속선으로서 고장 시에 흐르는 전류가 안전하게 통할 수 있는 것일 것
② 접지공사는 140의 규정에 준하고 또한 각각 접지한 곳 상호 간의 거리는 전선로에 따라 150 m 이하일 것
③ 각 접지도체를 중성선으로부터 분리하였을 경우의 각 접지점의 대지 전기저항 값과 1 km 마다 중성선과 대지 사이의 합성전기저항 값은 표 333.32-11에서 정한 값 이하일 것

표 333.32-11 15 kV 초과 25 kV 이하 특고압 가공전선로의 전기저항 값

각 접지점의 대지 전기저항 값	1 km마다의 합성 전기저항 값
300 Ω	15 Ω

【답】 ①

3·198

고압전로 또는 특고압전로와 비접지식의 저압전로를 결합하는 변압기로서 그 고압권선 또는 특고압권선과 저압권선 간에 금속제의 혼촉방지판(混觸防止板)이 있고 또한 그 혼촉방지판에 한국전기설비규정 142.5에 의하여 접지공사를 한 것에 접속하는 저압전선을 옥외에 시설할 때 잘못된 것은?

① 저압 가공전선로의 전선은 케이블을 사용하였다.
② 저압 전선은 1구내에만 시설하였다.
③ 저압 옥상전선로의 전선으로는 절연전선을 사용하였다.
④ 저압 가공전선과 고압 가공전선은 별개의 지지물에 시설하였다.

해설 한국전기설비규정 322.2 혼촉방지판이 있는 변압기에 접속하는 저압 옥외전선의 시설 등
고압전로 또는 특고압전로와 비접지식의 저압전로를 결합하는 변압기(철도 또는 궤도의 신호용변압기를 제외한다)로서 그 고압권선 또는 특고압권선과 저압권선 간에 금속제의 혼촉방지판(混觸防止板)이 있고 또한 그 혼촉방지판에 142.5의 규정에 의하여 접지공사를 한 것에 접속하는 저압전선을 옥외에 시설할 때에는 다음에 따라 시설하여야 한다.
가. 저압전선은 1구내에만 시설할 것
나. 저압 가공전선로 또는 저압 옥상전선로의 전선은 케이블일 것
다. 저압 가공전선과 고압 또는 특고압의 가공전선을 동일 지지물에 시설하지 아니할 것. 다만, 고압 가공전선로 또는 특고압 가공전선로의 전선이 케이블인 경우에는 그러하지 아니하다.

【답】 ③

3·199

고압전로 또는 특고압전로와 비접지식의 저압전로를 결합하는 변압기로서 그 고압권선 또는 특고압권선과 저압권선 간에 금속제의 혼촉방지판(混觸防止板)이 있고 또한 그 혼촉방지판에 한국전기설비규정 142.5에 의하여 접지공사를 한 것에 접속하는 저압 전선을 옥외에 시설할 때 저압 가공 전선로의 전선으로 사용할 수 있는 것은?

① 450/750[V]일반용 단심 비닐절연전선　② 옥외용 비닐 절연 전선
③ 케이블　④ 다심형 전선

해설 한국전기설비규정 322.2 혼촉방지판이 있는 변압기에 접속하는 저압 옥외전선의 시설 등
고압전로 또는 특고압전로와 비접지식의 저압전로를 결합하는 변압기(철도 또는 궤도의 신호용변압기를 제외한다)로서 그 고압권선 또는 특고압권선과 저압권선 간에 금속제의 혼촉방지판(混觸防止板)이 있고 또한 그 혼촉방지판에 142.5의 규정에 의하여 접지공사를 한 것에 접속하는 저압전선을 옥외에 시설할 때에는 다음에 따라 시설하여야 한다.
가. 저압전선은 1구내에만 시설할 것
나. 저압 가공전선로 또는 저압 옥상전선로의 전선은 케이블일 것
다. 저압 가공전선과 고압 또는 특고압의 가공전선을 동일 지지물에 시설하지 아니할 것. 다만, 고압 가공전선로 또는 특고압 가공전선로의 전선이 케이블인 경우에는 그러하지 아니하다.

【답】 ③

3·200

특고압 전로와 고압 전로를 결합하는 변압기에 설치하는 방전 장치의 접지 저항은 몇 [Ω] 이하로 유지하여야 하는가?

① 2　② 3　③ 5　④ 10

해설 한국전기설비규정 322.3 특고압과 고압의 혼촉 등에 의한 위험방지 시설
변압기(322.1의 5에 규정하는 변압기를 제외한다)에 의하여 특고압전로(333.32의 1에 규정하는 특고압 가공전선로의 전로를 제외한다)에 결합되는 고압전로에는 사용전압의 3배 이하인 전압이 가하여진 경우에 방전하는 장치를 그 변압기의 단자에 가까운 1극에 설치하여야 한다. 다만, 사용전압의 3배 이하인 전압이 가하여진 경우에 방전하는 피뢰기를 고압전로의 모선의 각상에 시설하거나 특고압권선과 고압권선 간에 혼촉방지판을 시설하여 접지저항 값이 10Ω 이하 또는 142.5의 규정에 따른 접지공사를 한 경우에는 그러하지 아니하다.

【답】 ④

3·201

변압기에 의하여 특고압 전로에 결합되는 고압 전로에는 사용 전압의 3배 이하인 전압이 가하여진 어떤 장치를 그 변압기 단자의 가까운 1극에 설치하여야 하는가?

① 스위치 장치　② 계전 보호장치
③ 누설 전류 검지 장치　④ 방전하는 장치

해설 한국전기설비규정 322.3 특고압과 고압의 혼촉 등에 의한 위험방지 시설
변압기(322.1의 5에 규정하는 변압기를 제외한다)에 의하여 특고압전로(333.32의 1에 규정하는 특고압 가공전선로의 전로를 제외한다)에 결합되는 고압전로에는 사용전압의 3배 이하인 전압이 가하여진 경우에 방전하는 장치를 그 변압기의 단자에 가까운 1극에 설치하여야 한다. 다만, 사용전압의 3배 이하인 전압이 가하여진 경우에 방전하는 피뢰기를 고압전로의 모선의 각상에 시설하거나 특고압권선과 고압권선 간에 혼촉방지판을 시설하여 접지저항 값이 10Ω 이하 또는 142.5의 규정에 따른 접지공사를 한 경우에는 그러하지 아니하다.

【답】 ④

3·202

변압기에 의해 특고압 전로에 결합되는 고압 전로에 설치하는 방전 장치를 생략할 수 있는 것은 피뢰기를 어느 곳에 시설할 경우인가?

① 변압기의 단자　② 변압기 단자에 가까운 곳
③ 고압 전로의 모선　④ 고압 전로의 모선에 가까운 곳

해설 한국전기설비규정 322.3 특고압과 고압의 혼촉 등에 의한 위험방지 시설

변압기(322.1의 5에 규정하는 변압기를 제외한다)에 의하여 특고압전로(333.32의 1에 규정하는 특고압 가공전선로의 전로를 제외한다)에 결합되는 고압전로에는 사용전압의 3배 이하인 전압이 가하여진 경우에 방전하는 장치를 그 변압기의 단자에 가까운 1극에 설치하여야 한다. 다만, 사용전압의 3배 이하인 전압이 가하여진 경우에 방전하는 피뢰기를 고압전로의 모선의 각상에 시설하거나 특고압권선과 고압권선 간에 혼촉방지판을 시설하여 접지저항 값이 10Ω 이하 또는 142.5의 규정에 따른 접지공사를 한 경우에는 그러하지 아니하다.

【답】 ③

3·203

154 [kV]에서 6,600 [V]로 변성하는 변압기의 고압측 단자에 시설하는 정전 방전기는 몇 [V]에서 방전을 개시하여야 하는가?

① 15,600 ② 16,800 ③ 18,500 ④ 19,800

해설 한국전기설비규정 322.3 특고압과 고압의 혼촉 등에 의한 위험방지 시설

변압기(322.1의 5에 규정하는 변압기를 제외한다)에 의하여 특고압전로(333.32의 1에 규정하는 특고압 가공전선로의 전로를 제외한다)에 결합되는 고압전로에는 사용전압의 3배 이하인 전압이 가하여진 경우에 방전하는 장치를 그 변압기의 단자에 가까운 1극에 설치하여야 한다. 다만, 사용전압의 3배 이하인 전압이 가하여진 경우에 방전하는 피뢰기를 고압전로의 모선의 각상에 시설하거나 특고압권선과 고압권선 간에 혼촉방지판을 시설하여 접지저항 값이 10Ω 이하 또는 142.5의 규정에 따른 접지공사를 한 경우에는 그러하지 아니하다.

∴ $6,600 \times 3 = 19,800$ [V]

【답】 ④

3·204

수전 전압 150 [kV]인 수전 변전소의 주변압기에 울타리를 하고자 한다. 울타리의 높이와 울타리로부터 충전부까지의 거리의 합계는 몇 [m]이면 되겠는가?

① 4 [m] ② 5 [m] ③ 6 [m] ④ 7 [m]

해설 한국전기설비규정 351.1 발전소 등의 울타리·담 등의 시설

울타리·담 등은 다음에 따라 시설하여야 한다.

가. 울타리·담 등의 높이는 2 m 이상으로 하고 지표면과 울타리·담 등의 하단사이의 간격은 0.15 m 이하로 할 것

나. 울타리·담 등과 고압 및 특고압의 충전 부분이 접근하는 경우에는 울타리·담 등의 높이와 울타리·담 등으로부터 충전부분까지 거리의 합계는 표 351.1-1에서 정한 값 이상으로 할 것

표 351.1-1 발전소 등의 울타리·담 등의 시설 시 이격거리

사용전압의 구분	울타리·담 등의 높이와 울타리·담 등으로부터 충전부분까지의 거리의 합계
35 kV 이하	5 m
35 kV 초과 160 kV 이하	6 m
160 kV 초과	6 m에 160 kV를 초과하는 10 kV 또는 그 단수마다 0.12 m를 더한 값

【답】 ③

3·205

345,000 [V]의 전압을 변전하는 변전소가 있다. 이 변전소에 울타리를 시설하고자 하는 경우 울타리의 높이는 몇 [m] 이상으로 하여야 하는가?

① 1.8 ② 2 ③ 2.2 ④ 2.4

해설 한국전기설비규정 351.1 발전소 등의 울타리·담 등의 시설

울타리·담 등은 다음에 따라 시설하여야 한다.

가. 울타리·담 등의 높이는 2 m 이상으로 하고 지표면과 울타리·담 등의 하단사이의 간격은 0.15 m 이하로 할 것

나. 울타리·담 등과 고압 및 특고압의 충전 부분이 접근하는 경우에는 울타리·담 등의 높이와 울타리·담 등으로부터 충전부분까지 거리의 합계는 표 351.1-1에서 정한 값 이상으로 할 것

표 351.1-1 발전소 등의 울타리·담 등의 시설 시 이격거리

사용전압의 구분	울타리·담 등의 높이와 울타리·담 등으로부터 충전부분까지의 거리의 합계
35 kV 이하	5 m
35 kV 초과 160 kV 이하	6 m
160 kV 초과	6 m에 160 kV를 초과하는 10 kV 또는 그 단수마다 0.12 m를 더한 값

【답】 ②

3·206

발전기, 변압기, 조상기, 모선 또는 이를 지지하는 애자는 어느 전류에 의하여 생기는 기계적 충격에 견디는 강도를 가져야 하는가?

① 정격 전류 ② 단락 전류

③ 1.25×정격 전류 ④ 과부하 전류

해설 전기설비기술기준 제23조 발전기 등의 기계적 강도

① 발전기·변압기·조상기·계기용변성기·모선 및 이를 지지하는 애자는 단락전류에 의하여 생기는 기계적 충격에 견디는 것이어야 한다.

② 수차 또는 풍차에 접속하는 발전기의 회전하는 부분은 부하를 차단한 경우에 일어나는 속도에 대하여, 증기터빈, 가스터빈 또는 내연기관에 접속하는 발전기의 회전하는 부분은 비상 조속장치 및 그 밖의 비상 정지장치가 동작하여 도달하는 속도에 대하여 견디는 것이어야 한다.

③ 증기터빈에 접속하는 발전기의 진동에 대한 기계적 강도는 제82조제2항을 준용한다.

【답】 ②

3·207

전력 보안 통신 설비는 가공 전선로로부터의 어떤 작용에 의하여 사람에게 위험을 주지 않도록 시설해야 하는가?

① 정전 유도 작용 또는 전자 유도 작용
② 표피 작용 또는 부식 작용
③ 부식 작용 또는 정전 유도 작용
④ 전압 강하 작용 또는 전자 유도 작용

해설 전기설비기술기준 제17조 유도장해 방지

① 특고압 가공전선로에서 발생하는 극저주파 전자계는 지표상 1 m에서 전계가 3.5 kV/m 이하, 자계가 83.3 μT 이하가 되도록 시설하는 등 상시 정전유도(靜電誘導) 및 전자유도(電磁誘導) 작용에 의하여 사람에게 위험을 줄 우려가 없도록 시설하여야 한다. 다만, 논밭, 산림 그 밖에 사람의 왕래가 적은 곳에서 사람에 위험을 줄 우려가 없도록 시설하는 경우에는 그러하지 아니하다.

② 특고압의 가공전선로는 전자유도작용이 약전류전선로(전력보안 통신설비는 제외한다)를 통하여 사람에 위험을 줄 우려가 없도록 시설하여야 한다.

③ 전력보안 통신설비는 가공전선로로부터의 정전유도작용 또는 전자유도작용에 의하여 사람에 위험을 줄 우려가 없도록 시설하여야 한다. 【답】 ①

Chapter 4

전기철도설비

400 통칙

예제문제 01

장기 과전압이란 지속시간이 얼마 이상인 과전압을 말하는가?

① 10 ms ② 20 ms ③ 30 ms ④ 40 ms

해설

한국전기설비규정 402 전기철도의 용어 정의

장기 과전압 : 지속시간이 20 ms 이상인 과전압을 말한다.

답 : ②

410 전기철도의 전기방식

411 전기방식의 일반사항

1. 직류방식

표 411.1-2 직류방식의 급전전압

구분	지속성 최저전압[V]	공칭전압[V]	지속성 최고전압[V]	비지속성 최고전압[V]	장기 과전압[V]
DC (평균값)	500 900	750 1,500	900 1,800	950(1) 1,950	1,269 2,538

(1) 회생제동의 경우 1,000 V의 비지속성 최고전압은 허용 가능하다.

2. 교류방식

표 411.1-3 교류방식의 급전전압

주파수 (실효값)	비지속성 최저전압 [V]	지속성 최저전압 [V]	공칭전압 [V](2)	지속성 최고전압 [V]	비지속성 최고전압 [V]	장기 과전압 [V]
60 Hz	17,500 35,000	19,000 38,000	25,000 50,000	27,500 55,000	29,000 58,000	38,746 77,492

(2) 급전선과 전차선간의 공칭전압은 단상교류 50 kV(급전선과 레일 및 전차선과 레일 사이의의 전압은 25 kV)를 표준으로 한다.

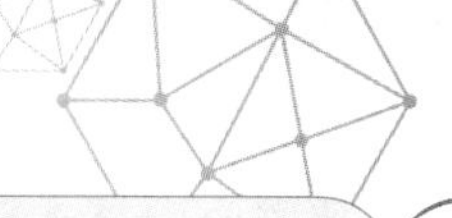

예제문제 02

직류 방식의 전기철도에서 회생제동을 사용하는 경우 비지속성 최고전압은 얼마까지 허용가능 한가?

① 900[V] ② 1,000[V] ③ 1,200[V] ④ 1,500[V]

해설

한국전기설비규정 411.2 전차선로의 전압
회생제동의 경우 1,000 V의 비지속성 최고전압은 허용 가능하다.

답 : ②

420 전기철도의 변전방식

421 변전방식의 일반사항

421.4 변전소의 설비

1. 변전소 등의 계통을 구성하는 각종 기기는 운용 및 유지보수성, 시공성, 내구성, 효율성, 친환경성, 안전성 및 경제성 등을 종합적으로 고려하여 선정하여야 한다.
2. 급전용변압기는 직류 전기철도의 경우 3상 정류기용 변압기, 교류 전기철도의 경우 3상 스코트결선 변압기의 적용을 원칙으로 하고, 급전계통에 적합하게 선정하여야 한다.

예제문제 03

급전용변압기는 교류 전기철도의 경우 어떤 것을 적용하는 것이 원칙인가?

① 정류기용 단상 변압기 ② 3상 스코트결선 변압기
③ 회전변류기 ④ 3상 정류기용 변압기

해설

한국전기설비규정 421.4 변전소의 설비
급전용변압기는 직류 전기철도의 경우 3상 정류기용 변압기, 교류 전기철도의 경우 3상 스코트결선 변압기의 적용을 원칙으로 하고, 급전계통에 적합하게 선정하여야 한다.

답 : ②

430 전기철도의 전차선로

431 전차선로의 일반사항

431.1 전차선 가선방식

전차선의 가선방식은 열차의 속도 및 노반의 형태, 부하전류 특성에 따라 적합한 방식을 채택하여야 하며, 가공방식, 강체가선방식, 제3궤조 방식을 표준으로 한다.

431.11 전차선 등과 식물사이의 이격거리

교류 전차선 등 충전부와 식물사이의 이격거리는 5 m 이상이어야 한다. 다만, 5m 이상 확보하기 곤란한 경우에는 현장여건을 고려하여 방호벽 등 안전조치를 하여야한다.

예제문제 04

전차선의 가선방식은 열차의 속도 및 노반의 형태, 부하전류 특성에 따라 적합한 방식을 채택하여야 한다. 가선방식의 종류가 아닌 것은?

① 가공방식 ② 강체가선방식
③ 제3궤조 방식 ④ 지중방식

해설

한국전기설비규정 431.1 전차선 가선방식
전차선의 가선방식은 열차의 속도 및 노반의 형태, 부하전류 특성에 따라 적합한 방식을 채택하여야 하며, 가공방식, 강체가선방식, 제3궤조 방식을 표준으로 한다.

답 : ④

440 전기철도의 전기철도차량 설비

441 전기철도차량 설비의 일반사항

441.5 회생제동

1. 전기철도차량은 다음과 같은 경우에 회생제동의 사용을 중단해야 한다.
   가. 전차선로 지락이 발생한 경우
   나. 전차선로에서 전력을 받을 수 없는 경우
   다. 411.2에서 규정된 선로전압이 장기 과전압 보다 높은 경우

예제문제 05

전기철도차량은 다음과 같은 경우에 회생제동의 사용을 중단해야 한다. 잘못된 것은 어느 것인가?

① 전차선로 지락이 발생한 경우
② 전차선로에서 전력을 받을 수 없는 경우
③ 규정된 선로전압이 장기 과전압 보다 높은 경우
④ 통신유도장해가 생긴 경우

해설
한국전기설비규정 441.5 회생제동
전기철도차량은 다음과 같은 경우에 회생제동의 사용을 중단해야 한다.
가. 전차선로 지락이 발생한 경우
나. 전차선로에서 전력을 받을 수 없는 경우
다. 411.2에서 규정된 선로전압이 장기 과전압보다 높은 경우

답 : ④

450 전기철도의 설비를 위한 보호

451 설비보호의 일반사항

451.3 피뢰기 설치장소

1. 다음의 장소에 피뢰기를 설치하여야 한다.
   가. 변전소 인입측 및 급전선 인출측
   나. 가공전선과 직접 접속하는 지중케이블에서 낙뢰에 의해 절연파괴의 우려가 있는 케이블 단말
2. 피뢰기는 가능한 한 보호하는 기기와 가깝게 시설하되 누설전류 측정이 용이하도록 지지대와 절연하여 설치한다.

451.4 피뢰기의 선정

피뢰기는 다음의 조건을 고려하여 선정한다.

1. 피뢰기는 밀봉형을 사용하고 유효 보호거리를 증가시키기 위하여 방전개시전압 및 제한전압이 낮은 것을 사용한다.
2. 유도뢰서지에 대하여 2선 또는 3선의 피뢰기 동시동작이 우려되는 변전소 근처의 단락 전류가 큰 장소에는 속류차단능력이 크고 또한 차단성능이 회로조건의 영향을 받을 우려가 적은 것을 사용한다.

460 전기철도의 안전을 위한 보호

461 전기안전의 일반사항

461.3 레일 전위의 접촉전압 감소 방법

1. 교류 전기철도 급전시스템은 461.2의 2에 제시된 값을 초과하는 경우 다음 방법을 고려하여 접촉전압을 감소시켜야 한다.
   가. 접지극 추가 사용
   나. 등전위 본딩
   다. 전자기적 커플링을 고려한 귀선로의 강화
   라. 전압제한소자 적용
   마. 보행 표면의 절연
   바. 단락전류를 중단시키는데 필요한 트래핑 시간의 감소

461.4 전식방지대책

1. 전기철도측의 전식방식 또는 전식예방을 위해서는 다음 방법을 고려하여야 한다.
   가. 변전소 간 간격 축소
   나. 레일본드의 양호한 시공
   다. 장대레일채택
   라. 절연도상 및 레일과 침목사이에 절연층의 설치
   마. 기타
2. 매설금속체측의 누설전류에 의한 전식의 피해가 예상되는 곳은 다음 방법을 고려하여야 한다.
   가. 배류장치 설치
   나. 절연코팅
   다. 매설금속체 접속부 절연
   라. 저준위 금속체를 접속
   마. 궤도와의 이격 거리 증대
   바. 금속판 등의 도체로 차폐

461.5 누설전류 간섭에 대한 방지

1. 직류 전기철도 시스템의 누설전류를 최소화하기 위해 귀선전류를 금속귀선로 내부로만 흐르도록 하여야 한다.
2. 심각한 누설전류의 영향이 예상되는 지역에서는 정상 운전 시 단위길이당 컨덕턴스 값은 표 461.1-5의 값 이하로 유지될 수 있도록 하여야 한다.

표 461.1-5 단위길이당 컨덕턴스

견인시스템	옥외(S/㎞)	터널(S/㎞)
철도선로(레일)	0.5	0.5
개방 구성에서의 대량수송 시스템	0.5	0.1
폐쇄 구성에서의 대량수송 시스템	2.5	-

3. 귀선시스템의 종 방향 전기저항을 낮추기 위해서는 레일 사이에 저저항 레일본드를 접합 또는 접속하여 전체 종 방향 저항이 5% 이상 증가하지 않도록 하여야 한다.
4. 귀선시스템의 어떠한 부분도 대지와 절연되지 않은 설비, 부속물 또는 구조물과 접속되어서는 안 된다.
5. 직류 전기철도 시스템이 매설 배관 또는 케이블과 인접할 경우 누설전류를 피하기 위해 최대한 이격시켜야 하며, 주행레일과 최소 1 m 이상의 거리를 유지하여야 한다.

예제문제 06

전기철도측의 전식방식 또는 전식예방을 위해서는 다음 방법을 고려하여야 한다. 다음 중 틀린 것은 어느 것인가?

① 변전소 간 간격 확장
② 레일본드의 양호한 시공
③ 장대레일채택
④ 절연도상 및 레일과 침목사이에 절연층의 설치

해설

한국전기설비규정 461.4 전식방지대책
전기철도측의 전식방식 또는 전식예방을 위해서는 다음 방법을 고려하여야 한다.
가. 변전소 간 간격 축소　　나. 레일본드의 양호한 시공
다. 장대레일채택　　라. 절연도상 및 레일과 침목사이에 절연층의 설치

답 : ①

예제문제 07

주행레일을 귀선으로 이용하는 경우에는 누설전류에 의하여 케이블, 금속제 지중관로 및 선로 구조물 등에 영향을 미치는 것을 방지하기 위해 어떤 조치를 취하여야 하는가?

① 전파 장해 방지 조치　　② 전류 누설 방지 조치
③ 전식 장해 방지 조치　　④ 토양 붕괴 방지 조치

해설

한국전기설비규정 461.4 전식방지대책
주행레일을 귀선으로 이용하는 경우에는 누설전류에 의하여 케이블, 금속제 지중관로 및 선로 구조물 등에 영향을 미치는 것을 방지하기 위한 적절한 시설을 하여야 한다.

답 : ③

핵심과년도문제

4·1

직류 귀선의 궤조근접 부분이 금속제 지중 관로와 접근하거나 교차하는 경우에 전식 방지를 위한 상호의 이격 거리는 몇 [m] 이상인가?

① 1.0 ② 1.5 ③ 2.0 ④ 2.5

해설 한국전기설비규정 461.5 누설전류 간섭에 대한 방지
직류 전기철도 시스템이 매설 배관 또는 케이블과 인접할 경우 누설전류를 피하기 위해 최대한 이격시켜야 하며, 주행레일과 최소 1 m 이상의 거리를 유지하여야 한다. 【답】 ①

4·2

전기철도는 매설금속체측과 전기철도측의 전식방식 또는 전식예방을 위해서는 다음 방법을 고려하여야 한다. 해당되지 않는 것은?

① 변전소 간 간격 축소
② 레일본드의 양호한 시공
③ 배류장치 설치
④ 절연도상 및 레일과 침목사이에 절연층의 설치

해설 한국전기설비규정 461.4 전식방지대책
전기철도측의 전식방식 또는 전식예방을 위해서는 다음 방법을 고려하여야 한다.
가. 변전소 간 간격 축소
나. 레일본드의 양호한 시공
다. 장대레일채택
라. 절연도상 및 레일과 침목사이에 절연층의 설치 【답】 ③

Chapter 5

분산형 전원설비

500 통칙

503 용어의 정의

503.1 계통 연계의 범위

분산형전원설비 등을 전력계통에 연계하는 경우에 적용하며, 여기서 전력계통이라함은 전력판매사업자의 계통, 구내계통 및 독립전원계통 모두를 말한다.

503.2 시설기준

503.2.1 전기 공급방식 등

분산형전원설비의 전기 공급방식, 측정 장치 등은 다음과 같은 기준에 따른다.

1. 분산형전원설비의 전기 공급방식은 전력계통과 연계되는 전기 공급방식과 동일할 것
2. 분산형전원설비 사업자의 한 사업장의 설비 용량 합계가 250 kVA 이상일 경우에는 송·배전계통과 연계지점의 연결 상태를 감시 또는 유효전력, 무효전력 및 전압을 측정할 수 있는 장치를 시설할 것

503.2.3 단락전류 제한장치의 시설

분산형전원을 계통 연계하는 경우 전력계통의 단락용량이 다른 자의 차단기의 차단용량 또는 전선의 순시허용전류 등을 상회할 우려가 있을 때에는 그 분산형전원 설치자가 전류제한리액터 등 단락전류를 제한하는 장치를 시설하여야 하며, 이러한 장치로도 대응할 수 없는 경우에는 그 밖에 단락전류를 제한하는 대책을 강구하여야 한다.

503.2.4 계통 연계용 보호장치의 시설

1. 계통 연계하는 분산형전원설비를 설치하는 경우 다음에 해당하는 이상 또는 고장 발생 시 자동적으로 분산형전원설비를 전력계통으로부터 분리하기 위한 장치 시설 및 해당 계통과의 보호협조를 실시하여야 한다.
   가. 분산형전원설비의 이상 또는 고장
   나. 연계한 전력계통의 이상 또는 고장
   다. 단독운전 상태

예제문제 01

분산형전원을 계통 연계하는 경우 전력계통의 단락용량이 다른 자의 차단기의 차단용량 또는 전선의 순시허용전류 등을 상회할 우려가 있을 때에는 그 분산형전원 설치자가 어떤 전류를 제한하는 장치를 시설하여야 하는가?

① 지락전류 ② 유도전류 ③ 단락전류 ④ 충전전류

해설

한국전기설비규정 503.2.3 단락전류 제한장치의 시설

분산형전원을 계통 연계하는 경우 전력계통의 단락용량이 다른 자의 차단기의 차단용량 또는 전선의 순시허용전류 등을 상회할 우려가 있을 때에는 그 분산형전원 설치자가 전류제한리액터 등 단락전류를 제한하는 장치를 시설하여야 하며, 이러한 장치로도 대응할 수 없는 경우에는 그 밖에 단락전류를 제한하는 대책을 강구하여야 한다.

답 : ③

510 전기저장장치

511 일반사항

511.2 설비의 안전 요구사항

1. 충전부분은 노출되지 않도록 시설하여야 한다.
2. 고장이나 외부 환경요인으로 인하여 비상상황 발생 또는 출력에 문제가 있을 경우 전기저장장치의 비상정지 스위치 등 안전하게 작동하기 위한 안전시스템이 있어야 한다.
3. 모든 부품은 충분한 내열성을 확보하여야 한다.

511.3 옥내전로의 대지전압 제한

주택의 전기저장장치의 축전지에 접속하는 부하 측 옥내배선을 다음에 따라 시설하는 경우에 주택의 옥내전로의 대지전압은 직류 600 V 까지 적용할 수 있다.

1. 전로에 지락이 생겼을 때 자동적으로 전로를 차단하는 장치를 시설할 것
2. 사람이 접촉할 우려가 없는 은폐된 장소에 합성수지관공사, 금속관공사 및 케이블공사에 의하여 시설하거나, 사람이 접촉할 우려가 없도록 케이블공사에 의하여 시설하고 전선에 적당한 방호장치를 시설할 것

예제문제 02

주택의 전기저장장치의 축전지에 접속하는 부하 측 옥내 전로의 대지 전압은 직류로 최대 몇 [V]인가?

① 100 ② 150 ③ 300 ④ 600

해설

한국전기설비규정 511.3 옥내전로의 대지전압 제한

주택의 전기저장장치의 축전지에 접속하는 부하 측 옥내배선을 다음에 따라 시설하는 경우에 주택의 옥내전로의 대지전압은 직류 600 V 까지 적용할 수 있다.

가. 전로에 지락이 생겼을 때 자동적으로 전로를 차단하는 장치를 시설할 것

나. 사람이 접촉할 우려가 없는 은폐된 장소에 합성수지관공사, 금속관공사 및 케이블공사에 의하여 시설하거나, 사람이 접촉할 우려가 없도록 케이블공사에 의하여 시설하고 전선에 적당한 방호장치를 시설할 것

답 : ④

512 전기저장장치의 시설

512.1 시설기준

512.1.1 전기배선

전기배선은 다음에 의하여 시설하여야 한다.

1. 전선은 공칭단면적 2.5 mm^2 이상의 연동선 또는 이와 동등 이상의 세기 및 굵기의 것일 것.

512.1.2 단자와 접속

1. 단자의 접속은 기계적, 전기적 안전성을 확보하도록 하여야 한다.
2. 단자를 체결 또는 잠글 때 너트나 나사는 풀림방지 기능이 있는 것을 사용하여야 한다.
3. 외부터미널과 접속하기 위해 필요한 접점의 압력이 사용기간 동안 유지되어야 한다.
4. 단자는 도체에 손상을 주지 않고 금속표면과 안전하게 체결되어야 한다.

512.1.3 지지물의 시설

이차전지의 지지물은 부식성 가스 또는 용액에 의하여 부식되지 아니하도록 하고 적재하중 또는 지진 기타 진동과 충격에 대하여 안전한 구조이어야 한다.

512.2 제어 및 보호장치 등

512.2.1 충전 및 방전 기능

1. 충전기능

   가. 전기저장장치는 배터리의 SOC특성(충전상태: State of Charge)에 따라 제조자가 제시한 정격으로 충전할 수 있어야 한다.

   나. 충전할 때에는 전기저장장치의 충전상태 또는 배터리 상태를 시각화하여 정보를 제공해야 한다.

2. 방전기능

   가. 전기저장장치는 배터리의 SOC특성에 따라 제조자가 제시한 정격으로 방전 할 수 있어야 한다.

   나. 방전할 때에는 전기저장장치의 방전상태 또는 배터리 상태를 시각화하여 정보를 제공해야 한다.

512.2.2 제어 및 보호장치

전기저장장치의 이차전지는 다음에 따라 자동으로 전로로부터 차단하는 장치를 시설하여야 한다.

1. 과전압 또는 과전류가 발생한 경우
2. 제어장치에 이상이 발생한 경우
3. 이차전지 모듈의 내부 온도가 급격히 상승할 경우

512.2.3 계측장치

전기저장장치를 시설하는 곳에는 다음의 사항을 계측하는 장치를 시설하여야 한다.

1. 축전지 출력 단자의 전압, 전류, 전력 및 충방전 상태
2. 주요변압기의 전압, 전류 및 전력

예제문제 03

전기저장장치의 이차전지는 자동으로 전로로부터 차단하는 장치를 시설하여야 한다. 해당되지 않는 사항은?

① 과전압 또는 과전류가 발생한 경우
② 제어장치에 이상이 발생한 경우
③ 이차전지 모듈의 내부 온도가 급격히 상승할 경우
④ 이차전지의 방전상태인 경우

해설

한국전기설비규정 512.2.2 제어 및 보호장치
전기저장장치의 이차전지는 다음에 따라 자동으로 전로로부터 차단하는 장치를 시설하여야 한다.
가. 과전압 또는 과전류가 발생한 경우
나. 제어장치에 이상이 발생한 경우
다. 이차전지 모듈의 내부 온도가 급격히 상승할 경우

답 : ④

520 태양광발전설비

522 태양광설비의 시설

522.1 간선의 시설기준

522.1.1 전기배선

1. 전선은 다음에 의하여 시설하여야 한다.
  가. 모듈 및 기타 기구에 전선을 접속하는 경우는 나사로 조이거나, 기타 이와 동등 이상의 효력이 있는 방법으로 기계적 · 전기적으로 안전하게 접속하고, 접속점에 장력이 가해지지 않도록 할 것
  나. 배선시스템은 물, 바람, 결빙, 온도, 태양방사와 같이 예상되는 외부 영향을 견디도록 시설할 것
  다. 모듈의 출력배선은 극성별로 확인할 수 있도록 표시할 것
  라. 직렬 연결된 태양전지모듈의 배선은 과도과전압의 유도에 의한 영향을 줄이기 위하여 스트링 양극간의 배선간격이 최소가 되도록 배치할 것

> 512.1.1 전기배선
> 전기배선은 다음에 의하여 시설하여야 한다.
> 가. <u>전선은 공칭단면적 2.5 mm² 이상의 연동선</u> 또는 이와 동등 이상의 세기 및 굵기의 것일 것.

522.2 태양광설비의 시설기준

522.2.1 태양전지 모듈의 시설

1. 전선은 공칭단면적 2.5 mm² 이상의 연동선 또는 이와 동등 이상의 세기 및 굵기의 것일 것.
2. 태양전지 모듈에 접속하는 부하측의 태양전지 어레이에서 전력변환장치에 이르는 전로(복수의 태양전지 모듈을 시설한 경우에는 그 집합체에 접속하는 부하측의 전로)에는 그 접속점에 근접하여 개폐기 기타 이와 유사한 기구(부하전류를 개폐할 수 있는 것에 한한다)를 시설할 것
3. 모듈을 병렬로 접속하는 전로에는 그 전로에 단락전류가 발생할 경우에 전로를 보호하는 과전류차단기 또는 기타 기구를 시설하여야 한다. 단, 그 전로가 단락전류에 견딜 수 있는 경우에는 그러하지 아니하다.
4. 태양전지 모듈, 전선, 개폐기 및 기타 기구는 충전부분이 노출되지 않도록 시설하여야 한다.
5. 모듈의 출력배선은 극성별로 확인할 수 있도록 표시할 것.
6. 인버터는 실내·실외용을 구분할 것.

522.2.2 전력변환장치의 시설

인버터, 절연변압기 및 계통 연계 보호장치 등 전력변환장치의 시설은 다음에 따라 시설하여야 한다.

1. 인버터는 실내·실외용을 구분할 것
2. 각 직렬군의 태양전지 개방전압은 인버터 입력전압 범위 이내일 것
3. 옥외에 시설하는 경우 방수등급은 IPX4 이상일 것

522.3.6 태양광설비의 계측장치

태양광설비에는 전압과 전류 또는 전압과 전력을 계측하는 장치를 시설하여야 한다.

530 풍력발전설비

531 일반사항

531.3 화재방호설비 시설

500 kW 이상의 풍력터빈은 나셀 내부의 화재 발생 시, 이를 자동으로 소화할 수 있는 화재방호설비를 시설하여야 한다.

532 풍력설비의 시설

532.1 간선의 시설기준

1. 간선은 다음에 의해 시설하여야 한다.

가. 풍력발전기에서 출력배선에 쓰이는 전선은 CV선 또는 TFR-CV선을 사용하거나 동등 이상의 성능을 가진 제품을 사용하여야 하며, 전선이 지면을 통과하는 경우에는 피복이 손상되지 않도록 별도의 조치를 취할 것

532.3 제어 및 보호장치 등

532.3.1 제어 및 보호장치 시설의 일반 요구사항

기술기준 제174조에서 요구하는 제어 및 보호장치는 다음과 같이 시설하여야 한다.

1. 제어장치는 다음과 같은 기능 등을 보유하여야 한다.
   - 가. 풍속에 따른 출력 조절
   - 나. 출력제한
   - 다. 회전속도제어
   - 라. 계통과의 연계
   - 마. 기동 및 정지

바. 계통 정전 또는 부하의 손실에 의한 정지
사. 요잉에 의한 케이블 꼬임 제한

2. 보호장치는 다음의 조건에서 풍력발전기를 보호하여야 한다.
가. 과풍속
나. 발전기의 과출력 또는 고장
다. 이상진동
라. 계통 정전 또는 사고
마. 케이블의 꼬임 한계

532.3.7 계측장치의 시설

풍력터빈에는 설비의 손상을 방지하기 위하여 운전 상태를 계측하는 다음의 계측장치를 시설하여야 한다.

1. 회전속도계
2. 나셀(nacelle) 내의 진동을 감시하기 위한 진동계
3. 풍속계
4. 압력계
5. 온도계

예제문제 04

풍력터빈에는 설비의 손상을 방지하기 위하여 설치하여야 할 계측장치가 아닌 것은?

① 회전속도계
② 나셀(nacelle) 내의 진동을 감시하기 위한 진동계
③ 풍향계
④ 압력계

해설
한국전기설비규정 532.3.7 계측장치의 시설
풍력터빈에는 설비의 손상을 방지하기 위하여 운전 상태를 계측하는 다음의 계측장치를 시설하여야 한다.
가. 회전속도계
나. 나셀(nacelle) 내의 진동을 감시하기 위한 진동계
다. 풍속계
라. 압력계
마. 온도계

답 : ③

540 연료전지설비

541 일반사항

541.2 연료전지 발전실의 가스 누설 대책

"연료가스 누설 시 위험을 방지하기 위한 적절한 조치"란 다음에 열거하는 것을 말한다.

1. 연료가스를 통하는 부분은 최고사용 압력에 대하여 기밀성을 가지는 것이어야 한다.
2. 연료전지 설비를 설치하는 장소는 연료가스가 누설 되었을 때 체류하지 않는 구조의 것이어야 한다.
3. 연료전지 설비로부터 누설되는 가스가 체류 할 우려가 있는 장소에 해당 가스의 누설을 감지하고 경보하기 위한 설비를 설치하여야 한다.

542 연료전지설비의 시설

542.1 시설기준

1. 내압시험은 연료전지 설비의 내압 부분 중 최고 사용압력이 0.1 MPa 이상의 부분은 최고 사용압력의 1.5배의 수압(수압으로 시험을 실시하는 것이 곤란한 경우는 최고 사용압력의 1.25배의 기압)까지 가압하여 압력이 안정된 후 최소 10분간 유지하는 시험을 실시하였을 때 이것에 견디고 누설이 없어야 한다.
2. 기밀시험은 연료전지 설비의 내압 부분중 최고 사용압력이 0.1 MPa 이상의 부분(액체 연료 또는 연료가스 혹은 이것을 포함한 가스를 통하는 부분에 한정한다.)의 기밀시험은 최고 사용압력의 1.1배의 기압으로 시험을 실시하였을 때 누설이 없어야 한다.

542.1.4 안전밸브

1. 기술기준 제111조에서 규정하는 "과압"이란 통상의 상태에서 최고사용압력을 초과하는 압력을 말한다.
2. 기술기준 제111조에서 규정하는 "적당한 안전밸브"는 제3항의 요구사항 외에 605(보일러 및 부속설비)의 32.내지 37 (보일러 등과 관련되는 부분을 제외) 및 610(압력용기 및 부속설비)의 36.의 규정을 준용할 수 있다.
3. 안전밸브의 분출압력은 아래와 같이 설정하여야 한다.
   가. 안전밸브가 1개인 경우는 그 배관의 최고사용압력 이하의 압력으로 한다. 다만, 배관의 최고사용압력 이하의 압력에서 자동적으로 가스의 유입을 정지하는 장치가 있는 경우에는 최고사용압력의 1.03배 이하의 압력으로 할 수 있다.
   나. 안전밸브가 2개 이상인 경우에는 1개는 상기 1.에 준하는 압력으로 하고 그 이외의 것은 그 배관의 최고사용압력의 1.03배 이하의 압력이어야 한다.

542.2 제어 및 보호장치 등

542.2.1 연료전지설비의 보호장치

연료전지는 다음의 경우에 자동적으로 이를 전로에서 차단하고 연료전지에 연료가스 공급을 자동적으로 차단하며 연료전지내의 연료가스를 자동적으로 배제하는 장치를 시설하여야 한다.

1. 연료전지에 과전류가 생긴 경우
2. 발전요소(發電要素)의 발전전압에 이상이 생겼을 경우 또는 연료가스 출구에서의 산소농도 또는 공기 출구에서의 연료가스 농도가 현저히 상승한 경우
3. 연료전지의 온도가 현저하게 상승한 경우

542.2.2 연료전지설비의 계측장치

연료전지설비에는 전압, 전류 및 전력을 계측하는 장치를 시설하여야 한다.

542.2.3 연료전지설비의 비상정지장치

기술기준 제113조에서 규정하는 "운전 중에 일어나는 이상"이란 다음에 열거하는 경우를 말한다.

1. 연료 계통 설비내의 연료가스의 압력 또는 온도가 현저하게 상승하는 경우.
2. 증기계통 설비내의 증기의 압력 또는 온도가 현저하게 상승하는 경우
3. 실내에 설치되는 것에서는 연료가스가 누설하는 경우

542.2.5 접지설비

1. 연료전지에 대하여 전로의 보호장치의 확실한 동작의 확보 또는 대지전압의 저하를 위하여 특히 필요할 경우에 연료전지의 전로 또는 이것에 접속하는 직류전로에 접지공사를 할 때에는 다음에 따라 시설하여야 한다.
   가. 접지극은 고장 시 그 근처의 대지 사이에 생기는 전위차에 의하여 사람이나 가축 또는 다른 시설물에 위험을 줄 우려가 없도록 시설할 것.
   나. 접지도체는 공칭단면적 16 mm^2 이상의 연동선 또는 이와 동등 이상의 세기 및 굵기의 쉽게 부식하지 아니하는 금속선(저압 전로의 중성점에 시설하는 것은 공칭단면적 6 mm^2 이상의 연동선 또는 이와 동등 이상의 세기 및 굵기의 쉽게 부식하지 않는 금속선)으로서 고장 시 흐르는 전류가 안전하게 통할 수 있는 것을 사용하고 또한 손상을 받을 우려가 없도록 시설할 것.
   다. 접지도체에 접속하는 저항기·리액터 등은 고장 시 흐르는 전류를 안전하게 통할 수 있는 것을 사용할 것.
   라. 접지도체·저항기·리액터 등은 취급자 이외의 자가 출입하지 아니하도록 설비한 곳에 시설하는 경우 이외에는 사람이 접촉할 우려가 없도록 시설할 것.

전기(산업)기사 · 전기공사(산업)기사

전기설비기술기준(한국전기설비규정[KEC]) ❻

定價 20,000원

저 자 김 대 호

발행인 이 종 권

2020年 7月 8日 초 판 발 행
2021年 1月 12日 2차개정발행
2022年 1月 20日 3차개정발행
2023年 1月 12日 4차개정발행

發行處 (주) 한솔아카데미

(우)06775 서울시 서초구 마방로10길 25 트윈타워 A동 2002호
TEL : (02)575-6144/5 FAX : (02)529-1130
〈1998. 2. 19 登錄 第16-1608號〉

※ 본 교재의 내용 중에서 오타, 오류 등은 발견되는 대로 한솔아카데미 인터넷 홈페이지를 통해 공지하여 드리며 보다 완벽한 교재를 위해 끊임없이 최선의 노력을 다하겠습니다.

※ 파본은 구입하신 서점에서 교환해 드립니다.

www.inup.co.kr / www.bestbook.co.kr

ISBN 979-11-6654-221-3 13560

전기 5주완성 시리즈

전기기사 5주완성

전기기사수험연구회
1,680쪽 | 40,000원

전기산업기사 5주완성

전기산업기사수험연구회
1,556쪽 | 40,000원

전기공사기사 5주완성

전기공사기사수험연구회
,608쪽 | 39,000원

전기공사산업기사 5주완성

전기공사산업기사수험연구회
1,606쪽 | 39,000원

전기(산업)기사 실기

산전기수험연구회
66쪽 | 39,000원

전기기사실기 15개년 과년도

대산전기수험연구회
808쪽 | 34,000원

전기기사실기 16개년 과년도

김대호 저
1,446쪽 | 34,000원

QNA e-learning Academy

무료동영상 교재

전기시리즈①

전기자기학

김대호 저
4×6배판 | 반양장
20,000원

무료동영상 교재

전기시리즈②

전력공학

김대호 저
4×6배판 | 반양장
20,000원

무료동영상 교재

전기시리즈③

전기기기

김대호 저
4×6배판 | 반양장
20,000원

무료동영상 교재

전기시리즈④

회로이론

김대호 저
4×6배판 | 반양장
20,000원

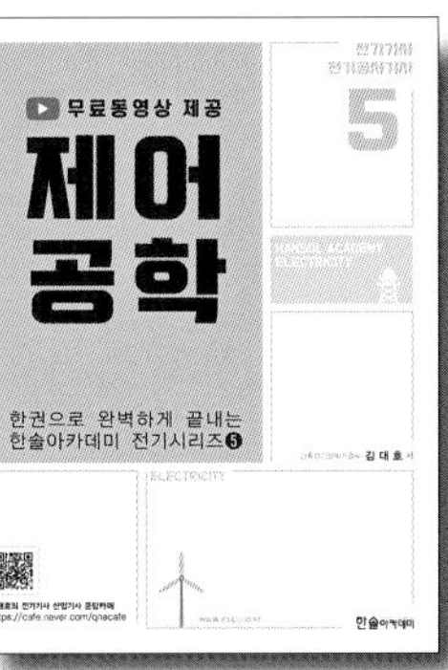

무료동영상 교재

전기시리즈⑤

제어공학

김대호 저
4×6배판 | 반양장
19,000원

무료동영상 교재

전기시리즈⑥

전기설비기술기준

김대호 저
4×6배판 | 반양장
20,000원